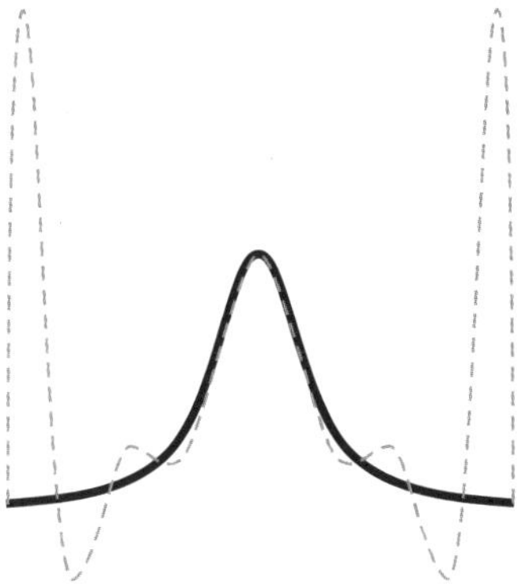

数值计算方法及其程序实现（第二版）

李 华 郑崟浩 编著

Numeric Calculation Method and Its Code Realization

暨南大學出版社
JINAN UNIVERSITY PRESS
中国·广州

图书在版编目(CIP)数据

数值计算方法及其程序实现/李华,郑峻浩编著.—2版.—广州:暨南大学出版社,2022.7

ISBN 978-7-5668-3435-5

Ⅰ.①数… Ⅱ.①李… ②郑… Ⅲ.①数值计算—程序设计 Ⅳ.①O241 ②TP311.1

中国版本图书馆CIP数据核字(2022)第098617号

数值计算方法及其程序实现(第二版)

SHUZHI JISUAN FANGFA JIQI CHENGXU SHIXIAN (DI-ER BAN)

编著者: 李 华 郑崄浩

出 版 人: 张晋升
责任编辑: 曾鑫华
责任校对: 孙劭贤 苏 洁
责任印制: 周一丹 郑玉婷

出版发行: 暨南大学出版社(511443)
电 话: 总编室(8620)37332601
营销部(8620)37332680 37332681 37332682 37332683
传 真: (8620)37332660(办公室) 37332684(营销部)
网 址: http://www.jnupress.com
排 版: 广州市广知园教育科技有限公司
印 刷: 广东广州日报传媒股份有限公司印务分公司
开 本: 787mm×1092mm 1/16
印 张: 18.25
字 数: 434千
版 次: 2013年12月第1版 2022年7月第2版
印 次: 2022年7月第2次
定 价: 54.80元

第二版前言

自2013年12月暨南大学出版社出版《数值计算方法及其程序实现》以来，八年多过去了。在这期间，暨南大学物理学系的“数值计算方法/数值分析”硕士研究生课程每年都开设。由于暨南大学信息学院的电子信息、电路与系统、微电子学与固体电子学、信号与信息处理等专业的硕士研究生加入修学该课程，学生人数不断增加，该课程的讲授也不断受到好评。李华教授在教学应用过程中，进一步地丰富和完善了该教材内容。

《数值计算方法及其程序实现》第一版中的程序实现是分别基于 Visual Fortran 6.0 及 Matlab 6.5 环境。基于 Fortran 和 Matlab 版本的不断更新、Python 计算机语言的广泛应用以及该教材第一版出版后很快售罄，《数值计算方法及其程序实现》第二版的出版尤为必要。

《数值计算方法及其程序实现》第二版较第一版，主要进行了如下修改：

（1）为增强 Matlab 程序的可读性，将程序中的数值计算、数值结果显示、结果图示有层次地分开，修改了大多数 Matlab 程序。

（2）新增了例题及其相应的 Fortran 和 Matlab 程序，如例1.1多项式求值的 Fortran 和 Matlab 程序，例2.3、例3.2的矩阵元素运算的 Matlab 程序，例4.6用牛顿迭代法求解非线性方程组的 Fortran 程序，例5.3的辛普森求积公式的 Matlab 程序，例6.1用欧拉方法求解常微分方程初值问题的 Matlab 程序，例7.3和例7.5由隐式格式数值求解偏微分方程定解问题的 Fortran 和 Matlab 程序。

（3）为了实现程序能在开源环境下完成，书后以附录的形式提供了书中例题的 Python 程序及其运行结果。

（4）本书 Fortran、Matlab 以及 Python 程序运行后得到的结果，分别是在 Compaq Visual Fortran 6.6、Matlab R2016b 以及 Python 3.9.5 环境下实现的。

李华教授开设暨南大学物理学系的“数值计算方法/数值分析”硕士研究生课程已近20年。时间飞逝，现在她已走在退休的边缘。长江后浪推前浪，在后浪的冲击下，她希望暨南大学物理学系的计算物理硕士点能更好地发展。在物理学系学科建设经费的支持下，她主导编著了《数值计算方法及其程序实现》第二版。在本书完成之际，编著者心怀感恩：感谢暨南大学物理学系张杰副教授多年来在工作中的协作！感谢参与“数值计算方法/数值分析”课程学习的研究生们给予的思想上的激励和启发！感谢暨南大学物理学系辛江涛书记和麦文杰主任为本书出版给予的支持！感谢暨南大学出版社曾鑫华编辑等人为本书出版付出的辛勤劳动！编著者郑峪浩感谢他的导师李华老师在他研究生阶段的栽培，并且给予了宝贵的参与编著本书的机会，同时也要深深地感谢他的家人和朋友在其学习生涯的陪伴与帮助！编著者李华感谢她的家人对她的理解和支持，使其能从容地、快乐地从事所热爱的工作。

没有最好，只有更好。由于编著者视野局限及水平有限，书中难免存在错误和不妥之处，敬请读者批评指正。

编著者
2022 年 1 月 10 日
于广州暨南大学物理学系

目　录

1 绪论

1.1 数值计算方法及其技巧

数值计算方法：应用计算机进行科学计算使用的数值方法，是应用数学的一个重要组成部分。

科学计算：求解各类数学问题的数值方法应用于科学技术领域形成的计算性交叉学科，是一门工具性、方法性、交叉性的学科。

科学计算与数学的联系：将要解决的科学计算问题通过建立数学模型归结为数学问题，再采用适当的计算方法通过计算机实现数学问题的数值解。

数值问题：输入数据与输出数据之间函数关系的一个确定数值描述的问题。

算法：求解数值问题采用的数值计算方法。一个算法需按规定的顺序执行一个或多个完整的进程，可分为串行算法和并行算法。计算复杂性好的算法是一个好算法。

计算复杂性：包含时间复杂性和空间复杂性，越简单越好。因此，计算时间少的算法，其时间复杂性好；占用内存、硬盘空间少的算法，其空间复杂性好。

数值计算方法的技巧：多项式求值的嵌套形式、迭代法、以直代曲、化整为零、加权平均等是常用的技巧，这些技巧贯穿于数值计算方法之中，是计算物理的基础。

1.2 计算物理简介

计算物理是基于物理原理、结合数值计算方法、利用计算机进行计算模拟，从而解释物理现象、描述复杂的物理过程、预测可能的物理结果的学科。

计算物理的一个重要特点是利用计算机进行计算、模拟（计算机上的实验），计算模拟过程可以得到物理过程的任何中间信息记录，给出物理过程的详细数值结果描述，并可获知现实物理实验难以实现的物理过程的相关结果。因此，计算物理与理论物理、实验物理相互依存、相互补充，是物理学不可缺少的三大板块之一。

计算物理是以数值计算为基础、以计算机为工具解决物理问题的学科，因此，它包含了不可缺少的三个部分：数值计算方法（基础）、计算机编程语言（Fortran 语言、Matlab 语言、C 语言等）（手段）、物理问题的计算模拟（目标）。

计算物理的发展源于核武器研制过程中相关问题的大量计算和模拟、物理问题解析解的限制以及计算机高速发展，是物理、数学、计算机三结合的学科，计算物理的求解问题起源于物理、终结于物理。

计算物理的工作方式可归结为：分析实际物理问题得到数学物理模型，通过选择数值计算方法、编程语言，编制程序或应用程序进行计算模拟求得问题的数值解，进而对数值解进行分析，从而获得物理问题的相关信息。其作用可归结为两类：一类是从合适的数学物理模型出发得到物理问题的数值解，进而推广此类物理问题的解；另一类是通过对大量的实测数据进行分析，得到物理规律，进而推广此类物理规律。

1.3 计算物理研究问题的方法和步骤

计算物理研究问题的方法和步骤可分为：①分析物理问题，建立数学物理模型；②选择适合的数值计算方法，同时构建计算逻辑流程；③选择合适的计算机编程语言，编制计算模拟程序，调试并运行程序；④将计算模拟结果与实验或相关物理结果比较，并进行结果分析；⑤对步骤①进行必要的修正，重复步骤②、③、④，得到合理可靠的计算模拟结果；⑥将计算模拟结果在同类物理问题中推广，为相关问题提供数值求解方案和解的参考信息。

以下分别列出该方法和步骤的相关因素：

①分析物理问题，建立数学物理模型。

A. 分析所需求解的物理问题，提出相关假设；

B. 寻找物理量遵循的物理定理、规律或关系式；

C. 建立相关物理量的方程或方程组；

D. 给出相关物理问题的定解条件；

E. 构建数值计算的数学表达式。

②选择适合的数值计算方法，同时构建计算逻辑流程。

A. 根据所建立的数学物理模型，选择合适的数值计算方法及其技巧；

B. 确保在有限的计算步骤内，给出满足误差要求的数值结果；

C. 构建条理清晰、简单，计算量尽量少的计算逻辑结构；

D. 兼顾计算机内存和硬盘容量，构建好的算法；

E. 绘出逻辑清晰、易读、易于程序设计的计算流程框图。

③选择合适的计算机编程语言，编制计算模拟程序，调试并运行程序。

A. 科学计算涉及各种变量和大量的浮点运算，常选用 Fortran 语言；

B. 对大量的实验数据进行分析，并给出图示，常选用 Matlab 语言；

C. 计算中要求有大量的图形显示或数据库，常选用 C、C ++ 语言；

D. 编程中尽可能调用计算环境系统内已有的内置函数程序；

E. 程序编写后，按语法规则和问题逻辑结构，仔细检查后上机调试。

④将计算模拟结果与实验或相关物理结果比较，并进行误差分析。

（对计算模拟结果正确与否进行判断）

A. 与同一问题的实验结果比较；

B. 与已有的相关理论结果比较；

C. 与用不同数学模型或计算方法所得的结果比较；

（分析结果的误差，确保结果的精确性）

D. 计算模型中相关假设带来的误差；

E. 相关参数选取带来的误差；

F. 数值计算方法带来的误差；

G. 运算过程带来的误差。

例 1.1 计算如下 n 阶多项式的值。

$$P(x) = a_0 + a_1x + a_2x^2 + \cdots + a_nx^n \tag{1-1}$$

解：（1）问题分析：该多项式求值可采用三种计算方法，分别是直接法、迭代法和嵌套法，比较这些方法所需的加法和乘法运算次数，以确定计算量最少的好算法。

（2）三种计算方法：

A. 直接法：直接进行加法和乘法运算。

n 阶多项式 $P(x)$ 有 $n+1$ 项，需进行 n 次加法运算；在乘法运算中，a_1x 是进行一次乘法运算，a_2x^2 是两次乘法运算，a_nx^n 是 n 次乘法运算。由此可知，计算 n 阶多项式 $P(x)$ 的值共需 n 次加法运算和 $n(n+1)/2$ 次乘法运算。

直接法运算的表达式如下，其中 p_k 表示最高幂次为 k 的多项式。

$$\begin{aligned} &p_0 = a_0 \\ &p_k = p_{k-1} + a_kx^k,\ k = 1,\ 2,\ \cdots,\ n-1,\ n \\ &P1 = p_n \end{aligned} \tag{1-2}$$

B. 迭代法：采用迭代的计算技巧，构造一个迭代式进行计算，以减少计算中的乘法运算次数。

令 r_k 表示 x 的 k 次幂，p_k 表示最高幂次为 k 的多项式，则有

$$\begin{aligned} &r_0 = 1,\ p_0 = a_0 \\ &r_k = xr_{k-1},\ p_k = p_{k-1} + a_kr_k,\ k = 1,\ \cdots,\ n-1,\ n \\ &P2 = p_n \end{aligned} \tag{1-3}$$

由初值 $r_0 = 1$，$p_0 = a_0$ 代入式（1-3）迭代计算，进行 n 次迭代后，求得 n 阶多项式 $P(x)$ 的值。该算法共需 n 次加法运算和 $2n$ 次乘法运算。

C. 嵌套法：采用嵌套的计算技巧，将式（1-1）进行变形：

$$\begin{aligned} P(x) &= a_0 + a_1x + a_2x^2 + \cdots + a_nx^n \\ &= a_nx^n + a_{n-1}x^{n-1} + \cdots + a_1x + a_0 \\ &= (a_nx^{n-1} + a_{n-1}x^{n-2} + \cdots + a_2x + a_1)x + a_0 \\ &= ((a_nx^{n-2} + a_{n-1}x^{n-3} + \cdots + a_2)x + a_1)x + a_0 \\ &= (((a_nx + a_{n-1})x + \cdots + a_2)x + a_1)x + a_0 \end{aligned} \tag{1-4}$$

将式（1-4）写成如下迭代的形式：

$$\begin{aligned} &p_n = a_n \\ &p_k = p_kx + a_{k-1},\ k = n,\ n-1,\ \cdots,\ 2,\ 1 \\ &P3 = p_1 \end{aligned} \tag{1-5}$$

运算中，每一个括号中进行一次加法运算和一次乘法运算，得到 n 阶多项式 $P(x)$ 的值，该计算共需 n 次加法运算和 n 次乘法运算。

将以上三种计算方法中所需的加法运算和乘法运算次数列于表 1-1。比较这三种计算方法可以看出，它们的不同在于乘法运算次数，嵌套法乘法运算次数最少，迭代法次之，直接法最多。由此可知：合理选择算法可以减少计算量，从而优化整个计算过程。

表 1－1　n 阶多项式（1－1）求值的计算方法及其计算量

计算方法	加法次数	乘法次数	计算量
直接法	n	$n(n+1)/2$	最多
迭代法	n	$2n$	次之
嵌套法	n	n	最少

（3）选择计算语言，编制计算程序：根据以上所列的直接法、迭代法、嵌套法的表达式（1－2）至式（1－5），构建如图 1－1 所示的计算流程，其中 N 是系数 a 的个数，有 $N=n+1$。

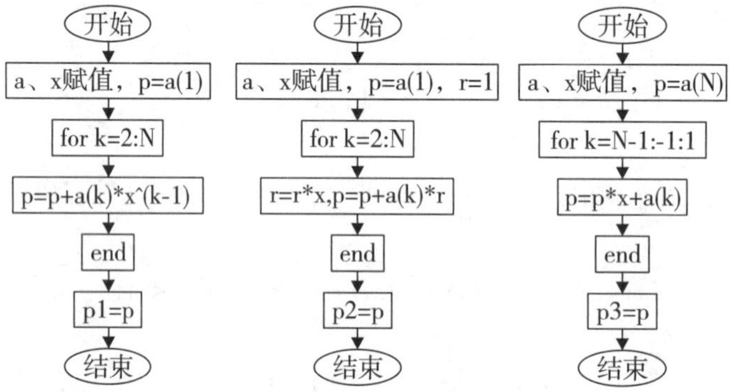

A. 直接法　　B. 迭代法　　C. 嵌套法

图 1－1　例 1.1 n 阶多项式求值三种算法的计算流程图

选用 Fortran 语言编制程序 ex11. f，程序列表如下：

```
c       The program of calculation polyval ex11.f
        dimension a(10)
        data x,n/2,6/
        data a/1,2,3,4,5,6/

        iw=10
        open(unit=iw,file='out11.dat',status='unknown',form='formatted')
        write(iw,"('x=', F8.2, 4x, 'n=', I6)") x, n
        write(iw,"('a=', 6F8.2)") (a(i), i=1, n)
c       method 1 - directly calculation
        p=a(1)
       do k=2,n
           p=p+a(k)*x**(k-1)
       end do
       p1=p
        write(iw,"('method1-The polyval P=',F8.2)") p1
c       method 2 - iteration calculation
        p=a(1)
        r=1
       do k=2,n
           r=r*x
            p=p+a(k)*r
       end do
```

```
      p2=p
       write(iw,"('method2-The polyval P=',F8.2)") p2
c      method 3 - nested calculation
       p=a(n)
       do k=1,n-1
            n1=n-k
              p=p*x +a(n1)
      end do
      p3=p
       write(iw,"('method3-The polyval P=',F8.2)") p3
       close(iw)
       stop
       end
```

Fourtran 程序 ex11. f 运行后得到的结果存入 out11. dat 文件，内容如下：

```
x=      2.00     n=    ` 6
a=      1.00     2.00     3.00     4.00     5.00     6.00
method1-The polyval P=   321.00
method2-The polyval P=   321.00
method3-The polyval P=   321.00
```

选用 Matlab 语言编制程序 ex11. m，程序列表如下：

```
%ex11.m
%to calculate polyval of p(x)=a0+a1.x+a2.x^2+...+an.x^(n-1);
a=1:6; x=2; N=length(a);
%obtained by polyval function
pv=polyval(fliplr(a),x);
%method 1 directly calculation
p=a(1);
for k=2:N
     p=p+a(k).*x.^(k-1);
end
p1=p;
%method 2 iteration calculation
p=a(1); r=1;
for k=2:N
     r=r.*x; p=p+a(k).*r;
end
p2=p;
%method 3 nested calculation
p=a(N);
for k=N-1:-1:1
     p=p.*x +a(k);
end
p3=p;
%showing results
inp=[a,x]
out=[pv,p1,p2,p3]
```

在 Matlab 命令行窗口运行程序 ex11. m，得到的结果如下：

```
>> ex11

inp =
     1     2     3     4     5     6     2
out =
   321   321   321   321
```

（4）结果分析：当升幂多项式系数为 $a=[1,2,3,4,5,6]$，自变量 $x=2$ 时，其多项式的值由 Fortran 程序 ex11. f 和 Matlab 程序 ex11. m 计算得到相同的结果，即该五阶多项式的值用直接法、迭代法、嵌套法求得的结果相同，都为 321，该值与 Matlab 内置函数 polyval 调用得到的结果一致。

1.4　举例说明物理问题的数值解法

例 1.2　已知相距为 L 的两个点电荷电量分别为 q_1 和 q_2，求其连线上电场强度为零的位置。

解： 采用两种方法对电场强度为零的位置进行数值计算求解。

1. *直接法*

直接法求解具体过程如下：

（1）问题分析与数学模型：点电荷同号时，电场强度为零的位置在两电荷之间；点电荷异号时，电场强度为零的位置在两电荷的连线之外。图 1－2 和图 1－3 给出了同号和异号两个点电荷电场强度示意图，图中以 q_1 为坐标原点，q_1q_2 连线延长线方向为 x 轴正方向，建立一维坐标系。

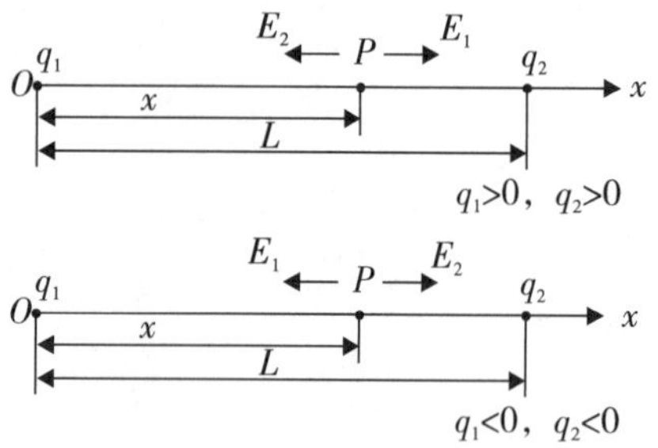

图 1－2　两同号点电荷

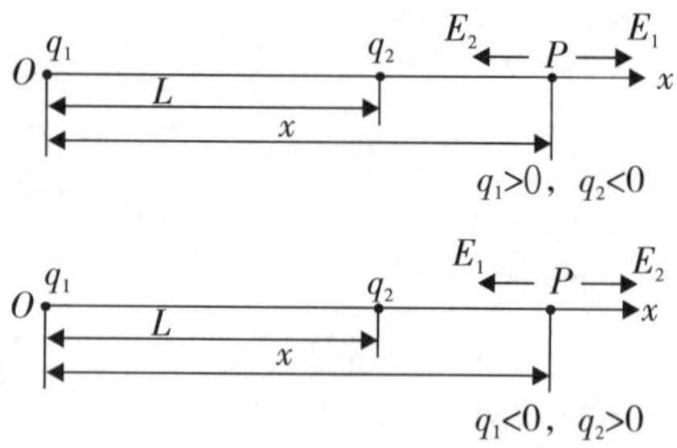

图 1－3　两异号点电荷

根据电磁学相关理论，在建立的坐标系中，距原点 x 位置处的电场强度为：

$$E(x)=E_1+E_2=\begin{cases}\dfrac{1}{4\pi\varepsilon_0}\dfrac{|q_1|}{x^2}-\dfrac{1}{4\pi\varepsilon_0}\dfrac{|q_2|}{(L-x)^2}, & q_1>0\\[2ex] -\dfrac{1}{4\pi\varepsilon_0}\dfrac{|q_1|}{x^2}+\dfrac{1}{4\pi\varepsilon_0}\dfrac{|q_2|}{(L-x)^2}, & q_1<0\end{cases}\tag{1-6}$$

当电场强度为零时，有 $E(x)=0$，则 $\dfrac{|q_1|}{x^2}=\dfrac{|q_2|}{(L-x)^2}$，有：

同号点电荷引起的电场强度为零的位置：

$$x=\frac{L}{1+\left(\dfrac{q_2}{q_1}\right)^{\frac{1}{2}}},\quad q_1\neq 0,\ q_2\neq 0\tag{1-7}$$

异号点电荷引起的电场强度为零的位置：

$$x=\frac{L}{1-\left(-\dfrac{q_2}{q_1}\right)^{\frac{1}{2}}},\quad q_1\neq 0,\ q_2\neq 0,\ -q_1\neq q_2\tag{1-8}$$

（2）算法与计算流程：当 q_1 和 q_2 为任意两个点电荷时，根据式（1－7）和式（1－8），可直接计算电场强度为零的位置，计算流程如图 1－4 所示。

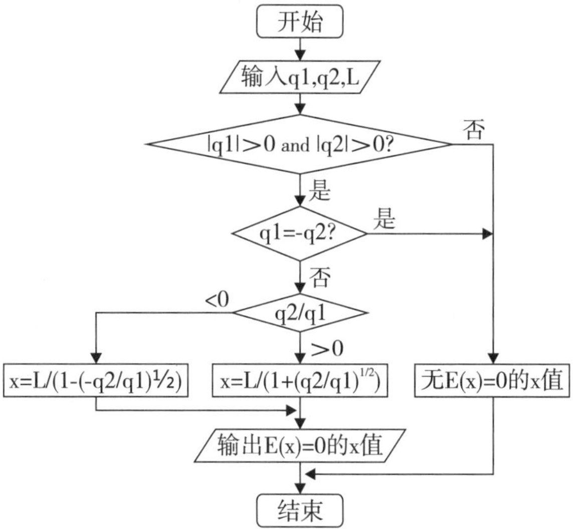

图 1－4　q_1 和 q_2 为任意点电荷时电场强度为零的位置的计算流程图

（3）程序编制及运行：按照计算流程图 1－4，编制 Fortran 程序 ex12. f，并在 Fortran 环境下运行。

```
c       The program of calculation balance point ex12.f

        iw=10
        open(unit=iw,file='out12.dat',status='unknown',form='formatted')
        write(*,*) 'Please input q1(库仑),q2(库仑),L(米)'
        read(*,*) q1,q2,L
        write(iw,*) 'Please input q1(库仑),q2(库仑),L(米)'
        write(iw,"('q1,q2,L=', 2F10.6, I6)") q1,q2,L
        call wq(q1,q2,L,x)
        write(iw,"('The balance point x(米)=',F10.6)") x
        write(*,"('The balance point x(米)=',F10.6)") x
        write(*,*) 'the end'
        close(iw)
        stop
        end

        Subroutine wq(q1,q2,L,x)
        if((abs(q1).gt.1.0e-6).and.(abs(q2).gt.1.0e-6)) then
            if(abs(q1+q2).gt.1.0e-6) then
                q=q2/q1
                if(q.lt.0.0) then
                      x=L/(1.0-sqrt(-q))
                else
                    x=L/(1.0+sqrt(q))
                end if
            else
                write(*,*) 'Then balance place cannot be determined'
            end if
```

```
    else
        write(*,*) 'Then balance place cannot be determined'
    end if
    return
    end
```

运行 Fortran 程序 ex12. f，当输入 q_1、q_2 和 L 的值分别为 1、2 和 4 时，其结果存于文件 out12. dat 中，内容如下：

```
Plcase input q1(库仑),q2(库仑),L(米)
q1,q2,L= 1.000000    2.000000      4
The balance point x(米)=    1.656854
```

当输入 q_1、q_2 和 L 的值分别为 1、 -2 和 4 时，存于文件 out12. dat 的结果内容如下：

```
Please input q1(库仑),q 2(库仑),L(米)
q1,q2,L= 1.000000    -2.000000    4
The balance point x(米)= -9.656855
```

当输入 q_1、q_2 和 L 的值分别为 -1、 -2 和 4 时，存于文件 out12. dat 的结果内容如下：

```
Please input q1(库仑),q2(库仑),L(米)
q1,q2,L= -1.000000 -2.000000    4
The balance point x(米)=    1.656854
```

按照计算流程图 1-4，编制 Matlab 函数文件 ex12. m，内容如下：

```
%ex12.m the program of calculation balance point
function nargout=ex12(q1,q2,L)
inp=[q1,q2,L]
x=0;   %for showing the no balance point
if abs(q1)>0 && abs(q2)>0
    if q1~=-q2
        q=q2/q1;
        if q<0
            x=L/(1.0-sqrt(-q));
        else
            x=L/(1.0+sqrt(q));
        end
        'the balance position is'
    else
        'there is no balance point'
    end
else
    'there is no balance point'
end
nargout=x
```

在 Matlab 命令行窗口调用程序 ex12. m，输入 q_1、q_2 和 L 的值，得到如下结果：

```
>> ex12(1,2,4);
inp =       1       2       4
ans =
the balance position is
nargout =1.656854
>> ex12(1,-2,4);
inp =       1      -2       4
```

```
ans =
the balance position is
nargout =-9.656854
>> ex12(-1,-2,4);
inp =     -1     -2     4
ans =
the balance position is
nargout =1.656854
```

(4) 结果分析：程序 ex12. f 和 ex12. m 运行结果一致：当 $q_1=1$ 库仑，$q_2=2$ 库仑，$L=4$ 米时，电场强度为零的位置为距 q_1 电荷 1. 656854 米处；当 $q_1=1$ 库仑，$q_2=-2$ 库仑，$L=4$ 米时，电场强度为零的位置在 q_1 电荷左边 9. 656854（9. 656855）米处，Fortran 程序的结果 −9. 656855与 Matlab 程序的结果 −9. 656854 在小数点后第六位数字上相差 1，这是计算的截断误差引起的；当 $q_1=-1$ 库仑，$q_2=-2$ 库仑，$L=4$ 米时，电场强度为零的位置为距 q_1 电荷 1. 656854 米处。

2. 逐次逼近法

逐次逼近法（或称二分法）求解的具体过程如下：

(1) 问题分析与数学模型：问题分析和数学模型建立类同于直接法，得到数学关系式（1−9）。

$$E(x)=E_1+E_2=\begin{cases}\dfrac{1}{4\pi\varepsilon_0}\dfrac{|q_1|}{x^2}-\dfrac{1}{4\pi\varepsilon_0}\dfrac{|q_2|}{(L-x)^2}, & q_1>0\\ -\dfrac{1}{4\pi\varepsilon_0}\dfrac{|q_1|}{x^2}+\dfrac{1}{4\pi\varepsilon_0}\dfrac{|q_2|}{(L-x)^2}, & q_1<0\end{cases} \tag{1-9}$$

(2) 算法与计算流程图：在关系式（1−9）中，若 $E(x)=0$ 的位置 $x=x_0$，且电荷 q_1和 q_2都为正电荷，有：$x<x_0$，$E(x)>0$；$x>x_0$，$E(x)<0$。若电荷都为负电荷，有：$x>x_0$，$E(x)>0$；$x<x_0$，$E(x)<0$，如图 1−5 所示。对于同号的两个点电荷，可采用逐次逼近法寻找到 x_0。

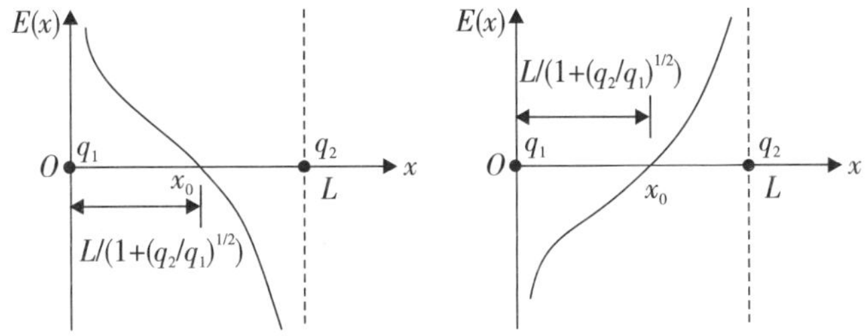

图 1−5　q_1和 q_2为同号点电荷时 $E(x)$ 与 x 的关系

当两个电荷均为正时，取 $a=0$，$b=L$，在$[a,b]$区间利用二分法寻找 $E(x)=0$ 的 x_0 值。具体方法如下：

取 $x=(b+a)/2$，计算 $E(x)$。

当 $E(x)=0$ 时，得到电场强度为零的位置 $x_0=x$；

当 $E(x)>0$ 时，所求位置 x_0在 x 的右边，取 $a=x$，继续在$[a,b]$中寻找 x_0；

当 $E(a+x)<0$ 时，所求位置 x_0在 x 的左边，取 $b=x$，继续在$[a,b]$中寻找 x_0。

重复计算 x，直至得到满足给定误差要求的电场强度为零的位置 x_0。

当两个电荷均为负时，利用以上方法，用 $-E(x)$ 代替 $E(x)$，即可得到满足给定误差要求的电场强度为零的位置 x_0。

对于两个异号电荷，该方法不适用。

此处采用的逐次逼近法是根据二分法，不断将有根区间二分，逐次逼近 $E(x)=0$ 的位置，得到 x_0的值。图 1－6 给出了 q_1和 q_2均为正点电荷时，采用逐次逼近法获得电场强度为零的位置的计算流程图，其中，N_n为给定的最大二分次数，eps 为给定的误差。

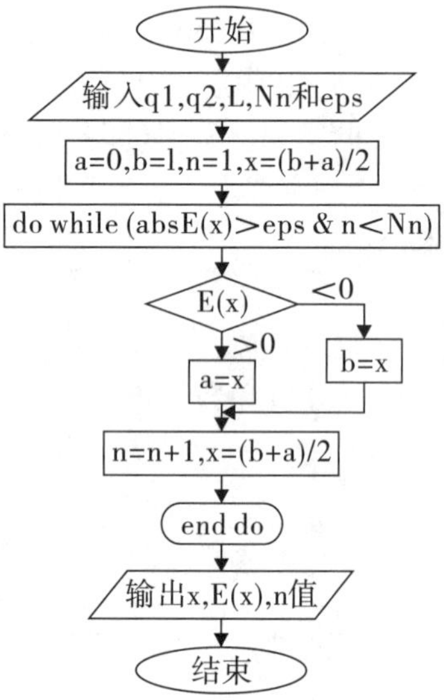

图 1－6　q_1和 q_2为正点电荷时电场强度为零的位置的计算流程图

（3）程序编制及运行：按照逐次逼近法的计算流程图 1－6，编制 Fortran 和 Matlab 程序，并分别在 Visual Fortran 和 Matlab 两种计算环境下运行。Fortran 程序 ex13. f 列表如下：

```
c      The program of calculation balance point ex13.f

       iw=10
       open(unit=iw,file='out13.dat',status='unknown',form='formatted')
       write(*,*) 'Please input q1(库仑),q2(库仑),L(米),Nn,eps'
       read(*,*) q1,q2,L,Nn,eps
       write(iw,*) 'Please input q1(库仑),q2(库仑),L(米),Nn,eps'
       write(iw,"('q1,q2,L,eps=',2F10.6,I6,2x,I6,F10.6)") q1,q2,L,Nn,eps
       call erfn(q1,q2,L,Nn,eps,x,E,n)
       write(iw,"('The balance point x(米)=',F10.6,'    E(x)=',F10.6,
     1             '    n=',I6)") x,E,n
       write(*,*) 'The balance point x(米)=',x,' E(x)=',E,'    n=',n
       write(*,*) 'the end'
       close(iw)
       stop
       end

       subroutine erfn(q1,q2,L,Nn,eps,x0,E,n)
       Ef(x)=q1/x**2-q2/(L-x)**2
       a=0
```

```
      b=L
      n=1
      x=(b+a)/2
      E=Ef(x)
      do while(abs(E).gt.eps.and.n.lt.Nn)
         if(E.gt.0) then
           a=x
         else
           b=x
         end if
        n=n+1
        x=(b+a)/2
        E=Ef(x)
      end do
      x0=x
      return
      end
```

Fortran 程序 ex13. f 的运行结果存于文件 out13. dat 中：当 $q_1=1$ 库仑，$q_2=2$ 库仑，$L=4$ 米，最大迭代次数为 10000，精度或误差要求小于 1.0×10^{-6}时，经过 21 次二分的迭代运算，计算得到电场强度为零的位置为距 q_1电荷 1.656855 米处。

```
Please input q1(库仑),q2(库仑),L(米),Nn,eps
q1,q2,L,eps=   1.000000   2.000000        4     10000    0.000001
The balance point x(米)=    1.656855    E(x)=    0.000000    n=        21
```

Matlab 程序为函数 m 文件 ex13. m，程序中添加了结果图示的语句，列表如下：

```
%ex13.m the program of calculation balance point
function nargout=ex13(q1,q2,L,Nn,eps)
Ef=@(x,c) c(1)/x^2-c(2)/(c(3)-x)^2; %Ef=inline('q1/x^2-q2/(L-x)^2')
xE=[]; a=0; b=L; inp=[q1,q2,L,Nn,eps]
n=1; x=(b+a)/2; E=Ef(x,[q1,q2,L]); xE=[xE; x,E];      %xEvalue matrix
while abs(E)>eps && n<Nn
    if E>0
        a=x;
    else
        b=x;
    end
    n=n+1; x=(b+a)/2; E=Ef(x,[q1,q2,L]); xE=[xE;x,E];
end
x0=x; xE=[xE;x,E]; nargout=[x0,E,n]

%plot the middle point in the calculation
plot(xE(:,1),xE(:,2),'bo'); hold on; plot(x0,E,'r*'); line([0;L],[0;0])
legend(['q1=',num2str(q1),'C, ','q2=',num2str(q2),'C, ','L=',num2str(L),'m']);
text(x0,E+0.1,['\downarrow x=',num2str(x),', E(x)=', num2str(E)], ...
                'color','r','fontsize',13);
xlabel x; ylabel E(x); set(gca,'xlim',[0,L],'fontsize',15)
```

在 Matlab 工作窗口运行程序 ex13. m 得到结果：当 $q_1=1$ 库仑，$q_2=2$ 库仑，$L=4$ 米，最大迭代次数为 10000，精度为 1.0×10^{-6}时，经过 21 次二分的迭代运算，计算得到电场强度为零的位置为距 q_1电荷 1.656855 米处。

```
>> ex13(1,2,4,10000,1.0e-6)
inp =
   1.0e+004 *
      0.0001       0.0002       0.0004       1.0000       0.0000
nargout = [        1.656855, -.2852653e-6,                21]
```

（4）结果分析：Fortran 和 Matlab 程序运行的结果显示：当 $q_1=1$ 库仑，$q_2=2$ 库仑，$L=4$ 米，最大迭代次数为10000，精度为 1.0×10^{-6} 时，计算得到电场强度为零的位置为距 q_1 电荷 1.656855 米处。该结果与直接法得到的相关结果在相同误差要求范围内一致。Matlab 程序 ex13.m 同时给出了结果图 1－7。从图 1－7 可以清晰地看出：$[0,L]$ 区间内存在一系列半分点，包括在给定误差范围内 $E(x)$ 为 0 的点，该点位于图中的 x 轴上。

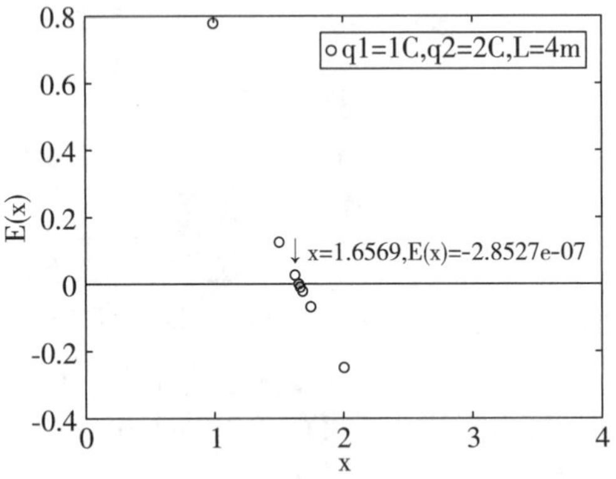

图 1－7　例 1.2 q_1 和 q_2 为正点电荷时电场强度为零的位置的计算结果

3．两种方法的比较

从选用的计算方法、程序流程、程序编制以及结果分析可以看出：直接法编程简单，可获得精确的数值解，求解过程中不需给定计算误差（精度），计算量较小；逐次逼近法（二分法）的编程较复杂，可获得给定误差（精度）要求的数值解，计算量较大。

习　题

1.1　修改例 1.1 的程序，在数值解结果中显示运算中加法和乘法的次数。

1.2　修改流程图 1－6 及程序，采用逐次逼近法，实现例 1.2 中两个同号（同正或同负）点电荷条件下的数值解。

2 误差和数据处理

2.1 测量数据的误差和分布

2.1.1 测量数据的误差

测量值和真值之差称为测量数据的绝对误差，由下式表示：

$$\delta_i = x_i - x_0, \quad i = 1, 2, \cdots, n \tag{2-1}$$

式中，x_0 为真值，x_i 为一系列测量值。

在多次测量中，测量值围绕着某个平均值上下起伏；当测量次数足够多时，测量值服从正态分布。测量值出现在值 x_1 与 x_2 之间的概率为：

$$p(x_1 \leqslant x \leqslant x_2) = \int_{x_1}^{x_2} \frac{1}{\sigma\sqrt{2\pi}} \exp\left[-\frac{1}{2}\left(\frac{x - x_0}{\sigma}\right)^2\right] \mathrm{d}x \tag{2-2}$$

其中

$$\sigma = \left(\sum_{i=1}^{n} \frac{\delta_i^2}{n}\right)^{\frac{1}{2}} \tag{2-3}$$

为测量数据的标准误差或均方根误差。

实际测量中，对某个物理量进行了 n 次测量，此物理量测量数据的算术平均值为：

$$\bar{x} = \frac{x_1 + x_2 + \cdots + x_n}{n} = \frac{1}{n}\sum_{i=1}^{n} x_i \tag{2-4}$$

当测量次数 n 的数目很大时，测量数据的算术平均值可近似为被测量量的真值：

$$x_0 = \lim_{n \to \infty}\left(\frac{1}{n}\sum_{i=1}^{n} x_i\right) \tag{2-5}$$

记录测量数据的数字是有限位的，此有限位数称为测量数据的有效数字位数，该有效位数的最后一位为测量数据的误差位，超过该位数的数字按四舍五入规则计入误差位，由此引起的测量数据的误差称为舍入误差。例如：若记录的有效位数要求两位有效数字，则圆周率 $\pi = 3.1$，舍入误差为 0.04；若要求三位有效数字，则 $\pi = 3.14$，舍入误差为 0.002。

测量数据的误差根据来源可分为多种，舍入误差只是其中一种误差。

2.1.2 等精度测量数据的误差

在实际测量中，对具有相同标准误差的被观测值的测量，称为等精度观测。在实际的数据处理中，对于等精度观测的相关误差有：

绝对误差：$\delta_i = x_i - \bar{x}$ (2-6)

相对误差：$\varepsilon_i = \dfrac{x_i - \bar{x}}{\bar{x}}$ (2-7)

均方差（MSE）：$\sigma^2 = \dfrac{1}{n}\sum_{i=1}^{n}(x_i - \bar{x})^2$ (2-8)

标准误差（均方根误差）或标准偏差：

$$\sigma = \left[\frac{1}{n}\sum_{i=1}^{n}(x_i - \bar{x})^2\right]^{\frac{1}{2}} \text{或} \sigma = \left[\frac{1}{n-1}\sum_{i=1}^{n}(x_i - \bar{x})^2\right]^{\frac{1}{2}} \tag{2-9}$$

2.1.3 非等精度测量数据的误差

在实际测量中，对具有不同标准误差的非等精度观测的数据处理，需引入权重因子 $w_i = \frac{1}{\sigma_i^2}$。该权重因子是反映测量精度的一个量，观测量分布的方差 σ_i^2 越小，相应的权重因子 w_i 就越大。因此，在非等精度测量的数据处理中，有：

算术平均值：
$$\bar{x} = \frac{w_1x_1 + w_2x_2 + \cdots + w_nx_n}{w_1 + w_2 + \cdots + w_n} = \frac{\sum_{i=1}^{n} w_ix_i}{\sum_{i=1}^{n} w_i} \tag{2-10}$$

当权重因子 w_i 归一化时：$\bar{x} = w_1x_1 + w_2x_2 + \cdots + w_nx_n = \sum_{i=1}^{n} w_ix_i$

绝对误差：$\delta_i = x_i - \bar{x}$　　(2-11)

相对误差：$\varepsilon_i = \frac{x_i - \bar{x}}{\bar{x}}$　　(2-12)

均方差（MSE）：
$$\sigma^2 = \frac{\sum_{i=1}^{n} w_i(x_i - \bar{x})^2}{n\sum_{i=1}^{n} w_i} \tag{2-13}$$

当权重因子 w_i 归一化时：$\sigma^2 = \frac{1}{n}\sum_{i=1}^{n} w_i(x_i - \bar{x})^2$

标准误差（均方根误差）或标准偏差

$$\sigma = \left[\frac{\sum_{i=1}^{n} w_i(x_i - \bar{x})^2}{n\sum_{i=1}^{n} w_i}\right]^{\frac{1}{2}} \text{或} \sigma = \left[\frac{\sum_{i=1}^{n} w_i(x_i - \bar{x})^2}{(n-1)\sum_{i=1}^{n} w_i}\right]^{\frac{1}{2}} \tag{2-14}$$

当权重因子 w_i 归一化时：$\sigma = \left[\frac{1}{n}\sum_{i=1}^{n} w_i(x_i - \bar{x})^2\right]^{\frac{1}{2}}$ 或 $\sigma = \left[\frac{1}{n-1}\sum_{i=1}^{n} w_i(x_i - \bar{x})^2\right]^{\frac{1}{2}}$。

2.1.4 测量数据的分布

在处理实验数据时，除需计算所测量数据的算术平均值、绝对误差、相对误差、均方差以及标准误差（或标准偏差）外，还经常需要了解被观测量的测量值分布。在实验数据处理中，通常把测量值分布区间等分成若干个小区间，然后按这些区间把测量值分组，得到测量值的频率分布函数（概率分布函数）。例如，下式给出了测量值 x 分布在 x_1 和 x_2 之间的归一化概率分布函数：

$$P(x_1 \leqslant x \leqslant x_2) = \int_{x_1}^{x_2} p(x)\,\mathrm{d}x = \int_{x_1}^{x_2} \frac{1}{\sigma\sqrt{2\pi}}\exp\left[-\frac{1}{2}\left(\frac{x - x_0}{\sigma}\right)^2\right]\mathrm{d}x \tag{2-15}$$

在测量值分布的统计中，将等分的小区间长度趋于无穷小，可得到测量值概率密度分布函数。式（2-15）概率分布函数的概率密度分布函数由式（2-16）表示：

$$p(x) = \frac{1}{\sigma\sqrt{2\pi}}\exp\left[-\frac{1}{2}\left(\frac{x - x_0}{\sigma}\right)^2\right] \tag{2-16}$$

处理数据时，对测量得到的数据进行统计，可由直方图显示统计的频率分布函数。

2.1.5 应用实例

例 2.1 用一辐射探测装置对一长寿命放射性核素重复测量，40 个单位时间计数如表 2－1 所示。请计算单位时间计数的算术平均值、均方差和标准偏差，并给出该单位时间计数值分布的直方图。

表 2－1 测得的 40 个单位时间计数值

计数次	1	2	3	4	5	6	7	8	9	10
计数值（个）	188	189	192	185	187	185	193	186	198	189
	191	197	188	186	195	187	194	198	182	189
	197	188	190	198	184	183	193	192	190	189
	190	188	186	198	192	191	187	190	189	185

解：（1）问题分析：该问题为数据处理问题，已知一组测量数据，求该组测量值的算术平均值、均方差和标准偏差，并按等概率测量处理给出该组测量值的分布直方图。

（2）数学计算公式：

测量值的算术平均值：$\bar{x} = \frac{1}{n}\sum_{i=1}^{n} x_i$

均方差：$\sigma^2 = \frac{1}{n}\sum_{i=1}^{n}(x_i - \bar{x})^2$

标准偏差：$\sigma = \left[\frac{1}{n-1}\sum_{i=1}^{n}(x_i - \bar{x})^2\right]^{\frac{1}{2}}$

测量值分布的统计：统计 x 从 182 起到 200 为止的区间内，间隔为 2 的 9 个小区间中测量值出现的次数。

大数测量时归一化概率分布：

$$P(x_1 \leqslant x \leqslant x_2) = \int_{x_1}^{x_2} p(x)\,\mathrm{d}x = \int_{x_1}^{x_2} \frac{1}{\sigma\sqrt{2\pi}} \exp\left[-\frac{1}{2}\left(\frac{x - x_0}{\sigma}\right)^2\right]\mathrm{d}x$$

（3）计算流程：该组测量数据算术平均值、均方差、标准偏差的计算以及统计直方图的绘制由编制的程序实现，编程的逻辑流程如图 2－1 所示。

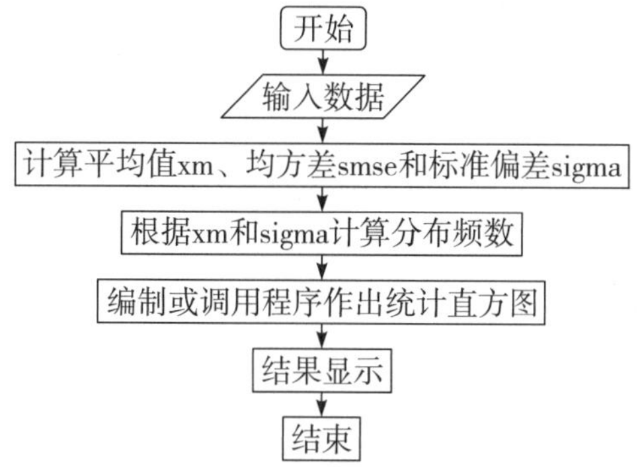

图 2－1 算术平均值、均方差和标准偏差的计算及统计直方图绘制的过程

（4）程序编制及运行：按照图 2－1，编制的 Fortran 程序如下：

```
c     calculate mean,variance and print histogram ex21.f
      common hist(50),curve(50),iw
      dimension x(50)

      ir=9
      iw=10
      open(unit=ir,file='inp21.dat',status='unknown',form='formatted')
      open(unit=iw,file='out21.dat',status='unknown',form='formatted')
      do i=1,50
        read(ir,*,end=5) x(i)
      end do
5     ndata=i-1
      write(*,"(10F7.1)") (x(i),i=1,ndata)
      write(iw,"(10F7.1)") (x(i),i=1,ndata)
      xbeg=x(ndata)
      xend=x(ndata)
      do i=1,ndata
        xbeg=min(xbeg,x(i))
        xend=max(xend,x(i))
      end do
      delx=2
      nx=(xend-xbeg)/delx+1
      do i=1,nx
          curve(i)=0.
          hist(i)=0.
      end do
      sx=0.
      sx2=0.
      xx=0.
      write(*,'(A20,I3,2x,F7.1,2x,F5.1,2x,I3)')
     1      'ndata,xbeg,delx,nx=',ndata,xbeg,delx,nx
      write(iw,'(A20,I3,2x,F7.1,2x,F5.1,2x,I3)')
     1      'ndata,xbeg,delx,nx=',ndata,xbeg,delx,nx
      do i=1,ndata
        sx=sx+x(i)
        sx2=sx2+x(i)**2
        if(x(i)-xbeg.ge.0.0) then
            if(xend-x(i).ge.0.0) then
c                the histogram
                 j=(x(i)-xbeg)/delx+1
                 hist(j)=hist(j)+1.
            end if
        end if
      end do
c     calculate mean, mse, and variance of sample
      xm=sx/ndata
      var=(sx2-ndata*xm**2)
      smse=var/ndata
      sigma=sqrt(var/(ndata-1))
c     gauss curve with the same mean and variance
      do j=1,nx
        xx=xbeg+(j-1)*delx
        c=exp(-1.*(xx-xm)**2/(2.*var))/(sqrt(2*3.14159)*sigma)
        curve(j)=ndata*c*delx
      end do
c     write output
      write(*,10) ndata,xbeg,xend,delx,xm,smse,sigma
      write(iw,10) ndata,xbeg,xend,delx,xm,smse,sigma
```

```
10    format(1x,'ndata=',I3,2x,'xbdg=',F7.1,2x,'xend=',F7.1,2x,'delx=',
      1       F5.1,/1x,'mean=',F7.1,2x,'mse=',F5.1,2x,'sigma=',F5.1/)
      call prhist(xbeg,delx,nx,ndata)
      close(ir)
      close(iw)
      stop
      end


      subroutine prhist(xbeg,delx,nx,ndata)
      common hist(50),curve(50),iw
      dimension zline(50)
      character blank*1,cross*1,ast*1,zline
      data blank,cross,ast/'','x','*'/

      write(*,*) 'plot the histgraph'
      do j=1,nx
        x=xbeg+(j-1)*delx
        do i=1,ndata
          zline(i)=blank
        end do
c       for the number of histogram
        k=hist(j)
        do i=1,k
          zline(i)=cross
        end do
c       for the gaussian curve
        k=curve(j)
        if(k-nx.le.0.0) then
          if(k.gt.0.0) zline(k)=ast
        end if
        write(*,'(1x,F7.3,F5.1,2x,50A1)') x,hist(j),zline
        write(iw,'(1x,F7.3,F5.1,2x,50A1)') x,hist(j),zline
      end do
      end
```

将本题中给出的单位时间计数值以列的形式存入 Fortran 程序 ex21. f 的输入文件 inp21. dat 中，程序 ex21. f 的运行结果存入输出文件 out21. dat 中，运行结果如下：

```
  188.0   189.0   192.0   185.0   187.0   185.0   193.0   186.0   198.0   189.0
  191.0   197.0   188.0   186.0   195.0   187.0   194.0   198.0   182.0   189.0
  197.0   188.0   190.0   198.0   184.0   183.0   193.0   192.0   190.0   189.0
  190.0   188.0   186.0   198.0   192.0   191.0   187.0   190.0   189.0   185.0
ndata,xbeg,delx,nx= 40       182.0       2.0       9
ndata= 40   xbdg=   182.0   xend=   198.0   delx=   2.0
mean=    190.0   mse= 18.7   sigma=   4.4

182.000   2.0   xx     *
184.000   4.0   xxxx   *
186.000   6.0   xxxxxx*
188.000   9.0   xxxxxx*xx
190.000   6.0   xxxxxx*
192.000   5.0   xxxxx *
194.000   2.0   xx     *
196.000   2.0   xx     *
198.000   4.0   xxxx *
```

编制 Matlab 程序 ex21. m，其中，矩阵 X 输入单位时间计数值的测量数据，调用内置函数计算测量数据的算术平均值 $x_m = \mathrm{mean}(X)$、均方差 $smse = \mathrm{mse}(X - x_m)$ 和标准偏差

sigma = std(*X*)，测量数据分布的统计直方图间距取 *delx*，并定义 $x=[x_{\min}:delx:x_{\max}]$，调用直方图内置函数 hist(*X*, *x*)和内置的高斯分布函数 gaussmf(*x*, [$sigmax_m$])。程序 ex21. m 列表如下：

```
%ex21.m   %例2.1
X=[188,189,192,185,187,185,193,186,198,189,...
    191,197,188,186,195,187,194,198,182,189,...
    197,188,190,198,184,183,193,192,190,189,...
    190,188,186,198,192,191,187,190,189,185];
display(reshape(X,4,10))     %showing the input data
%cal and show the xm, sigma, xmin and xmax
xm = mean(X); smse = mse(X-xm); sigma = std(X);
xmin = min(X); xmax = max(X);
table(xm, smse,sigma,xmin,xmax)

%plot the the data in a figure
subplot(1,2,1); plot(X,'b.:','Markersize',12); hold on;
plot([1:length(X)],xm.*ones(1,length(X)),'r-')
tx1=['xm=' num2str(xm,3)]; tx2=['    smse=' num2str(smse,3)];
tx3=['    sigma=' num2str(sigma,3)]; tx=[tx1,tx2,tx3];
legend('data','xm','location','SE'); text(1,199,tx,'fontsize',15);
xlabel '测量次数'; ylabel '单位时间计数';
set(gca,'ylim',[180,200],'fontsize',15)
subplot(1,2,2);
nx=9; delx=(xmax-xmin)/(nx-1); x=xmin:delx:xmax;
y=gaussmf(x,[sigma xm])/(sqrt(2*pi)*sigma)*delx*length(X);
hist(X,x); hold on; plot(x,fix(y),'r*','Markersize',12)
legend('hist','gaussian'); axis([180,200,0,10])
xlabel '单位时间计数'; ylabel '频率分布'; set(gca,'fontsize',15)
```

在 Matlab 环境下，程序 ex21. m 运行结果如下，得到单位时间计数值的频率分布图 2－2。

```
>> ex21
   188    187    198    188    194    197    184    190    186    187
   189    185    189    186    198    188    183    189    198    190
   192    193    191    195    182    190    193    190    192    189
   185    186    197    187    189    198    192    188    191    185

ans =
      xm          smse         sigma         xmin        xmax
    ______      ______      ______      ____      ____
    189.97      18.674      4.3764       182         198
```

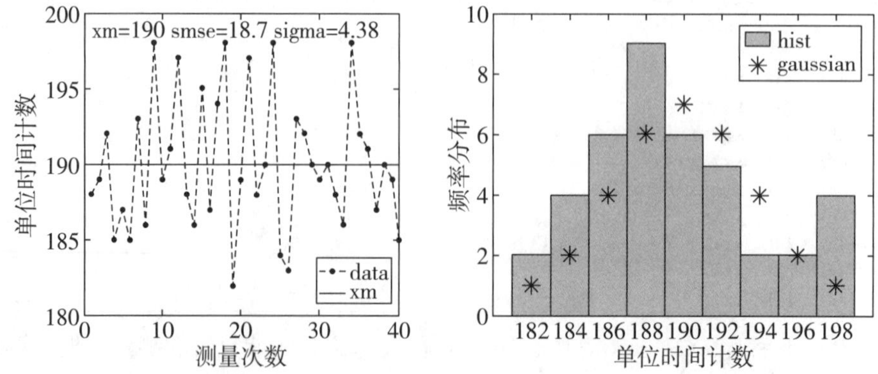

图 2－2　例 2. 1 的单位时间计数值的测量值分布

（5）结果分析：从程序 ex21. f 和 ex21. m 运行结果可以看出：Fortran 和 Matlab 程序计算得到的单位时间计数算术平均值、均方差和标准偏差结果一致，分别为 190. 0、18. 7 和 4. 4（与测量数据保持同样的误差位）；给出的单位时间计数值分布直方图也一致，在单位时间计数值为 188 处频率数最大，数值为 9 次。从 Matlab 程序 ex21. m 给出的结果图 2 - 2 可以看出：40 个单位时间计数的测量值随机分布在平均值 190. 0 上下，其频率分布直方图 hist 与大数测量时的归一化概率分布 gaussian 相近。

2. 2 插值法

插值法是古老而有效的函数求值的数值方法，是函数逼近的重要方法，是数值微积分和微分方程数值解的基础。

在实际应用中，通过科学实验或观测可得到一个列表函数 $\{(x_i, y_i),\ i=0,\ 1,\ \cdots,\ n\}$。通过 $(x_i, y_i)(i=0,1,\cdots,n)$ 作一曲线，其方程为 $y=p(x)$，使 $p(x_i)=y_i$，$i=0$，1，…，n，求出 $p(x)$ 即为插值问题，如图2 - 3 所示。$p(x)$ 称为插值函数，$x_i(i=0$，1，…，$n)$ 称为插值节（基）点，$[x_0, x_n]$称为插值区间，插值节点上的函数值 $y_i=p(x_i)$ 称为样本值。

用一数学关系式 $p(x)$ 表示已知数据表中离散的插值节点及其样本值的关系，由此近似地计算出在数据表范围内任何未给出的插值点的函数值，这种计算方法称为插值法。插值的近似函数 $p(x)$ 与被近似函数 $f(x)$ 在插值节点处应具有相同的函数值、一阶导数的函数值以及直到某阶导数的函数值。

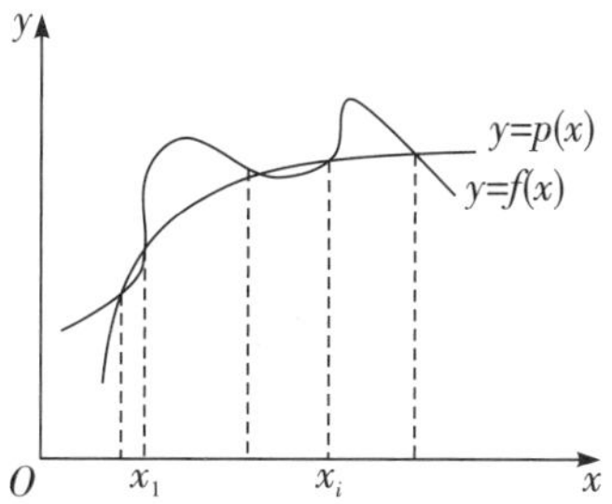

图 2 - 3　插值问题示意图

2. 2. 1 拉格朗日插值

本节简单地从线性插值或两点插值，到二次插值或称三点插值，进一步介绍最常用的拉格朗日（Lagrange）插值，n 阶拉格朗日插值也是 n 阶多项式插值。

线性插值：用直线逼近相邻两点数据之间关系的插值方法称为线性插值法或两点插值。线性插值的具体形式：已知一元函数在 x_0，x_1，…，x_n 数据点上的函数值为 f_0，f_1，…，f_n，且 $x_i \leqslant x \leqslant x_{i+1}$，$i=0$，1，…，$n-1$，由线性插值得到插值点 x 的函数值 y：

$$y(x)=f_i+\frac{f_{i+1}-f_i}{x_{i+1}-x_i}(x-x_i)$$

变形得到：

$$y(x)=\frac{x-x_{i+1}}{x_i-x_{i+1}}f_i+\frac{x-x_i}{x_{i+1}-x_i}f_{i+1} \tag{2-17}$$

可以看出，线性插值相当于过两点（x_i，f_i）和（x_{i+1}，f_{i+1}）作一直线的插值法。

类似于线性插值，有二次插值或称三点插值，相当于过三点（x_i，f_i）（$i=0$，1，2），作一抛物线：

$$y(x)=\frac{(x-x_1)(x-x_2)}{(x_0-x_1)(x_0-x_2)}f_0+\frac{(x-x_0)(x-x_2)}{(x_1-x_0)(x_1-x_2)}f_1+\frac{(x-x_0)(x-x_1)}{(x_2-x_0)(x_2-x_1)}f_2 \tag{2-18}$$

进一步地，有拉格朗日插值：设$f(x)$是给定函数，x_0，x_1，x_2，…，x_n是$n+1$个相异点，$f(x)$在这些点上的值记为f_0，f_1，f_2，…，f_n，要在次数不超过n的多项式中找$y(x)$，使得$y(x_k)=f_k$（$k=0$，1，2，…，n），此处x_0，x_1，x_2，…，x_n为插值节点，$f(x)$为被插值函数，f_0，f_1，f_2，…，f_n为插值样本值，$y(x)$为插值多项式。有：

$$y(x)=l_0(x)f_0+l_1(x)f_1+\cdots+l_n(x)f_n=\sum_{i=0}^{n}l_i(x)f(x_i)=L_n(x) \tag{2-19}$$

其中

$$\begin{cases} l_i(x)=\dfrac{(x-x_0)(x-x_1)(x-x_2)\cdots(x-x_n)}{(x_i-x_0)(x_i-x_1)(x_i-x_2)\cdots(x_i-x_n)} \\ l_i(x_j)=\begin{cases}1, & j=i\\ 0, & j\neq i\end{cases}, \quad i, j=0, 1, 2, \cdots, n;\ L_n(x_i)=f(x_i),\ i=0, 1, 2, \cdots, n \end{cases}$$

则n阶拉格朗日插值多项式为：

$$y(x)=\sum_{i=0}^{n}\prod_{\substack{j=0\\ j\neq i}}^{n}\frac{x-x_j}{x_i-x_j}f_i \tag{2-20}$$

由此引起的$f(x)$的误差称为n阶拉格朗日插值的截断误差，由插值余项给出。可以证明n阶拉格朗日插值余项为：

$$R_n(x)=f(x)-L_n(x)=\frac{f^{(n+1)}(\xi)}{(n+1)!}(x-x_0)(x-x_1)\cdots(x-x_n),\xi\in[x_0,x_n) \tag{2-21}$$

由（x_0，x_1，…，x_n）$n+1$个插值节点及其相应函数样本值，对m个插值点进行n阶拉格朗日插值的函数求值，可根据式（2-20）构造计算流程，如图2-4所示：

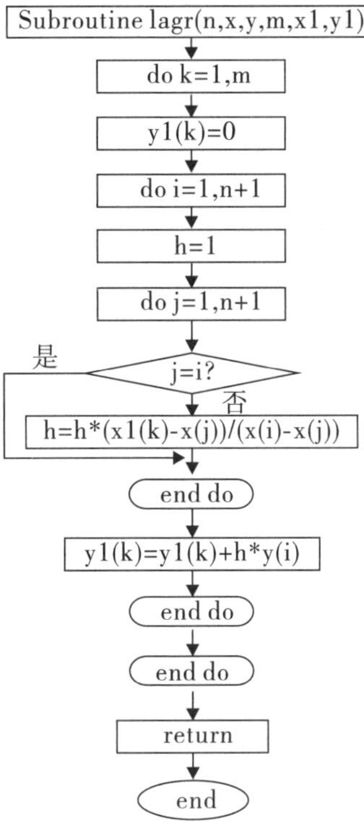

图 2－4 拉格朗日插值计算流程图

根据拉格朗日插值计算流程图 2－4，编写 n 阶拉格朗日插值子程序以供调用。Fortran 子例程子程序 Subroutine lagr 列表如下：

```
subroutine lagr(n,x,y,m,x1,y1)
dimension x(n+1),y(n+1),x1(m),y1(m)

do k=1,m
   y1(k)=0.0
   do i=1,n+1
      h=1.0
      do j=1,n+1
          if(i.ne.j) then
               h=h*(x1(k)-x(j))/(x(i)-x(j))
          end if
      end do
      y1(k)=y1(k)+h*y(i)
   end do
end do
return
end
```

Matlab 的 n 阶拉格朗日插值的函数文件 lagrange. m 列表如下：

```
%lagrange.m    for lagrange interpolation
function y1=lagrange(x,y,x1)
n=length(x)-1;
m=length(x1);
y1=zeros(1,m);
for k=1:m
    z=x1(k);
    y1(k)=0;
    for i=1:n+1
        h=1;
        for j=1:n+1
            if j~=i
                h=h*(z-x(j))/(x(i)-x(j));
            end
        end
        y1(k)=y1(k)+h*y(i);
    end
end
```

例 2.2 已知表 2－2 所示的五个插值节点及其对应函数的样本值，试用拉格朗日插值法，求 8 个插值点－1.5、－1、－0.2、0、0.4、0.8、1.5、2.0 的函数值。

表 2－2 五个插值节点及其样本值

x	－2	－0.4	－0.2	1	4
y	24	－0.2688	－0.0766	0	480

解：（1）问题分析：该问题为数据处理问题，已知数据表或一组测量数据作为插值节点及其样本值，根据拉格朗日插值法，求另一组插值点相应的函数值。

（2）数值计算公式：已知一组 n 个插值节点及其样本值$(x_i, f_i)(i=1, 2, \cdots, n)$的数据，采用拉格朗日插值法，对 m 个插值点进行 $n-1$ 阶拉格朗日插值，插值公式由式（2－20）得到：

$$y(x) = \sum_{i=1}^{n} \prod_{\substack{j=1 \\ j \neq i}}^{n} \frac{x - x_j}{x_i - x_j} f_i$$

（3）计算流程：采用拉格朗日插值法，对 m 个插值点进行最高幂次为 $n-1$ 的多项式插值，计算流程如图 2－5 所示，图中 call lagr$(n-1, x, y, m, x_1, y_1)$ 是调用拉格朗日插值子例程子程序或函数文件。

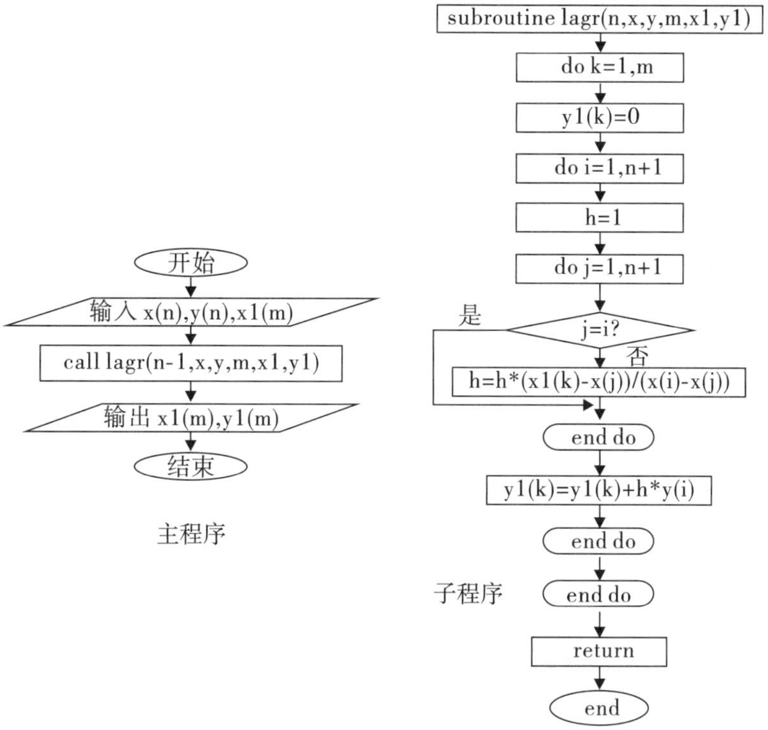

图 2-5 拉格朗日插值计算流程图

(4) 程序编制及运行：根据计算流程图 2-5，拉格朗日插值 Fortran 程序 ex22. f 列表如下，插值节点 x、样本值 y、插值点 x_1 由数据输入文件 inp22. dat 给出，程序 ex22. f 的运行结果存入 out22. dat 文件。

```
C      ex22.f the program for interp by lagrange nethod
       dimension x(10),y(10),x1(10),y1(10)

       ir=9
       iw=10
       open(unit=ir,file='inp22.dat',status='unknown',form='formatted')
       open(unit=iw,file='out22.dat',status='unknown',form='formatted')
       read(ir,*) n,(x(i),y(i),i=1,n)
       write(*,*) n
       write(iw,*) n
       write(*,'(1x,5F10.4)') (x(i),i=1,n)
       write(iw,'(1x,5F10.4)') (x(i),i=1,n)
       write(*,'(1x,5F10.4)') (y(i),i=1,n)
       write(iw,'(1x,5F10.4)') (y(i),i=1,n)
       write(*,*) 'input the m and x1 for interp'
       write(iw,*) 'input the m and x1 for interp'
       read(*,*) m, (x1(i),i=1,m)
       write(iw,'(1x,I3,2x,8F8.4)') m, (x1(i),i=1,m)
       call lagr(n-1,x,y,m,x1,y1)
       write(*,*) '          x1               y1'
       write(iw,*) '          x1               y1'
       write(*,'(1x,F10.4,2x,F10.4)') (x1(i),y1(i),i=1,m)
```

```
        write(iw,'(1x,F10.4,2x,F10.4)') (x1(i),y1(i),i=1,m)
        close(ir)
        close(iw)
        stop
        end

        subroutine lagr(n,x,y,m,x1,y1)
        dimension x(n+1),y(n+1),x1(m),y1(m)
        do k=1,m
          y1(k)=0.0
          do i=1,n+1
            h=1.0
            do j=1,n+1
               if(i.ne.j) then
                    h=h*(x1(k)-x(j))/(x(i)-x(j))
               end if
            end do
            y1(k)=y1(k)+h*y(i)
          end do
        end do
        return
        end
```

程序 ex22. f 的运行结果：

```
            5
   -2.0000     -0.4000     -0.2000      1.0000      4.0000
   24.0000     -0.2688     -0.0766      0.0000    480.0000
input the m and x1 for interp
  8      -1.5000     -1.0000     -0.2000      0.0000      0.4000      0.8000      1.5000      2.0000
       x1              y1
   -1.5000          5.6242
   -1.0000         -0.0007
   -0.2000         -0.0766
    0.0000          0.0004
    0.4000         -0.2683
    0.8000         -0.4606
    1.5000          5.6241
    2.0000         23.9979
```

拉格朗日插值 Matlab 函数文件 ex22. m 列表如下：

```
% ex22.m   % 例2.2

function ex22
x=[-2,-0.4,-0.2,1,4]; y=[24,-0.2688,-0.0766,0,480];
table(x',y', 'VariableNames',{'x','y'})
%lagrange.m      for lagrange interp (拉格朗日插值)
x1=[-1.5,-1,-0.2,0,0.4,0.8,1.5,2.0]; y1=lagrange(x,y,x1);
table(x1',y1', 'VariableNames',{'x1','y1'})
%show data in a figure
inx=find(x==-0.2); inx1=find(x1==-0.2); delt=y(inx)-y1(inx1);
plot(x,y,'ob',x1,y1,'*r','markersize',10)
axis([-2.5,5,-100,1000]);
legend('插值样本值','lagrange  插值');
text(x(inx),y(inx)+100, ...
```

```
    ['\downarrow',' \delta = ' num2str(delt,4)],'fontsize',15 )
xlabel 'x'; ylabel 'y'; set(gca,'fontsize',15)

% lagrange interpolation
function y1=lagrange(x,y,x1)
n=length(x)-1; m=length(x1); y1=zeros(1,m);
for k=1:m
    z=x1(k); y1(k)=0;
    for i=1:n+1
        h=1;
        for j=1:n+1
            if j~=i; h=h*(z-x(j))/(x(i)-x(j)); end
        end
        y1(k)=y1(k)+h*y(i);
    end
end
```

程序 ex22. m 的运行结果如下：

```
>> ex22
ans =
      x          y
    ____     _______
     -2          24
   -0.4     -0.2688
   -0.2     -0.0766
      1           0
      4         480

ans =
      x1         y1
    ____     ___________
    -1.5         5.6242
      -1    -0.00066138
    -0.2        -0.0766
       0     0.00035273
     0.4       -0.26834
     0.8       -0.46056
     1.5         5.6241
       2         23.998
```

（5）结果分析：程序 ex22. f 和程序 ex22. m 在各自环境下运行后，得到的插值点 x_1 的函数值 y_1 在显示到小数点后 4 位数字时结果一致。程序 ex22. m 运行后同时给出了结果图示，原插值节点及其样本值、通过四阶拉格朗日插值得到的插值点函数值如图 2－6 所示，可以看出，x_1 中的 －0. 2 的插值结果与其相应的样本值 －0. 0766 一致，该点上的插值误差 $\delta=0$。

```
x1=  -1.5000   -1.0000   -0.2000        0   0.4000   0.8000   1.5000   2.0000
y1=   5.6242   -0.0007   -0.0766   0.0004  -0.2683  -0.4606   5.6241  23.9979
```

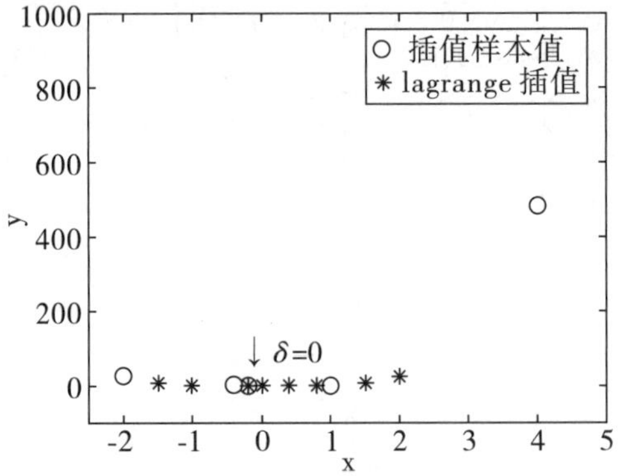

图 2-6　例 2.2 插值结果图

2.2.2 分段插值

用拉格朗日多项式作插值函数，随着插值节点的增加，插值多项式的最高幂次也相应增加。一般认为次数越高，逼近被插值函数的精度就越高，但有时高次插值效果并非如此。19 世纪龙格就给出了一个等距节点插值多项式不收敛的例子，函数 $y(x)=1/(1+x^2)$ 在$[-5,5]$上的各阶导数存在，但在此区间上取 11 个插值节点（见表 2-3）所构造的十阶拉格朗日插值多项式在插值区间内并非都收敛，有些部分发散很厉害。图 2-7 给出了用高阶拉格朗日多项式插值后出现的龙格现象。

表 2-3　在区间$[-5,5]$上的 11 个插值节点及样本值

x	-5	-4	-3	-2	-1	0	1	2	3	4	5
y	0.0385	0.0588	0.1000	0.2000	0.5000	1.0000	0.5000	0.2000	0.1000	0.0588	0.0385

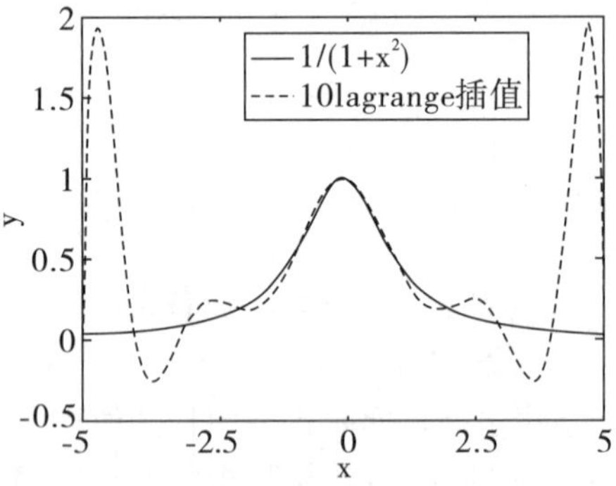

图 2-7　龙格现象

采用分段插值的方法，可解决此发散的龙格问题。所谓分段插值，就是将插值区间分成一系列小区间，在各小区间进行低阶多项式插值。下面介绍分段线性插值和分段一元三点插值。

1. 分段线性插值

若在实验中得到一组 n 个数据 $x_1<x_2<\cdots<x_n$，其相应的函数值为 y_1，y_2，…，y_n，利用分段线性插值可求得该区间内任一插值点 x 对应的函数值 y，具体过程如下：

首先，需确定 x 的位置 $x_{i-1} \leqslant x \leqslant x_i$，$i=2$，…，$n$；

其次，利用线性插值公式（2－17）计算 x 的函数值 y：$y=\sum_{j=i-1}^{i}(\prod_{\substack{k=i-1\\k\neq j}}^{i}\frac{x-x_k}{x_j-x_k})y_j$。

对插值区域内 m 个点进行分段线性插值，其计算的程序流程如图 2－8 所示：

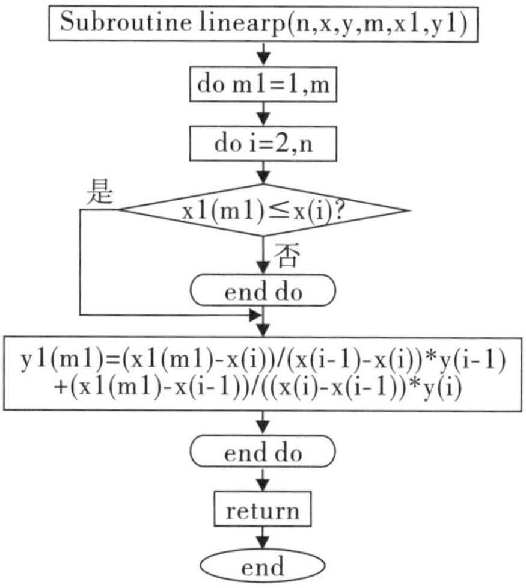

图 2－8　分段线性插值计算子程序流程图

根据计算流程图 2－8，编制分段线性插值 Fortran 子程序 linearp. f 列表如下：

```
subroutine linearp(n,x,y,m,x1,y1)
dimension x(n),y(n),x1(m),y1(m)

do m1=1,m
   do i=2,n
      if(x1(m1).le.x(i)) then
         exit
      end if
   end do
   a1=(x1(m1)-x(i))/(x(i-1)-x(i))
   a2=(x1(m1)-x(i-1))/(x(i)-x(i-1))
   y1(m1)=a1*y(i-1)+a2*y(i)
end do
return
end
```

根据计算流程图 2－8，编制分段线性插值 Matlab 程序 twop. m 列表如下，也可通过内置函数 interp1 的调用实现分段线性插值。

```
% twop.m interpolation by two points
function y1=twop(x,y,x1)
n=length(x); m=length(x1); y1=zeros(1,m);
for m1=1:m
    for i=2:n
        if x1(m1)<=x(i); break; end
    end
```

```
        a1=(x1(m1)-x(i))/(x(i-1)-x(i));
        a2=(x1(m1)-x(i-1))/(x(i)-x(i-1));
        y1(m1)=a1*y(i-1)+a2*y(i);
end
```

或

```
y1=interp1(x, y, x1)
```

其中：x 和 y 为已知插值节点及样本值，x_1 为需求函数值的插值点。

2. 分段一元三点插值

若在实验中得到一组 n 个数据 $x_1<x_2<\cdots<x_n$，其相应的函数值为 y_1，y_2，…，y_n，利用分段一元三点插值可求得该区间内任一插值点 x 对应的函数值 y，具体过程如下：

首先，需确定 x 的位置：当 $x\leqslant x_2$ 时，取 x_1，x_2，x_3；当 $x\geqslant x_{n-1}$ 时，取 x_{n-2}，x_{n-1}，x_n；当 $x_{i-1}\leqslant x\leqslant x_i$，$i=3$，4，…，$n-1$ 时，再根据 x 靠近 x_i 还是靠近 x_{i-1}，选定三点 x_{i-1}，x_i，x_{i+1} 或 x_{i-2}，x_{i-1}，x_i。

其次，利用三点的二阶拉格朗日插值公式（2－20）计算函数值 $y(x)$：

$$y=\sum_{j=i-1}^{i+1}\Big(\prod_{\substack{k=i-1\\k\neq j}}^{i+1}\frac{x-x_k}{x_j-x_k}\Big)y_j,\quad\begin{cases}x\leqslant x_2, & i=2\\x\geqslant x_{n-1}, & i=n-1;\\x_{i_1}-x>x-x_{i_1-1}, & i=i_1-1,\\x_{i_1}-x\leqslant x-x_{i_1-1}, & i=i_1,\end{cases}\quad i_1=3,4,\cdots,n-1$$

分段一元三点插值计算的核心是确定三个插值节点 x_{i-1}，x_i，x_{i+1}，由此计算插值点函数值。此部分计算流程如图 2－9（a）和图 2－9（b）所示。图 2－9（a）流程图的结构更清晰，接近分段一元三点插值方法的叙述，但图 2－9（b）流程图结构更优化。

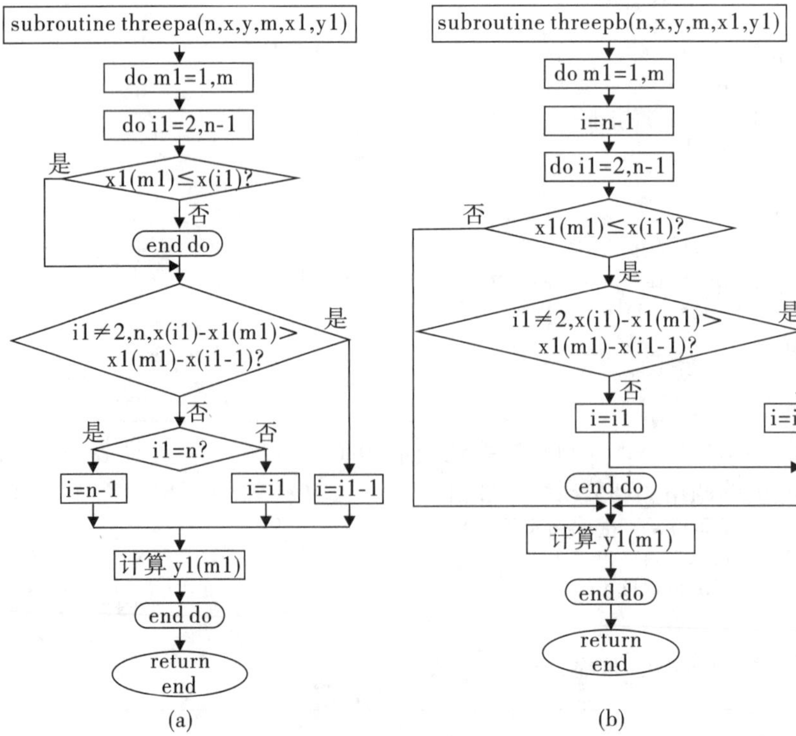

图 2－9 分段一元三点插值计算流程图

根据分段一元三点插值计算流程图 2－9（a），编制 Fortran 子例程子程序 subroutine threepa，程序列表如下：

```
subroutine threepa(n,x,y,m,x1,y1)
dimension x(n),y(n),x1(m),y1(m)

do m1=1,m
   do i1=2,n-1
     if(x1(m1).le.x(i1)) then
        exit
     end if
   end do
   if(i1.ne.2.and.i1.ne.n.and.(x1(m1)-x(i1-1)).lt.(x(i1)-x1(m1))) then
     i=i1-1
   else
     if(i1.eq.n) then
        i=n-1
     else
        i=i1
     end if
   end if
   xi1=x(i-1)
   xi2=x(i)
   xi3=x(i+1)
   a1=(x1(m1)-xi2)*(x1(m1)-xi3)/((xi1-xi2)*(xi1-xi3))
   a2=(x1(m1)-xi1)*(x1(m1)-xi3)/((xi2-xi1)*(xi2-xi3))
   a3=(x1(m1)-xi1)*(x1(m1)-xi2)/((xi3-xi1)*(xi3-xi2))
   y1(m1)=a1*y(i-1)+a2*y(i)+a3*y(i+1)
end do
return
end
```

根据分段一元三点插值计算流程图 2－9（b），编制 Fortran 子例程子程序 subroutine threepb，程序列表如下：

```
subroutine threepb(n,x,y,m,x1,y1)
dimension x(n),y(n),x1(m),y1(m)

do m1=1,m
   i=n-1
   do i1=2,n-1
     if(x1(m1).le.x(i1)) then
        if(i1.ne.2.and.(x1(m1)-x(i1-1)).lt.(x(i1)-x1(m1))) then
           i=i1-1
        else
           i=i1
        end if
        exit
     end if
   end do
   xi1=x(i-1)
   xi2=x(i)
```

```
      xi3=x(i+1)
      a1=(x1(m1)-xi2)*(x1(m1)-xi3)/((xi1-xi2)*(xi1-xi3))
      a2=(x1(m1)-xi1)*(x1(m1)-xi3)/((xi2-xi1)*(xi2-xi3))
      a3=(x1(m1)-xi1)*(x1(m1)-xi2)/((xi3-xi1)*(xi3-xi2))
      y1(m1)=a1*y(i-1)+a2*y(i)+a3*y(i+1)
    end do
    return
    end
```

分段一元三点插值在 Matlab 中没有相应的内置函数。根据分段一元三点插值计算流程图 2 -9（a）和图 2 -9（b），在 Matlab 中编制函数子程序 threepa. m 列表如下：

```
% threepa.m interpolation by three points

function y1=threepa(x,y,x1)
n=length(x); m=length(x1); y1=zeros(size(x1));
for m1=1:m
    for i1=2:n-1
        if(x1(m1)<=x(i1)); break; end
    end
    if(i1~=2 & i1~=n & (x1(m1)-x(i1-1))<(x(i1)-x1(m1)))
        i=i1-1;
    else
       if(i1==n); i=n-1; else; i=i1; end
    end
    xi1=x(i-1); xi2=x(i); xi3=x(i+1);
    a1=(x1(m1)-xi2)*(x1(m1)-xi3)/((xi1-xi2)*(xi1-xi3));
    a2=(x1(m1)-xi1)*(x1(m1)-xi3)/((xi2-xi1)*(xi2-xi3));
    a3=(x1(m1)-xi1)*(x1(m1)-xi2)/((xi3-xi1)*(xi3-xi2));
    y1(m1)=a1*y(i-1)+a2*y(i)+a3*y(i+1);
end
```

在 Matlab 中编制函数子程序 threepb. m 列表如下：

```
% threepb.m interpolation by three points

function y1=threepb(x,y,x1)
n=length(x); m=length(x1); y1=zeros(size(x1));
for m1=1:m
      i=n-1;
      for i1=2:n-1
            if x1(m1)<=x(i1)
                  if i1~=2 && x1(m1)-x(i1-1) < x(i1)-x1(m1)
                        i=i1-1;
                  else
                        i=i1;
                  end
                  break
            end
      end
      xi1=x(i-1); xi2=x(i); xi3=x(i+1);
      a1=(x1(m1)-xi2)*(x1(m1)-xi3)/((xi1-xi2)*(xi1-xi3));
      a2=(x1(m1)-xi1)*(x1(m1)-xi3)/((xi2-xi1)*(xi2-xi3));
      a3=(x1(m1)-xi1)*(x1(m1)-xi2)/((xi3-xi1)*(xi3-xi2));
      y1(m1)=a1*y(i-1)+a2*y(i)+a3*y(i+1);
end
```

例 2.3 已知一组观测数据如表 2-4 所示，求 x 为 0.15，0.30，0.45 的函数值。

表 2-4 一组观测数据

x	0.0	0.10	0.195	0.30	0.401	0.50
y	0.39894	0.39695	0.39142	0.38138	0.36812	0.35206

解：本题的求解采用两种方法，即分段线性插值和一元三点插值，根据表 2-4 已知的观测数据，求得 x 在点 0.15，0.30，0.45 处的函数值。

1. 利用分段线性插值计算三点 0.15，0.30，0.45 处的函数值

（1）方法描述：利用分段线性插值计算 m 个插值点的函数值，通过主程序调用分段线性插值子程序 linearp（n，x，y，m，x_1，y_1），实现函数值的计算。主程序中的其他部分是数据的输入和输出，通过输入文件读出已知数据，通过输出文件记录计算结果。

（2）计算流程：根据插值点 x 所在位置，确定已知数据表中的 x_i，并由下式计算插值点 x 的函数值。计算流程如图 2-10 所示。

$$y = \sum_{j=i-1}^{i} \left(\prod_{\substack{k=i-1 \\ k \neq j}}^{i} \frac{x - x_k}{x_j - x_k} \right) y_j \text{，} 0 < i \leqslant 5$$

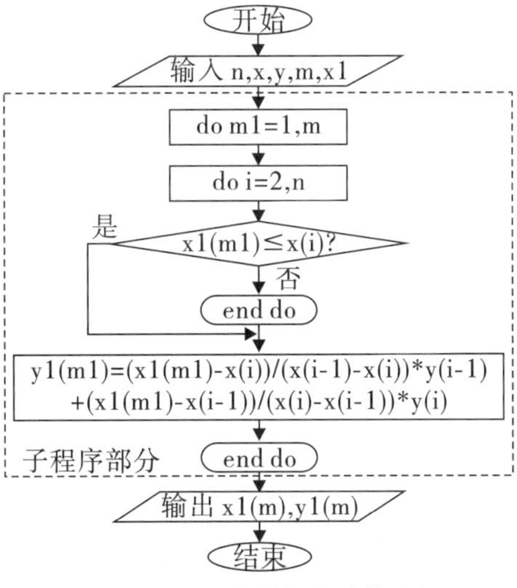

图 2-10 分段线性插值计算流程图

（3）程序编制及运行：根据分段线性插值计算流程图 2-10，编制 Fortran 程序 ex231.f，内容列表如下：

```
C     ex231.f main program
      dimension x(100),y(100),x1(100),y1(100)

      ir=9
      iw=10
      open(unit=ir,file='inp23.dat',status='unknown',form='formatted')
      open(unit=iw,file='out231.dat',status='unknown',form='formatted')
```

```
      read(ir,*) n
      read(ir,*) (x(i),y(i),i=1,n)
      write(*,'(A20/4x,A1,7x,A4,8x,A4)') 'linear interpolation',
     1                        'i','x(i)','y(i)'
      write(*,'(2x,I3,2x,2F12.6)') (i,x(i),y(i),i=1,n)
      write(iw,'(1x,A20/4x,A1,7x,A4,8x,A4)') 'linear interpolation',
     1                        'i','x(i)','y(i)'
      write(iw,'(2x,I3,2x,2F12.6)') (i,x(i),y(i),i=1,n)
      read(ir,*) m
      read(ir,*) (x1(i),i=1,m)
      call linearp(n,x,y,m,x1,y1)
      write(*,'(A15/4x,A1,7x,A5,8x,A5)') 'The results are',
     1                      'm','x1(m)','y1(m)'
      write(iw,'(A15/4x,A1,7x,A5,8x,A5)') 'the results are',
     1                      'm','x1(m)','y1(m)'
      write(*,'(2x,I3,2x,2F12.6)') (i,x1(i),y1(i),i=1,m)
      write(iw,'(2x,I3,2x,2F12.6)') (i,x1(i),y1(i),i=1,m)
      close(ir)
      close(iw)
      end

      subroutine linearp(n,x,y,m,x1,y1)
      dimension x(n),y(n),x1(m),y1(m)

      do m1=1,m
        do i=2,n
          if(x1(m1).le.x(i)) then
            exit
          end if
        end do
        a1=(x1(m1)-x(i))/(x(i-1)-x(i))
        a2=(x1(m1)-x(i-1))/(x(i)-x(i-1))
        y1(m1)=a1*y(i-1)+a2*y(i)
      end do
      return
      end
```

输入数据文件 inp23. dat，内容如下：

```
6
0.0,     0.39894,
0.10,    0.39695,
0.195,   0.39142,
0.30,    0.38138,
0.401,   0.36812,
0.50,    0.35206

3
0.15,
0.30,
0.45
```

程序 ex231. f 的运行结果存入输出文件 out231. dat，内容如下：

```
linear interpolation
     i         x(i)          y(i)
     1       0.000000      0.398940
     2       0.100000      0.396950
     3       0.195000      0.391420
     4       0.300000      0.381380
     5       0.401000      0.368120
     6       0.500000      0.352060

the results are
     m        x1(m)         y1(m)
     1       0.150000      0.394039
     2       0.300000      0.381380
     3       0.450000      0.360171
```

根据分段线性插值计算流程图 2 - 10，编制 Matlab 程序 ex231. m，其中分段线性插值求函数值包括调用根据流程图编写的子函数 twop 以及调用内置函数 interp1 调用，程序列表如下：

```
%ex231.m   %例2.3
function ex231
x=[0.0,0.10,0.195,0.30,0.401,0.50];
y=[0.39894,0.39695,0.39142,0.38138,0.36812,0.35206];
table(x',y', 'VariableNames',{'x','y'}) %show data
x1=[0.15,0.30,0.45];
y1=twop(x,y,x1); %调用分段线性插值函数twop.m
yinp1=interp1(x,y,x1); %调用内置函数
table(x1', y1', yinp1', 'VariableNames',{'x1','y1','yinp1'})

% twop.m interpolation by two points
function y1=twop(x,y,x1)
n=length(x); m=length(x1); y1=zeros(1,m);
for m1=1:m
    for i=2:n
        if x1(m1)<=x(i); break; end
    end
    a1=(x1(m1)-x(i))/(x(i-1)-x(i));
    a2=(x1(m1)-x(i-1))/(x(i)-x(i-1));
    y1(m1)=a1*y(i-1)+a2*y(i);
end
```

Matlab 程序 ex231. m 的运行结果如下：

```
>> ex231
ans =
       x          y
     _____     _______
         0     0.39894
       0.1     0.39695
     0.195     0.39142
       0.3     0.38138
     0.401     0.36812
       0.5     0.35206
```

```
ans =
      x1          y1          yinp1
    _____      _________    _________
    0.15       0.39404      0.39404
     0.3       0.38138      0.38138
    0.45       0.36017      0.36017
```

（4）结果分析：运行编制的 Fortran 程序、Matlab 程序以及调用 Matlab 内置函数，利用分段线性插值方法，得到的插值点 x_1 处的函数值 y_1 的结果相同，如下所示，其值保留在与样本值同样的有效数字位数上。

```
x1          y1
0.15000     0.39404
0.30000     0.38138
0.45000     0.36017
```

2. 利用分段一元三点插值计算三点 0.15，0.30，0.45 处的函数值

（1）方法描述：利用分段一元三点插值计算 m 个插值点的函数值，通过主程序调用一元三点插值子程序 threepa 或 threepb，实现函数值的计算，主程序中的其他部分是数据的输入和输出，通过输入文件读出已知数据，通过输出文件记录计算结果。

（2）计算流程：根据插值点 x 所在位置，确定已知数据表中的 x_i，并由下式计算插值点 x 的函数值。计算流程如图 2－11 所示。

$$y = \sum_{j=i-1}^{i+1}\left(\prod_{\substack{k=i-1\\k\neq j}}^{i+1}\frac{x-x_k}{x_j-x_k}\right)y_j\ ,\quad 0<i<5$$

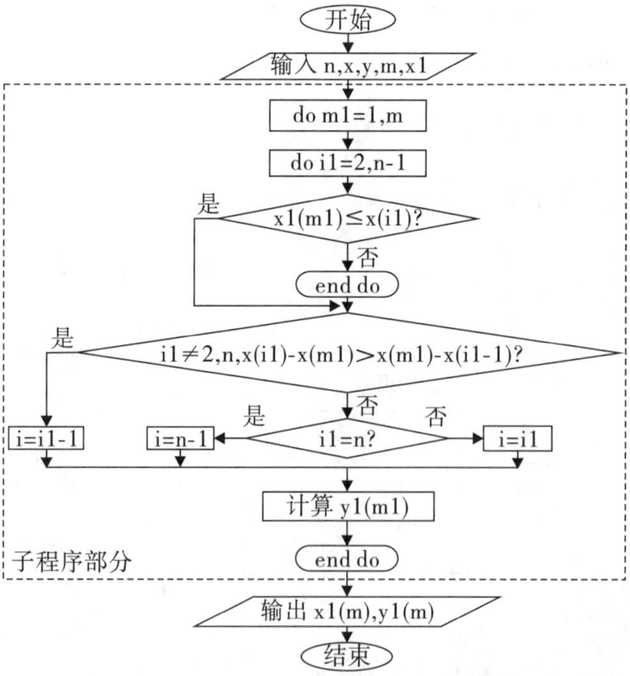

图 2－11　分段一元三点插值计算流程图

（3）程序编制及运行：根据分段一元三点插值计算流程图 2－11，编制 Fortran 程序 ex232. f，内容列表如下：

```
C      ex232.f main program intpol
       dimension x(100),y(100),x1(100),y1(100)

       ir=9
       iw=10
       open(unit=ir,file='inp23.dat',status='unknown',form='formatted')
       open(unit=iw,file='out232-1.dat',status='unknown',
     1 form='formatted')
c      open(unit=iw,file='out232-2.dat',status='unknown',
c    1 form='formatted')

       read(ir,*) n
       read(ir,*) (x(i),y(i),i=1,n)
       write(*,'(A30/4x,A1,8x,A4,9x,A4)') 'interpolation by three
     1 points ','i','x(i)','y(i)'
       write(*,'(2x,I3,2x,2F12.6)') (i,x(i),y(i),i=1,n)
       write(iw,'(A30/4x,A1,8x,A4,9x,A4)') 'interpolation by three
     1 points ','i','x(i)','y(i)'
       write(iw,'(2x,I3,2x,2F12.6)') (i,x(i),y(i),i=1,n)
       read(ir,*) m
       read(ir,*) (x1(i),i=1,m)
       call threepa(n,x,y,m,x1,y1)
c      call threepb(n,x,y,m,x1,y1)
       write(*,'(A15/4x,A1,8x,A5,7x,A5)') 'The results are',
     1                           'm','x1(m)','y1(m)'
       write(iw,'(A15/4x,A1,8x,A5,7x,A5)') 'the results are',
     1                           'm','x1(m)','y1(m)'
       write(*,'(2x,I3,2x,2F12.6)') (i,x1(i),y1(i),i=1,m)
       write(iw,'(2x,I3,2x,2F12.6)') (i,x1(i),y1(i),i=1,m)
       close(ir)
       close(iw)
       end

       subroutine threepa(n,x,y,m,x1,y1)
       dimension x(n),y(n),x1(m),y1(m)
       do m1=1,m
          do i1=2,n-1
            if(x1(m1).le.x(i1)) then
               exit
            end if
          end do
          if(i1.ne.2.and.i1.ne.n.and.(x1(m1)-x(i1-1)).lt.(x(i1)-x1(m1)))
     1                       then
            i=i1-1
          else
            if(i1.eq.n) then
               i=n-1
            else
               i=i1
            end if
          end if
          xi1=x(i-1)
          xi2=x(i)
          xi3=x(i+1)
          a1=(x1(m1)-xi2)*(x1(m1)-xi3)/((xi1-xi2)*(xi1-xi3))
          a2=(x1(m1)-xi1)*(x1(m1)-xi3)/((xi2-xi1)*(xi2-xi3))
          a3=(x1(m1)-xi1)*(x1(m1)-xi2)/((xi3-xi1)*(xi3-xi2))
          y1(m1)=a1*y(i-1)+a2*y(i)+a3*y(i+1)
       end do
       return
```

```
      end

      subroutine threepb(n,x,y,m,x1,y1)
      dimension x(n),y(n),x1(m),y1(m)
      do m1=1,m
        i=n-1
        do i1=2,n-1
          if(x1(m1).le.x(i1)) then
            if(i1.ne.2.and.(x1(m1)-x(i1-1)).lt.(x(i1)-x1(m1))) then
              i=i1-1
            else
              i=i1
            end if
            exit
          end if
        end do
        xi1=x(i-1)
        xi2=x(i)
        xi3=x(i+1)
        a1=(x1(m1)-xi2)*(x1(m1)-xi3)/((xi1-xi2)*(xi1-xi3))
        a2=(x1(m1)-xi1)*(x1(m1)-xi3)/((xi2-xi1)*(xi2-xi3))
        a3=(x1(m1)-xi1)*(x1(m1)-xi2)/((xi3-xi1)*(xi3-xi2))
        y1(m1)=a1*y(i-1)+a2*y(i)+a3*y(i+1)
      end do
      return
      end
```

输入数据文件 inp23. dat，内容如下：

```
6
0.0,     0.39894,
0.10,    0.39695,
0.195,   0.39142,
0.30,    0.38138,
0.401,   0.36812,
0.50,    0.35206

3
0.15,
0.30,
0.45
```

调用子程序 subroutine threepa，计算结果输出文件 out232 -1. dat，内容如下：

```
interpolation by three   points
      i          x(i)          y(i)
      1        0.000000      0.398940
      2        0.100000      0.396950
      3        0.195000      0.391420
      4        0.300000      0.381380
      5        0.401000      0.368120
      6        0.500000      0.352060
the results are
      m          x1(m)         y1(m)
      1        0.150000      0.394460
      2        0.300000      0.381380
      3        0.450000      0.360550
```

调用子程序 subroutine threepb，计算结果输出文件 out232 - 2. dat，内容如下：

```
interpolation by three   points
      i          x(i)          y(i)
      1       0.000000      0.398940
      2       0.100000      0.396950
      3       0.195000      0.391420
      4       0.300000      0.381380
      5       0.401000      0.368120
      6       0.500000      0.352060
the results are
      m          x1(m)         y1(m)
      1       0.150000      0.394460
      2       0.300000      0.381380
      3       0.450000      0.360550
```

可以看出，调用子程序 threepa 和 threepb 得到的结果一致。

根据一元三点插值计算流程图 2 - 11，通过调用编制的子函数 threepa. m 和 threepb. m，实现插值点函数求值 y_{1a}和 y_{1b}。分段一元三点插值的 Matlab 程序 ex232. m 列表如下，程序中还调用分段线性插值内置函数 interp1，并输出 y_{inp1}与 y_{1a}、y_{1b}的比较。

```
%ex232.m   %例2.3
function ex232
x=[0.0,0.10,0.195,0.30,0.401,0.50];
y=[0.39894,0.39695,0.39142,0.38138,0.36812,0.35206];
table(x',y', 'VariableNames',{'x','y'}) %show data
x1=[0.15,0.30,0.45];
y1a=threepa(x,y,x1);     %分段一元三点插值
y1b=threepb(x,y,x1);     %分段一元三点插值
yinp1=interp1(x,y,x1); %调用分段线性插值内置函数
table(x1', y1a', y1b', yinp1', 'VariableNames',{'x1','y1a', 'y1b','yinp1'})

% threepa.m interpolation by three points
function y1=threepa(x,y,x1)
n=length(x); m=length(x1); y1=zeros(size(x1));
for m1=1:m
    for i1=2:n-1
        if x1(m1)<=x(i1); break; end
    end
    if i1~=2 && i1~=n & (x1(m1)-x(i1-1))<(x(i1)-x1(m1))
        i=i1-1;
    else
       if i1==n; i=n-1; else; i=i1; end
    end
    xi1=x(i-1); xi2=x(i); xi3=x(i+1);
    a1=(x1(m1)-xi2)*(x1(m1)-xi3)/((xi1-xi2)*(xi1-xi3));
    a2=(x1(m1)-xi1)*(x1(m1)-xi3)/((xi2-xi1)*(xi2-xi3));
    a3=(x1(m1)-xi1)*(x1(m1)-xi2)/((xi3-xi1)*(xi3-xi2));
    y1(m1)=a1*y(i-1)+a2*y(i)+a3*y(i+1);
end

% threepb.m interpolation by three points
function y1=threepb(x,y,x1)
n=length(x); m=length(x1); y1=zeros(size(x1));
for m1=1:m
```

```
        i=n-1;
        for i1=2:n-1
            if x1(m1)<=x(i1)
                if i1~=2 && x1(m1)-x(i1-1) < x(i1)-x1(m1)
                    i=i1-1;
                else
                    i=i1;
                end
                break
            end
        end
        xi1=x(i-1); xi2=x(i); xi3=x(i+1);
        a1=(x1(m1)-xi2)*(x1(m1)-xi3)/((xi1-xi2)*(xi1-xi3));
        a2=(x1(m1)-xi1)*(x1(m1)-xi3)/((xi2-xi1)*(xi2-xi3));
        a3=(x1(m1)-xi1)*(x1(m1)-xi2)/((xi3-xi1)*(xi3-xi2));
        y1(m1)=a1*y(i-1)+a2*y(i)+a3*y(i+1);
end
```

其运行结果如下：

```
>> ex232
ans =
        x           y
      _____      _______
          0      0.39894
        0.1      0.39695
      0.195      0.39142
        0.3      0.38138
      0.401      0.36812
        0.5      0.35206
ans =
      x1         y1a          y1b          yinp1
      ____     _______      _______      _______
      0.15     0.39446      0.39446      0.39404
       0.3     0.38138      0.38138      0.38138
      0.45     0.36055      0.36055      0.36017
```

可以看出：利用一元三点插值方法得到的结果 y_{1a}、y_{1b} 与线性插值结果 y_{inpl} 在小数点后第四位数字上存在不同。

（4）结果分析：通过编制的 Fortran 程序和 Matlab 程序的运行结果可以看出，利用一元三点插值方法得到的插值点 x_1 处的函数值 y_1 的结果一致，如下所示：

```
x1                  y1
0.150000            0.394460
0.300000            0.381380
0.450000            0.360550
```

3. *两种方法结果比较*

比较分段线性插值和分段一元三点插值的结果，并将原数据点同时显示，由 Matlab 程序 ex23p. m 实现，得到的结果如图 2－12 所示。可以看出，对于例 2. 3 所需求的插值结果，分段线性插值与分段一元三点插值结果接近，它们的数值结果差异（在小数点后第四位数字上存在不同）在结果图中区分不明显。

程序 ex23p. m 列表及其运行结果如下：

```
%ex23p.m plot the result of ex23.m
function ex23p
x=[0.0,0.10,0.195,0.30,0.401,0.50];
y=[0.39894,0.39695,0.39142,0.38138,0.36812,0.35206];
table(x',y', 'VariableNames',{'x','y'}) %show data
x1=[0.15,0.30,0.45];
y11=interp1(x,y,x1); %调用分段线性插值函数
y12=threep(x,y,x1);  %分段一元三点插值 threep.m
table(x1', y11', y12', 'VariableNames',{'x1','y11','y12'})
plot(x,y,'o-.b',x1,y11,'*r',x1,y12,'+k','markersize',8)
legend('原数据点','分段线性插值','一元三点插值')
xlabel 'x'; ylabel 'y'; set(gca,'fontsize',15)

% threep.m interpolation by three points
function y1=threep(x,y,x1)
n=length(x); m=length(x1); y1=zeros(size(x1));
for m1=1:m
    for i1=2:n-1
        if(x1(m1)<=x(i1)); break; end
    end
    if(i1~=2 & i1~=n & (x1(m1)-x(i1-1))<(x(i1)-x1(m1)))
        i=i1-1;
    else
       if(i1==n); i=n-1; else; i=i1; end
    end
    xi1=x(i-1); xi2=x(i); xi3=x(i+1);
    a1=(x1(m1)-xi2)*(x1(m1)-xi3)/((xi1-xi2)*(xi1-xi3));
    a2=(x1(m1)-xi1)*(x1(m1)-xi3)/((xi2-xi1)*(xi2-xi3));
    a3=(x1(m1)-xi1)*(x1(m1)-xi2)/((xi3-xi1)*(xi3-xi2));
    y1(m1)=a1*y(i-1)+a2*y(i)+a3*y(i+1);
end
```

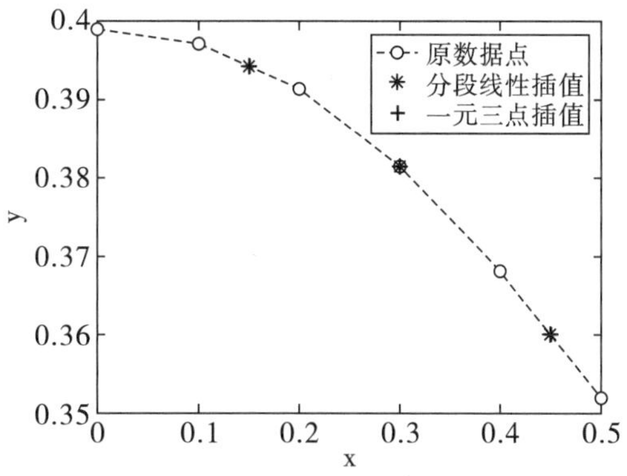

图 2－12 例 2.3 插值结果图

另外，采用分段一元三点插值，即采用分段的低阶多项式插值，使本节提到的龙格现象发散问题得以解决。由以下的 Matlab 程序 ex23L. m 运行得到的结果图 2－13 可以看出，由一元三点插值得到的结果（点线虚线）不存在发散。

```
%ex23L.m 龙格现象的发散及其解决
function ex23L
ymod=@(x) 1./(1+x.^2); %y=1./(1+x.^2)
x=-5:1:5; x1=-5:0.1:5; y=ymod(x); y1=ymod(x1);
%y11=lagrange(x,y,x1);   %10阶多项式插值
y11=polyval(polyfit(x,y,10),x1);
y12=threep(x,y,x1);   %分段一元三点插值
%plot the results
subplot(1,2,1); plot(x1,y1,'-b',x1,y11,'--r')
legend('1/(1+x^2)','10lagrange插值','location','N')
xlabel x; ylabel y; set(gca,'xtick',-5:2.5:5,'ylim',[-0.5,2],'fontsize',15)
subplot(1,2,2); plot(x1,y1,'-b',x1,y11,'--r',x1,y12,'-.g')
legend('1/(1+x^2)','10lagrange插值','分段一元三点插值','location','N')
xlabel x; ylabel y; set(gca,'xtick',-5:2.5:5,'ylim',[-0.5,2],'fontsize',15)

% threep.m interpolation by three points
function y1=threep(x,y,x1)
n=length(x); m=length(x1); y1=zeros(size(x1));
for m1=1:m
    for i1=2:n-1
        if(x1(m1)<=x(i1)); break; end
    end
    if(i1~=2 & i1~=n & (x1(m1)-x(i1-1))<(x(i1)-x1(m1)))
        i=i1-1;
    else
       if(i1==n); i=n-1; else; i=i1; end
    end
    xi1=x(i-1); xi2=x(i); xi3=x(i+1);
    a1=(x1(m1)-xi2)*(x1(m1)-xi3)/((xi1-xi2)*(xi1-xi3));
    a2=(x1(m1)-xi1)*(x1(m1)-xi3)/((xi2-xi1)*(xi2-xi3));
    a3=(x1(m1)-xi1)*(x1(m1)-xi2)/((xi3-xi1)*(xi3-xi2));
    y1(m1)=a1*y(i-1)+a2*y(i)+a3*y(i+1);
end
```

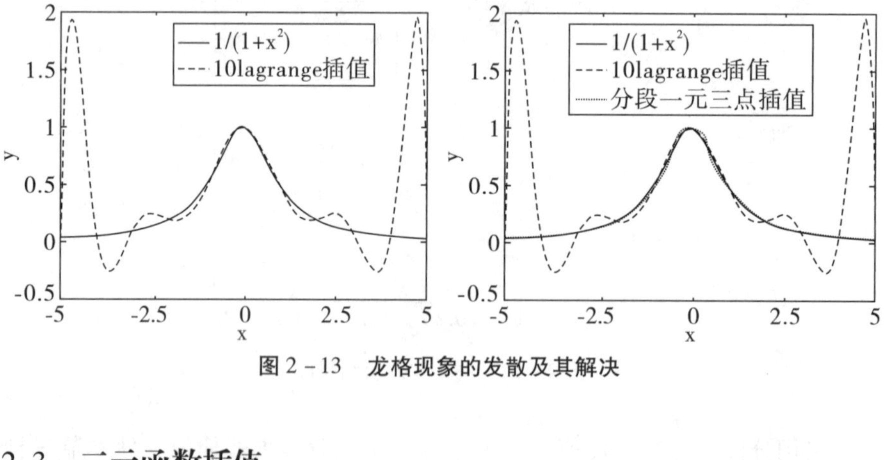

图 2-13　龙格现象的发散及其解决

2.2.3　二元函数插值

若已知 (x_i, y_i) 点上的函数值 $f_{i,j}=f(x_i, y_i)$，$i=1, 2, \cdots, n$；$j=1, 2, \cdots, m$，要求某点 (x, y) 的函数值 $f(x, y)$，可利用二元函数的拉格朗日插值公式（2-22）计算：

$$f(x,y) = \sum_{r=1}^{n} \sum_{s=1}^{m} \left(\prod_{\substack{k=1 \\ k \neq r}}^{n} \frac{x - x_k}{x_r - x_k}\right)\left(\prod_{\substack{l=1 \\ l \neq s}}^{m} \frac{y - y_l}{y_s - y_l}\right) f_{rs} \tag{2-22}$$

也可由二元分段插值求此函数值。

下面分别介绍二元函数插值中的二元分段线性插值和二元三点拉格朗日插值。

1. 二元分段线性插值

类似于一元函数的分段线性插值，二元函数的分段线性插值需首先确定插值点(x,y)的位置，$x_{i-1} \leqslant x \leqslant x_i$，$y_{j-1} \leqslant y \leqslant y_j$，并确定其邻近的四点，再利用二元分段线性插值公式 $f(x,y) = \sum_{r=i-1}^{i} \sum_{s=j-1}^{j} \left(\prod_{\substack{k=i-1 \\ k \neq r}}^{i} \frac{x - x_k}{x_r - x_k}\right)\left(\prod_{\substack{l=j-1 \\ l \neq s}}^{j} \frac{y - y_l}{y_s - y_l}\right) f_{rs}$ 计算。

二元分段线性插值计算流程如图 2－14 所示，其中子程序 dij 的计算流程结构是从一元分段线性插值的计算流程图 2－8 中的相同部分提取出来的。

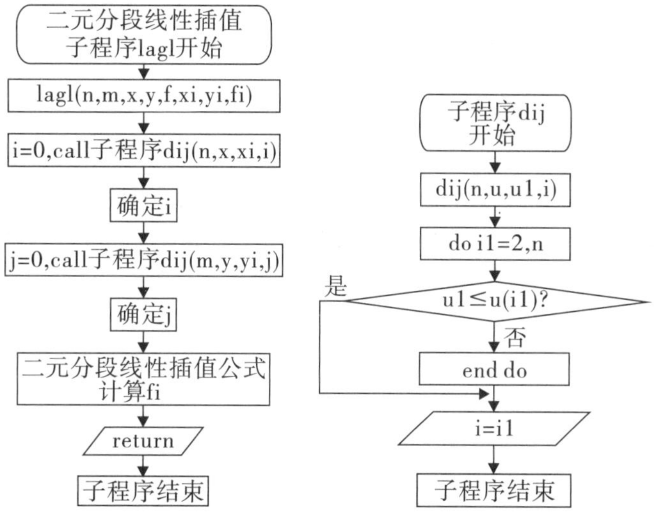

图 2－14　二元分段线性插值计算流程图

根据流程图 2－14，编制的二元分段线性插值 Fortran 子例程子程序 lagl. f 如下：

```
subroutine lagl(n,m,x,y,f,xi,yi,fi)
dimension x(n),y(m),f(n,m),a(2),b(2)
i=0
call dij(n,x,xi,i)
x1=x(i-1)
x2=x(i)
a(1)=(xi-x2)/(x1-x2)
a(2)=(xi-x1)/(x2-x1)
j=0
call dij(m,y,yi,j)
y1=y(j-1)
y2=y(j)
b(1)=(yi-y2)/(y1-y2)
b(2)=(yi-y1)/(y2-y1)
fi=0.0
i=i-2
```

```
j=j-2
do i1=1,2
    ix=i+i1
    do j1=1,2
        jy=j+j1
        fi=fi+a(i1)*b(j1)*f(ix,jy)
    end do
end do
return
end

subroutine dij(n,u,u1,i)
dimension u(n)
do i1=2,n
    if(u1.le.u(i1)) then
       exit
    end if
end do
i=i1
return
end
```

根据流程图 2－14，编制的二元分段线性插值 Matlab 函数文件 lagl. m 如下所示。另外，在 Matlab 环境中，可直接调用内置函数 interp2 实现二元分段线性插值的计算。

```
% lagl.m lagrange interp
function fi=lagl(x,y,f,xi,yi)
n=length(x); m=length(y); a=zeros(1,2); b=a;
i=dij(n,x,xi); x1=x(i-1); x2=x(i);
a(1)=(xi-x2)/(x1-x2); a(2)=(xi-x1)/(x2-x1);
j=dij(m,y,yi); y1=y(j-1); y2=y(j);
b(1)=(yi-y2)/(y1-y2); b(2)=(yi-y1)/(y2-y1);
fi=0; i=i-2; j=j-2;
for i1=1:2
    ix=i+i1;
    for j1=1:2
        jy=j+j1; fi=fi+a(i1)*b(j1)*f(ix,jy);
    end
end

function i=dij(n,u,u1)
for i1=2:n
    if u1<=u(i1)
        break
    end
end
i=i1;
```

或

```
fi=interp2(x,y,f,xi,yi)
```

2. 二元三点拉格朗日插值

类似于一元函数的一元三点插值，二元三点拉格朗日插值（以下简称“二元三点插值”）需首先确定插值点(x,y)的位置 $x_{i-1}\leqslant x\leqslant x_{i+1}$，$y_{j-1}\leqslant y\leqslant y_{j+1}$，并选定其邻近的九点，再利用二元三点拉格朗日插值公式 $f(x,y) = \sum_{r=i-1}^{i+1}\sum_{s=j-1}^{j+1}\left(\prod_{\substack{k=i-1\\k\neq r}}^{i+1}\frac{x-x_k}{x_r-x_k}\right)\left(\prod_{\substack{l=j-1\\l\neq s}}^{j+1}\frac{y-y_l}{y_s-y_l}\right)f_{rs}$ 计算。

二元三点插值计算流程如图 2－15 所示，其中子程序 tij 的计算流程结构是从一元三点插值计算流程图 2－9 中相同部分提取出来的，此处采用了图 2－9（b）的结构。

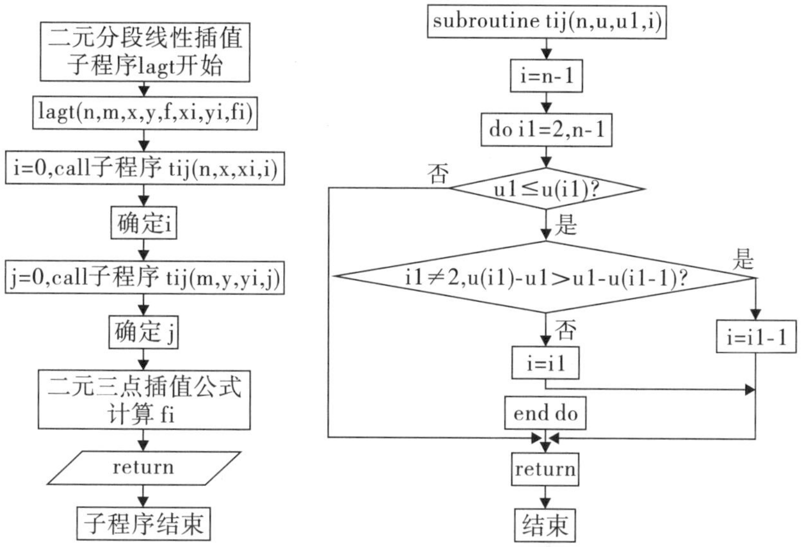

图 2－15　二元三点插值计算流程图

根据流程图 2－15，编制的二元三点插值 Fortran 子程序 lagt. f 如下：

```
      subroutine lagt(n,m,x,y,f,xi,yi,fi)
      dimension x(n),y(m),f(n,m),a(3),b(3)
      i=0
      j=0
      call tij(n,x,xi,i)
      call tij(m,y,yi,j)
      x1=x(i-1)
      x2=x(i)
      x3=x(i+1)
      y1=y(j-1)
      y2=y(j)
      y3=y(j+1)
      a(1)=(xi-x2)*(xi-x3)/((x1-x2)*(x1-x3))
      a(2)=(xi-x1)*(xi-x3)/((x2-x1)*(x2-x3))
      a(3)=(xi-x1)*(xi-x2)/((x3-x1)*(x3-x2))
      b(1)=(yi-y2)*(yi-y3)/((y1-y2)*(y1-y3))
      b(2)=(yi-y1)*(yi-y3)/((y2-y1)*(y2-y3))
      b(3)=(yi-y1)*(yi-y2)/((y3-y1)*(y3-y2))
      fi=0.0
      i=i-2
      j=j-2
      do i1=1,3
         ix=i+i1
```

```
        do j1=1,3
            jy=j+j1
            fi=fi+a(i1)*b(j1)*f(ix,jy)
        end do
    end do
    return
    end

    subroutine tij(n,u,u1,i)
    dimension u(n)
    i=n-1
    do i1=2,n-1
        if(u1.le.u(i1)) then
          if(i1.ne.2.and.(u1-u(i1-1)).lt.(u(i1)-u1)) then
             i=i1-1
          else
             i=i1
          end if
          exit
        end if
    end do
    return
    end
```

根据流程图 2 - 15 编制二元三点插值 Matlab 函数文件 lagt. m，列表如下：

```
%lagt.m the function for lagrange interpolation by three points
function fi=lagt(x,y,f,xi,yi)
a=zeros(1,3); b=zeros(1,3);
i=tij(x,xi);    %determine i
j=tij(y,yi);    %determine j
x1=x(i-1); x2=x(i); x3=x(i+1);
y1=y(j-1); y2=y(j); y3=y(j+1);
a(1)=(xi-x2)*(xi-x3)/((x1-x2)*(x1-x3));
a(2)=(xi-x1)*(xi-x3)/((x2-x1)*(x2-x3));
a(3)=(xi-x1)*(xi-x2)/((x3-x1)*(x3-x2));
b(1)=(yi-y2)*(yi-y3)/((y1-y2)*(y1-y3));
b(2)=(yi-y1)*(yi-y3)/((y2-y1)*(y2-y3));
b(3)=(yi-y1)*(yi-y2)/((y3-y1)*(y3-y2));
fi=0.0; i=i-2; j=j-2;
for i1=1:3
        ix=i+i1;
        for j1=1:3
            jy=j+j1; fi=fi+a(i1)*b(j1)*f(ix,jy);    %lagrange interpolation
        end
end

function i=tij(u,u1)
n=length(u); i=n-1;
for i1=2:n-1
     if(u1<=u(i1))
        if(i1~=2 & (u1-u(i1-1))<(u(i1)-u1))
            i=i1-1;
        else
            i=i1;
```

```
        end
        break;
    end
end
```

例 2.4 根据表 2－5 给出的数据，求(x_i,y_i)分别为(40,30)，(20,30)，(60,40)的函数值。

表 2－5 已知的二元函数 $f(x,y)$ 数据

x \ y	25	35	45
10	0.43674	0.61193	0.78756
30	0.43973	0.62003	0.80437
50	0.44455	0.63364	0.83431
70	0.44901	0.64707	0.86653

解： 本题的解法采用二元分段线性插值和二元三点插值法进行求解。根据已知的二元函数值 $f(x,y)$，利用二元函数插值法，可求得(x_i,y_i)处的函数值。

1. 二元分段线性插值

(1) 方法描述：通过主程序调用二元分段线性插值的子程序 lagl. f 或 lagl. m，实现插值函数的求值。

(2) 计算流程：计算流程如图 2－16 所示，主程序主要部分是已知数据的输入及计算结果的输出。

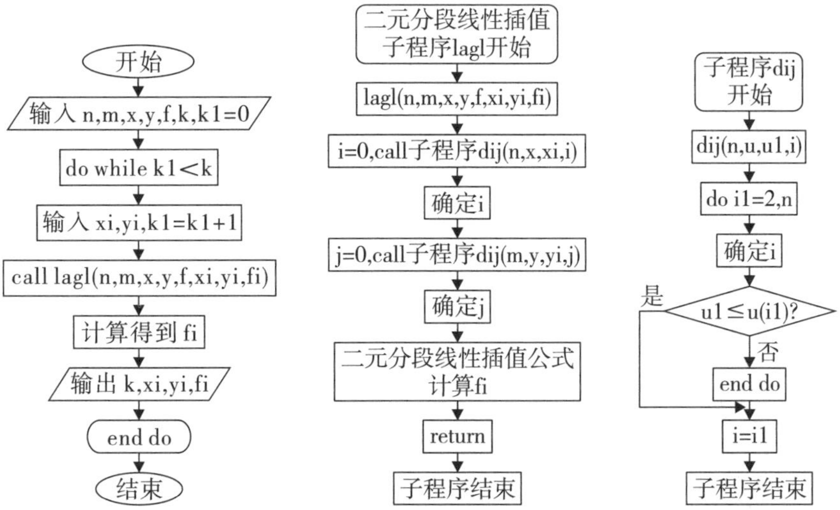

图 2－16 二元分段线性插值计算流程图

(3) 程序编制及运行：根据图 2－16，利用二元分段线性插值求函数值的程序 ex241. f 列表如下：

```
C      ex241.f the main program for interpolation
       dimension x(100),y(100),f(4,3)

       ir=9
       iw=10
       open(unit=ir,file='inp24.dat', status='unknown',form='formatted')
       open(unit=iw,file='out241.dat', status='unknown',form='formatted')
       read(ir,*) n,(x(i),i=1,n)
       read(ir,*) m,(y(i),i=1,m)
       read(ir,*) ((f(i,j),j=1,m),i=1,n)
       write(iw,*) 'n,m=',n,m
       write(iw,'(A5,4(1x,F10.1))') 'x=',(x(i),i=1,n)
       write(iw,'(A5,3(1x,F10.1))') 'y=',(y(j),j=1,m)
       write(iw,*) 'f(x,y)='
       write(iw,'(3(1x,F10.5))') ((f(i,j),j=1,m),i=1,n)
       read(ir,*) k
       write(iw,*) 'input the number of fi'
       write(iw,*) k
       write(iw,*) '          xi          yi              fi'
       k1=0
       do while (k1.lt.k)
          read(ir,*) xi,yi
          k1=k1+1
          call lagl(n,m,x,y,f,xi,yi,fi)
          write(iw,'(2F10.1,3x,F10.5))') xi,yi,fi
       end do
       close(ir)
       close(iw)
       stop
       end

       subroutine lagl(n,m,x,y,f,xi,yi,fi)
       dimension x(n),y(m),f(n,m),a(2),b(2)
       i=0
       call dij(n,x,xi,i)
       x1=x(i-1)
       x2=x(i)
       a(1)=(xi-x2)/(x1-x2)
       a(2)=(xi-x1)/(x2-x1)
       j=0
       call dij(m,y,yi,j)
       y1=y(j-1)
       y2=y(j)
       b(1)=(yi-y2)/(y1-y2)
       b(2)=(yi-y1)/(y2-y1)
       fi=0.0
       i=i-2
       j=j-2
       do i1=1,2
           ix=i+i1
           do j1=1,2
               jy=j+j1
               fi=fi+a(i1)*b(j1)*f(ix,jy)
           end do
       end do
       return
       end

       subroutine dij(n,u,u1,i)
```

```
        dimension u(n)
        do i1=2,n
            if(u1.le.u(i1)) then
                exit
            end if
        end do
        i=i1
        return
        end
```

程序 ex241. f 的输入数据文件 inp24. dat，内容如下：

```
4,10.,30.,50.,70.
3,25.,35.,45.
0.43674,0.61193,0.78756,
0.43973,0.62003,0.80437,
0.44455,0.63364,0.83431,
0.44901,0.64707,0.86653
3
40,30,
20,30,
60,40
```

程序 ex241. f 运行后，结果存入文件 out241. dat，内容如下：

```
n,m=            4           3
   x=        10.0        30.0        50.0        70.0
   y=        25.0        35.0        45.0
 f(x,y)=
     0.43674     0.61193     0.78756
     0.43973     0.62003     0.80437
     0.44455     0.63364     0.83431
     0.44901     0.64707     0.86653
 input the number of fi
            3
        xi          yi          fi
       40.0        30.0       0.53449
       20.0        30.0       0.52711
       60.0        40.0       0.74539
```

在 Matlab 环境中调用二元函数的分段线性插值子函数 lagl(x, y, f, x_i, y_i)，以及内置函数 interp2，可得到插值的函数值 f_i。Matlab 程序 ex241. m 列表如下：

```
%for ex241.m (二元函数插值)
function ex241
format short g    %for comparison
x=[10,30,50,70]; y=[25,35,45];
f=[0.43674,0.43973,0.44455,0.44901
0.61193,0.62003,0.63364,0.64707
0.78756,0.80437,0.83431,0.86653];
vnm={'x',['y' num2str(y(1))],['y' num2str(y(2))], ['y' num2str(y(3))]};
fxy=table(x',f(1,:)',f(2,:)',f(3,:)','VariableNames', vnm)
%二元函数插值
xi=[40,20,60]; yi=[30,30,40]; k=length(xi); flagl=zeros(1,k);
for i=1:k
    flagl(i)=lagl(x,y,f',xi(i),yi(i));    %lagrange interp
end
fi=interp2(x,y,f,xi,yi);                  %内置函数调用
```

```
fixy=table(xi',yi',flagl',fi','VariableNames', {'xi','yi','flagl','fi'})

% function lagl
function fi=lagl(x,y,f,xi,yi)
n=length(x); m=length(y); a=zeros(1,2); b=a;
i=dij(n,x,xi); x1=x(i-1); x2=x(i);
a(1)=(xi-x2)/(x1-x2); a(2)=(xi-x1)/(x2-x1);
j=dij(m,y,yi); y1=y(j-1); y2=y(j);
b(1)=(yi-y2)/(y1-y2); b(2)=(yi-y1)/(y2-y1);
fi=0; i=i-2; j=j-2;
for i1=1:2
    ix=i+i1;
    for j1=1:2
        jy=j+j1; fi=fi+a(i1)*b(j1)*f(ix,jy);
    end
end

%function dij
function i=dij(n,u,u1)
for i1=2:n
    if u1<=u(i1)
        break
    end
end
i=i1;
```

程序 ex241. m 运行后得到如下结果：

```
>> ex241
fxy =
    x       y25        y35        y45
    __    _______    _______    _______
    10    0.43674    0.61193    0.78756
    30    0.43973    0.62003    0.80437
    50    0.44455    0.63364    0.83431
    70    0.44901    0.64707    0.86653
fixy =
    xi    yi     flagl        fi
    __    __    _______    _______
    40    30    0.53449    0.53449
    20    30    0.52711    0.52711
    60    40    0.74539    0.74539
```

（4）结果分析：利用二元分段线性插值，在 Fortran 和 Matlab 中运行程序 ex241. f 和 ex241. m 得到的结果一致，也与在 Matlab 程序 ex241. m 中调用内置函数 interp2 得到的结果一致，所求的三个插值点的函数值分别为：

xi	yi	fi
40.0	30.0	0.53449
20.0	30.0	0.52711
60.0	40.0	0.74539

2. 二元三点插值

（1）方法描述：通过主程序调用二元三点插值子程序 lagt. f，实现插值函数的求值。该主程序与二元函数分段线性插值主程序类似，主要部分是已知数据的输入及计算结果的输出。

（2）计算流程：二元三点插值实现插值函数的求值计算流程如图 2－17 所示：

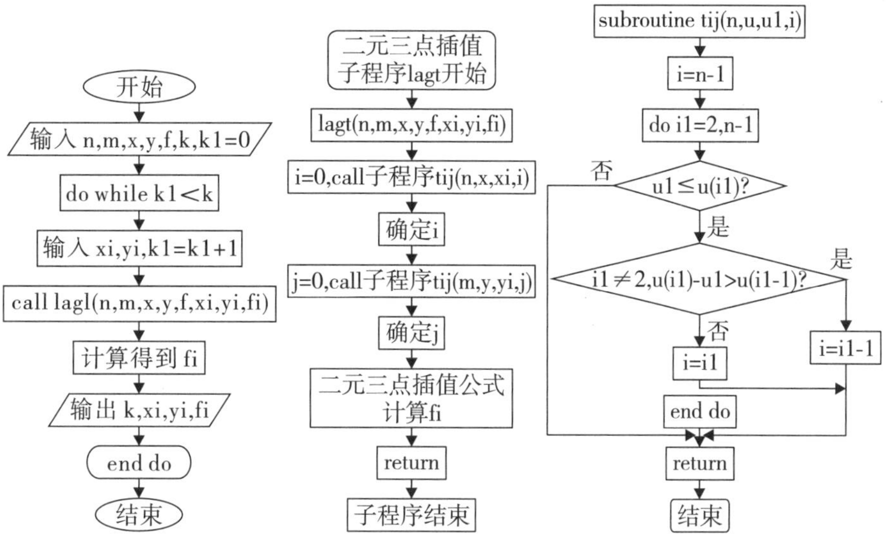

图 2－17 二元三点插值程序流程图

(3) 程序编制及运行：根据图 2－17，利用二元三点插值求函数值的程序 ex242. f 列表如下：

```
C      ex242.f the main program for interpolation
       dimension x(100),y(100),f(4,3)

       ir=9
       iw=10
       open(unit=ir,file='inp24.dat',
     1                   status='unknown',form='formatted')
       open(unit=iw,file='out242.dat',
     1                   status='unknown',form='formatted')
       read(ir,*) n,(x(i),i=1,n)
       read(ir,*) m,(y(i),i=1,m)
       read(ir,*) ((f(i,j),j=1,m),i=1,n)
       write(iw,*) 'n,m=',n,m
       write(iw,'(1x,A3,4(2x,F10.1))') 'x=',(x(i),i=1,n)
       write(iw,'(1x,A3,3(2x,F10.1))') 'y=',(y(j),j=1,m)
       write(iw,*) 'f(x,y)='
       write(iw,'(3(1x,F10.5))') ((f(i,j),j=1,m),i=1,n)
       read(ir,*) k
       write(iw,*) 'input the number of fi'
       write(iw,*) k
       write(iw,*) '        xi        yi           fi'
       k1=0
       do while (k1.lt.k)
         read(ir,*) xi,yi
         k1=k1+1
         call lagt(n,m,x,y,f,xi,yi,fi)
         write(iw,'(2F10.1,3x,F10.5)') xi,yi,fi
       end do
```

```
      close(ir)
      close(iw)
      stop
      end

      subroutine lagt(n,m,x,y,f,xi,yi,fi)
      dimension x(n),y(m),f(n,m),a(3),b(3)
      i=0
      j=0
      call tij(n,x,xi,i)
      call tij(m,y,yi,j)
      x1=x(i-1)
      x2=x(i)
      x3=x(i+1)
      y1=y(j-1)
      y2=y(j)
      y3=y(j+1)
      a(1)=(xi-x2)*(xi-x3)/((x1-x2)*(x1-x3))
      a(2)=(xi-x1)*(xi-x3)/((x2-x1)*(x2-x3))
      a(3)=(xi-x1)*(xi-x2)/((x3-x1)*(x3-x2))
      b(1)=(yi-y2)*(yi-y3)/((y1-y2)*(y1-y3))
      b(2)=(yi-y1)*(yi-y3)/((y2-y1)*(y2-y3))
      b(3)=(yi-y1)*(yi-y2)/((y3-y1)*(y3-y2))
      fi=0.0
      i=i-2
      j=j-2
      do i1=1,3
         ix=i+i1
         do j1=1,3
            jy=j+j1
            fi=fi+a(i1)*b(j1)*f(ix,jy)
         end do
      end do
      return
      end

      subroutine tij(n,u,u1,i)
      dimension u(n)
      i=n-1
      do i1=2,n-1
         if(u1.le.u(i1)) then
           if(i1.ne.2.and.(u1-u(i1-1)).lt.(u(i1)-u1)) then
              i=i1-1
           else
             i=i1
           end if
           exit
         end if
      end do
      return
      end
```

程序 ex242. f 的输入数据文件 inp2_2_4. dat，内容如下：

```
4,10.,30.,50.,70.
3,25.,35.,45.
0.43674,0.61193,0.78756,
0.43973,0.62003,0.80437,
0.44455,0.63364,0.83431,
0.44901,0.64707,0.86653
3
40,30,
20,30,
60,40
```

程序 ex242. f 运行后结果存入文件 out242. dat，内容如下：

```
n,m=          4          3
  x=        10.0       30.0       50.0       70.0
  y=        25.0       35.0       45.0
 f(x,y)=
    0.43674    0.61193    0.78756
    0.43973    0.62003    0.80437
    0.44455    0.63364    0.83431
    0.44901    0.64707    0.86653
 input the number of fi
          3
        xi          yi          fi
      40.0        30.0        0.53358
      20.0        30.0        0.52643
      60.0        40.0        0.74323
```

在 Matlab 环境中调用二元三点插值的函数 m 文件 lagt. m，可得到插值的函数值 f_i。Matlab 程序 ex242. m 如下：

```
%for ex242.m (二元函数的二元三点插值)   %例2.4
function ex242
format short g      % format showing
x=[10,30,50,70]; y=[25,35,45];
f=[0.43674,0.43973,0.44455,0.44901
0.61193,0.62003,0.63364,0.64707
0.78756,0.80437,0.83431,0.86653]';
vnm={'x',['y' num2str(y(1))],['y' num2str(y(2))], ['y' num2str(y(3))]};
fxy=table(x',f(:,1),f(:,2),f(:,3),'VariableNames', vnm)
%二元函数插值
xi=[40,20,60]; yi=[30,30,40]; k=length(xi);      %or length(yi)
fi=zeros(1,k);
for i=1:k
      fi(i)=lagt(x,y,f,xi(i),yi(i));
end
fixy=table(xi',yi',fi','VariableNames', {'xi','yi','fi'})

% function for lagrange interpolation by three points
function fi=lagt(x,y,f,xi,yi)
a=zeros(1,3); b=zeros(1,3);
i=tij(x,xi);   x1=x(i-1); x2=x(i); x3=x(i+1);
j=tij(y,yi);   y1=y(j-1); y2=y(j); y3=y(j+1);
a(1)=(xi-x2)*(xi-x3)/((x1-x2)*(x1-x3));
a(2)=(xi-x1)*(xi-x3)/((x2-x1)*(x2-x3));
a(3)=(xi-x1)*(xi-x2)/((x3-x1)*(x3-x2));
b(1)=(yi-y2)*(yi-y3)/((y1-y2)*(y1-y3));
```

```
b(2)=(yi-y1)*(yi-y3)/((y2-y1)*(y2-y3));
b(3)=(yi-y1)*(yi-y2)/((y3-y1)*(y3-y2));
fi=0.0; i=i-2; j=j-2;
for i1=1:3
        ix=i+i1;
        for j1=1:3
            jy=j+j1; fi=fi+a(i1)*b(j1)*f(ix,jy);    %lagrange interpolation
        end
end

function i=tij(u,u1)
n=length(u); i=n-1;
for i1=2:n-1
       if u1<=u(i1)
          if i1~=2 && u1-u(i1-1)<u(i1)-u1
              i=i1-1;
          else
              i=i1;
          end
          break;
       end
end
```

程序 ex242. m 运行后得到如下结果：

```
>> ex242
fxy =
       x          y25           y35           y45
      ___       _______       _______       _______
      10        0.43674       0.61193       0.78756
      30        0.43973       0.62003       0.80437
      50        0.44455       0.63364       0.83431
      70        0.44901       0.64707       0.86653

fixy =
       xi     yi       fi
      ___     ___    _______
      40      30     0.53358
      20      30     0.52643
      60      40     0.74323
```

（4）结果分析：从程序 ex242. f 和 ex242. m 运行得到的数值结果可以看出，二元三点插值的 Fortran 程序与 Matlab 程序得到的结果一致。

3. 两种方法结果比较

比较分段线性插值和二元三点插值得到的数值结果 f_{i1} 和 f_i（如下所示），可以看出在小数点后第三位数字上数值出现不同。

xi	yi	fi1	fi
40.0	30.0	0.53449	0.53358
20.0	30.0	0.52711	0.52643
60.0	40.0	0.74539	0.74323

在 Matlab 中，将分段线性插值和二元三点插值的结果进行比较，由程序 ex24p. m 实现，其结果如图 2－18 所示。可以看出：两种方法得到的结果接近，数值结果（在小数点后第三位数字上）不同，在结果图中区分不明显。

```
%ex24p.m   %例2.4 plot the results
function ex24p
x=[10,30,50,70]; y=[25,35,45];
f=[0.43674,0.43973,0.44455,0.44901
0.61193,0.62003,0.63364,0.64707
0.78756,0.80437,0.83431,0.86653];
vnm={'x',['y' num2str(y(1))],['y' num2str(y(2))], ['y' num2str(y(3))]};
fxy=table(x',f(1,:)',f(2,:)',f(3,:)','VariableNames', vnm)
%ex241.m 二元函数线性插值内置函数调用
xi=[40,20,60]; yi=[30,30,40]; fi1=interp2(x,y,f,xi,yi);
fi1v=table(xi',yi',fi1','VariableNames', {'xi','yi','fi1'})
%ex242.m 二元三点插值函数调用
k=length(xi); fi=zeros(1,k);    f=f';
for i=1:k; fi(i)=lagt(x,y,f,xi(i),yi(i)); end
fiv=table(xi',yi',fi','VariableNames', {'xi','yi','fi'})
%plot 二元函数插值结果图示
[n,m]=size(f); f=reshape(f,1,n*m);
X=x'*ones(1,length(y)); X=reshape(X,1,n*m);
Y=ones(length(x),1)*y; Y=reshape(Y,1,n*m);
plot3(X,Y,f,'ok',xi,yi,fi1,'*r',xi,yi,fi,'+b','markersize',8)
hold on; plot3(xi,yi,fi,'+b','markersize',15)
legend('原数据点','分段线性插值','二元三点插值'); grid
xlabel 'x'; ylabel 'y'; zlabel 'f'; set(gca,'fontsize',15)
% function for lagrange interpolation by three points
function fi=lagt(x,y,f,xi,yi)
a=zeros(1,3); b=zeros(1,3);
i=tij(x,xi);    x1=x(i-1); x2=x(i); x3=x(i+1);
j=tij(y,yi);    y1=y(j-1); y2=y(j); y3=y(j+1);
a(1)=(xi-x2)*(xi-x3)/((x1-x2)*(x1-x3));
a(2)=(xi-x1)*(xi-x3)/((x2-x1)*(x2-x3));
a(3)=(xi-x1)*(xi-x2)/((x3-x1)*(x3-x2));
b(1)=(yi-y2)*(yi-y3)/((y1-y2)*(y1-y3));
b(2)=(yi-y1)*(yi-y3)/((y2-y1)*(y2-y3));
b(3)=(yi-y1)*(yi-y2)/((y3-y1)*(y3-y2));
fi=0.0; i=i-2; j=j-2;
for i1=1:3
        ix=i+i1;
        for j1=1:3
            jy=j+j1; fi=fi+a(i1)*b(j1)*f(ix,jy);    %lagrange interpolation
        end
end

function i=tij(u,u1)
n=length(u); i=n-1;
for i1=2:n-1
     if u1<=u(i1)
        if i1~=2 && u1-u(i1-1)<u(i1)-u1
            i=i1-1;
        else
            i=i1;
        end
        break;
     end
end
```

Matlab 程序 ex24p. m 的运行结果如下所示，分别给出二元函数的分段线性插值、二元三点插值的数值结果和结果图示（见图 2－18）。

```
>> ex24p
fxy =
      x        y25        y35        y45
      __       _______    _______    _______
      10       0.43674    0.61193    0.78756
      30       0.43973    0.62003    0.80437
      50       0.44455    0.63364    0.83431
      70       0.44901    0.64707    0.86653
fi1v =
      xi    yi    fi1
      __    __    _______
      40    30    0.53449
      20    30    0.52711
      60    40    0.74539
fiv =
      xi    yi    fi
      __    __    _______
      40    30    0.53358
      20    30    0.52643
      60    40    0.74323
```

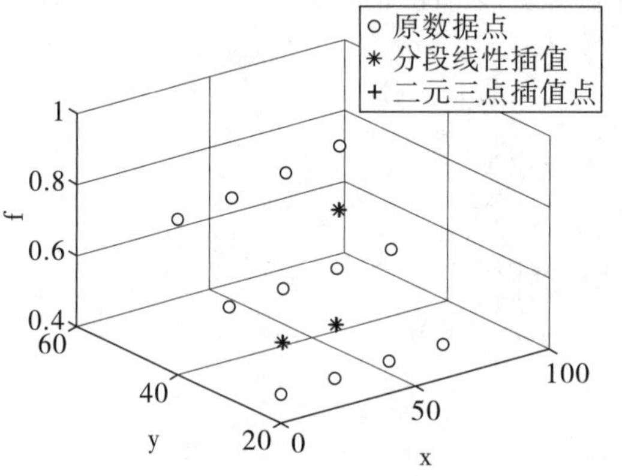

图 2-18　例 2.4 的插值结果图

2.2.4　插值法在 Matlab 中的实现

Matlab 提供的插值内置函数可从其帮助信息中得到：Mathematics - polynomials and interpolation - interpolation - interpolation function summary。

一元函数插值的内置函数 interp1 的调用：interp1（x，y，x_i，‘method’），method 用来指定插值算法，分别有“nearest”线性最近项插值，“linear”线性插值，“spline”三次样条插值，“cubic”三次插值。

二元函数插值的内置函数 interp2 的调用：interp2（x，y，z，x_i，y_i，‘method’），method 用来指定插值算法，其方式类同于一元函数插值。

2.3　最小二乘拟合

由观测或实验测得物理量 x 与 y 的 n 组数据(x_i, y_i)（$i=1$，2，…，n）中 x_i 不同，希

望能从 n 组数据中找出反映物理量 x 和 y 之间依赖的数学关系式，这是在自然科学中常常碰到的寻找经验公式或模型的问题。

2.3.1 最小二乘原理

如果实验中测得的两个物理量的 n 组数据（x_i，y_i）$(i=1, 2, \cdots, n)$ 具有函数关系 $y=f(x, a_1, a_2, \cdots, a_m)$，其中 a_1，a_2，$\cdots$，a_m（$m<n$）是 m 个未知参数，为寻找这 m 个参数的最佳估计值，可要求变量 y 的 n 个观测值 y_i 与其真值的估计值（拟合值）$\hat{y}_i$ 之差的平方和为最小，即 $Q=\sum_{i=1}^{n}(y_i-\hat{y}_i)^2=\sum_{i=1}^{n}[y_i-f(x_i,\hat{a}_1,\hat{a}_2,\cdots,\hat{a}_m)]^2$ 为最小。通过求极值的方法确定 m 个参数 a_1，a_2，$\cdots$，a_m 的最佳估计值 $\hat{a}_1$，$\hat{a}_2$，$\cdots$，$\hat{a}_m$：

$$\frac{\partial Q}{\partial \hat{a}_j}=0, \quad j=1, 2, \cdots, m \tag{2-23}$$

由此得到两个物理量的确定函数关系 $y=f(x_i, \hat{a}_1, \hat{a}_2, \cdots, \hat{a}_m)$，该方法是最小二乘拟合，依据的理论是最小二乘原理。

若 y_i 是非等精度观测值，权重因子为 $w_i(w_i=\frac{1}{\sigma_i^2})$，则最小二乘原理要求下式最小：

$$Q=\sum_{i=1}^{n}w_i(y_i-\hat{y}_i)^2=\sum_{i=1}^{n}w_i[y_i-f(x_i,\hat{a}_1,\hat{a}_2,\cdots,\hat{a}_m)]^2 \tag{2-24}$$

2.3.2 线性最小二乘拟合

设已经通过某种实验观测手段测得了 n 组数据（x_i，y_i）$(i=1, 2, \cdots, n)$，其中，x_i 为自变量 x 的值，y_i 表示某一关于 x 的函数 $y(x)$ 在 $x=x_i$ 处的观测值，而确定的函数关系 $y=y(x)$ 未知。取某一有限函数系 $\varphi_1(x)$，$\varphi_2(x)$，$\cdots$，$\varphi_m(x)$，$m<n$，并假定它们在包含数据基点 x_i 的一个区域内是线性独立的，则根据观测数据（x_i，y_i），可由该函数系的线性组合在某种意义上近似地表示函数 $y(x)$：

$$y(x)\approx a_1\varphi_1(x)+\cdots+a_m\varphi_m(x) \tag{2-25}$$

常用的函数系有幂函数系 $\{x^j\}$，三角函数系 $\{\sin(jx)\}$，指数函数系 $\{e^{\lambda_j x}\}$ 等，函数 $y(x)$ 的表达式对 $a_j(j=1, 2, \cdots, m)$ 而言是线性的。由最小二乘原理确定系数 $a_j(j=1, 2, \cdots, m)$，即由 $Q=\sum_{i=1}^{n}[\sum_{j=1}^{m}a_j\varphi_j(x_i)-y_i]^2$ 最小确定系数 $a_j(j=1, 2, \cdots, m)$，由此得到观测数据的线性最小二乘拟合式（2-25）。

本节介绍由函数系 $\{1, x\}$ 和 $\{1, x, x^2, \cdots, x^m\}$ 线性组合近似地表示函数 $y(x)$，即介绍直线最小二乘拟合、多项式最小二乘拟合及其 Fortran 程序和 Matlab 程序实现。

2.3.3 直线最小二乘拟合

设自变量 x 和因变量 y 具有线性关系 $y=a+bx$，式中 a 和 b 是两个待定参数，实验已测得 n 组观测数据（x_i，y_i）$(i=1, 2, \cdots, n)$。假定 x 的观测误差很小，y 为等精度观测，由最小二乘原理可求得参数 a 和 b 的最佳估计值 $\hat{a}$ 和 $\hat{b}$，则 $y=\hat{a}+\hat{b}x$ 为由 n 组观测数据（x_i，y_i）$(i=1, 2, \cdots, n)$ 确定的直线最小二乘拟合关系式。

最小二乘原理式（2-23）要求 $Q=\sum_{i=1}^{n}(y_i-\hat{a}-\hat{b}x_i)^2$ 为最小，有：

$$\frac{\partial Q}{\partial \hat{a}} = -2\sum_{i=1}^{n}(y_i - \hat{a} - \hat{b}x_i) = 0$$

$$\frac{\partial Q}{\partial \hat{b}} = -2\sum_{i=1}^{n}(y_i - \hat{a} - \hat{b}x_i)x_i = 0 \tag{2-26}$$

得到如下关系式：

$$\hat{a} = \frac{\sum_{i=1}^{n} y_i \sum_{i=1}^{n} x_i^2 - \sum_{i=1}^{n} x_i \sum_{i=1}^{n} x_i y_i}{n\sum_{i=1}^{n} x_i^2 - (\sum_{i=1}^{n} x_i)^2} \tag{2-27}$$

$$\hat{b} = \frac{n\sum_{i=1}^{n} x_i y_i - \sum_{i=1}^{n} x_i \sum_{i=1}^{n} y_i}{n\sum_{i=1}^{n} x_i^2 - (\sum_{i=1}^{n} x_i)^2} \tag{2-28}$$

在直线最小二乘拟合 $y = a + bx$ 中，判断自变量 x 和因变量 y 之间线性关系密切程度的一个量，称为相关系数 γ。若将 x 看成是 y 的函数，则有 $x = a' + b'y$，利用直线最小二乘拟合同样的方法可得：

$$\hat{b}' = \frac{n\sum_{i=1}^{n} x_i y_i - \sum_{i=1}^{n} x_i \sum_{i=1}^{n} y_i}{n\sum_{i=1}^{n} y_i^2 - (\sum_{i=1}^{n} y_i)^2} \tag{2-29}$$

如果 x 和 y 之间存在完全线性相关的关系，有 $y = -\frac{a'}{b'} + \frac{1}{b'}x = a + bx$，则 $bb' = 1$；如果 x 和 y 不相关，则 b 和 b'都为零。

相关系数定义为 $\gamma = \sqrt{bb'}$，其值介于 0 至 1 之间，由最小二乘拟合得到的最佳估计值 b 和 b' 给出相关系数表达式：

$$\gamma = \frac{n\sum_{i=1}^{n} x_i y_i - \sum_{i=1}^{n} x_i \sum_{i=1}^{n} y_i}{\sqrt{[n\sum_{i=1}^{n} x_i^2 - (\sum_{i=1}^{n} x_i)^2][n\sum_{i=1}^{n} y_i^2 - (\sum_{i=1}^{n} y_i)^2]}} \tag{2-30}$$

观测数据$(x_i, y_i)(i = 1, 2, \cdots, n)$的直线最小二乘拟合（$y = a + bx$）的均方差为：

$$\sigma^2 = \frac{Q}{n} = \frac{\sum_{i=1}^{n}(y_i - \hat{a} - \hat{b}x_i)^2}{n} \tag{2-31}$$

标准误差（均方根误差）或标准偏差为：

$$\sigma = \sqrt{\frac{\sum_{i=1}^{n}(y_i - \hat{a} - \hat{b}x_i)^2}{n}} \text{ 或 } \sigma = \sqrt{\frac{\sum_{i=1}^{n}(y_i - \hat{a} - \hat{b}x_i)^2}{n-1}} \tag{2-32}$$

直线最小二乘拟合计算流程如图 2-19 所示，其中，已知 n 组自变量为 x、因变量为 y 的实验数据，*yest* 为直线最小二乘拟合得到的函数 y 的值，a 和 b 为拟合参数最佳估计值，*sigma* 为标准偏差，r 为相关系数。

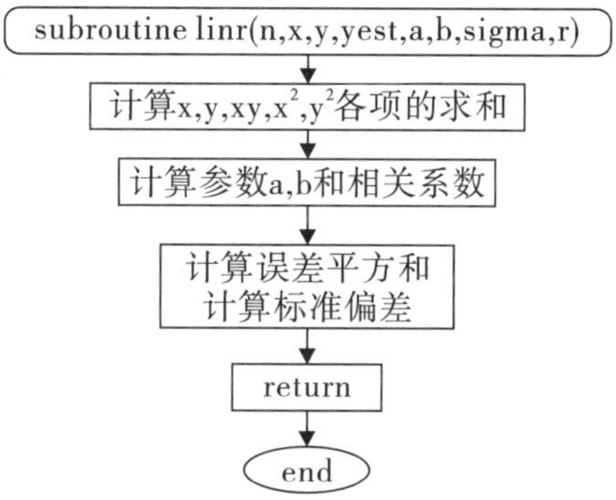

图 2－19　直线最小二乘拟合子程序流程图

根据直线最小二乘拟合子程序流程图 2－19，编制 Fortran 子例程子程序 subroutine linr($n,x,y,yest,a,b,sigma,r$)，程序列表如下：

```
subroutine linr(n,x,y,yest,a,b,sigma,r)
dimension x(n),y(n),yest(n)

sx=0.0
sy=0.0
xy=0.0
xx=0.0
yy=0.0
q=0.0
do i=1,n
   sx=sx+x(i)
   sy=sy+y(i)
   xy=xy+x(i)*y(i)
   xx=xx+x(i)*x(i)
   yy=yy+y(i)*y(i)
end do
a=(sy*xx-sx*xy)/(n*xx-sx*sx)
b=(n*xy-sx*sy)/(n*xx-sx*sx)
r=(xy-sx*sy/n)/sqrt((xx-sx*sx/n)*(yy-sy*sy/n))
do i=1,n
   yest(i)=a+b*x(i)
   q=q+(y(i)-yest(i))**2
end do
sigma=sqrt(q/(n-1))
return
end
```

Matlab 环境中直线最小二乘拟合可调用内置函数 polyfit($x,y,1$)得到最佳参数估计 a 和 b，标准偏差的内置函数为 std( )、标准误差平方（均方差）的内置函数为mse( )，相关系数的计算可调用内置函数 corrcoef(x,y)，具体函数语句如下：

```
A=polyfit(x,y,1);
y1=subs(poly2sym(A),'x',x);    %y1=A(2)+A(1)*x;
sigma=std(y-y1);               %sigma=sqrt(sum((y-y1).^2)/(n-1))
merr=sqrt(mse(y-y1));          %merr=sqrt(sum((y-y1).^2)/(n))
r=corrcoef(x,y);
A,sigma,merr,r
```

例 2.5 已知两个变量的十组观测数据 $(x_i, y_i)(i=1, 2, \cdots, 10)$，见表 2－6。根据直线最小二乘拟合给出因变量 y 与自变量 x 关系中参数的最佳估计值，同时由观测数据给出 y 与 x 的相关系数、拟合的标准偏差以及拟合的标准误差（均方根误差）。

表 2－6 两个变量的十组观测数据

x	4.0	8.0	12.5	16.0	20.0	25.0	31.0	35.0	40.0	40.0
y	3.7	7.8	12.1	15.6	19.8	24.5	31.1	35.5	39.4	39.5

解：（1）问题分析：对所给的数据进行分析，可以看出：随 x 值的增大，y 值增大。假设因变量 y 与自变量 x 呈线性关系，即 $y = a + bx$，应用直线最小二乘原理对观测数据进行拟合，可给出拟合参数 a 和 b、x 和 y 的相关系数，拟合的标准偏差以及标准误差（均方根误差）。

（2）计算流程：根据本题给出的观测数据及式（2－27）至式（2－32），编制直线最小二乘拟合计算流程，如图 2－20 所示：

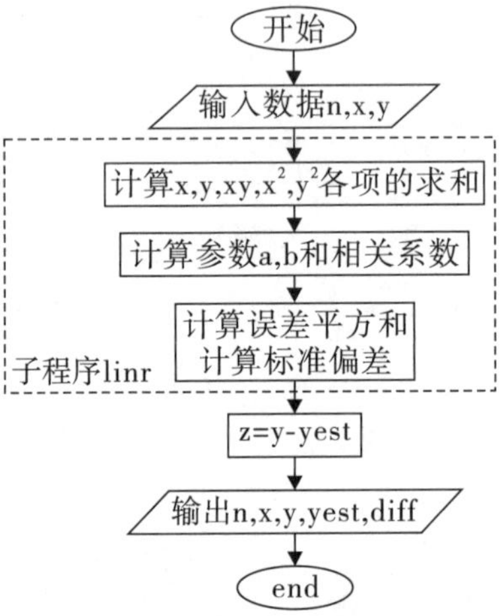

图 2－20 直线最小二乘拟合流程图

（3）程序编制及运行：根据图 2－20，编制计算的 Fortran 程序 ex25. f，程序中观测数据在主程序 data 块中输入，通过对子例程子程序 linr 的调用，实现相关量的数值求解，计算结果在 out25. dat 中记录。程序 ex25. f 列表如下：

```
c       ex25.f   program for call the subroutine linr
        real x0(10),y0(10),yest(10)
        data x0/4.0,8.0,12.5,16.0,20.0,25.0,31.0,35.0,40.0,40.0/
        data y0/3.7,7.8,12.1,15.6,19.8,24.5,31.1,35.5,39.4,39.5/

        ir=10
        open(unit=ir,file='out25.dat',status='unknown',form='formatted')
        n=10
        call linr(n,x0,y0,yest,a,b,sigma,r)
        write(*,'(//2x,A1,7x,A5,7x,A5,7x,A9,7x,A4/)')
     1          'i','x0(i)','y0(i)','a+b*x0(i)','diff'
        write(ir,'(//2x,A1,7x,A5,7x,A5,7x,A9,7x,A4/)')
     1          'i','x0(i)','y0(i)','a+b*x0(i)','diff'
```

```
      do i=1,n
        z=y0(i)-yest(i)
        write(*,'(I3,4F13.4)') i,x0(i),y0(i),yest(i),z
        write(ir,'(I3,4F13.4)') i,x0(i),y0(i),yest(i),z
      end do
      write(*,'(/2x,A2,F7.4,4x,A2,F7.4,4x,A6,F5.4,4x,A2,F5.4)')
     1             'a=',a,'b=',b,'sigma=',sigma,'r=',r
      write(ir,'(/2x,A2,F7.4,4x,A2,F7.4,4x,A6,F5.4,4x,A2,F5.4)')
     1             'a=',a,'b=',b,'sigma=',sigma,'r=',r
      close(ir)
      stop
      end
      `
      subroutine linr(n,x,y,yest,a,b,sigma,r)
      dimension x(n),y(n),yest(n)
      sx=0.0
      sy=0.0
      xy=0.0
      xx=0.0
      yy=0.0
      q=0.0
      do i=1,n
        sx=sx+x(i)
        sy=sy+y(i)
        xy=xy+x(i)*y(i)
        xx=xx+x(i)*x(i)
        yy=yy+y(i)*y(i)
      end do
      a=(sy*xx-sx*xy)/(n*xx-sx*sx)
      b=(n*xy-sx*sy)/(n*xx-sx*sx)
      r=(xy-sx*sy/n)/sqrt((xx-sx*sx/n)*(yy-sy*sy/n))
      do i=1,n
        yest(i)=a+b*x(i)
        q=q+(y(i)-yest(i))**2
      end do
      sigma=sqrt(q/(n-1))
      return
      end
```

在 Fortran 环境中运行程序 ex25. f，得到在文件 out25. dat 中记录的计算结果：

```
  i        x0(i)        y0(i)     a+b*x0(i)       diff

  1       4.0000       3.7000       3.7032      -0.0032
  2       8.0000       7.8000       7.7130       0.0870
  3      12.5000      12.1000      12.2240      -0.1240
  4      16.0000      15.6000      15.7325      -0.1325
  5      20.0000      19.8000      19.7423       0.0577
  6      25.0000      24.5000      24.7545      -0.2545
  7      31.0000      31.1000      30.7692       0.3308
  8      35.0000      35.5000      34.7790       0.7210
  9      40.0000      39.4000      39.7912      -0.3912
 10      40.0000      39.5000      39.7912      -0.2912

  a=-0.3066    b= 1.0024    sigma=.3293    r=.9997
```

根据计算流程图 2－20，编制 Matlab 程序 ex25. m，其程序列表如下：

```
% ex25.m 求线性最小二乘拟合最佳估计值a和b、标准偏差、相关系数。
x=[4,8,12.5,16,20,25,31,35,40,40];
y=[3.7,7.8,12.1,15.6,19.8,24.5,31.1,35.5,39.4,39.5];
```

```
A=polyfit(x,y,1); ys=poly2sym(A); y1=polyval(A,x,1); %y1=A(2)+A(1)*x;
sigma=std(y-y1); sigma_e=sqrt(mse(y-y1)); r=corrcoef(x,y);
%showing the data
compar = table(x', y', y1',y'-y1', 'variablename', {'x', 'y', 'y1', 'dy'})
ys, A, sigma, sigma_e , r
plot(x,y,'+r',x,y1,'-b','markersize',10);
legend('观测数据点','直线最小二乘拟合','location', 'NW');
text(28,13,['a = ', num2str(A(2)); 'b =    ', num2str(A(1))],'fontsize',14)
text(28,5,['\sigma = ', num2str(sigma,4); '\sigma_e=', num2str(sigma_e,4); ...
      '\gamma = ', num2str(r(1,2),4)], 'fontsize',14)
xlabel 'x'; ylabel 'y'; set(gca,'fontsize',15)
```

在 Matlab 环境中运行 ex25. m 程序，计算得到的数值结果和结果图 2－21 如下：

```
>> ex25

compar =
       x          y           y1            dy
     ____       ____       ______       ________
        4        3.7       3.7032       -0.00318
        8        7.8        7.713        0.08704
     12.5       12.1       12.224       -0.12396
       16       15.6       15.733       -0.13252
       20       19.8       19.742       0.057701
       25       24.5       24.755       -0.25452
       31       31.1       30.769        0.33081
       35       35.5       34.779        0.72103
       40       39.4       39.791        -0.3912
       40       39.5       39.791        -0.2912

ys =
(61912*x)/61761 - 5523207991057121/18014398509481984

A =
     1.0024     -0.3066
sigma =
      0.3293
sigma_e =
     0.3124
r =
     1.0000       0.9997
     0.9997       1.0000
```

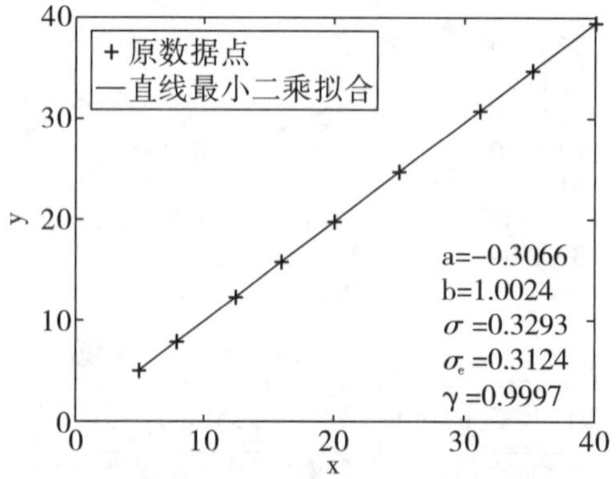

图 2－21　例 2.5 的直线拟合结果图

（4）结果分析：从上可以看出，利用 Fortran 程序和 Matlab 程序计算得到拟合参数 a 和 b，x 和 y 的相关系数 r 以及拟合的标准偏差 $sigma$ 的数值结果一致，即：$a = -0.3066$，$b = 1.0024$，$sigma = 0.3293$，$sigma\_e = 0.3124$，$r = 0.9997$。

在 Matlab 程序 ex25.m 中，原数据点和直线最小二乘拟合的直线在同一图上显示，如图 2-21 所示。可以看出，对自变量 x 和因变量 y 的关系用直线关系描述是合适的，它们的相关系数为 0.9997，拟合的标准偏差 σ 和标准误差 σ_e 分别为 0.3293 和 0.3124，函数 y 的观测值基本位于拟合直线上。

另外，这里特别强调，在最小二乘拟合时，拟合关系式的选择是很重要的，通常它由物理规律或观测数据分布确定，不一定满足直线关系式。但在某些情况下，通过变量替换的方法，可将因变量和自变量的关系式转换为直线关系式的模型，也可采用以上的直线最小二乘拟合方法进行拟合。典型模型有：

（1）幂函数模型 $y = dx^b$，对该模型关系式等式两边同时求对数，并令：$y' = \log y$，$x' = \log x$，$a = \log d$，则原关系式变形为直线关系式：$y' = a + bx'$。

（2）指数函数模型 $y = de^{bx}$，对该模型关系式等式两边同时求自然对数，并令：$y' = \ln y$，$a = \ln d$，则原关系式变形为直线关系式：$y' = a + bx$。

（3）对数函数模型 $y = a + b\log x$，对该模型关系式进行变量替换，并令：$x' = \log x$，则原关系式变形为直线关系式：$y = a + bx'$。

（4）双曲线函数模型 $\frac{1}{y} = a + b\frac{1}{x}$，对该模型关系式进行变量替换，并令：$y' = \frac{1}{y}$，$x' = \frac{1}{x}$，则原关系式变形为直线关系式：$y' = a + bx'$。

2.3.4 多项式最小二乘拟合

已知 m 个数据点 $(x_i, y_i)(i = 1, 2, \cdots, m)$，对这些数据进行自变量为 x、因变量为 y 的 n $(n < m)$ 阶多项式最小二乘拟合，在 Matlab 环境下可直接调用内置函数得到降幂表达式中的拟合系数 A = polyfit(x, y, n) 或 [A, s] = polyfit(x, y, n)，由 s 可得到拟合误差，通过拟合系数 A 可得到多项式最小二乘拟合的符号表达式 poly2sym(A)、多项式最小二乘拟合值 y_1 = polyval(A, x) 或 [y_1, deltay1] = polyval(A, x, s)、数据点拟合的标准偏差 std($y - y_1$)、均方误差 mse($y - y_1$) 以及各拟合点的误差估计 deltay1。

例 2.6 已知自变量 x 的五个点及其对应的函数值 y 如表 2-7 所示：

表 2-7 已知的五个点（x，y）的数据

x	-2	-0.4	-0.2	1	4
y	24	-0.2688	-0.0766	0	480

试对其进行四阶多项式最小二乘拟合，给出 y 与 x 关系的拟合表达式，并对 x_1 = -1.5，-1，-0.2，0，0.4，0.8，1.5，2.0 的四阶多项式拟合值、五个已知点为插值基点和样本值的拉格朗日插值值进行比较。

解：（1）问题分析：对已知的五个数据点进行四阶多项式最小二乘拟合，设拟合参数为 $A = (a_0, a_1, a_2, a_3, a_4)$，有 $y = a_0x^4 + a_1x^3 + a_2x^2 + a_3x + a_4$，在 Matlab 环境下，调用内置的多项式最小二乘拟合函数 polyfit(x, y, 4)，获得四阶多项式的拟合系数 A，由此给出拟合的表达式 poly2sym(A)、在 x_1 各点的拟合值 polyval(A, x_1)；基于五个已知点为插值基点和样本值，在 x_1 点的拉格朗日插值值由函数文件 lagrange. m 调用得到。

（2）计算流程：基于多项式拟合的 Matlab 内置函数调用，得到最小二乘拟合结果；基于已知点作为插值基点和样本点，如同例 2. 2 进行四阶拉格朗日插值计算，由此对 x_1 各点的拟合值和插值值进行比较。该计算流程如图 2 - 22 所示：

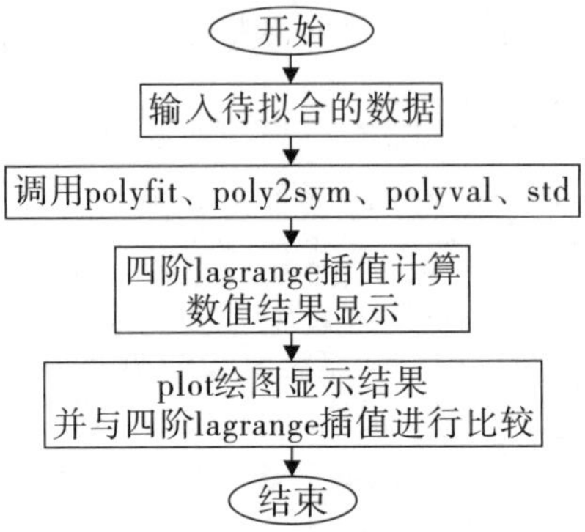

图 2 - 22　多项式最小二乘拟合计算流程图

（3）程序编制及运行：依据流程图 2 - 22，Matlab 程序 ex26. m 列表如下：

```
%ex26.m   例2.6
function ex26
x0=[-2,-0.4,-0.2,1,4]; y0=[24,-0.2688,-0.0766,0,480];
x1=[-1.5,-1,-0.2,0,0.4,0.8,1.5,2.0];
A=polyfit(x0,y0,4); y=poly2sym(A); yv=polyval(A,x0); sigm=std(yv-y0);
yfit=polyval(A,x1);            %x1的4阶多项式最小二乘拟合值
ylag=lagrange(x0,y0,x1);      %lagrange.m for lagrange interp
%show results by data table
vpa(A,4),vpa(y,4),sigm,
table(x1',yfit',ylag','variablenames', {'x1','yfit','ylag'})
% show results by figure
plot(x0,y0,'bo'); hold on; h=fplot(y,[-2.5,5]); set(h,'color','k')
plot(x1,ylag,'*r','markersize',8); axis([-2.5,5,-50,1000]);
legend('原数据点','yfit','ylag ','location','NW')
%show the inter and fit error
inx0=find(x0==-0.2); inx1=find(x1==-0.2);
deltlag=y0(inx0)-ylag(inx1); deltfit=y0(inx0)-yfit(inx1);
text(-2,600, [' \sigma_f = ' num2str(sigm,4)],'fontsize',15)
text(x0(inx0),y0(inx0)+200,   ['\downarrow','\delta_f = ' ...
      num2str(deltfit,4)], 'color', 'k', 'fontsize',15)
text(x0(inx0),y0(inx0)+100, ['\downarrow','\delta_l= ' ...
      num2str(deltlag,4)],'color', 'r', 'fontsize',15)
xlabel 'x'; ylabel 'y'; set(gca,'fontsize',15); hold off

%lagrange for lagrange interpolation
function y1=lagrange(x,y,x1)
n=length(x)-1; m=length(x1); y1=zeros(1,m);
for k=1:m
      z=x1(k); y1(k)=0;
      for i=1:n+1
            h=1;
            for j=1:n+1
                  if j~=i; h=h*(z-x(j))/(x(i)-x(j)); end
            end
            y1(k)=y1(k)+h*y(i);
```

```
    end
end
```

运行 ex26. m，通过最小二乘拟合得到四阶多项式的系数及其符号表达式：$y=2.000\times x^4-0.2866\times10^{-3}\times x^3-2.001\times x^2+0.6173\times10^{-3}\times x+0.3527\times10^{-3}$，以及因变量 y 随自变量 x 的变化，得到如下运行结果和结果图 2－23。

```
>> ex26

ans =[ 2.0, -0.0002866, -2.001, 0.0006173, 0.0003527]

ans =2.0*x^4 - 0.0002866*x^3 - 2.001*x^2 + 0.0006173*x + 0.0003527

sigm =     4.5234e-14

ans =
        x1            yfit              ylag
      ____      ___________       ___________
      -1.5          5.6242            5.6242
        -1     -0.00066138       -0.00066138
      -0.2         -0.0766           -0.0766
         0      0.00035273        0.00035273
       0.4        -0.26834          -0.26834
       0.8        -0.46056          -0.46056
       1.5          5.6241            5.6241
         2          23.998            23.998
```

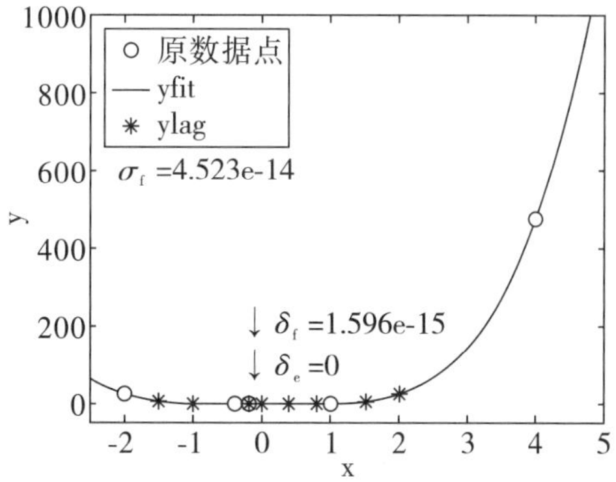

图 2－23　例 2. 6 的四阶多项式拟合结果图

（4）结果分析：从 ex26. m 运行得到的数值结果及结果图 2－23 可以看出：五个已知数据点的四阶多项式拟合效果较好，所有已知数据点都在拟合的四阶多项式曲线上（图 2－23 中的黑色实线），拟合的标准偏差为 4. 5234e－14。对 8 个被插值点 x_1，其四阶拉格朗日插值结果 ylag 与四阶多项式拟合值 yfit 结果一致；在 $x_1=-0.2$ 处的拟合值和插值值都与样本值 －0. 0766 一致，该点的拟合绝对误差为 1. 596e－15，在 Matlab 计算误差范围内与该点的插值绝对误差一致，均为 0；这 8 个插值点 x_1 的四阶拉格朗日插值 ylag 以深色星点显示在图 2－23 中，它们都在拟合曲线上。由此可知，已知五个（n 个）数据点的 $n-1$ 阶多项式最小二乘拟合值与 $n-1$ 阶拉格朗日插值值结果一致。

2. 3. 5　非线性最小二乘拟合

基于非线性函数关系式（模型）进行最小二乘拟合，在 Matlab 环境下可直接调用内置函数 nlinfit，得到模型中的拟合系数 Afit＝nlinfit(x,y,model$F$,start$V$)或[Afit,R,J,Cov$B$]＝

nlinfit(x, y, model$F$, start$V$, ‘Weights’, W)，其中 model$F$ 为拟合模型表达式；start$V$ 为模型中的拟合系数 Afit 的初值；‘Weights’ 为权重，其值为 W，等精度情形下 $W=1$，该项可省略；R 为拟合残差；J 为 Jacobian 矩阵；Cov$B$ 为拟合系数的估计偏差矩阵，其对角线上的值为相应拟合系数的标准误差。通过拟合系数 Afit，可得到非线性最小二乘拟合表达式 model$F$。

例 2.7 已知自变量 x 的五个点及其对应的函数值 y 如表 2-8 所示，试对其进行高斯函数的非线性最小二乘拟合，并给出拟合表达式及拟合曲线图示。

表 2-8 已知五个点(x,y)的数据

x	-2	-0.4	-0.2	1	4
y	24	-0.2688	-0.0766	0	480

解：（1）问题分析：对已知五个数据点，x 为自变量，y 为因变量，采用标准高斯函数

$$y=\frac{A}{\sqrt{2\pi}\sigma}\exp\left[-\frac{(x-x_0)^2}{2\sigma^2}\right]$$

作为非线性最小二乘拟合模型，其中 A、σ、x_0 为待定拟合参数，在 Matlab 环境下调用内置函数 nlinfit 进行非线性最小二乘拟合。

（2）计算流程：具体计算流程如图 2-24 所示。

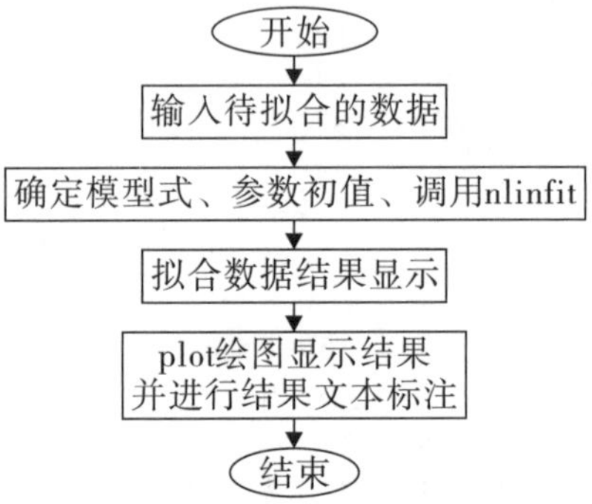

图 2-24 非线性最小二乘拟合计算流程图

（3）程序编制及运行：基于计算流程图 2-24，编制 Matlab 程序 ex27. m，运行 ex27. m 程序进行非线性最小二乘拟合时，3 个参数 A、σ、x_0 的初值设为 $A_0=[1e4,1,1]$。

```
%ex27.m  %例2.7
x0=[-2,-0.4,-0.2,1,4]; y0=[24,-0.2688,-0.0766,0,480];
%fitting model: nonlinear function model of Gaussian
fun=@(A,x) A(1)/(sqrt(2*pi)*A(2))*exp(-(x-A(3)).^2/(2*A(2)^2));
% 高斯函数的最小二乘拟合
A0=[1e4,1,1]; Afit = nlinfit(x0,y0,fun,A0);
[A,R,J,CovB]=nlinfit(x0,y0,fun,A0); Afiterr=diag(CovB);
% 高斯函数的最小二乘拟合符号表达式
syms x; y=fun(Afit,x); y=vpa(y,4);        % 保留4位有效数字
yfit=fun(Afit,x0); sigma_y=sqrt(mse(yfit-y0));   %value of gaussfit and its error
%数值结果显示
table(x0',y0',yfit','variablenames', {'x0','y0','yfit'})
Afit, y, Afiterr, sigma_y
```

```
%结果图示
plot(x0,y0,'bo','markersize',8); hold on; h1=ezplot(y,[-2.5,5]); set(h1,'color','r');
h2=legend('原数据点','gauss拟合','location', 'NW'); set(h2,'fontsize',15)
text(-2,700, ['\sigma_y = ' num2str(sigma_y,6)],'fontsize',15 )
xlabel x; ylabel y; set(gca,'fontsize',15); hold off
```

运行 ex27. m 后得到高斯函数拟合系数 A，σ，x_0 及拟合结果图 2－25，高斯函数表达式为 $4281.0\times\exp(-1.186\times(x-5.358)^2)$，拟合系数 A，σ，x_0 的标准误差分别为 0、0.1208×10^{-4}、0.0464×10^{-4}，拟合 y 的标准误差为 10.7339。

```
>> ex27
ans =
        x0          y0              yfit
      _____      _______       _____________
        -2            24        5.5075e-25
      -0.4       -0.2688       3.5605e-14
      -0.2       -0.0766       5.2166e-13
         1             0        7.0343e-07
         4           480               480

Afit =    1.0e+03 * [6.9666      0.0006      0.0054]
y =   4281.0*exp(-1.186*(x - 5.358)^2)

Afiterr =
     1.0e-04 *
       0.0000
       0.1208
        0.0464
sigma_y =     10.7339
```

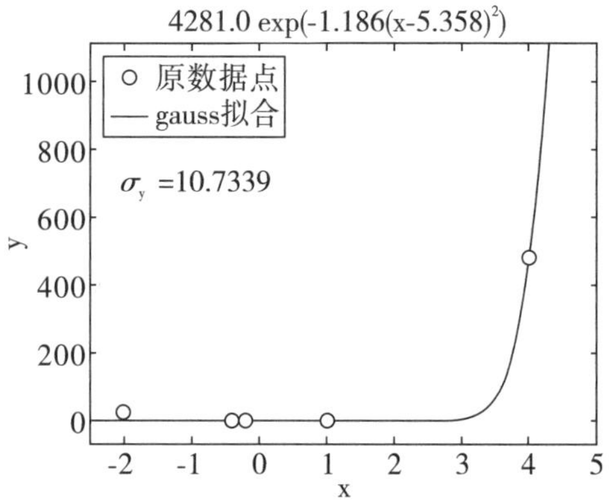

图 2－25　例 2.7 的高斯函数拟合结果图

（4）结果分析：从结果图 2－25 可以看出，原数据点（－2，24）不在高斯函数拟合曲线上，其他原数据点都在拟合曲线上，拟合的标准误差值 10.7339 较大。

比较例 2.6 和例 2.7 拟合结果，由 Matlab 程序 ex28. m 的结果图 2－26 可以看出，基于相同的五个原数据点，四阶多项式最小二乘拟合的标准误差为 4.453e－14，远小于非线性高斯函数最小二乘拟合的标准误差 10.73，即四阶多项式的拟合效果更好。

```
%ex28.m 例2.6-例2.7比较
x0=[-2,-0.4,-0.2,1,4]; y0=[24,-0.2688,-0.0766,0,480]; x1=-2:0.1:5;
% 4阶多项式最小二乘拟合
A=polyfit(x0,y0,4); ypoly4=vpa(poly2sym(A),4) % 保留4位有效数字
```

```
sigma_p=sqrt(mse(polyval(A,x0)-y0)); yfitp=polyval(A,x1); %value of poly4 fit
% 高斯函数最小二乘拟合
fun=@(A,x) A(1)/(sqrt(2*pi)*A(2))*exp(-(x-A(3)).^2/(2*A(2)^2));
A0=[1e4,1,1]; Afit = nlinfit(x0,y0,fun,A0);
syms x; ygauss=vpa(fun(Afit,x),4) % 保留4位有效数字
sigma_g=sqrt(mse(fun(Afit,x0)-y0)); yfitg=fun(Afit,x1);    %value of gauss fit
%结果图示
plot(x0,y0,'bo'); hold on; plot(x1,yfitp,'k-',x1,yfitg,'r-'); axis([-2.5,5,-100,1100]);
legend('原数据点','poly4拟合','gauss拟合','location', 'NW')
text(-2,600, ['\sigma_p = ' num2str(sigma_p,4)],'fontsize',15 )
text(-2,450, ['\sigma_g = ' num2str(sigma_g,4)],'fontsize',15 )
xlabel x; ylabel y; set(gca,'fontsize',15); hold off
```

运行 ex28. m 得到如下四阶多项式和高斯函数拟合式及拟合结果比较图 2 – 26。

```
>> ex28
ypoly4 =
        2.0*x^4 - 0.0002866*x^3 - 2.001*x^2 + 0.0006173*x + 0.0003527
ygauss =
     4281.0*exp(-1.186*(x - 5.358)^2)
```

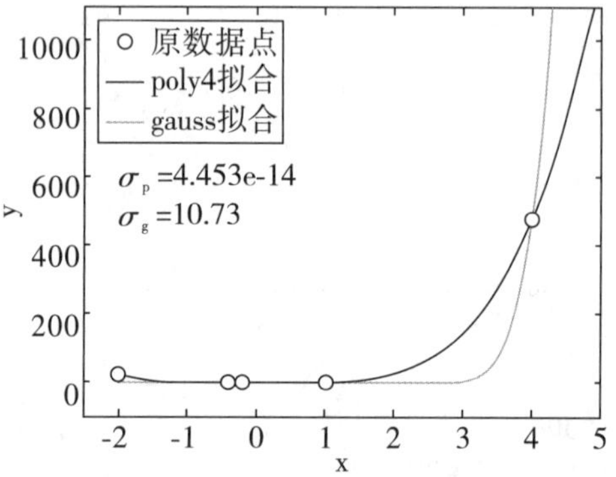

图 2 – 26　例 2. 6 和例 2. 7 的最小二乘拟合结果比较

习　题

2. 1　给定 $f(x) = \ln x$ 的函数表：

x	0. 4	0. 5	0. 6	0. 7
$\ln x$	– 0. 916291	– 0. 693147	– 0. 510826	– 0. 356675

试分别用 Lagrange 插值和分段线性插值计算 ln0. 54 的近似值，并估计其误差。

2. 2　已知物理量 x 与物理量 y 的几组测量值如下表所示：

x	0	1	2	3	4
y	0. 0248	1. 0832	4. 0789	9. 0191	16. 2246

（1）根据拟合模型 $y = a + bx^2$，用最小二乘拟合求出拟合系数 a、b 和均方误差，并绘出拟合曲线；

（2）根据拟合模型 $y = a + bx + cx^2$，用最小二乘拟合求出拟合系数 a、b、c 和均方误差，并绘出拟合曲线。

3 线性方程组的数值解法

3.1 引言

在物理学和工程技术等科学计算中，经常会遇到线性方程组求解的问题，多数可归结为数值求解线性方程组。

n 元线性方程组的通用表达式如式（3－1）所示：

$$\begin{cases} a_{11}x_1 + a_{12}x_2 + a_{13}x_3 + \cdots + a_{1n}x_n = b_1 \\ a_{21}x_1 + a_{22}x_2 + a_{23}x_3 + \cdots + a_{2n}x_n = b_2 \\ \quad\vdots \\ a_{n1}x_1 + a_{n2}x_2 + a_{n3}x_3 + \cdots + a_{nn}x_n = b_n \end{cases} \tag{3-1}$$

用向量及矩阵表示为：

$$\sum_{j=1}^{n} a_{ij}x_j = b_i\ ,\ i=1,\ 2,\ \cdots n \tag{3-2}$$

或

$$AX = B \tag{3-3}$$

其中：

$$A = \begin{bmatrix} a_{11} & a_{12} & \cdots & a_{1n} \\ a_{21} & a_{22} & \cdots & a_{2n} \\ \vdots & \vdots & & \vdots \\ a_{n1} & a_{n2} & \cdots & a_{nn} \end{bmatrix},\ X = \begin{bmatrix} x_1 \\ x_2 \\ \vdots \\ x_n \end{bmatrix},\ B = \begin{bmatrix} b_1 \\ b_2 \\ \vdots \\ b_n \end{bmatrix} \tag{3-4}$$

A 是 $n \times n$ 的实矩阵，X 和 B 为 n 维实向量。由高阶线性方程组的理论可知：若 A 非奇异，即 $|A| \neq 0$，则该方程组存在唯一解。

本章介绍 n 元线性方程组数值解的直接法和迭代法。

利用计算机数值求解线性方程组（3－1）至（3－3）的直接法基本思想：将线性方程组转化为便于求解的三角线性方程组，再求三角线性方程组的数值解。理论上直接法可经有限步运算求得方程组的精确解，但由于数值运算过程存在舍入误差，因此实际计算得到的仍是近似解。

利用计算机数值求解线性方程组（3－1）至（3－3）的迭代法基本思想：将求解线性方程组的问题转化为构造一个无穷序列，并用这个无穷序列去逐次逼近满足一定误差（精度）要求的方程组的数值解。

直接法和迭代法各有优缺点：直接法所需计算机的内存随线性方程组方程个数的增加而增大，适用于低阶线性方程组的求解，其计算量较小，计算精度较高，但计算流程比较复杂；迭代法适用于高阶线性方程组的求解，其方法和计算流程都较简单，但要得到精度较高的数值解，需较大的计算量。

3.2 直接解法

3.2.1 高斯消去法

高斯（Gauss）消去法的基本思想：将线性方程组（3－1）通过 n 步变换逐次消元，

使其转化为系数矩阵主对角线上元素为 1 的右上三角线性方程组，最后一个方程只含一个未知数，往前依次多一个未知数，由此解该线性方程组。

高斯消去法的具体步骤：按矩阵运算规则，对线性方程组的增广矩阵进行变换，将主对角线上元素化为 1，主对角线以下元素化为 0，得到系数矩阵为右上三角矩阵的增广矩阵；再由最后一个方程往回依次得到所有未知数的解。由此可见，高斯消去法的过程包括消去过程和回代过程。

消去过程：

$$[A|B]=\left[\begin{array}{cccc|c} a_{11}^{(0)} & a_{12}^{(0)} & \cdots & a_{1n}^{(0)} & b_1^{(0)} \\ a_{21}^{(0)} & a_{22}^{(0)} & \cdots & a_{2n}^{(0)} & b_2^{(0)} \\ \vdots & \vdots & & \vdots & \vdots \\ a_{n1}^{(0)} & a_{n2}^{(0)} & \cdots & a_{nn}^{(0)} & b_n^{(0)} \end{array}\right] \text{（原线性方程组的增广矩阵）}$$

$$\rightarrow\left[\begin{array}{cccc|c} 1 & a_{12}^{(1)} & \cdots & a_{1n}^{(1)} & b_1^{(1)} \\ a_{21}^{(0)} & a_{22}^{(0)} & \cdots & a_{2n}^{(0)} & b_2^{(0)} \\ \vdots & \vdots & & \vdots & \vdots \\ a_{n1}^{(0)} & a_{n2}^{(0)} & \cdots & a_{nn}^{(0)} & b_n^{(0)} \end{array}\right] \text{（增广矩阵第 1 行除以 } a_{11}^{(0)} \text{ 得到的矩阵）}$$

$$\rightarrow\left[\begin{array}{cccc|c} 1 & a_{12}^{(1)} & \cdots & a_{1n}^{(1)} & b_1^{(1)} \\ 0 & a_{22}^{(1)} & \cdots & a_{2n}^{(1)} & b_2^{(1)} \\ \vdots & \vdots & & \vdots & \vdots \\ 0 & a_{n2}^{(1)} & \cdots & a_{nn}^{(1)} & b_n^{(1)} \end{array}\right] \text{（第 2 ~ } n \text{ 行各列的元素减去各行第一列的元素与第一行相应列元素的乘积得到的矩阵）}$$

$$\rightarrow\left[\begin{array}{cccc|c} 1 & a_{12}^{(1)} & \cdots & a_{1n}^{(1)} & b_1^{(1)} \\ 0 & 1 & \cdots & a_{2n}^{(2)} & b_2^{(2)} \\ \vdots & \vdots & & \vdots & \vdots \\ 0 & 0 & \cdots & a_{nn}^{(2)} & b_n^{(2)} \end{array}\right] \text{（对第二行重复以上过程）}$$

$$\rightarrow\left[\begin{array}{cccc|c} 1 & a_{12}^{(1)} & \cdots & a_{1n}^{(1)} & b_1^{(1)} \\ 0 & 1 & \cdots & a_{2n}^{(2)} & b_2^{(2)} \\ \vdots & \vdots & & \vdots & \vdots \\ 0 & 0 & \cdots & 1 & b_n^{(n)} \end{array}\right] \text{（最终将增广矩阵化为主对角线上元素为 1 的右上三角矩阵）} \tag{3-5}$$

回代过程：

$$\begin{aligned} x_n &= b_n^{(n)} \\ x_{n-1} &= b_{n-1}^{(n-1)} - a_{n-1,n}^{(n-1)} x_n \\ &\vdots \\ x_k &= b_k^{(k)} - \sum_{j=k+1}^{n} a_{k,j}^{(k)} x_j \\ &\vdots \\ x_1 &= b_1^{(1)} - a_{1n}^{(1)} x_n - a_{1n-1}^{(1)} x_{n-1} - \cdots - a_{12}^{(1)} x_2 \end{aligned} \tag{3-6}$$

例 3.1　用高斯消去法求解线性方程组：

$$\begin{cases}x_1+x_2+x_3=6\\4x_2-x_3=5\\2x_1-2x_2+x_3=1\end{cases}$$

解：按照高斯消去法的步骤（消去和回代）进行求解。

该线性方程组的增广矩阵消去过程如下：

$$\left[\begin{array}{ccc|c}1&1&1&6\\0&4&-1&5\\2&-2&1&1\end{array}\right]\to\left[\begin{array}{ccc|c}1&1&1&6\\0&4&-1&5\\0&-4&-1&-11\end{array}\right]\to\left[\begin{array}{ccc|c}1&1&1&6\\0&1&-1/4&5/4\\0&-4&-1&-11\end{array}\right]$$

$$\to\left[\begin{array}{ccc|c}1&1&1&6\\0&1&-1/4&5/4\\0&0&-2&-6\end{array}\right]\to\left[\begin{array}{ccc|c}1&1&1&6\\0&1&-1/4&5/4\\0&0&1&3\end{array}\right]$$

回代得到各未知数的解：

$$x_3=3$$

$$x_2=\frac{5}{4}-3\times\left(-\frac{1}{4}\right)=2$$

$$x_1=6-3-2=1$$

在 Matlab 中，写出系数矩阵和常数项矩阵，利用矩阵除法直接获得线性方程组的解，Matlab 程序 ex31. m 列表如下，程序 ex31. m 运行结果显示本题方程组的解为 $x_1=1$，$x_2=2$，$x_3=3$。

```
%ex31.m   %例3.1
A=[1,1,1; 0,4,-1; 2,-2,1]; B=[6;5;1];
X=A\B                        %矩阵除法
Eq=A*X==B              %结果验证

%运行及结果
%>> ex31
%X =
%        1
%        2
%        3
%Eq =
%   3×1 logical  数组
%    1
%    1
%    1
```

例 3.2　用高斯消去法，求解图 3 -1 电路的各支路电流。已知电路中 10 个电阻值分别为：$R_1=1$ 欧姆，$R_2=10$ 欧姆，$R_3=35$ 欧姆，$R_4=23$ 欧姆，$R_5=100$ 欧姆，$R_6=25$ 欧姆，$R_7=50$ 欧姆，$R_8=75$ 欧姆，$R_9=5$ 欧姆，$R_{10}=50$ 欧姆。

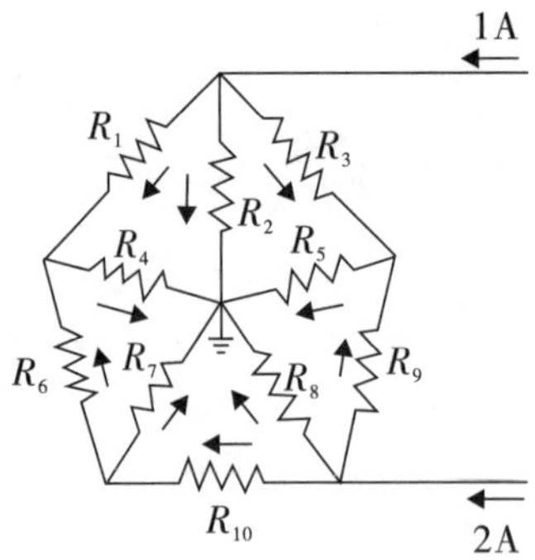

图 3－1　例 3.2 的电路图

解：(1) 问题分析：设电路图 3－1 中通过电阻 $R_1 \sim R_{10}$ 的电流分别为 $I_1 \sim I_{10}$，根据欧姆定律得到如下的线性方程组：

$$\begin{cases} I_1+I_2+I_3=1 \\ I_8+I_9+I_{10}=2 \\ -I_1+I_4-I_6=0 \\ -I_3+I_5-I_9=0 \\ I_6+I_7-I_{10}=0 \\ -R_7I_7+R_8I_8-R_{10}I_{10}=0 \\ -R_5I_5+R_8I_8-R_9I_9=0 \\ R_2I_2-R_3I_3-R_5I_5=0 \\ -R_1I_1+R_2I_2-R_4I_4=0 \\ -R_4I_4-R_6I_6+R_7I_7=0 \end{cases}$$

将已知的 10 个电阻值代入，得到该线性方程组的增广矩阵为：

$$\left[\begin{array}{cccccccccc|c} 1 & 1 & 1 & 0 & 0 & 0 & 0 & 0 & 0 & 0 & 1 \\ 0 & 0 & 0 & 0 & 0 & 0 & 0 & 1 & 1 & 1 & 2 \\ -1 & 0 & 0 & 1 & 0 & -1 & 0 & 0 & 0 & 0 & 0 \\ 0 & 0 & -1 & 0 & 1 & 0 & 0 & 0 & -1 & 0 & 0 \\ 0 & 0 & 0 & 0 & 0 & 1 & 1 & 0 & 0 & -1 & 0 \\ 0 & 0 & 0 & 0 & 0 & 0 & -50 & 75 & 0 & -50 & 0 \\ 0 & 0 & 0 & 0 & -100 & 0 & 0 & 75 & -5 & 0 & 0 \\ 0 & 10 & -35 & 0 & -100 & 0 & 0 & 0 & 0 & 0 & 0 \\ -1 & 10 & 0 & -23 & 0 & 0 & 0 & 0 & 0 & 0 & 0 \\ 0 & 0 & 0 & -23 & 0 & -25 & 50 & 0 & 0 & 0 & 0 \end{array}\right]$$

根据高斯消去法，通过增广矩阵的变化，将系数矩阵化为右上三角矩阵，再进行回代，求得 I_{10}后，往回依次求得 $I_9 \sim I_1$ 的值。

(2) 计算流程：依据线性方程组高斯消去法解题步骤，编制高斯消去法的计算流程如图 3－2 所示，图中包括一个主流程图和三个子流程图，分别是高斯消去法主程序流程图；使主对角线上元素不为零的子流程图；主对角线元素化为 1，其同列下面行的元素化为零的子流程图；回代过程子流程图。

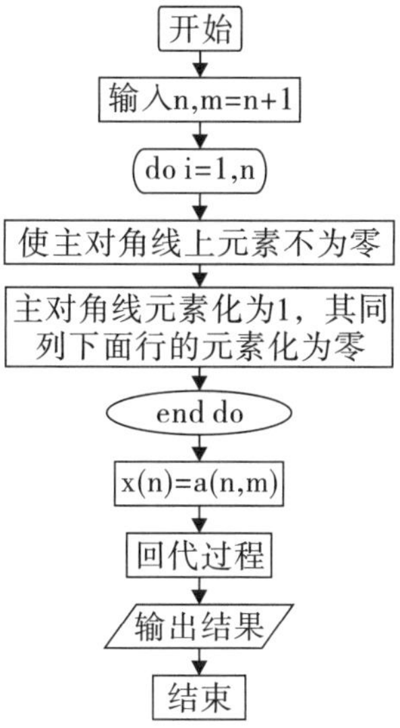

高斯消去法主程序流程图

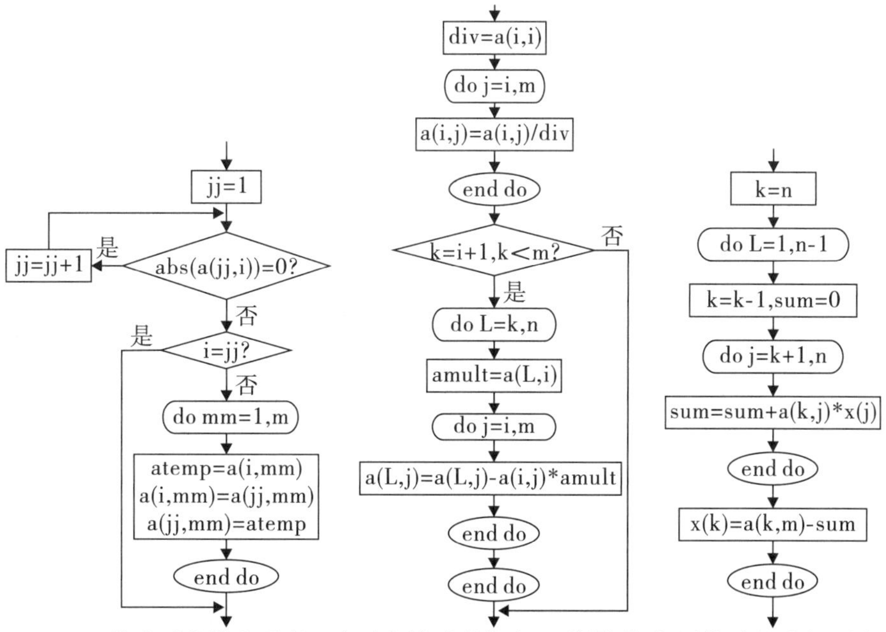

使主对角线上元素不为零的子流程图　主对角线元素化为1，其同列下面行的元素化为零的子流程图　回代过程子流程图

图 3－2　高斯消去法计算流程图

（3）程序编制及运行：根据计算流程图 3－2，编制 Fortran 程序 ex32. f，其程序列表如下：

```
c      solution of simultaneous linear algebraic equations
c      by the gauss direct elimination method ex32.f
       dimension a(10,11),x(10)
       data a/  1,    0,    -1,    0,    0,    0,    0,    0,    -1,    0,
     1     1,   0,     0,   0,    0,    0,    0,    10,   10,    0,
     1     1,   0,     0,  -1,    0,    0,    0,   -35,    0,    0,
```

```
1     0,   0,    1,   0,   0,   0,   0,    0, -23, -23,
1     0,   0,    0,   1,   0,   0,-100, -100,   0,   0,
1     0,   0,   -1,   0,   1,   0,   0,    0,   0, -25,
1     0,   0,    0,   0,   1, -50,   0,    0,   0,  50,
1     0,   1,    0,   0,   0,  75,  75,    0,   0,   0,
1     0,   1,    0,  -1,   0,   0,  -5,    0,   0,   0,
1     0,   1,    0,   0,  -1, -50,   0,    0,   0,   0,
1     1,   2,    0,   0,   0,   0,   0,    0,   0,   0/

   iw=10
   open(unit=iw,file='out32.dat',status='unknown',form='formatted')
   n=10
   m=n+1
   write(*,"(10(/1x,11F7.2))") ((a(i,j),j=1,m),i=1,n)
   write(iw,"(10(/11F6.1))") ((a(i,j),j=1,m),i=1,n)
   do i=1,n
     jj=i
     do while(abs(a(jj,i)).eq.0.0)
         jj=jj+1
     end do
     if(i.ne.jj) then
         do mm=i,m
             atemp=a(i,mm)
             a(i,mm)=a(jj,mm)
             a(jj,mm)=atemp
         end do
     end if
     write(*,*) 'i',i
     write(*,"(10(/1x,11F7.2))") ((a(iii,jii),jii=1,m),iii=1,n)
     div=(a(i,i))
     do j=i,m
         a(i,j)=a(i,j)/div
     end do
     write(*,*) 'i',i
     write(*,"(10(/1x,11F7.2))") ((a(iii,jii),jii=1,m),iii=1,n)
     k=i+1
     if(k.lt.m) then
         do L=k,n
             amult=a(L,i)
             do j=i,m
                 a(L,j)=a(L,j)-a(i,j)*amult
             end do
         end do
     end if
     write(*,*) 'i',i
     write(*,"(10(/1x,11F7.2))") ((a(iii,jii),jii=1,m),iii=1,n)
     pause
   end do
   x(n)=a(n,m)
   k=n
   do L=1,n-1
     k=k-1
     sum=0.0
     do j=k+1,n
         sum=sum+a(k,j)*x(j)
     end do
     x(k)=a(k,m)-sum
   end do
   write(*,"(//,'The solution is',/10(/1x,F7.4))") (x(i),i=1,n)
   write(iw,"(/'The solution is',/10(/1x,F7.4))") (x(i),i=1,n)
```

```
      close(iw)
      stop
      end
```

程序 ex32. f 的运行结果存入 out32. dat，内容如下：

```
   1.0   1.0   1.0   0.0   0.0   0.0   0.0   0.0   0.0   0.0   1.0
   0.0   0.0   0.0   0.0   0.0   0.0   0.0   1.0   1.0   1.0   2.0
  -1.0   0.0   0.0   1.0   0.0  -1.0   0.0   0.0   0.0   0.0   0.0
   0.0   0.0  -1.0   0.0   1.0   0.0   0.0   0.0  -1.0   0.0   0.0
   0.0   0.0   0.0   0.0   0.0   1.0   1.0   0.0   0.0  -1.0   0.0
   0.0   0.0   0.0   0.0   0.0   0.0 -50.0  75.0   0.0 -50.0   0.0
   0.0   0.0   0.0   0.0-100.0   0.0   0.0  75.0  -5.0   0.0   0.0
   0.0  10.0 -35.0   0.0-100.0   0.0   0.0   0.0   0.0   0.0   0.0
  -1.0  10.0   0.0 -23.0   0.0   0.0   0.0   0.0   0.0   0.0   0.0
   0.0   0.0   0.0 -23.0   0.0 -25.0  50.0   0.0   0.0   0.0   0.0

The solution is
   0.3776
   1.2622
  -0.6399
   0.5324
   0.3502
   0.1548
   0.3223
   0.5329
   0.9900
   0.4771
```

在 Matlab 中，先写出系数矩阵和常数项矩阵，根据计算流程图 3－2，编制高斯消去法的 Matlab 程序语句，同时利用矩阵除法和调用内置函数 linsolve，获得线性方程组的解。Matlab 程序 ex32. m 列表如下：

```
%ex32.m   %例3.2
R=[1,10,35,23,100,25,50,75,5,50];     %已知10个电阻值
A=[1,1,1,0,0,0,0,0,0,0;
     0,0,0,0,0,0,0,1,1,1;
    -1,0,0,1,0,-1,0,0,0,0;
     0,0,-1,0,1,0,0,0,-1,0;
     0,0,0,0,0,1,1,0,0,-1;
     0,0,0,0,0,0,-R(7),R(8),0,-R(10);
     0,0,0,0,-R(5),0,0,R(8),-R(9),0;
     0,R(2),-R(3),0,-R(5),0,0,0,0,0;
    -R(1),R(2),0,-R(4),0,0,0,0,0,0;
     0,0,0,-R(4),0,-R(6),R(7),0,0,0];
B=[1;2;0;0;0;0;0;0;0;0];
%高斯消去法
AB=[A,B]; n=size(AB,1); m=size(AB,2); x=zeros(n,1);
for i=1:n
    jj=i;
    while(abs(AB(jj,i))==0); jj=jj+1; end
    if i~=jj
        for mm = i:m
            atemp=AB(i,mm); AB(i,mm)=AB(jj,mm); AB(jj,mm)=atemp;
        end
    end
    div=(AB(i,i));
    for j=i:m; AB(i,j)=AB(i,j)/div; end
    k=i+1;
```

```
        if k<m
            for L=k:n
                amult=AB(L,i);
                for j=i:m; AB(L,j)=AB(L,j)-AB(i,j)*amult; end
            end
        end
end
x(n)=AB(n,m); k=n;
for L=1:n-1
        k=k-1; sum=0.0;
        for j=k+1:n; sum=sum+AB(k,j)*x(j); end
        x(k)=AB(k,m)-sum;
end
%矩阵除法
X=A\B;
X1=A\B; X2=inv(A)*B; X3=B'/A'; X4=B'*inv(A'); X5=linsolve(A,B);
table(x,X1,X2,X3',X4',X5,'variablename',{'x','X1','X2','X3','X4','X5'})
```

程序 ex32. m 的运行结果如下：

```
>> ex32
ans =
     x            X1           X2           X3           X4           X5
  ________     ________     ________     ________     ________     ________
  0.37761      0.37761      0.37761      0.37761      0.37761      0.37761
   1.2622       1.2622       1.2622       1.2622       1.2622       1.2622
 -0.63986     -0.63986     -0.63986     -0.63986     -0.63986     -0.63986
  0.53239      0.53239      0.53239      0.53239      0.53239      0.53239
  0.35017      0.35017      0.35017      0.35017      0.35017      0.35017
  0.15478      0.15478      0.15478      0.15478      0.15478      0.15478
  0.32229      0.32229      0.32229      0.32229      0.32229      0.32229
   0.5329       0.5329       0.5329       0.5329       0.5329       0.5329
  0.99003      0.99003      0.99003      0.99003      0.99003      0.99003
  0.47707      0.47707      0.47707      0.47707      0.47707      0.47707
```

（4）结果分析：可以看出，Matlab 程序 ex32. m 的高斯消去法与多种矩阵除法（包括矩阵左除、系数矩阵逆与常数向量的乘积、矩阵右除、常数向量与系数矩阵逆的乘积、内置函数 linsolve 的调用）得到结果一致（见 ans 的列表），这些结果与 Fortran 程序 ex32. f 得到的结果也一致，即电路中的电流 $I_1 \sim I_{10}$ 的值分别为：0. 3776 安培，1. 2622 安培，−0. 6399 安培，0. 5324 安培，0. 3502 安培，0. 1548 安培，0. 3223 安培，0. 5329 安培，0. 9900 安培，0. 4771 安培。

3. 2. 2 高斯—约当消去法

高斯—约当（Gauss-Jordan）消去法类似于高斯消去法，按矩阵运算规则，对线性方程组（3 −1）的增广矩阵进行变换：将系数矩阵主对角线上的元素化为 1，并将非主对角线元素全化为 0；常数项的值即为方程组的解。

变换过程：

$$[A|B]=\left[\begin{array}{cccc|c} a_{11}^{(0)} & a_{12}^{(0)} & \cdots & a_{1n}^{(0)} & b_1^{(0)} \\ a_{21}^{(0)} & a_{22}^{(0)} & \cdots & a_{2n}^{(0)} & b_2^{(0)} \\ \vdots & \vdots & & \vdots & \vdots \\ a_{n1}^{(0)} & a_{n2}^{(0)} & \cdots & a_{nn}^{(0)} & b_n^{(0)} \end{array}\right] \to \left[\begin{array}{cccc|c} 1 & a_{12}^{(1)} & \cdots & a_{1n}^{(1)} & b_1^{(1)} \\ a_{21}^{(0)} & a_{22}^{(0)} & \cdots & a_{2n}^{(0)} & b_2^{(0)} \\ \vdots & \vdots & & \vdots & \vdots \\ a_{n1}^{(0)} & a_{n2}^{(0)} & \cdots & a_{nn}^{(0)} & b_n^{(0)} \end{array}\right]$$

$$\rightarrow\left[\begin{array}{cccc|c}1 & a_{12}^{(1)} & \cdots & a_{1n}^{(1)} & b_1^{(1)}\\ 0 & a_{22}^{(1)} & \cdots & a_{2n}^{(1)} & b_2^{(1)}\\ \vdots & \vdots & & \vdots & \vdots\\ 0 & a_{n2}^{(1)} & \cdots & a_{nn}^{(1)} & b_n^{(1)}\end{array}\right]\rightarrow\left[\begin{array}{cccc|c}1 & 0 & \cdots & a_{1n}^{(2)} & b_1^{(2)}\\ 0 & 1 & \cdots & a_{2n}^{(2)} & b_2^{(2)}\\ \vdots & \vdots & & \vdots & \vdots\\ 0 & 0 & \cdots & a_{nn}^{(2)} & b_n^{(2)}\end{array}\right]$$

$$\rightarrow\left[\begin{array}{cccc|c}1 & 0 & \cdots & 0 & b_1^{(n)}\\ 0 & 1 & \cdots & 0 & b_2^{(n)}\\ \vdots & \vdots & & \vdots & \vdots\\ 0 & 0 & \cdots & 1 & b_n^{(n)}\end{array}\right] \tag{3-7}$$

线性方程组的解：

$$\begin{cases}x_1 = b_1^{(n)}\\ x_2 = b_2^{(n)}\\ \vdots\\ x_n = b_n^{(n)}\end{cases} \tag{3-8}$$

比较高斯—约当消去法与高斯消去法，可以看出，高斯—约当消去法无须回代，因为在增广矩阵的形变中回代过程已完成。

例 3.3 用高斯—约当消去法，求解图 3 - 1（见例 3.2）电路的各支路电流。已知电路中 10 个电阻值分别为：$R_1=1$ 欧姆，$R_2=10$ 欧姆，$R_3=35$ 欧姆，$R_4=23$ 欧姆，$R_5=100$ 欧姆，$R_6=25$ 欧姆，$R_7=50$ 欧姆，$R_8=75$ 欧姆，$R_9=5$ 欧姆，$R_{10}=50$ 欧姆。

解：（1）问题分析：列出求解通过 10 个电阻的电流 $I_1 \sim I_{10}$的方程组（见例 3.2），写出相应的增广矩阵，采用高斯—约当消去法，将系数矩阵化为单位阵，由此得到的常数项即为电流 $I_1 \sim I_{10}$的解。

（2）计算流程：依据解线性方程组的高斯—约当消去法，构建计算流程如图 3 - 3 所示。图中包括一个主流程图和两个被主流程调用的子流程图。

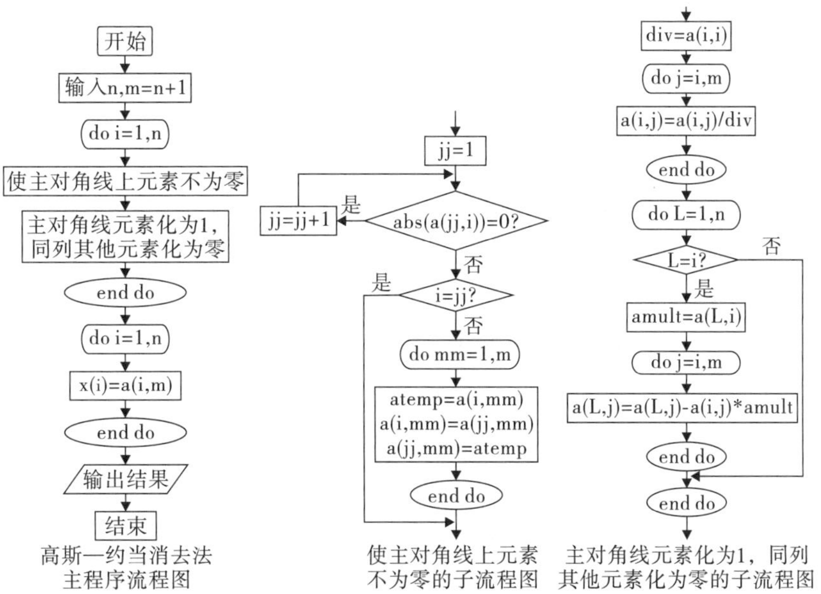

图 3 - 3 高斯—约当消去法计算流程图

（3）程序编制及运行：根据流程图 3－3 编制 Fortran 程序 ex33. f，其程序列表如下：

```
c     solution of simultaneous linear algebraic equations by the gauss-Jordan elimination method
c     ex33.f
      dimension a(10,11),x(10)
      data a/1,    0,    -1,    0,    0,    0,    0,    0,    -1,    0,
     1    1,   0,     0,    0,    0,    0,    0,   10,   10,    0,
     1    1,   0,     0,   -1,    0,    0,    0,  -35,    0,    0,
     1    0,   0,     1,    0,    0,    0,    0,    0, -23, -23,
     1    0,   0,     0,    1,    0,    0,-100, -100,    0,    0,
     1    0,   0,    -1,    0,    1,    0,    0,    0,    0, -25,
     1    0,   0,     0,    0,    1, -50,    0,    0,    0,   50,
     1    0,   1,     0,    0,    0,   75,   75,    0,    0,    0,
     1    0,   1,     0,   -1,    0,    0,   -5,    0,    0,    0,
     1    0,   1,     0,    0,   -1, -50,    0,    0,    0,    0,
     1    1,   2,     0,    0,    0,    0,    0,    0,    0,    0/

      iw=10
      open(unit=iw,file='out33.dat',status='unknown',form='formatted')
      n=10
      m=n+1
      write(iw,"(10(11F6.1/))") ((a(i,j),j=1,m),i=1,n)
      do i=1,n
        jj=i
        do while(abs(a(jj,i)).eq.0.0)
            jj=jj+1
        end do
        if(i.ne.jj) then
            do mm=i,m
                atemp=a(i,mm)
                a(i,mm)=a(jj,mm)
                a(jj,mm)=atemp
            end do
        end if
        write(*,*) 'i',i
        write(*,"(10(11F6.1/))") ((a(ii,j),j=1,m),ii=1,n)
        div=(a(i,i))
        do j=i,m
            a(i,j)=a(i,j)/div
        end do
        do L=1,n
            if(L.ne.i) then
                amult=a(L,i)
                do j=i,m
                    a(L,j)=a(L,j)-a(i,j)*amult
                end do
            end if
        end do
        write(*,"(10(11F7.1/))") ((a(iii,jii),jii=1,m),iii=1,n)
        pause
      end do
      do i=1,n
```

```
    x(i)=a(i,m)
  end do
  write(*,"('The solution is'/,10(F7.4/))") (x(i),i=1,n)
  write(iw,"('The solution is'/,10(F7.4/))") (x(i),i=1,n)
  close(iw)
  stop
  end
```

Fortran 程序 ex33. f 的运行结果存入 out33. dat 中，具体数据结果如下：

```
  1.0   1.0   1.0   0.0   0.0   0.0   0.0   0.0   0.0   0.0   1.0
  0.0   0.0   0.0   0.0   0.0   0.0   0.0   1.0   1.0   1.0   2.0
 -1.0   0.0   0.0   1.0   0.0  -1.0   0.0   0.0   0.0   0.0   0.0
  0.0   0.0  -1.0   0.0   1.0   0.0   0.0   0.0  -1.0   0.0   0.0
  0.0   0.0   0.0   0.0   0.0   1.0   1.0   0.0   0.0  -1.0   0.0
  0.0   0.0   0.0   0.0   0.0   0.0 -50.0  75.0   0.0 -50.0   0.0
  0.0   0.0   0.0   0.0-100.0   0.0   0.0  75.0  -5.0   0.0   0.0
  0.0  10.0 -35.0   0.0-100.0   0.0   0.0   0.0   0.0   0.0   0.0
 -1.0  10.0   0.0 -23.0   0.0   0.0   0.0   0.0   0.0   0.0   0.0
  0.0   0.0   0.0 -23.0   0.0 -25.0  50.0   0.0   0.0   0.0   0.0

The solution is
 0.3776
 1.2622
-0.6399
 0.5324
 0.3502
 0.1548
 0.3223
 0.5329
 0.9900
 0.4771
```

在 Matlab 中，根据计算流程图 3－3，编制高斯—约当消去法的 Matlab 程序语句，同时利用矩阵除法和调用内置函数 linsolve，获得线性方程组的解。Matlab 程序 ex33. m 列表如下：

```
%ex33.m  %例3.3
R=[1,10,35,23,100,25,50,75,5,50];    %已知10个电阻值
A=[1,1,1,0,0,0,0,0,0,0;
     0,0,0,0,0,0,0,1,1,1;
    -1,0,0,1,0,-1,0,0,0,0;
     0,0,-1,0,1,0,0,0,-1,0;
     0,0,0,0,0,1,1,0,0,-1;
     0,0,0,0,0,0,-R(7),R(8),0,-R(10);
     0,0,0,0,-R(5),0,0,R(8),-R(9),0;
     0,R(2),-R(3),0,-R(5),0,0,0,0,0;
    -R(1),R(2),0,-R(4),0,0,0,0,0,0;
     0,0,0,-R(4),0,-R(6),R(7),0,0,0];
B=[1;2;0;0;0;0;0;0;0;0];
%高斯-约当消去法
AB=[A,B]; n=size(AB,1); m=size(AB,2); x=zeros(n,1);
for i=1:n
    jj=i;
    while(abs(AB(jj,i))==0); jj=jj+1; end
    if i~=jj
        for mm = i:m
```

```
            atemp=AB(i,mm); AB(i,mm)=AB(jj,mm); AB(jj,mm)=atemp;
        end
    end
    div=(AB(i,i));
    for j=i:m; AB(i,j)=AB(i,j)/div; end
    for L=1:n
        if L~=i
            amult=AB(L,i);
            for j=i:m; AB(L,j)=AB(L,j)-AB(i,j)*amult; end
        end
    end
end
for i=1:n
    x(i)=AB(i,m);
end
%矩阵除法
X=A\B;
X1=A\B; X2=inv(A)*B; X3=B'/A'; X4=B'*inv(A'); X5=linsolve(A,B);
%show the results
table(x,X1,X2,X3',X4',X5,'variablename',{'x','X1','X2','X3','X4','X5'})
```

程序 ex33. m 的运行结果如下：

```
>> ex33

ans =
        x          X1          X2          X3          X4          X5
    ________    ________    ________    ________    ________    ________

    0.37761     0.37761     0.37761     0.37761     0.37761     0.37761
     1.2622      1.2622      1.2622      1.2622      1.2622      1.2622
   -0.63986    -0.63986    -0.63986    -0.63986    -0.63986    -0.63986
    0.53239     0.53239     0.53239     0.53239     0.53239     0.53239
    0.35017     0.35017     0.35017     0.35017     0.35017     0.35017
    0.15478     0.15478     0.15478     0.15478     0.15478     0.15478
    0.32229     0.32229     0.32229     0.32229     0.32229     0.32229
     0.5329      0.5329      0.5329      0.5329      0.5329      0.5329
    0.99003     0.99003     0.99003     0.99003     0.99003     0.99003
    0.47707     0.47707     0.47707     0.47707     0.47707     0.47707
```

（4）结果分析：运行 Matlab 程序 ex33. m，得到的高斯—约当消去法与多种矩阵除法（包括矩阵左除、系数矩阵逆与常数向量的乘积、矩阵右除、常数向量与系数矩阵逆的乘积、内置函数 linsolve 调用）结果一致（见 ans 的列表），这些结果与 Fortran 程序 ex33. f 得到的结果也一致，即电路中的电流 $I_1 \sim I_{10}$ 的值分别为：0. 3776 安培，1. 2622 安培，-0. 6399安培，0. 5324 安培，0. 3502 安培，0. 1548 安培，0. 3223 安培，0. 5329 安培，0. 9900 安培，0. 4771 安培。比较 ex33. m 与 ex32. m 的运行结果可以看出，高斯—约当消去法与高斯消去法得到的结果一致。

3. 2. 3　追赶法

在许多科学计算中，常常需求解系数矩阵中三对角线上元素有值、其他位置为零的线性方程组，即

$$\begin{cases} d_1x_1 + c_1x_2 & = b_1 \\ a_1x_1 + d_2x_2 + c_2x_3 & = b_2 \\ \vdots & \\ a_{n-2}x_{n-2} + d_{n-1}x_{n-1} + c_{n-1}x_n & = b_{n-1} \\ a_{n-1}x_{n-1} + d_nx_n & = b_n \end{cases} \tag{3-9}$$

其矩阵形式为：$AX = B$，即

$$\begin{bmatrix} d_1 & c_1 & & & \\ a_1 & d_2 & c_2 & & \\ & \ddots & \ddots & \ddots & \\ & & a_{n-2} & d_{n-1} & c_{n-1} \\ & & & a_{n-1} & d_n \end{bmatrix} \begin{bmatrix} x_1 \\ x_2 \\ \vdots \\ x_{n-1} \\ x_n \end{bmatrix} = \begin{bmatrix} b_1 \\ b_2 \\ \vdots \\ b_{n-1} \\ b_n \end{bmatrix} \tag{3-10}$$

线性方程组（3-10）的特点是，系数矩阵 A 的所有非零元素都集中在主对角线及其相邻的两条对角线上，除了这三条对角线上的元素外，其他元素均为 0。可以看出，该系数矩阵是一个三对角线带状矩阵。

根据该系数矩阵的特点，对该类线性方程组，可采用高斯消去法的一种简化形式——追赶法进行求解。求解过程中只对系数矩阵的非零元素赋值，从而节省所需的计算机内存，使得计算过程简单、快捷。

追赶法可通过消去过程和逐步回代过程得以实现。

消去过程：

$$\left[\begin{array}{ccccc|c} d_1 & c_1 & & & & b_1 \\ a_1 & d_2 & c_2 & & & b_2 \\ & \ddots & \ddots & \ddots & & \vdots \\ & & a_{n-2} & d_{n-1} & c_{n-1} & b_{n-1} \\ & & & a_{n-1} & d_n & b_n \end{array}\right] \to \left[\begin{array}{ccccc|c} 1 & \frac{c_1}{d_1} & & & & \frac{b_1}{d_1} \\ a_1 & d_2 & c_2 & & & b_2 \\ & \ddots & \ddots & \ddots & & \vdots \\ & & a_{n-2} & d_{n-1} & c_{n-1} & b_{n-1} \\ & & & a_{n-1} & d_n & b_n \end{array}\right]$$

$$\to \left[\begin{array}{ccccc|c} 1 & \alpha_1 & & & & \beta_1 \\ 0 & d_2 - a_1\frac{c_1}{d_1} & c_2 & & & b_2 - a_1\frac{b_1}{d_1} \\ & \ddots & \ddots & \ddots & & \vdots \\ & & a_{n-2} & d_{n-1} & c_{n-1} & b_{n-1} \\ & & & a_{n-1} & d_n & b_n \end{array}\right]$$

$$\to \left[\begin{array}{ccccc|c} 1 & \alpha_1 & & & & \beta_1 \\ 0 & 1 & \frac{c_2}{d_2 - a_1\alpha_1} & & & \frac{b_2 - a_1\beta_1}{d_2 - a_1\alpha_1} \\ \ddots & \ddots & & \ddots & & \vdots \\ & & a_{n-2} & d_{n-1} & c_{n-1} & b_{n-1} \\ & & & a_{n-1} & d_n & b_n \end{array}\right]$$

$$\rightarrow\left[\begin{array}{cccccc|c}1 & \alpha_1 & & & & & \beta_1 \\ 0 & 1 & \alpha_2 & & & & \beta_2 \\ & \ddots & \ddots & \ddots & & & \vdots \\ & & a_{n-2} & d_{n-1} & c_{n-1} & & b_{n-1} \\ & & & a_{n-1} & d_n & & b_n\end{array}\right]$$

$$\rightarrow\left[\begin{array}{ccccc|c}1 & \alpha_1 & & & & \beta_1 \\ & 1 & \alpha_2 & & & \beta_2 \\ & & \ddots & \ddots & & \vdots \\ & & & 1 & \alpha_{n-1} & \beta_{n-1} \\ & & & & 1 & \beta_n\end{array}\right] \tag{3-11}$$

其中：

$$\begin{aligned}&\alpha_1=\frac{c_1}{d_1}\\&\beta_1=\frac{b_1}{d_1}\\&\alpha_i=\frac{c_i}{d_i-\alpha_{i-1}a_{i-1}},\ i=2,\ 3,\ \cdots,\ n-1\\&\beta_i=\frac{b_i-\beta_{i-1}a_{i-1}}{d_i-\alpha_{i-1}a_{i-1}},\ i=2,\ 3,\ \cdots,\ n\end{aligned} \tag{3-12}$$

逐步回代过程：

$$\begin{aligned}&x_n=\beta_n\\&x_i=\beta_i-\alpha_i x_{i+1},\ i=n-1,\ n-2,\ \cdots,\ 2,\ 1\end{aligned} \tag{3-13}$$

例 3.4 采用追赶法求解下列三对角线性方程组。

$$\begin{cases}x_1+x_2=3\\x_1+2x_2+x_3=8\\x_2+3x_3+x_4=15\\x_3+4x_4+x_5=24\\x_4+5x_5=29\end{cases}$$

解：(1) 问题分析：将该线性方程组写成矩阵形式，有：

$$\begin{bmatrix}1 & 1 & & & \\ 1 & 2 & 1 & & \\ & 1 & 3 & 1 & \\ & & 1 & 4 & 1 \\ & & & 1 & 5\end{bmatrix}\begin{bmatrix}x_1\\x_2\\x_3\\x_4\\x_5\end{bmatrix}=\begin{bmatrix}3\\8\\15\\24\\29\end{bmatrix}$$

其系数矩阵中，下对角线元素构成向量 $a=[1,1,1,1]$，主对角线元素构成向量 $d=[1,2,3,4,5]$，上对角线元素构成向量 $c=[1,1,1,1]$，常数项构成向量 $b=[3,8,15,24,29]$。

(2) 计算流程：根据式（3－12）和式（3－13），构造追赶法求解线性方程组的计算流程，如图 3－4 所示。

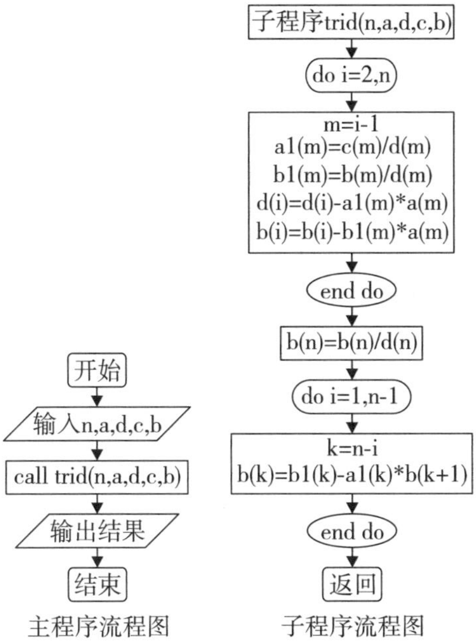

图 3-4 追赶法计算流程图

(3) 程序编制及运行：根据追赶法计算流程图 3-4，编制 Fortran 程序 ex34. f，其程序列表如下：

```
c      the main program ex34.f
       dimension a(5),b(5),c(5),d(5)
       data a/1,1,1,1,0/d/1,2,3,4,5/c/1,1,1,1,0/b/3,8,15,24,29/

       iw=10
       open(unit=iw,file='out34.dat',status='unknown',form='formatted')
       n=5
       write(iw,"('n=',I4)") n
       write(*,"('n=',I4)") n
       write(*,"('a',4f10.4,/,'d',5f10.4,/,'c',4f10.4,/,'b',5f10.4/)")
     1      (a(i),i=1,n-1),(d(i),i=1,n),(c(i),i=1,n-1),(b(i),i=1,n)
       write(iw,"('a',4f10.4,/,'d',5f10.4,/,'c',4f10.4,/,'b',5f10.4/)")
     1      (a(i),i=1,n-1),(d(i),i=1,n),(c(i),i=1,n-1),(b(i),i=1,n)
       call trid(n,a,d,c,b)
       write(iw,"('the solution is',/,'x=',5f10.4)") (b(i),i=1,n)
       write(*,"('the solution is',/,'x=',5f10.4)") (b(i),i=1,n)
       close(iw)
       stop
       end

       subroutine trid(n,a,d,c,b)
       dimension a(n),d(n),c(n),b(n),a1(n),b1(n)
       do i=2,n
          m=i-1
          a1(m)=c(m)/d(m)
          b1(m)=b(m)/d(m)
          d(i)=d(i)-a1(m)*a(m)
          b(i)=b(i)-b1(m)*a(m)
       end do
       b(n)=b(n)/d(n)
       do i=1,n-1
```

```
    k=n-i
    b(k)=b1(k)-a1(k)*b(k+1)
  end do
  return
  end
```

Fortran 程序 ex34. f 运行得到方程组的解 $x = [1.0000, 2.0000, 3.0000, 4.0000, 5.0000]$，该结果存入输出文件 out34. dat，内容如下：

```
n=    5
a     1.0000    1.0000    1.0000    1.0000
d     1.0000    2.0000    3.0000    4.0000    5.0000
c     1.0000    1.0000    1.0000    1.0000
b     3.0000    8.0000   15.0000   24.0000   29.0000
the solution is
x=      1.0000    2.0000    3.0000    4.0000    5.0000
```

在 Matlab 环境中，根据追赶法计算流程图 3－4，编制程序 ex34. m，程序中同时利用稀疏矩阵技术，将系数矩阵非零元素标记在系数矩阵 A 中，再利用矩阵除法，也可得到该线性方程组的解。为比较计算时间，ex34. m 中列出了利用全系数矩阵的矩阵除法求解的语句。程序 ex34. m 列表如下：

```
% ex34.m   %例3.4
function ex34()
%追赶法求解
tic
a=[1,1,1,1,0]; d=[1,2,3,4,5];
c=[1,1,1,1,0]; b=[3,8,15,24,29];
n=length(a); x=trid(n,a,d,c,b);
t1=toc;
%using sparse matrix to solve
tic
n=5;
a1=sparse(1:n,1:n,[1:n],n,n);
a2=sparse(2:n,1:n-1,ones(1,n-1),n,n);
A=a1+a2+a2'; B=[3;8;15;24;29]; X=A\B;
t2=toc;
%using full matrix to solve
tic
n=5;
a1=sparse(1:n,1:n,[1:n],n,n);
a2=sparse(2:n,1:n-1,ones(1,n-1),n,n);
A=a1+a2+a2'; Af=full(A); B=[3;8;15;24;29]; Xf=Af\B;
t3=toc;
Xvalues=table(x',X,Xf,'variablename',{'x_zgf','X_sparse','X_matrix'})
Runtime=table(t1,t2,t3,'variablename',{'t1_zgf','t2_sparse','t3_Mfull'})

%using  追赶法  to solve the equations
function b=trid(n,a,d,c,b)
for i=2:n
      m=i-1; a1(m)=c(m)/d(m); b1(m)=b(m)/d(m);
      d(i)=d(i)-a1(m)*a(m); b(i)=b(i)-b1(m)*a(m);
end
b(n)=b(n)/d(n);
for i=1:n-1;
      k=n-i; b(k)=b1(k)-a1(k)*b(k+1);
end
```

运行 ex34. m 得到结果如下：

```
>> ex34

Xvalues =
      x_zgf    X_sparse     X_matrix
      _____    ________     ________
      1        1            1
      2        2            2
      3        3            3
      4        4            4
      5        5            5

Runtime =
        t1_zgf      t2_sparse     t3_Mfull
        ________    _________     ________
        6.22e-05    4.76e-05      8.72e-05
```

（4）结果分析：可以看出，Fortran 程序 ex34. f 与 Matlab 程序 ex34. m 中的追赶法、利用稀疏矩阵技术的矩阵除法以及全系数矩阵的除法得到的结果一致，即方程组的解 $x=[1,2,3,4,5]$。在 Matlab 程序 ex34. m 中，采用了追赶法、稀疏矩阵除法、全矩阵除法求解，求解所需时间 Runtime 都在同一量级，这是因为该线性方程组只有 5 个方程，不同方法的运行时间差别不明显，理论上全系数矩阵除法耗时最多。

3.3 迭代解法

线性方程组的迭代法可表述为，对于线性方程组（3－1）至（3－4），任意给定其解的初始近似 X_0，按某种规则逐次生成序列 X_0，X_1，X_2，…，X_k，…，使极限 $\lim\limits_{k\to\infty}X_k=X^*$ 为该线性方程组的解，即 $AX^*=B$。

迭代解法的实现可分为三个步骤：构造迭代格式、给定初始近似解、经过有限次运算获得满足误差（精度）要求的数值解。

构造迭代格式可通过如下方法完成。将系数矩阵 A 分解成矩阵 N 和 P 之差，假定矩阵 N 为非奇异，则有 $NX=PX+B$，即 $X=N^{-1}PX+N^{-1}B=MX+D$，由此得到迭代格式 $X_k=MX_{k-1}+D$（$k=1$，2，…），若此为收敛的迭代式，则有：$\lim\limits_{k\to\infty}X_k=X^*=MX^*+D$。

迭代法收敛的充分必要条件为：$\lim\limits_{k\to\infty}M^k=0$。$k$ 次迭代数值解的误差为 $e_k=X_k-X^*=M(X_{k-1}-X^*)=M^k(X_0-X^*)=M^ke_0$（$k=1$，2，…）。

本节将介绍线性方程组迭代求解的雅可比（Jacobi）迭代法和高斯—塞德尔（Gauss-Seidel）迭代法。

3.3.1 雅可比迭代法

设线性方程组

$$\begin{cases}a_{11}x_1+a_{12}x_2+a_{13}x_3+\cdots+a_{1n}x_n=b_1\\a_{21}x_1+a_{22}x_2+a_{23}x_3+\cdots+a_{2n}x_n=b_2\\\qquad\vdots\\a_{n1}x_1+a_{n2}x_2+a_{n3}x_3+\cdots+a_{nn}x_n=b_n\end{cases}\tag{3-14}$$

的系数矩阵 A 的对角元素均不为零，有：

$$\begin{cases} x_1 = \dfrac{b_1}{a_{11}} - \dfrac{1}{a_{11}}\ (a_{12}x_2 + a_{13}x_3 + \cdots + a_{1n}x_n) \\ x_2 = \dfrac{b_2}{a_{22}} - \dfrac{1}{a_{22}}\ (a_{21}x_1 + a_{23}x_3 + \cdots + a_{2n}x_n) \\ \qquad\vdots \\ x_n = \dfrac{b_n}{a_{nn}} - \dfrac{1}{a_{nn}}\ (a_{n1}x_1 + a_{n2}x_2 + \cdots + a_{nn-1}x_{n-1}) \end{cases} \tag{3-15}$$

即
$$x_i = \frac{1}{a_{ii}}(b_i - \sum_{\substack{j=1 \\ j\neq i}}^{n} a_{ij}x_j) \quad (i=1,\ 2,\ \cdots,\ n) \tag{3-16}$$

用任意一组近似值：$x_i^{(k)}$ $(k=0,\ 1,\ 2,\ \cdots;\ i=1,\ 2,\ \cdots,\ n)$ 代入上式右端，可以迭代得到一组新的近似值，从而构造迭代格式为：

$$x_i^{(k+1)} = \frac{1}{a_{ii}}(b_i - \sum_{\substack{j=1 \\ j\neq i}}^{n} a_{ij}x_j^{(k)}),\ k=0,\ 1,\ 2,\ \cdots;\ i=1,\ 2,\ \cdots,\ n \tag{3-17}$$

当
$$|x_i^{(k+1)} - x_i^{(k)}| \leqslant \delta \text{ 或 } \left|\frac{x_i^{(k+1)} - x_i^{(k)}}{x_i^{(k+1)}}\right| \leqslant \varepsilon \text{ 或 } \sum_i (x_i^{(k+1)} - x_i^{(k)})^2 \leqslant \Delta,\ i=1,\ 2,\ \cdots,\ n \tag{3-18}$$

即式（3－18）成立时，满足误差要求，其中 δ、ε 和 Δ 分别为绝对误差、相对误差和方差，迭代求得该线性方程组的解 $x_i = x_i^{(k+1)}$ $(i=1,\ 2,\ \cdots,\ n)$，该迭代方法称为雅可比迭代法。

雅可比迭代法写成矩阵的形式，有：

$$X^{(k+1)} = f - MX^{(k)} = D\backslash B + D\backslash(L+U)X^{(k)} \tag{3-19}$$

其中：
$$M = \begin{bmatrix} 0 & \dfrac{a_{12}}{a_{11}} & \cdots & \dfrac{a_{1n}}{a_{11}} \\ \dfrac{a_{21}}{a_{22}} & 0 & \cdots & \dfrac{a_{2n}}{a_{22}} \\ \vdots & \vdots & & \vdots \\ \dfrac{a_{n1}}{a_{nn}} & \dfrac{a_{n2}}{a_{nn}} & \cdots & 0 \end{bmatrix},\ f = \begin{bmatrix} \dfrac{b_1}{a_{11}} \\ \dfrac{b_2}{a_{22}} \\ \vdots \\ \dfrac{b_n}{a_{nn}} \end{bmatrix},\ X^{(k)} = \begin{bmatrix} x_1^{(k)} \\ x_2^{(k)} \\ \vdots \\ x_n^{(k)} \end{bmatrix},\ X^{(k+1)} = \begin{bmatrix} x_1^{(k+1)} \\ x_2^{(k+1)} \\ \vdots \\ x_n^{(k+1)} \end{bmatrix}$$

D、L 以及 U 分别是系数矩阵 A 的主对角元素保留、下三角元素保留并乘以 -1、上三角元素保留并乘以 -1，其他元素为零的与 A 同维的三个矩阵。

由此可见，雅可比迭代法的基本思想是将线性方程组的求解归结为重复计算一组彼此独立的线性方程式。所涉及的相关过程：给定初值解，进行迭代，再进行收敛判断。收敛性检验的方法有两种：其一，相邻两次迭代结果中各对应元素的绝对误差或相对误差的绝对值小于给定的误差；其二，相邻两次迭代结果中各对应元素的方差之和小于某个极小的正数。

雅可比迭代法适用范围：线性方程组的未知数近似解趋于收敛，即 $\lim\limits_{k\to\infty} M^k = 0$。雅可比迭代法收敛的充分条件：$M$ 矩阵各行（列）元素的绝对值之和均小于 1。

例 3.5 采用雅可比迭代法求解下列线性方程组。

$$\begin{cases}8x_1 & -3x_2 & +2x_3 & =20\\4x_1 & +11x_2 & -x_3 & =33\\6x_1 & +3x_2 & +12x_3 & =36\end{cases}$$

解：（1）问题分析：该线性方程组系数矩阵中的主对角线上的元素均不为零，可尝试用雅可比迭代法进行求解。

（2）计算流程：按照雅可比迭代法的相关过程：给定初值解，进行迭代，再进行收敛判断，编制雅可比迭代求解线性方程组的计算流程，如图 3－5 所示，其中包括一个主流程图和两个子流程图，n 为方程组中的未知数个数，L 为最大迭代次数，eps 为给定的误差要求，k 为运算过程中的迭代次数，m 为是否满足误差要求的标记。

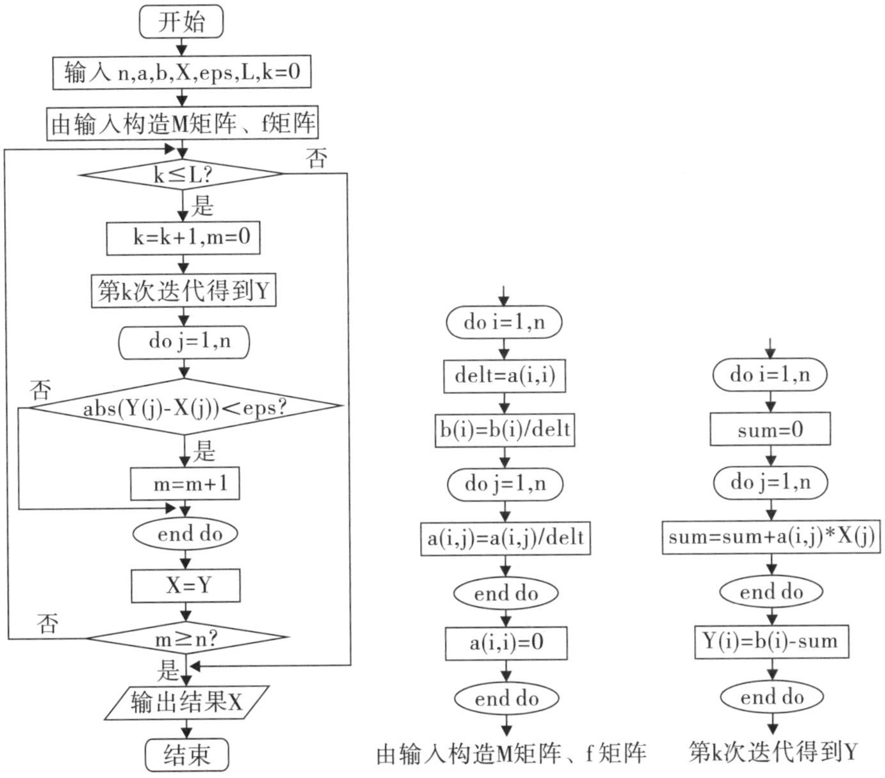

图 3－5 雅可比迭代计算流程图

对雅可比迭代计算流程图 3－5 进行优化，将构造 M 矩阵的过程放入迭代求解及判断收敛的过程中，得到优化后的雅可比迭代计算流程图 3－6。

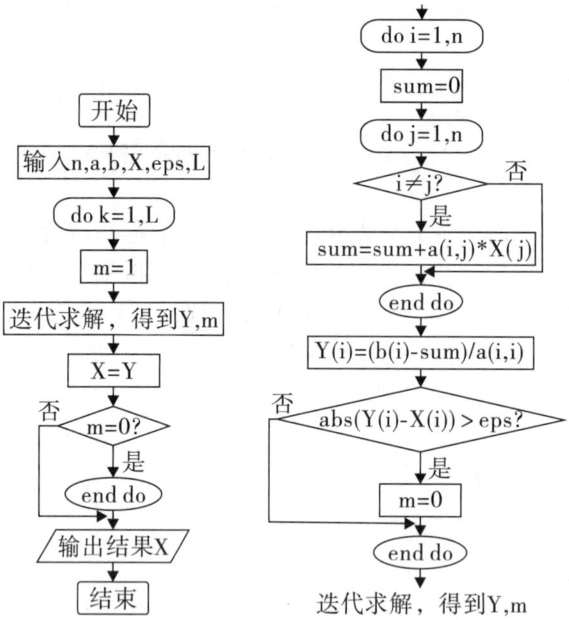

图 3-6　雅可比迭代优化计算流程图

根据雅可比迭代计算公式（3-19），通过矩阵运算，编制雅可比迭代的计算流程如图 3-7 所示。

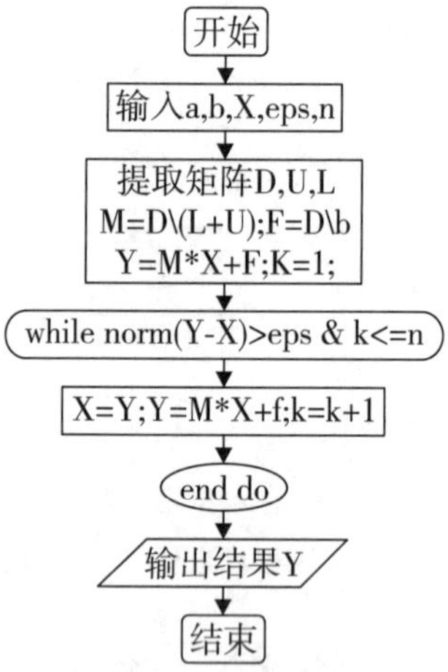

图 3-7　雅可比迭代矩阵计算流程图

（3）程序编制及运行：按照雅可比迭代法的计算流程图 3-5，编制 Fortran 程序 ex35. f，程序列表如下：

```
c       jacobi's method for solving simultaneous equations ex35.f
        dimension a(3,3),b(3),x(3),y(3)
        data n,L,eps/3,100,0.0001/
        data a,b/8.,4.,6.,-3.,11.,3.,2.,-1.,12.,20.,33.,36./
        data x/0.,0.,0./

        iw=10
```

```
      open(unit=iw,file='out35.dat',status='unknown',form='formatted')
      write (iw,"('n,L,eps=',2I5,F10.4)") n,L,eps
      write(iw,"('x=',3F10.4)") (x(i),i=1,n)
      write(iw,"('matrix a,b',3(/,4F10.4))") ((a(i,j),j=1,n),b(i),i=1,n)
      do k=1,L
        m=1
        do i=1,n
          sum=0.
          do j=1,n
             if(i.ne.j) then
               sum=sum+a(i,j)*x(j)
             end if
          end do
          y(i)=(b(i)-sum)/a(i,i)
          sub=y(i)-x(i)
          if(abs(sub).gt.eps) then
             m=0
          end if
        end do
        do j=1,n
          x(j)=y(j)
        end do
        if(m.ne.0) then
          exit
        end if
        write(iw,"('iteration k=',I2,3x,'x=',3(F10.4))") k,(x(i),i=1,n)
      end do
      if(k.lt.L) then
        write(iw,"(/'converge with iteration k=',I2,
     1  /,'the solution is x=',3(F10.4))") k,(x(i),i=1,n)
      else
        write(iw,"(/'unconverge within iterations k=',I5)") k
      end if
      stop
      end
```

Fortran 程序 ex35. f 的运行结果存入 out35. dat 文件，内容如下：

```
n,L,eps=     3  100    0.0001
x=      0.0000      0.0000      0.0000
matrix a,b
     8.0000    -3.0000     2.0000    20.0000
     4.0000    11.0000    -1.0000    33.0000
     6.0000     3.0000    12.0000    36.0000

iteration k= 1    x=     2.5000     3.0000     3.0000
iteration k= 2    x=     2.8750     2.3636     1.0000
iteration k= 3    x=     3.1364     2.0455     0.9716
iteration k= 4    x=     3.0241     1.9478     0.9205
iteration k= 5    x=     3.0003     1.9840     1.0010
iteration k= 6    x=     2.9938     2.0000     1.0038
iteration k= 7    x=     2.9990     2.0026     1.0031
iteration k= 8    x=     3.0002     2.0006     0.9998
iteration k= 9    x=     3.0003     1.9999     0.9997
iteration k=10    x=     3.0000     1.9999     0.9999
iteration k=11    x=     3.0000     2.0000     1.0000

converge with iteration k=12
the solution is x=     3.0000     2.0000     1.0000
```

按照雅可比迭代优化的计算流程图 3－6，编制 Fortran 程序 ex35－1. f，列表如下：

```
c     jacobi's method for solving simultaneous equations ex35-1.f
      dimension a(3,3),b(3),x(3),y(3)
      data n,L,eps/3,100,0.0001/
      data a,b/8.,4.,6.,-3.,11.,3.,2.,-1.,12.,20.,33.,36./
      data x/0.,0.,0./

      iw=10
      open(unit=iw,file='out35-1.dat',status='unknown',form='formatted')
      write (iw,"('n,L,eps=',2I5,F10.5)") n,L,eps
      write(iw,"('x=',3F10.4)") (x(i),i=1,n)
      write(iw,"('matrix a,b',3(/,4F10.4))") ((a(i,j),j=1,n),b(i),i=1,n)
      do k=1,L
        m=1
        do i=1,n
          sum=0.
          do j=1,n
             if(i.ne.j) then
               sum=sum+a(i,j)*x(j)
             end if
          end do
          y(i)=(b(i)-sum)/a(i,i)
          sub=y(i)-x(i)
          if(abs(sub).gt.eps) then
             m=0
          end if
        end do
        do j=1,n
          x(j)=y(j)
        end do
        if(m.ne.0) then
          exit
        end if
        write(iw,"('iteration k=',I2,3x,'x=',3(F10.4))") k,(x(i),i=1,n)
      end do
      if(k.lt.L) then
        write(iw,"(/'converge with iteration k=',I2,
     1     /,'the solution is x=',3(F10.4))") k,(x(i),i=1,n)
      else
        write(iw,"(/'unconverge within iterations k=',I5)") k
      end if
      stop
      end
```

Fortran 程序 ex35－1. f 的运行结果如下：

```
n,L,eps=     3  100    0.0001
x=     0.0000    0.0000    0.0000
matrix a,b
    8.0000   -3.0000    2.0000   20.0000
    4.0000   11.0000   -1.0000   33.0000
    6.0000    3.0000   12.0000   36.0000

iteration k= 1   x=    2.5000    3.0000    3.0000
iteration k= 2   x=    2.8750    2.3636    1.0000
```

```
iteration k= 3    x=    3.1364    2.0455    0.9716
iteration k= 4    x=    3.0241    1.9478    0.9205
iteration k= 5    x=    3.0003    1.9840    1.0010
iteration k= 6    x=    2.9938    2.0000    1.0038
iteration k= 7    x=    2.9990    2.0026    1.0031
iteration k= 8    x=    3.0002    2.0006    0.9998
iteration k= 9    x=    3.0003    1.9999    0.9997
iteration k=10    x=    3.0000    1.9999    0.9999
iteration k=11    x=    3.0000    2.0000    1.0000

converge with iteration k=12
the solution is x=    3.0000    2.0000    1.0000
```

在 Matlab 环境中，依据雅可比迭代矩阵元素计算流程图 3－6 以及矩阵计算流程图 3－7，编制线性方程组求解的雅可比迭代函数文件 ex35. m，该文件内 ex35 为主函数，jacobi0 为矩阵元素运算的子函数，jacobi 为矩阵运算的子函数。Matlab 程序 ex35. m 列表如下：

```
%ex35.m   %例3.5 雅可比迭代求解线性方程组
function ex35()
a=[8,-3,2;4,11,-1;6,3,12]; b=[20;33;36]; AB=[a,b]
x0=[0;0;0]; eps=0.0001; n=100;
x1k1=jacobi0(a,b,x0,eps,n);     %矩阵元素运算
x2k2=jacobi(a,b,x0,eps,n);      %矩阵运算
X=table(x0,x1k1{1},x2k2{1},'Variablename',{'x0','x1','x2'})
epsnk=table(eps,n,x1k1{2},x2k2{2},'Variablename',{'eps','nmax','k1','k2'})

%jacobi's method to solve equations by elements of matrix
function nargout=jacobi0(a,b,x,eps,n)
nm=size(a,1); y=zeros(nm,1); k=0;
for i=1:nm
    delt=a(i,i); b(i)=b(i)/delt;
    for j=1:nm; a(i,j)=a(i,j)/delt; end
    a(i,i)=0.0;
end
while k<=n
    k=k+1; m=0;
    for i=1:nm
        sum=0;
        for j=1:nm; sum=sum+a(i,j)*x(j); end
        y(i)=b(i)-sum;
    end
    for j=1:nm
        sub=y(j)-x(j);
        if abs(sub)<eps; m=m+1; end
    end
    for j=1:nm; x(j)=y(j); end
    if m >= nm; break; end
end
nargout{1}=y;nargout{2}=k;

%jacobi method by matrix： x=D\(L+U)*x+D\b
function nargout=jacobi(a,b,x0,eps,n)
D=diag(diag(a)); U=-triu(a,1); L=-tril(a,-1);
M=D\(L+U); f=D\b; limM=[sum(abs(M)),sum(abs(M'))]
y=M*x0+f; k=1;
while norm(y-x0)>eps & k<=n
    x0=y; y=M*x0+f; k=k+1;
end
nargout{1}=y;nargout{2}=k;
```

运行 ex35. m 可得到线性方程组的解，结果如下：

```
>> ex35

AB =
     8    -3     2    20
     4    11    -1    33
     6     3    12    36

limM =
    0.8636    0.6250    0.3409    0.6250    0.4545    0.7500

X =
    x0    x1    x2

    __    __    __
    0     3     3
    0     2     2
    0     1     1

epsnk =
    eps      nmax    k1    k2

    ______   ____    __    __
    0.0001   100     12    12
```

（4）结果分析：利用雅可比迭代，Fortran 程序 ex35. f 和 ex35 – 1. f 以及 Matlab 程序 ex35. m 得到的线性方程组的解是一致的，即经过 12 次迭代，得到满足绝对误差为 0. 0001 的数值解：$x_1=3.0000$，$x_2=2.0000$，$x_3=1.0000$。可以看出，该结果不会因为计算流程的不同而不同。从 Matlab 程序 ex35. m 运行结果还可以看出，对 M 矩阵的各列和各行元素的绝对值求和，得到的结果为 $\lim M=[0.8636\quad 0.6250\quad 0.3409\quad 0.6250\quad 0.4545\quad 0.7500]$，其值都小于 1，符合雅可比迭代收敛的充分条件。

3. 3. 2　高斯—塞德尔迭代法

为使线性方程组求解的迭代更快地收敛，可将雅可比迭代格式（3 – 17）形变，代入本次迭代已得到的结果，有：

$$
\begin{aligned}
x_i^{(k+1)} &= \frac{1}{a_{ii}}[=b_i-\sum_{\substack{j=1\\ j\neq i}}^{n}a_{ij}x_j^{(k)}]\\
&=\frac{1}{a_{ii}}[b_i-\sum_{j=1}^{i-1}a_{ij}x_j^{(k+1)}-\sum_{j=i+1}^{n}a_{ij}x_j^{(k)}],\ k=0,1,2,\cdots;\ i=1,2,\cdots,n
\end{aligned}
\tag{3-20}
$$

其矩阵形式为：

$$AX=B,\ A=D-L-U\rightarrow (D-L)X=UX+B$$

即
$$X=(D-L)\backslash UX+(D-L)\backslash B=MX+f \tag{3-21}$$

式中：　$M=(D-L)\backslash U,\ f=(D-L)\backslash B$

线性方程组解的迭代式（3 – 20）和（3 – 21）称为高斯—塞德尔迭代。

高斯—塞德尔迭代是雅可比迭代的改进，其过程与雅可比迭代相同，即给定初值解，进行迭代，再进行收敛判断。一般情形下，高斯—塞德尔迭代具有更快的收敛速度，即得到同样误差（精度）要求的解，高斯—塞德尔迭代所需的迭代次数较少。

如同雅可比迭代适用范围是有限定的一样，高斯—塞德尔迭代求解线性方程组也需未知数近似解趋于收敛，即 $\lim\limits_{k\to\infty}M^k=0$。高斯—塞德尔迭代收敛的充分条件：$M$ 矩阵各行（列）元素的绝对值之和均小于 1。

例 3.6　用高斯—塞德尔迭代法求解下列线性方程组。

$$\begin{cases}8x_1 - 3x_2 + 2x_3 = 20\\4x_1 + 11x_2 - x_3 = 33\\6x_1 + 3x_2 + 12x_3 = 36\end{cases}$$

解：(1) 问题分析：该线性方程组系数矩阵中主对角线上的元素均不为零，可尝试用高斯—塞德尔迭代法进行求解，采用式（3－20）和式（3－21）进行迭代求解。

(2) 计算流程：由于高斯—塞德尔迭代是雅可比迭代的改进，基于雅可比迭代求解线性方程组的计算流程图 3－6，修改迭代部分，得到高斯—塞德尔迭代计算流程图 3－8，其中包括一个主流程图和一个子流程图，n 为方程组中未知数的个数，L 为最大迭代次数，eps 为给定的误差要求，k 为运算过程中的迭代次数，m 为是否满足误差要求的标记。

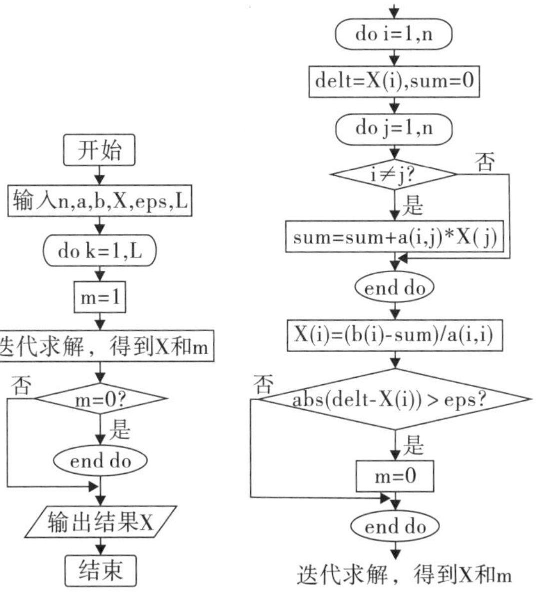

图 3－8　高斯—塞德尔迭代计算流程图

按照高斯—塞德尔迭代计算公式（3－21），根据矩阵运算，编制高斯—塞德尔迭代的矩阵计算流程图 3－9。

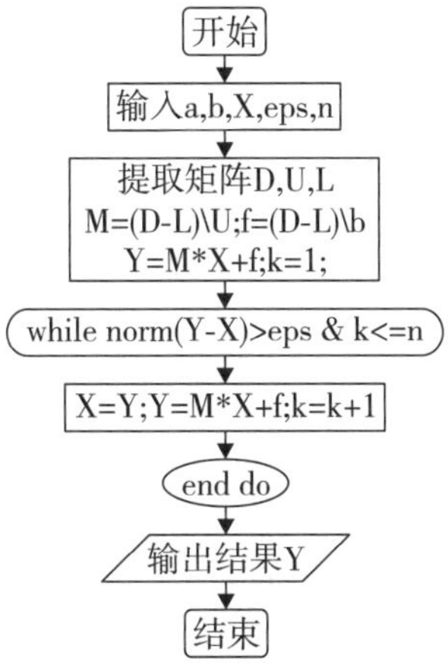

图 3－9　高斯—塞德尔迭代矩阵计算流程图

（3）程序编制及运行：按照高斯—塞德尔迭代计算流程图 3 －8，编制 Fortran 程序 ex36. f，程序列表如下：

```
c     gauss-seidel method for solving simultaneous equations ex36.f
      dimension a(3,3),b(3),x(3)
      data n,L,eps/3,100,0.0001/
      data a,b/8.,4.,6.,-3.,11.,3.,2.,-1.,12.,20.,33.,36./
      data x/0.,0.,0./

      iw=10
      open(unit=iw,file='out36.dat',status='unknown',form='formatted')
      write (iw,"('n,L,eps=',2I5,F10.4)") n,L,eps
      write(iw,"('x=',3F10.4)") (x(i),i=1,n)
      write(iw,"('matrix a,b',3(/,4F10.4))") ((a(i,j),j=1,n),b(i),i=1,n)
      do k=1,L
        m=1
        do i=1,n
          delt=x(i)
           sum=0.
          do j=1,n
             if(i.ne.j) then
               sum=sum+a(i,j)*x(j)
             end if
          end do
          x(i)=(b(i)-sum)/a(i,i)
          sub=x(i)-delt
          if(abs(sub).gt.eps) then
             m=0
          end if
        end do
        write(iw,"('iteration k=',I2,3x,'x=',3(F10.4))") k,(x(i),i=1,n)
        if(m.ne.0) then
          exit
        end if
      end do
      if(k.lt.L) then
        write(iw,"(/'converge with iteration k=',I2,
     1          /,'the solution is x=',3(F10.4))") k,(x(i),i=1,n)
      else
        write(iw,"(/'unconverge within iterations k=',I5)") k
      end if
      stop
      end
```

Fortran 程序 ex36. f 运行结果存入文件 out36. dat，内容如下：

```
n,L,eps=     3  100    0.0001
x=     0.0000    0.0000    0.0000

matrix a,b
    8.0000   -3.0000    2.0000   20.0000
    4.0000   11.0000   -1.0000   33.0000
    6.0000    3.0000   12.0000   36.0000
```

```
iteration k= 1   x=   2.5000   2.0909   1.2273
iteration k= 2   x=   2.9773   2.0289   1.0041
iteration k= 3   x=   3.0098   1.9968   0.9959
iteration k= 4   x=   2.9998   1.9997   1.0002
iteration k= 5   x=   2.9998   2.0001   1.0001
iteration k= 6   x=   3.0000   2.0000   1.0000
iteration k= 7   x=   3.0000   2.0000   1.0000

converge with iteration k= 7
the solution is x=   3.0000   2.0000   1.0000
```

在 Matlab 环境中，依据高斯—塞德尔迭代矩阵元素计算流程图 3 - 8 以及矩阵计算流程图 3 - 9，编制线性方程组求解的高斯—塞德尔迭代函数文件 ex36. m，该文件内 ex36 为主函数，seidel0 为矩阵元素运算子函数，seidel 为矩阵运算子函数，运行程序 ex36. m 可得到线性方程组的解。Matlab 程序 ex36. m 列表如下：

```
%ex36.m   %例3.6 高斯-塞德尔迭代求解线性方程组
function ex36()
a=[8,-3,2;4,11,-1;6,3,12]; b=[20;33;36]; AB=[a,b]
x0=[0;0;0]; eps=0.0001; n=100;
x1k1=seidel0(a,b,x0,eps,n);   %the calculation by matrix elements
x2k2=seidel(a,b,x0,eps,n);    %the calculation by matrix
X=table(x0,x1k1{1},x2k2{1},'Variablename',{'x0','x1','x2'})
epsnk=table(eps,n,x1k1{2},x2k2{2},'Variablename',{'eps','nmax','k1','k2'})

%solution of simultaneous linear algebraic equations by the gauss-Jordan elimination method
function nargout=seidel0(a,b,x,eps,L)
n=size(a,1); k=0;
for k=1:L
    m=1;
    for i=1:n
        delt=x(i); sum=0;
        for j=1:n
            if i~= j; sum=sum+a(i,j)*x(j); end
        end
        x(i)=(b(i)-sum)/a(i,i); sub=x(i)-delt;
        if abs(sub)>eps; m=0; end
    end
    if m~=0; break; end
end
nargout{1}=x; nargout{2}=k;

% Gauss-Seidel method   x=(D-L)\U*x+(D-L)\b
function nargout=seidel(a,b,x0,eps,n)
D=diag(diag(a)); U=-triu(a,1); L=-tril(a,-1);
M=(D-L)\U; f=(D-L)\b; limM=[sum(abs(M)),sum(abs(M'))]
y=M*x0+f; k=1;
while norm(y-x0)>eps & k<=n
    x0=y; y=M*x0+f; k=k+1;
end
nargout{1}=y; nargout{2}=k;
```

程序 ex36. m 的运行结果如下：

```
>> ex36

AB =
     8    -3     2    20
     4    11    -1    33
```

```
     6       3      12      36

limM =
            0     0.6648     0.5114     0.6250     0.3182     0.2330

X =
      x0     x1     x2
      __     __     __
      0      3      3
      0      2      2
      0      1      1

epsnk =
       eps       nmax     k1     k2
      ______     ____     __     __
      0.0001     100      7      7
```

（4）结果分析：高斯—塞德尔迭代的 Fortran 程序 ex36. f 和 Matlab 程序 ex36. m 运行得到的线性方程组的解是一致的，即经过 7 次迭代，得到满足绝对误差为 0. 0001 的数值解：$x_1 = 3.0000$，$x_2 = 2.0000$，$x_3 = 1.0000$。高斯—塞德尔迭代得到的收敛结果需经过 7 次迭代，该迭代次数较雅可比迭代得到相同结果所需的迭代次数 12 次少了近一半，即高斯—塞德尔迭代得到结果的过程更短，迭代的效率更高，收敛速度更快。另外，从 Matlab 程序 ex36. m 运行结果还可以看出，对 M 矩阵的各列和各行元素的绝对值求和，得到的结果为 $\lim M = [0 \quad 0.6648 \quad 0.5114 \quad 0.6250 \quad 0.3182 \quad 0.2330]$，其值都小于 1，符合高斯—塞德尔迭代收敛的充分条件。

习　题

3. 1　试用直接法求解下列线性方程组，并尝试用迭代法求解。若迭代法不能得到收敛的解，试探讨其原因。

$$\begin{cases} 0.4096x_1 + 0.1234x_2 + 0.3678x_3 + 0.2943x_4 = 0.4043 \\ 0.2246x_1 + 0.3872x_2 + 0.4015x_3 + 0.1129x_4 = 0.1550 \\ 0.3645x_1 + 0.1920x_2 + 0.3781x_3 + 0.0643x_4 = 0.4240 \\ 0.1784x_1 + 0.4002x_2 + 0.2786x_3 + 0.3927x_4 = -0.2557 \end{cases}$$

3. 2　试用雅可比迭代和高斯—塞德尔迭代求解下列线性方程组，并判断方程组的解是否收敛。

$$\begin{pmatrix} 1 & 2 & -2 \\ 1 & 1 & 1 \\ 2 & 2 & 1 \end{pmatrix} \begin{pmatrix} x_1 \\ x_2 \\ x_3 \end{pmatrix} = \begin{pmatrix} 9 \\ 7 \\ 6 \end{pmatrix}$$

3. 3　已知方形板外节点温度分布（如下图所示），假设板内一个节点上的温度等于该点四个最邻近点温度的平均值，试用高斯—塞德尔迭代计算分布于板内各节点的温度 $T1$，$T2$，…，$T15$。

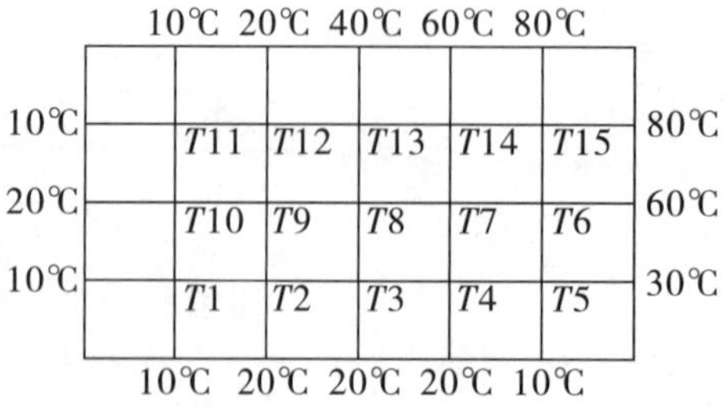

4　非线性方程（组）的数值解法

4.1　引言

考虑单个变量的函数方程

$$f(x)=0 \tag{4-1}$$

求根是数值计算经常遇到的问题。当$f(x)$是连续函数，它无法由自变量 x 的多项式或开方表示时，方程（4－1）称为超越方程，例如 $x\sin(x)-\cosh(x)=0$ 就是个超越方程，它通常有无限个根；当$f(x)$是 x 的 n 次多项式时，方程（4－1）称为代数方程，例如 $x^3+x^2-3x-3=0$ 就是个代数方程，它有 3 个实根。

对于超越方程和高次多项式的代数方程，几乎不可能用解析的方法求相应非线性方程（4－1）的根，一般需要应用逐次逼近的方法求根，即给定一个初值 x_0，按照某种方法产生一个序列 x_0，x_1，x_2，…，此序列在某种条件下收敛于方程（4－1）的根 x^*，即有：

$$\lim_{n\to\infty}x_n=x^*,\ f(x^*)=0 \tag{4-2}$$

利用逐次逼近的数值方法，以计算机为工具，可以较容易地得到满足给定误差要求（精度）的根的近似值，从而得到方程（4－1）的数值解。

本章将介绍非线性方程（组）求根数值方法的二分法和迭代法。

4.2　二分法

4.2.1　确定有根区间

求非线性方程（4－1）的根，首先要确定其根存在的区间。在区间$[a,b]$内根存在的前提下，求非线性方程（4－1）的根，通常采用逐次逼近方法，即从根的初值 x_0 开始，构造一个序列 x_0，x_1，…，使它收敛于方程（4－1）的根 x^*，由此得到区间$[a,b]$内非线性方程（4－1）的一个根 x^*。

通常可用逐次搜索法，在给定区间$[a,b]$上确定有根小区间。具体做法：从 $x_0=a$ 出发，取步长 $h=\dfrac{b-a}{n}$（n 为正整数），令 $x_k=a+kh$（$k=0$，1，…，n），从左到右检查$f(x_k)$的符号，如果$f(x_k)$与$f(x_{k+1})$异号，表明在区间$[x_k,x_{k+1}]$内$f(x)$穿过 x 轴，则找到一个有根区间$[x_k,x_{k+1}]$，其宽度为 h，如此寻找确定$[a,b]$区间上有根的小区间。

例 4.1　试确定代数方程 $x^3+x^2-3x-3=0$ 的有根区间。

解：根据有根区间的定义，搜索方程的有根区间，从 $x_0=-2$ 开始，h 取 0.5，求得函数$f(x)=x^3+x^2-3x-3$ 在各节点上的值，并获知其正负号或者 0，由此找出该方程的 3 个有根区间。搜索结果如表 4－1 所示，由此可知：该方程的 3 个有根区间分别为$[-2,-1.5]$,$[-1.5,-0.5]$,$[1.5,2]$。

表 4－1　函数 $f(x)=x^3+x^2-3x-3$ 在$[-2,2]$内各节点上函数值的符号

k	0	1	2	3	4	5	6	7	8
x	－2	－1.5	－1.0	－0.5	0	0.5	1.0	1.5	2.0
$f(x)$	－	＋	0	－	－	－	－	－	＋

在 Matlab 环境中，可通过符号作图，图示该方程左端函数 $f(x)=x^3+x^2-3x-3$ 与 x 轴的交点，从而确定该方程的 3 个有根区间。该过程由编制的 Matlab 程序 ex41. m 实现，程序 ex41. m 及其运行结果如下：

```
%ex41.m %例4.1 确定方程 x^3+x^2-3x-3=0 的有根区间
%to calculate the values of f(x) in [-2,2]
fx=@(x) x.^3+x.^2-3*x-3;
a=-2; b=2; dx=0.5;
xv=-2:0.5:2; k=0:length(xv)-1; fxv=fx(xv); fxs=sign(fxv);
table(k',xv',fxv',fxs','variablename',{'k','x','fx','fxs'})

%plot the fx and the discrete points
plot(xv,fxv,'or'); hold on
h1=ezplot('x^3+x^2-3*x-3'); set(h1,'color','b')
h2=ezplot('0',[a,b]); set(h2,'color','k')
h3=legend(['a = ' num2str(a),', b = ' num2str(b),', dx = ' num2str(dx)], ...
      'f(x) = x^3+x^2-3*x-3');
set(h3,'location','northwest'); axis([-2,2,-5,5]); title '';
xlabel x; ylabel f(x); set(gca,'ytick',-5:2.5:5,'fontsize',15)
```

程序 ex41. m 的运行结果如下，结果图示见图 4－1。可以看出，ex41. m 的运行结果与表 4－1 的结果一致，图 4－1 清晰地显示出函数 $f(x)=x^3+x^2-3x-3$ 在$[-2,-1.5]$、$[-1.5,-0.5]$和$[1.5,2]$小区域内与 x 轴有交点。

```
>> ex41

ans =
     k      x         fx        fxs
     _    _____     _______     ___

     0      -2          -1       -1
     1    -1.5       0.375        1
     2      -1           0        0
     3    -0.5      -1.375       -1
     4       0          -3       -1
     5     0.5      -4.125       -1
     6       1          -4       -1
     7     1.5      -1.875       -1
     8       2           3        1
```

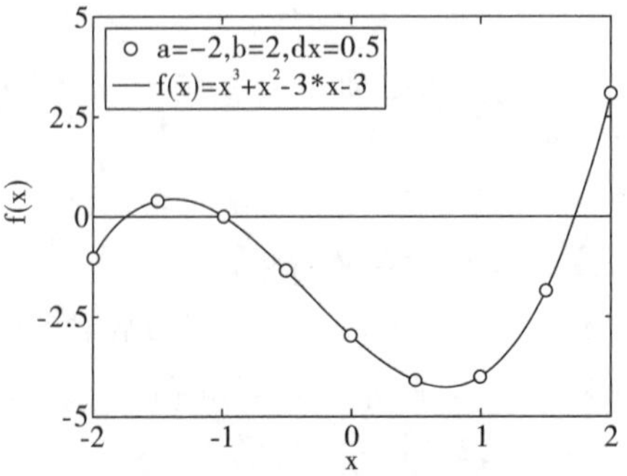

图 4－1　例 4.1 结果图

4.2.2　二分法

对于非线性方程（4-1），若$f(x)$为$[a,b]$上的连续函数，且有$f(a)\cdot f(b)<0$，则该方程在$[a,b]$中至少有一个实根，可以用二分法求该实根的近似值。

二分法的基本思想：逐步将含有根的区间半分，通过判别半分后区间两端函数值的符号，进一步搜索有根区间，将有根区间缩小到充分小，进而求出满足误差（精度）要求的根的近似值。

二分法的具体步骤：将有根区间$[a,b]$半分，取其中点$x_0=\frac{1}{2}(a+b)$，计算$f(x_0)$，如果$f(x_0)=0$，则x_0为所求实根；否则，若$f(x_0)\cdot f(a)>0$，说明所求的根在x_0的右侧，则令$a_1=x_0$，$b_1=b$；否则令$a_1=a$，$b_1=x_0$，得到有根区间$[a_1,b_1]$，它的长度是原区间$[a,b]$长度的一半。对有根新区间$[a_1,b_1]$，令$x_1=\frac{1}{2}(a_1+b_1)$，重复以上步骤，可得到新的有根区间$[a_2,b_2]$，它的长度是区间$[a_1,b_1]$长度的一半。如此重复进行区间半分，可得到一系列有根区间$[a,b]\supset[a_1,b_1]\supset\cdots\supset[a_n,b_n]\supset\cdots$，其中每一区间都是前一区间长度的一半，因此$[a_n,b_n]$的区间长度为$b_n-a_n=\frac{b-a}{2^n}$，当$n\to\infty$时，$f\left(\frac{b_n-a_n}{2}\right)\to 0$，得到方程的根$x^*=\lim\limits_{n\to\infty}x_n=\lim\limits_{n\to\infty}\frac{b_n+a_n}{2}$，即$x_n=\frac{b_n+a_n}{2}$为方程的近似根，其误差估计为$|x^*-x_n|\leqslant\frac{b-a}{2^{n+1}}$。

二分法的优点是计算的思想简单、清晰，收敛性有保证；缺点是收敛速度较慢，特别是误差（精度）要求较高时计算量较大，而且不能求非线性方程的复数根。

二分法求非线性方程（4-1）的根的过程如图4-2（假设$f(a)<0$，$f(b)>0$）所示，该方法只能求得给定有根区间$[a,b]$的一个实根。若要求得非线性方程在该区域内的所有实根，则需先确定所有有根小区间，再分别求根。

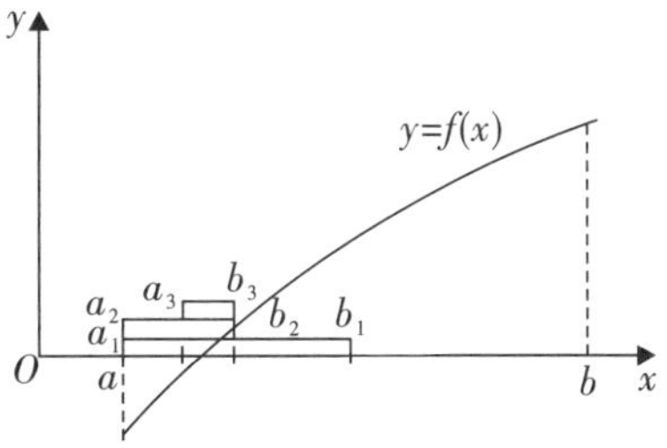

图4-2　二分法示意图

例4.2　用二分法求非线性方程$t^3+t^2-3t-3=0$在区间$[1,2]$内的实根，要求准确到小数点后第四位数字。

解：（1）问题分析：对于给定区间$[1,2]$，设$a=1$，$b=2$，由所需求解的非线性方程中的函数关系$f(t)=t^3+t^2-3t-3$得到$f(a)=-4$，$f(b)=3$，则有$f(a)\cdot f(b)<0$，可以确定该非线性方程在区间$[1,2]$内有实根存在。

（2）计算流程：根据二分法的具体步骤，设函数$f(t)=t^3+t^2-3t-3$为零的绝对误差为$\varepsilon=0.0001$，编制二分法解非线性方程的计算流程图4-3，其中$[a,b]$为不断缩小的有根区间，n为二分有根区间$[a,b]$的次数，eps为可接受的绝对误差。

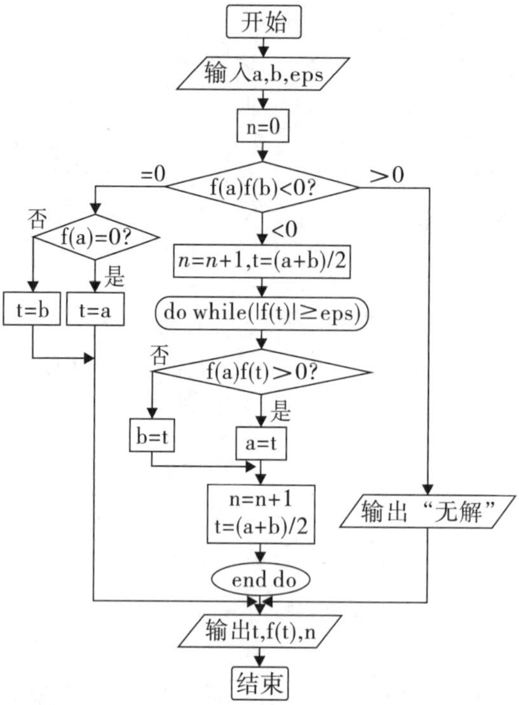

图 4－3　二分法计算流程图

（3）程序编制及运行：根据二分法计算流程图 4－3，编制 Fortran 程序 ex42. f 解非线性方程，程序 ex42. f 如下，运行结果存入 out42. dat 文件中：

```
C     interval halving method ex42.f
      f(t)=t**3+t**2-3*t-3.
      data a,b,eps/1,2,0.0001/

      iw=10
      open(unit=iw,file='out42.dat',status='unknown',form='formatted')
      write(*,*) 'a,b,eps',a,b,eps
      write(iw,*) 'a,b,eps',a,b,eps
      n=0
      if(abs(f(a)).lt.eps.or.abs(f(b)).lt.eps) then
         if(abs(f(a)).lt.eps) then
            t=a
         else
            t=b
         end if
      else
         test1=f(a)*f(b)
         if(test1.lt.0.0) then
            n=n+1
           t=(a+b)/2.
            write(iw,"('n=',i4,2x,'f(a)=',f10.5,2x,'f(b)=',f10.5,2x,'t=',
     1                 f10.5,2x,'f(t)=',f10.5)") n,f(a),f(b),t,f(t)
            do while(abs(f(t)).ge.eps)
               test2=f(t)*f(a)
              if(test2.gt.0.0) then
                 a=t
```

```
            else
               b=t
            end if
            n=n+1
            t=(a+b)/2.
            write(iw,"('n=',i4,2x,'f(a)=',f10.5,2x,'f(b)=',f10.5,2x,
1                    't=', f10.5,2x,'f(t)=',f10.5)") n,f(a),f(b),t,f(t)
         end do
      else
         write(iw,*) 'test1=',test1,'    there is no root!'
      end if
   end if
   write(iw,"('the root t=',f10.4,2x,'f(t)=',f10.5,2x,'n=',i4)") t,f(t),n
   close(iw)
   stop
   end
```

程序 ex42. f 的运行结果如下：

```
a,b,eps     1.000000          2.000000          9.9999997E-05

n=    1  f(a)=  -4.00000  f(b)=   3.00000  t=   1.50000  f(t)=  -1.87500
n=    2  f(a)=  -1.87500  f(b)=   3.00000  t=   1.75000  f(t)=   0.17188
n=    3  f(a)=  -1.87500  f(b)=   0.17188  t=   1.62500  f(t)=  -0.94336
n=    4  f(a)=  -0.94336  f(b)=   0.17188  t=   1.68750  f(t)=  -0.40942
n=    5  f(a)=  -0.40942  f(b)=   0.17188  t=   1.71875  f(t)=  -0.12479
n=    6  f(a)=  -0.12479  f(b)=   0.17188  t=   1.73438  f(t)=   0.02203
n=    7  f(a)=  -0.12479  f(b)=   0.02203  t=   1.72656  f(t)=  -0.05176
n=    8  f(a)=  -0.05176  f(b)=   0.02203  t=   1.73047  f(t)=  -0.01496
n=    9  f(a)=  -0.01496  f(b)=   0.02203  t=   1.73242  f(t)=   0.00351
n=   10  f(a)=  -0.01496  f(b)=   0.00351  t=   1.73145  f(t)=  -0.00573
n=   11  f(a)=  -0.00573  f(b)=   0.00351  t=   1.73193  f(t)=  -0.00111
n=   12  f(a)=  -0.00111  f(b)=   0.00351  t=   1.73218  f(t)=   0.00120
n=   13  f(a)=  -0.00111  f(b)=   0.00120  t=   1.73206  f(t)=   0.00005
the root t=     1.7321   f(t)=    0.00005   n=   13
```

采用二分法，由程序 ex42. f 运行结果可以看出：经过 13 次半分有根区间[1,2]，得到非线性方程满足误差 eps = 0. 0001 要求的一个根 $t = 1.7321$。

根据二分法计算流程图 4 - 3，在 Matlab 中编制程序 ex42. m，其运行后可得到与 Fortrain程序 ex42. f 相同的数值结果，同时可给出二分法求解该非线性方程的数值结果和结果图示。Matlab 程序 ex42. m 如下：

```
%ex42.m   % get one root of the equation t^3+t^2-3*t-3=0 in [1,2]

function ex42()
f=@(t) t.^3+t.^2-3*t-3;
a=1; b=2; eps=0.0001;    %a=2; b=3; eps=0.0001;
nt=erfen(f,a,b,eps);          %nt=[n,t] matrix
n=nt(end,1); t=nt(end,2); terr=(b-a)/2^(n+1); ntf=[nt,f(nt(:,2))]
%show the results
table(a,b,f(a),f(b),n,t,f(t),terr,'variablename',{'a','b','fa','fb','n','t','ft','terr'})
%plot the results
plot(nt(:,2),f(nt(:,2)),'bo'); hold on;
plot(t,f(t),'r*'); plot([a,b],[0,0],'--k');
if f(t)<eps
     legend('erfer points', 'the root','location','SW')
     text(t,f(t)-0.2,['\uparrow t = ' num2str(t)],'color','r','fontsize',15)
      text(t,f(t)-0.4,['f(t) = ' num2str(f(t),'%6.4f')],'color','r','fontsize',15)
     text(t,f(t)-0.6,['n = ' num2str((n),'%6g')],'color','r','fontsize',15)
```

```
else
      legend('there is no-root ',['f(a)= ' num2str(f(t))],'location','SW')
end
xlabel 't'; ylabel 'f(t)'; set(gca,'xlim',[a,b],'fontsize',15); hold off

%erfen.m      二分法Matlab程序
function nargout=erfen(fun,a,b,eps)
if nargin<4 eps=1e-4;end
n=0; Tv=[];
if abs(fun(a))*abs(fun(b))<eps
      if abs(fun(a))<eps, x=a; else, x=b; end
      Tv=[Tv;[n,x]];
else
      if fun(a)*fun(b) < 0
            n=n+1; x=(a+b)/2; Tv=[Tv;[n,x]];
            while abs(fun(x))>=eps
                  if fun(x)*fun(a)>0, a=x; else, b=x; end
                  n=n+1; x=(a+b)/2; Tv=[Tv;[n,x]];
            end
      else
            x=a; disp('there may not be a root in the interval')
            Tv=[Tv;[n,x]];
      end
end
nargout=Tv;
```

在 Matlab 命令行窗口运行程序 ex42. m，得到如下计算结果的数值显示和图示（见图 4 -4）。从结果可以清晰地看出：有根区间[1,2]不断缩小，经过13 次半分，得到满足误差0. 0001 要求的根 $t=1.7321$。

```
>> ex42
ntf =
     1.0000     1.5000    -1.8750
     2.0000     1.7500     0.1719
     3.0000     1.6250    -0.9434
     4.0000     1.6875    -0.4094
     5.0000     1.7188    -0.1248
     6.0000     1.7344     0.0220
     7.0000     1.7266    -0.0518
     8.0000     1.7305    -0.0150
     9.0000     1.7324     0.0035
    10.0000     1.7314    -0.0057
    11.0000     1.7319    -0.0011
    12.0000     1.7322     0.0012
    13.0000     1.7321     0.0000

ans =
     a    b    fa    fb    n       t           ft            terr
     _    _    __    __    __    ______    __________    __________
     1    2    -4    3     13    1.7321    4.5962e-05    6.1035e-05
```

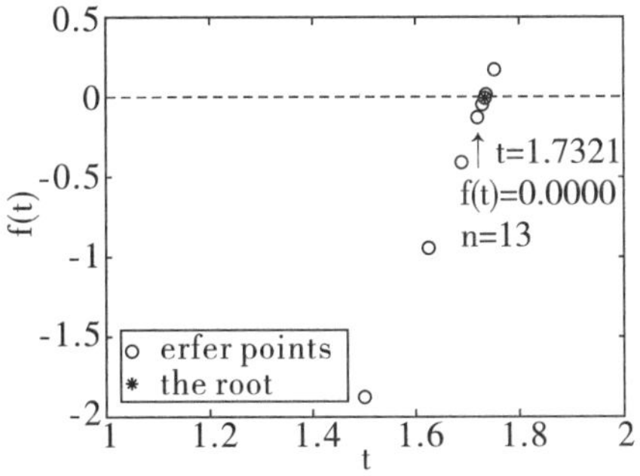

图 4－4 例 4.2 结果图

在 Matlab 中也可调用内置函数 fzero 或 fsolve，得到非线性方程的满足给定误差要求、邻近给定初值的一个数值解。另外，所需求解的非线性方程若存在解析解，在 Matlab 环境下可调用内置的符号解函数 solve，得到非线性方程的所有解析解，进而通过符号和数值的转换，显示相应的数值解。这些内容可通过运行编制的 Matlab 程序 ex42fs. m 实现，程序如下：

```
%ex42fs.m to solve a nonlinear equation t^3+t^2-3*t-3=0

fun=@(t) t.^3+t.^2-3*t-3;   %define function
%by function fzero
tfz=fzero(fun,1)
%by function fsolve
tf=fsolve(fun,1)
%by function solve
syms t; fun1=t^3+t^2-3*t-3==0;   %define equation
ts=solve(fun1)
%show the results
result=table(tfz,tf,double(ts(2)),'variablename',{'tfz','tf','ts'})
```

Matlab 程序 ex42fs. m 的运行结果如下：

```
>> ex42fs
tfz =      1.7321
tf =      1.7321
ts =
         -1
   3^(1/2)
  -3^(1/2)

result =
       tfz          tf          ts
      ______      ______      ______
      1.7321      1.7321      1.7321
```

（4）结果分析：通过运行 Fortran 程序 ex42. f 和 Matlab 程序 ex42. m，利用二分法求解该非线性方程得到的结果一致，即经过 13 次二分给定区间[1,2]，求得精确到小数点后第四位数字的该非线性方程根的近似值 $t=1.7321$，该近似根与在 Matlab 中调用内置函数 fzero、fsolve 以及 solve（程序 ex42fs. m 运行结果）得到的该非线性方程解的一个根 t_{fz}、t_f 以及 $t_s=1.7321$ 一致。

4.3 迭代法

4.3.1 不动点迭代法

非线性方程（4-1）求根逐次逼近的一种方法是将其改写成等价形式

$$x=g(x) \tag{4-3}$$

要求 x^* 满足 $f(x^*)=0$，等价于求 x^* 使 $x^*=g(x^*)$，则称 x^* 为 $g(x)$ 的不动点。

若已知方程（4-1）的一个近似根 x_0，代入式（4-3）右端，即可求得 $x_1=g(x_0)$，如此反复迭代，即可得到迭代序列

$$x_{n+1}=g(x_n),\ n=0,\ 1,\ 2,\ \cdots \tag{4-4}$$

$g(x)$ 称为迭代函数。如果基于初始近似根 x_0，迭代序列 $\{x_n\}$ 有极限 $\lim\limits_{n\to\infty}x_n=x^*$，则称迭代过程（4-4）收敛，且有 $x^*=g(x^*)$，x^* 就是非线性方程（4-1）的根，该迭代求根的方法称为不动点迭代法。

不动点迭代收敛的必要条件是 $|g'(x_0)|<1$。因此，不动点迭代法求非线性方程的根，需合理构造迭代函数 $g(x)$，否则得不到收敛的解。图 4-5（a）和（b）分别给出了不动点迭代序列收敛和不收敛的示意图。

利用不动点迭代法求非线性方程（4-1）的根，其几何意义是在 Oxy 平面上确定直线 $y=x$ 与 $y=g(x)$ 的交点 P^*，如图 4-5 所示。不动点迭代法采用迭代式（4-4）求根，即为反复从 $y=g(x)$ 出发，由 $y=x$ 获得 x，最终得到 $y=g(x)$ 与 $y=x$ 的交点 P^* 的横坐标 x^*。不动点迭代法求解非线性方程的根，一次只能求得给定初值附近的一个根。

不动点迭代法不仅适用于一个非线性方程的求解，而且适用于非线性方程组的求解。在非线性方程组的求解过程中，有几个方程就构造几个合理的不动点迭代式（4-4），再构造类似于一个非线性方程的求解过程，对所有待求解的未知数进行收敛性判断后，求得非线性方程组的一组数值解。

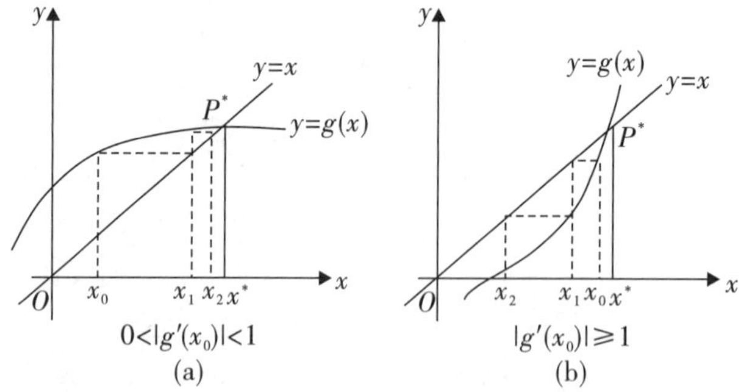

图 4-5　不动点迭代示意图

例 4.3　试用不动点迭代法，求非线性方程 $t^3+t^2-3t-3=0$ 在 $t=2$ 附近的近似根，要求精度达到 0.0001。

解：（1）问题分析：根据待求解的非线性方程 $t^3+t^2-3t-3=0$，构造不动点迭代函数：$t=g(t)=(3+3t-t^2)^{\frac{1}{3}}$，当 $t=2$ 时，有 $|g'(2)|=\dfrac{1}{(3\times 5^{\frac{2}{3}})}<1$。因此，该迭代函数

从初始值 $t=2$ 出发可得到收敛的迭代序列，从而得到非线性方程的解。

（2）计算流程：根据不动点迭代法的迭代序列式（4－4），给定精度 eps 和迭代的最大次数 N，编制不动点迭代计算流程图 4－6。

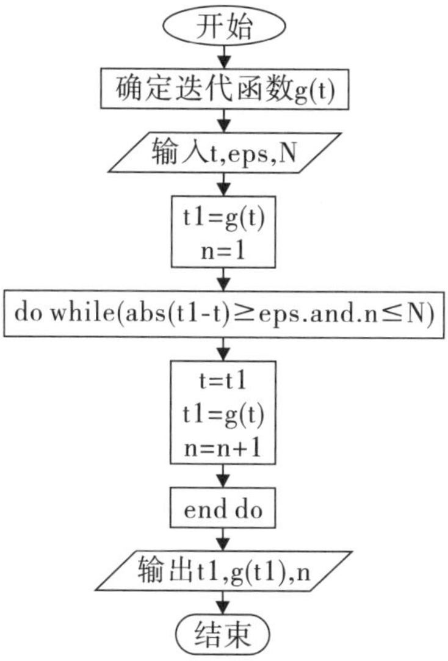

图 4－6　不动点迭代计算流程图

（3）程序编制及运行：根据图 4－6 的不动点迭代计算流程，迭代初值取 $t=2$，误差（精度）取 eps＝0.0001，最大迭代次数设置为 $N=10000$，编制不动点迭代的 Fortran 程序 ex43.f 和 Matlab 程序 ex43.m。Fortran 程序 ex43.f 列表如下：

```
C     iterative method ex43.f
      g(t)=(-t**2+3.*t+3.)**(1/3.)
c     g(t)=(t**3+t**2-3)/3.
      data t,eps,N/2.0,0.0001,10000/
c     data t,eps,N/-2.0,0.0001,10000/

      iw=10
      open(unit=iw,file='out43.dat',status='unknown',form='formatted')
      write(iw,*) 't,eps,N',t,eps,N
      t1=g(t)
      n=1
      write(iw,"('n=',i5,2x,'t=',f10.5,2x,'t1=',f10.5)") n,t,t1
      do while(abs(t1-t).ge.eps.and.n.le.N)
         t=t1
         t1=g(t)
         n=n+1
         write(iw,"('n=',i5,2x,'t=',f10.5,2x,'t1=',f10.5)") n,t,t1
      end do
      if(n.gt.N) then
         write(iw, "('there is no root','n=',I5)") n
      else
         write(iw,"('root t=',f9.4,' g(t)=',f9.4,' n=',i4)") t1,g(t1),n
      end if
      close(iw)
      stop
      end
```

Fortran 程序 ex43. f 的运行结果存入文件 out43. dat，具体内容如下：

```
t,eps,N      2.000000          9.9999997E-05          10000
n=      1   t=     2.00000   t1=     1.70998
n=      2   t=     1.70998   t1=     1.73313
n=      3   t=     1.73313   t1=     1.73199
n=      4   t=     1.73199   t1=     1.73205
root t=     1.7321 g(t)=     1.7321 n=     4
```

Matlab 程序 ex43. m 是函数文件，其中调用了子函数 iterate，并同时给出迭代的数值结果和结果图示。程序 ex43. m 列表如下：

```
%ex43.m   %例4.3 不动点迭代求解：t^3+t^2-3*t-3=0
function ex43()
g=@(t) (3+3*t-t.^2).^(1/3);
t0=2; eps=0.0001; N=10000;
nt=iterate(g,t0,eps,N);
ntg=[nt,g(nt(:,2))]   %the values of n,t,g(t)
%show the results
n=ntg(end,1); t=ntg(end,2); gt=ntg(end,3); terr=abs(t-gt);
results=table(t0,eps,N,n,t,gt,terr)
%plot the results
h0=plot(ntg(:,2),ntg(:,3),'ob'); hold on; %plot ite-points together
h1=ezplot('y=t'); set(h1,'color','r')         %plot y=t
h2=ezplot(g); set(h2,'color','b')             %plot y=f(x);
hn=plot(t,gt,'*r','linewidth',2);             %plot the root
h012n=[h2,h1,h0,hn]; axis([0,3.5,1.65,1.8]);title('');
legend(h012n,{'y=g(t)=(3+3t-t^2)^{1/3}','y=t','iter-points','the root'})
text(0.03,1.77,['niter=' num2str(n)],'color','r','fontsize',15)
textt=['t=' num2str(t)]; textgt=[', g(t)=' num2str(gt)];
text(0.03,1.76,[textt,textgt, ' \downarrow'],'color','r','fontsize',15)
xlabel 't'; ylabel 'y'; set(gca,'fontsize',15);   hold off

%function iterate
function nargout=iterate(fun,x0,eps,N)
nx=length(x0);                %the dimension of x
n=0; xf(n+1,1:nx)=x0;
n=1; x1=fun(x0); xf(n+1,1:nx)=x1;
while (norm(x1-x0)>=eps)&(n<=N)
      x0=x1; x1=fun(x0);
      n=n+1; xf(n+1,1:nx)=x1;
end
nargout=[[0:n]',xf];
```

在 Matlab 命令行窗口运行 ex43. m，得到如下数值结果和结果图 4 – 7：

```
>> ex43
ntg =
            0      2.0000      1.7100
       1.0000      1.7100      1.7331
       2.0000      1.7331      1.7320
       3.0000      1.7320      1.7321
       4.0000      1.7321      1.7321

given =
t0= 2.0000 eps= 1.0000e-04 N= 10000

root =
n= 4 t= 1.7321 g(t)= 1.7321 terr= 3.0366e-06
```

```
results =
    t0      eps       N      n      t        gt        terr
    __    ______    ______   _   ______    ______    __________
    2     0.0001    10000    4   1.7321    1.7321    3.0366e-06
```

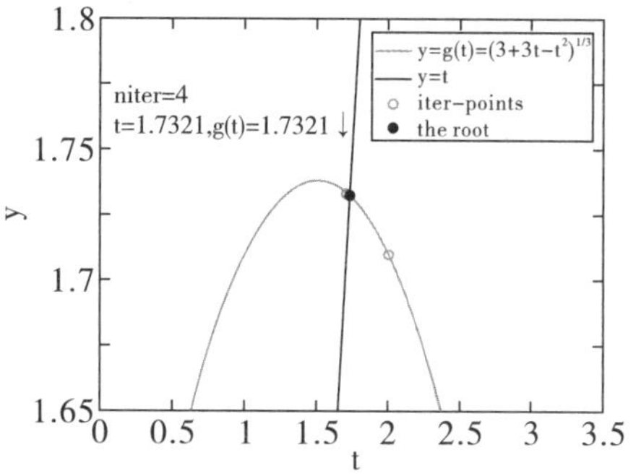

图 4－7　例 4.3 结果图

（4）结果分析：可以看出，由不动点迭代的 Fortran 程序 ex43. f 和 Matlab 程序 ex43. m 得到的非线性方程数值解的结果在误差范围内一致，即通过 4 次迭代，得到了 $t=2$ 附近的根，其数值结果为 $t=1.7321$；Matlab 程序 ex43. m 运行后，给出了结果图 4－7，图中满足误差要求的根 $t=1.7321$ 由文字标示显示。

采用以上的迭代函数式，初值若设置为 $t=-2$，则运行 Fortran 程序 ex43. f，得到如下结果。可以看出，此时无法得到收敛的原非线性方程的根。原因是此时虽然 $|g'(-2)|=\frac{7^{\frac{1}{3}}}{3}<1$，但该迭代函数从初始值 $t=-2$ 出发，在区间［－2，1.7］存在不连续的点，因此不能得到收敛的解，如图 4－8 所示。

```
t,eps,N   -2.000000        9.9999997E-05          10000
n=      1  t=    -2.00000   t1= NaN
root t= NaN          g(t)= NaN          n=      1
```

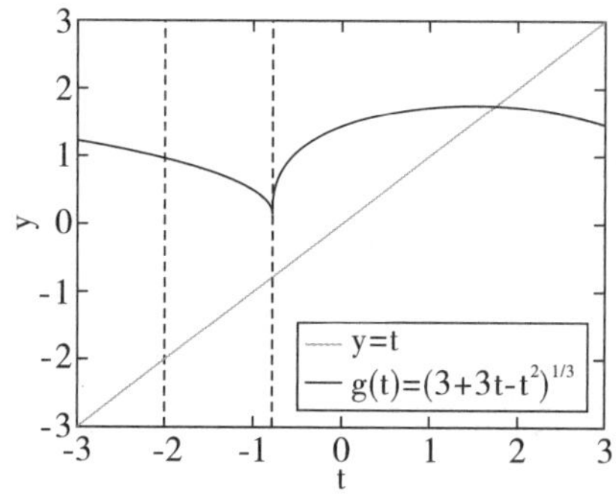

图 4－8　例 4.3 不收敛结果图

利用不动点迭代法解非线性方程 $t^3+t^2-3t-3=0$ 时，如果构造的迭代函数为 $t=g(t)=\frac{1}{3}(t^3+t^2-3)$，在 Fortran 程序 ex43. f 中，将 $g(t)$ 做相应改变，运行 ex43. f 程序，取初值 $t=2$，则得到发散的数值结果，此时 $|g'(2)|=16/3>1$，无法得到收敛的原非线

性方程的近似根，如图 4－9 所示。

```
t,eps,N     2.000000           9.9999997E-05            10000
n=       1   t=      2.00000   t1=       3.00000
n=       2   t=      3.00000   t1=     11.00000
n=       3   t=     11.00000   t1= 483.00000
n=       4   t= 483.00000   t1=**********
n=       5   t=**********   t1=**********
n=       6   t=**********   t1= Infinity
n=       7   t= Infinity      t1= Infinity
root t= Infinity g(t)= Infinity n=      7
```

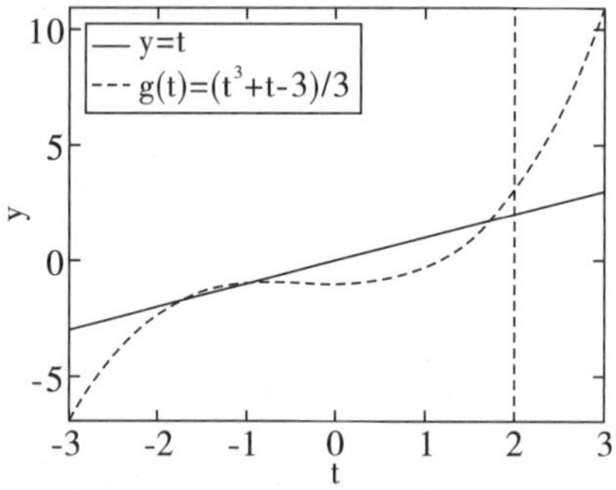

图 4－9　例 4.3 迭代式不收敛结果图

由此可见，利用不动点迭代法求非线性方程的根时，合理构造迭代函数很重要。迭代函数具有收敛性时，由不动点迭代才能得到满足误差（精度）要求的非线性方程的根。有关迭代函数收敛性的理论可进一步参阅数值计算方法的相关书籍。

例 4.4　采用不动点迭代求下列方程组在(0.5,0.5)附近的根，要求精度达到 0.0001。

$$\begin{cases} x_1 - 0.7\sin x_1 - 0.2\cos x_2 = 0 \\ x_2 - 0.7\cos x_1 + 0.2\sin x_2 = 0 \end{cases}$$

解：（1）问题分析：采用不动点迭代求解非线性方程组与求解一个非线性方程的方法类似，不同之处在于需构造多个迭代函数分别求解多个未知数，通过迭代得到非线性方程组的满足一定误差（精度）要求的一组数值解。

根据所需求非线性方程组，构造迭代函数：

$$\begin{cases} x_1 = g_1(x_1,\ x_2) = 0.7\sin x_1 + 0.2\cos x_2 \\ x_2 = g_2(x_1,\ x_2) = 0.7\cos x_1 - 0.2\sin x_2 \end{cases}$$

（2）计算流程：用不动点迭代法求解非线性方程组类似于求解一个非线性方程，但迭代过程中需要根据多个迭代式计算多个未知数，计算流程如图 4－10 所示。

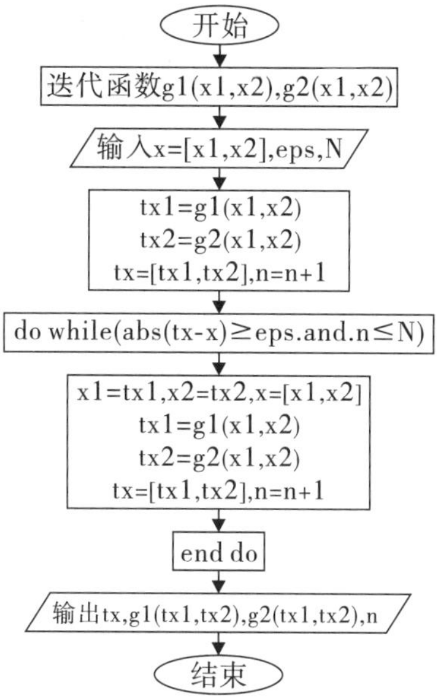

图 4－10 不动点迭代法求解非线性方程组计算流程图

（3）程序编制及运行：根据计算流程图 4－10，编制求解该非线性方程组的 Fortran 程序 ex44. f 如下。与求解一个非线性方程的程序 ex43. f 不同之处在于判断收敛的条件，此处，迭代结果中的 x_1 和 x_2 都需达到给定的收敛条件。

```
C      iterated method ex44.f
       g1(x1,x2)=0.7*sin(x1)+0.2*cos(x2)
       g2(x1,x2)=0.7*cos(x1)-0.2*sin(x2)
       data x1,x2,eps,N/0.5,0.5,0.0001,10000/

       iw=10
       open(unit=iw,file='out44.dat',status='unknown',form='formatted')
       write(iw,*) 'x1, x2, eps, N', x1,x2,eps,N
       write(iw,"(4x,'n',8x,'x1',7x,'g1(x1,x2)',5x,'x2',8x,'g2(x1,x2)')")
       tx1=g1(x1,x2)
       tx2=g2(x1,x2)
       n=1
       write(iw,"(i5,f12.5,2x,f10.5,2x,f10.5,2x,f10.5)") n,x1,tx1,x2,tx2
       do while((abs(tx1-x1).ge.eps.or.abs(tx2-x2).ge.eps).and.n.le.N)
          x1=tx1
          x2=tx2
          tx1=g1(x1,x2)
          tx2=g2(x1,x2)
          n=n+1
          write(iw,"(i5,2x,f10.5,2x,f10.5,2x,f10.5,2x,f10.5)") n,x1,tx1,x2,tx2
       end do
       if(n.gt.N) then
          write(iw, "('there is no root','n=',I5)") n
       else
          write(iw,"('root is',/i5,2x,f10.4,2x,f10.4,2x,f10.4,2x,f10.4)")
     1     n,x1,g1(x1,x2),x2,g2(x1,x2)
       end if
       close(iw)
       stop
       end
```

Fortran 程序 ex44. f 的运行结果存入 out44. dat 文件，具体内容如下：

```
x1, x2, eps, N   0.5000000        0.5000000        9.9999997E-05          10000
     n          x1          g1(x1,x2)      x2           g2(x1,x2)
     1       0.50000       0.51111      0.50000       0.51842
     2       0.51111       0.51613      0.51842       0.51144
     3       0.51613       0.51987      0.51144       0.51093
     4       0.51987       0.52219      0.51093       0.50972
     5       0.52219       0.52372      0.50972       0.50912
     6       0.52372       0.52471      0.50912       0.50869
     7       0.52471       0.52535      0.50869       0.50842
     8       0.52535       0.52576      0.50842       0.50824
     9       0.52576       0.52603      0.50824       0.50813
    10       0.52603       0.52621      0.50813       0.50806
    11       0.52621       0.52632      0.50806       0.50801
    12       0.52632       0.52639      0.50801       0.50798
root is
    12       0.5263        0.5264       0.5080        0.5080
```

在 Matlab 环境中，求解本题非线性方程组的程序 ex44. m 如下，该程序采用的是函数文件形式，程序内调用了不动点迭代的子函数 iterate（同 ex4. 3m 内的调用）：

```
%ex44.m   %例4.4非线性方程组不动点迭代求解
%方程1    x1-0.7*sin(x(1))-0.2*cos(x(2))=0;
%方程2    x2-0.7*cos(x(1))+0.2*sin(x(2))=0;
function ex44()
g=@(x) [0.7*sin(x(1))+0.2*cos(x(2)), 0.7*cos(x(1))-0.2*sin(x(2))];
x0=[0.5,0.5]; eps=0.0001; N=10000; nn=length(x0); %the dimension of x
nx=iterate(g,x0,eps,N)
%show the results
n=nx(end,1); x=nx(end,2:nn+1); gx=g(x); terr=abs(x-gx);
given=sprintf('%s %6.4f %6.4f, %s %10.4e, %s %d', ...
    'x0=',x0,'eps=',eps,'N=',N)
roots=sprintf('%s %d, %s %6.4f %6.4f, %s %6.4f %6.5f', ...
    'n=',n,'x=',x,'g(x)=',gx)
results=table(x0,eps,N,n,x,gx)
%plot the results
xv=nx(:,2:nn+1); gv=[]; for ni=1:n+1; gv=[gv;g(xv(ni,:))]; end
plot(xv,gv,'o'); hold on; plot(x,gx,'.k','linewidth',2);
legend('x1-iter','x2-iter','the root','location','NW')
textgx1=['x1=g(x1)=' num2str(gx(1),4)];textgx2=['x2=g(x2)=' num2str(gx(2),4)];
text(x(1)-0.027,gx(1),[textgx1 '\rightarrow' ],'color','k','fontsize',15)
text(x(2)+0.002,gx(2),['\leftarrow' textgx2],'color','k','fontsize',15)
text(x(1)-0.027,gx(1)+0.002,['niter = ' num2str(n)],'color','k','fontsize',15)
xlabel 'x'; ylabel 'g(x)'; set(gca,'xlim',[0.48,0.54],'fontsize',15);   hold off

%sub-function iterate
function nargout=iterate(fun,x0,eps,N)
nn=length(x0);            %the dimension of x
n=0; xf(n+1,1:nn)=x0;
n=1; x1=feval(fun,x0); xf(n+1,1:nn)=x1;
while (norm(x1-x0)>=eps)&(n<=N)
    x0=x1; x1=feval(fun,x0);
    n=n+1; xf(n+1,1:nn)=x1;
end
nargout=[[0:n]',xf];
```

在 Matlab 命令行窗口运行 ex44. m，取精度 eps = 0. 0001，最大迭代次数 $N = 10000$，运行得到的数值结果如下，同时给出了结果图 4－11。可以看出，经过迭代 12 次的计算，同时得到两个根 $x_1 = 0.5264$，$x_2 = 0.5080$。

```
>> ex44
nx =
         0    0.5000    0.5000
    1.0000    0.5111    0.5184
    2.0000    0.5161    0.5114
    3.0000    0.5199    0.5109
    4.0000    0.5222    0.5097
    5.0000    0.5237    0.5091
    6.0000    0.5247    0.5087
    7.0000    0.5254    0.5084
    8.0000    0.5258    0.5082
    9.0000    0.5260    0.5081
   10.0000    0.5262    0.5081
   11.0000    0.5263    0.5080
   12.0000    0.5264    0.5080
given =
x0= 0.5000 0.5000, eps= 1.0000e-04, N= 10000
roots =
n= 12, x= 0.5264 0.5080, g(x)= 0.5264 0.50796
results =
      x0          eps        N      n            x                        gx
  __________    ______    _____    __    __________________    __________________
  0.5    0.5    0.0001    10000    12    0.52639    0.50798    0.52644    0.50796
```

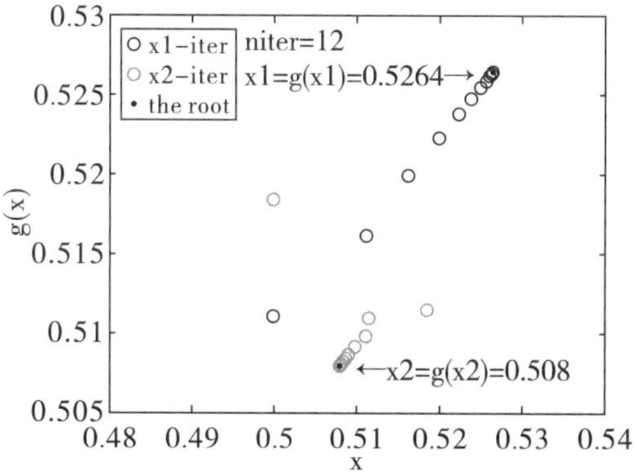

图 4－11　例 4.4 结果图

（4）结果分析：由 Fortran 程序 ex44. f 和 Matlab 程序 ex44. m 的运行结果可以看出，采用不动点迭代法解该非线性方程组的结果一致，即通过 12 次迭代，得到了初值$[x_1,x_2]=[0.5,0.5]$附近的根，其数值结果为$[x_1,x_2]=[0.5264,0.5080]$，图 4－11 显示了该迭代过程和最终求得的近似根。

4.3.2　牛顿迭代法

已知非线性方程（4－1）的一个近似根 x_0，在点 x_0 处 $f(x)$ 的泰勒展开式为：

$$f(x)=f(x_0)+f'(x_0)(x-x_0)+\frac{1}{2!}f''(x_0)(x-x_0)^2+\cdots \tag{4-5}$$

若保留线性项，忽略高阶项，有：$f(x)\approx f(x_0)+f'(x_0)(x-x_0)$，则非线性方程（4－1）在点 x_0 附近可近似为线性方程：

$$f(x_0)+f'(x_0)(x-x_0)=0 \tag{4-6}$$

若 $f'(x)\neq 0$，有：

$$x = x_0 - \frac{f(x_0)}{f'(x_0)} \tag{4-7}$$

此为非线性方程（4－1）的一个近似根，由此构造非线性方程求根的迭代序列：

$$x_{n+1} = x_n - \frac{f(x_n)}{f'(x_n)},\ n=0,\ 1,\ 2,\ \cdots \tag{4-8}$$

通过迭代计算，得到满足给定误差（精度）要求的非线性方程（4－1）的近似根，这就是非线性方程（4－1）求根的牛顿（Newton）迭代法。

牛顿迭代法具有几何意义：对于方程 $f(x)=0$，若已知根的一个近似值 x_n，通过点 $(x_n,\ f(x_n))$ 的切线方程为 $y=f(x_n)+f'(x_n)(x-x_n)$，该切线与 x 轴的交点可近似为方程 $f(x)=0$ 的根，如图 4－12 所示。

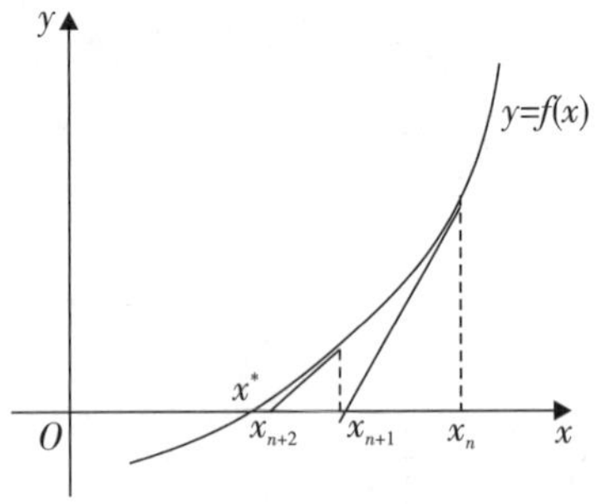

图 4－12　牛顿迭代法几何意义示意图

若将 $f(x_n)+f'(x_n)(x-x_n)=0$ 的根记作 x_{n+1}，当 $f'(x_n)\neq 0$，则有：

$$x_{n+1} = x_n - \frac{f(x_n)}{f'(x_n)},\ n=0,\ 1,\ 2,\ \cdots$$

这就是牛顿迭代公式（4－8），因此牛顿迭代法又称为切线法。

牛顿迭代式（4－8）收敛是有条件的。若给定牛顿迭代的初值为 x_0，则牛顿迭代式收敛的条件为：

$$令\ g(x) = x - \frac{f(x)}{f'(x)}，则\ |g'(x_0)|<1 \tag{4-9}$$

从以上过程可知，牛顿迭代法的基本思想是将复杂的非线性方程转化为易于求解的线性化校正方程，进而构成求解的迭代函数，通过迭代计算，得到满足给定误差（精度）要求的非线性方程的数值解。牛顿迭代法充分体现了数值计算中经常采用的以直代曲的计算技巧。

牛顿迭代法可有多种变形形式，其中一种形式是：应用牛顿迭代法时，可根据导数的定义，求相邻点函数值的差商近似导数，即

$$f'(x_n) \approx \frac{f(x_n)-f(x_{n-1})}{x_n - x_{n-1}}$$

则牛顿迭代式形变为：

$$x_{n+1} = x_n - \frac{f(x_n)}{f(x_n)-f(x_{n-1})}(x_n - x_{n-1}),\ n=1,\ 2,\ \cdots \tag{4-10}$$

该迭代式也称为弦截法迭代式。

与不动点迭代法类似，牛顿迭代法求解非线性方程的根，一次只能求得给定初值附近的一个根。牛顿迭代法不仅可用于单个非线性方程的求解，而且可用于非线性方程组

的求解。在 n 阶非线性方程组的求解过程中，每个方程的函数关系式需对 n 个未知数分别求偏导，由此构成方程组函数的一阶导数矩阵，再构造类似于单个非线性方程的求解过程，进而对所有待求解的 n 个未知数进行收敛性判断后，求得满足给定误差（精度）要求的非线性方程组的一组数值解。

例 4.5　试用牛顿迭代法求非线性方程 $t^3+t^2-3t-3=0$ 在 $t=2$ 附近的根，要求精度达到 0.0001。

解：（1）问题分析：利用牛顿迭代法求该非线性方程的根，首先需确定非线性方程的函数和函数的一阶、二阶导数，并判断是否可得到收敛的解。

本题迭代初值取 $t_0=2$，所需确定的函数及其一阶、二阶导数分别如下：

$$f(t)=t^3+t^2-3t-3$$

$$f'(t)=3t^2+2t-3$$

$$f''(t)=6t+2$$

在迭代初值处有：

$$f(t_0)=3$$

$$f'(t_0)=13$$

$$f''(t)=14$$

根据牛顿迭代式（4-8）及其收敛条件（4-9），构造迭代式 $g(t_n)$：

$$g(t_n)=t_{n+1}=t_n-\frac{f(t_n)}{f'(t_n)},\ n=0,\ 1,\ 2,\ \cdots$$

其一阶导数在 t_0 处的值为：

$$g'(t_0)=1-\frac{f'(t_0)f'(t_0)-f(t_0)f''(t_0)}{[f'(t_0)]^2}=\frac{f(t_0)f''(t_0)}{[f'(t_0)]^2}=\frac{3\times 14}{13^2}<1$$

由此可知：在迭代初值 $t_0=2$ 处，该牛顿迭代式收敛，采用该迭代式数值求解本题的非线性方程，可得到收敛的数值解。

（2）计算流程：根据牛顿迭代式 $t_{n+1}=t_n-f(t_n)/f'(t_n)$，给定自变量 t 的初值、精度 eps 以及迭代的最大次数 N，绘制牛顿迭代法非线性方程求解的计算流程图 4-13。

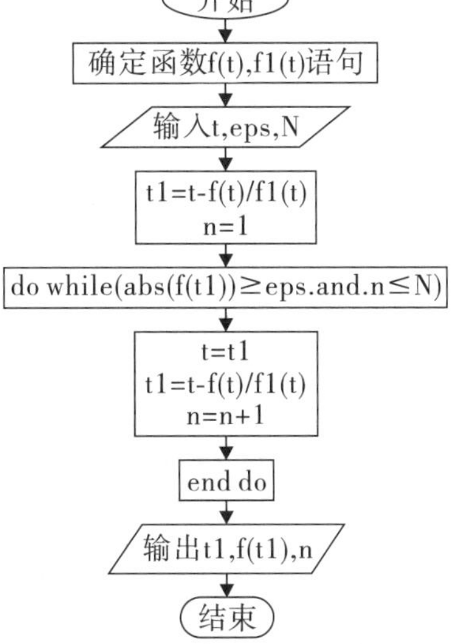

图 4-13　牛顿迭代法计算流程图

（3）程序编制及运行：根据图 4－13 的牛顿迭代法的计算流程，编制牛顿迭代法求解一个非线性方程根的 Fortran 程序 ex45. f，程序列表如下：

```
C     newton method ex45.f
      data t,eps,N/2.0,0.0001,10000/
      f(t)=t**3+t**2-3.*t-3.
      f1(t)=3*t**2+2*t-3.
      iw=10
      open(unit=iw,file='out45.dat',status='unknown',form='formatted')
      write(*,*) 't,eps,N=', t,eps,N
      write(iw,*) 't,eps,N=', t,eps,N
      write(*,"(4x,'n',6x,'t',8x,'f(t)',6x,'t1',7x,'f(t1)')")
      write(iw,"(4x,'n',6x,'t',8x,'f(t)',6x,'t1',7x,'f(t1)')")
      t1=t-f(t)/f1(t)
      n=1
      write(*,"(i5,2x,F8.5,2x,F8.5,2x,F8.5,2x,F8.5)") n,t,f(t),t1,f(t1)
      write(iw,"(i5,2x,F8.5,2x,F8.5,2x,F8.5,2x,F8.5)") n,t,f(t),t1,f(t1)
      do while(abs(f(t1)).ge.eps.and.n.le.N)
         t=t1
         t1=t-f(t)/f1(t)
         n=n+1
         write(*,"(i5,2x,F8.5,2x,F8.5,2x,F8.5,2x,F8.5)") n,t,f(t),t1,f(t1)
         write(iw,"(i5,2x,F8.5,2x,F8.5,2x,F8.5,2x,F8.5)") n,t,f(t),t1,f(t1)
      end do
      if(n.le.N) then
         write(*,"('The root is', /i5,2x,F8.4,2x,E10.4)") n,t1,f(t1)
         write(iw,"('The root is', /i5,2x,F8.4,2x,E10.4)") n,t1,f(t1)
      else
         write(*,*) 'there is no convergence root'
         write(iw,*) 'there is no convergence root'
      end if
      close(iw)
      stop
      end
```

Fortran 程序 ex45. f 的运行结果存入 out45. dat 文件，具体内容如下：

```
t,eps,N=    2.000000        9.9999997E-05         10000
    n      t        f(t)      t1       f(t1)
    1   2.00000   3.00000   1.76923   0.36049
    2   1.76923   0.36049   1.73292   0.00827
    3   1.73292   0.00827   1.73205   0.00000
The root is
    3    1.7321  0.4219E-05
```

根据图 4－13 牛顿迭代法计算流程，添加显示计算过程的画图语句，编制牛顿迭代法求解非线性方程的 Matlab 程序 ex45. m，该程序是函数文件，程序中调用了牛顿迭代的子函数 newton，程序 ex45. m 列表如下：

```
%ex45.m  % 例4.5 牛顿迭代求解 t^3+t^2-3*t-3=0
function ex45()
f=@(t) t.^3+t.^2-3*t-3; f1=@(t) 3*t.^2+2*t-3;
t0=2.0; eps=0.0001; N=10000;
nt=newton(f,f1,t0,eps,N);
ntf=[nt,f(nt(:,2))]   %the values of n,t,f(t)
%show the results
n=ntf(end,1); t=ntf(end,2); ft=ntf(end,3); terr=ft;
given=sprintf('Input: %s %6.4f %s %10.4e %s %d', ...
    't0=',t0,'eps=',eps,'N=',N)
results=sprintf('Results: %s %d, %s %6.4f %s %10.4e %s %10.4e', ...
```

```
        'n=',n,'t=',t,'f(t)=',ft,'terr=',terr)
results=table(t0,eps,N,n,t,ft,terr)
%plot the results
h0=plot(ntf(:,2),ntf(:,3),'ob'); hold on;    %plot ite-points together
h1=ezplot(f); set(h1,'color','b') %plot y=f(x);
h2=plot(t,ft,'*r','linewidth',2); %plot the root
h=ezplot('0'); set(h,'color','k') %plot y=0
h012=[h1,h0(1),h2]; axis([-2.5,6,-6,4]);title('');
legend(h012,{'f(t)=t^3+t^2-3t-3','iter-points','the root'})
textt=['t =' num2str(t)]; textft=[', f(t) =' num2str(ft,'%6.4f')];
text(t,-1,[ '\uparrow ' textt,textft],'color','r','fontsize',15)
text(t+0.3,-2,['niter = ' num2str(n)],'color','r','fontsize',15)
xlabel t; ylabel f(t); set(gca,'fontsize',15); hold off

%function of newton iterate
function nargout=newton(fun1,fun2,x0,eps,N)
nx=length(x0);             %the dimension of x
n=0; xf(n+1,1:nx)=x0;
n=1; x1=x0-fun1(x0)/fun2(x0); xf(n+1,1:nx)=x1;
while (norm(fun1(x1))>=eps)&&(n<=N)
        x0=x1; x1=x0-fun1(x0)/fun2(x0);
        n=n+1; xf(n+1,1:nx)=x1;
end
nargout=[[0:n]',xf];
```

在 Matlab 命令行窗口运行 ex45. m，取初值 $t=2$，精度 eps $=0.0001$，最大迭代次数 $N=10000$，运行得到数值结果及结果图 4－14：

```
>> ex45
ntf =
            0       2.0000      3.0000
       1.0000       1.7692      0.3605
       2.0000       1.7329      0.0083
       3.0000       1.7321      0.0000

given =
Input: t0= 2.0000 eps= 1.0000e-04 N= 10000

results =
Results: n= 3, t= 1.7321 f(t)= 4.7182e-06 terr= 4.7182e-06

results =
      t0      eps        N       n      t           ft            terr
      __    ______     _____     _   ______    __________    __________
      2     0.0001     10000     3   1.7321    4.7182e-06    4.7182e-06
```

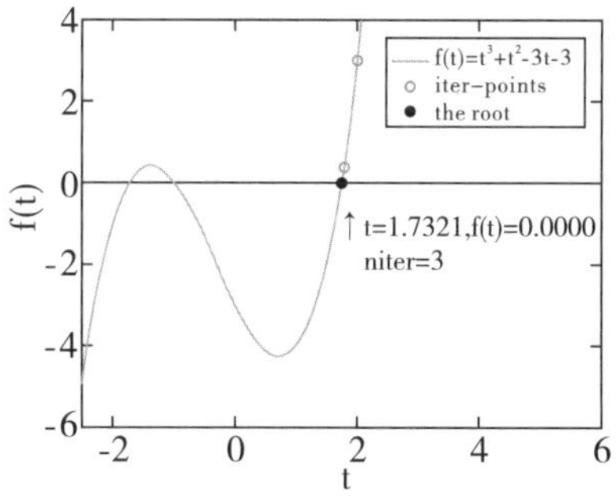

图 4－14　例 4. 5 结果图

（4）结果分析：由 Fortran 程序 ex45. f 和 Matlab 程序 ex45. m 的运行结果可知，由牛顿迭代法得到的该非线性方程的根一致，即通过 3 次迭代，得到了 $t=2$ 附近的根，其数值结果为 $t=1.7321$，该结果在图 4－14 中由文字标示。

比较例 4.2、4.3 和 4.5 可知：利用二分法、不动点迭代法以及牛顿迭代法，得到非线性方程 $t^3+t^2-3t-3=0$ 在 $t=2$ 附近的满足精度 0.0001 的数值解均为 $t=1.7321$，但迭代的次数分别是 13 次、4 次和 3 次。由此可见，以上三种方法中，牛顿迭代法的迭代次数最少，计算效率最高。

例 4.6　用牛顿迭代法求下列方程组在(0.5，0.5)附近的根，要求精度达到 0.0001。

$$\begin{cases} x_1-0.7\sin x_1-0.2\cos x_2=0 \\ x_2-0.7\cos x_1+0.2\sin x_2=0 \end{cases}$$

解：（1）问题分析：利用牛顿迭代法求该非线性方程组的根，首先确定非线性方程组中每个方程的函数和这些函数对各个自变量的一阶偏导数，将方程 $f(x)=0$ 理解成矩阵方程，则本题所需求解的函数和一阶导数的各分量是相应矩阵的元素：

函数：

$$\begin{aligned} f(x) &= [f_1(x(1),\ x(2)),\ f_2(x(1),\ x(2))] \\ &= [x(1)-0.7\sin(x(1))-0.2\cos(x(2)),\ x(2)-0.7\cos(x(1))+0.2\sin(x(2))] \end{aligned}$$

一阶偏导数：

$$Df(x)=\begin{bmatrix} f_{11}(x(1),\ x(2)) & f_{21}(x(1),\ x(2)) \\ f_{12}(x(1),\ x(2)) & f_{22}(x(1),\ x(2)) \end{bmatrix}=\begin{bmatrix} 1-0.7\cos(x(1)) & 0.7\sin(x(1)) \\ 0.2\sin(x(2)) & 1+0.2\cos(x(2)) \end{bmatrix}$$

采用牛顿迭代法的迭代式：

$$x_{n+1}=x_n-(Df(x_n))^{-1}f(x_n),\quad n=0,\ 1,\ 2,\ \cdots$$

该迭代式的矩阵元素表达式为：

$$x_{n+1}(1)=x_n(1)-\frac{f_1(x_n(1),x_n(2))\cdot f_{22}(x_n(1),x_n(2))-f_2(x_n(1),x_n(2))\cdot f_{12}(x_n(1),x_n(2))}{f_{11}(x_n(1),x_n(2))\cdot f_{22}(x_n(1),x_n(2))-f_{12}(x_n(1),x_n(2))\cdot f_{21}(x_n(1),x_n(2))}$$

$$x_{n+1}(2)=x_n(2)-\frac{f_2(x_n(1),x_n(2))\cdot f_{11}(x_n(1),x_n(2))-f_1(x_n(1),x_n(2))\cdot f_{21}(x_n(1),x_n(2))}{f_{11}(x_n(1),x_n(2))\cdot f_{22}(x_n(1),x_n(2))-f_{12}(x_n(1),x_n(2))\cdot f_{21}(x_n(1),x_n(2))}$$

（2）计算流程：采用牛顿迭代法，求解非线性方程组与求解一个非线性方程的方法类似，求解中将非线性方程组写成一个非线性方程的矩阵形式，利用以上所列的函数关系式构建计算流程，如图 4－15 所示。

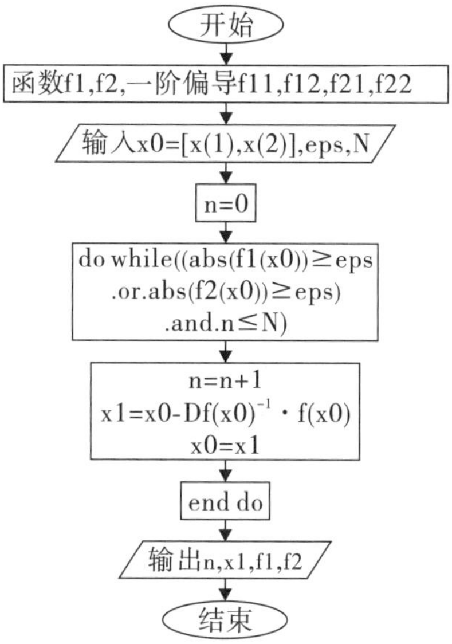

图 4－15　牛顿迭代法求解非线性方程组计算流程图

（3）程序编制和运行：给定自变量向量初值 $x=[0.5,0.5]$，设定计算精度 eps = 0.0001，最大迭代次数 $N=10000$，根据图 4－15 所示的计算流程编制计算程序。Fortran 程序 ex46.f 列表如下：

```
C      Newton iterated method ex46.f
       f1(x1,x2)=x1-0.7*sin(x1)-0.2*cos(x2)
       f2(x1,x2)=x2-0.7*cos(x1)+0.2*sin(x2)
       f11(x1,x2)=1-0.7*cos(x1)
       f12(x1,x2)=0.2*sin(x2)
       f21(x1,x2)=0.7*sin(x1)
       f22(x1,x2)=1+0.2*cos(x2)
       data x01,x02,eps,N/0.5,0.5,0.0001,10000/

       iw=10
       open(unit=iw,file='out46.dat',status='unknown',form='formatted')
       write(*,*) 'x01, x02, eps, N', x01,x02,eps,N
       write(iw,*) 'x01, x02, eps, N', x01,x02,eps,N
       write(*,"(4x,'n',8x,'x1','x2',12x,'f1(x1,x2)','f2(x1,x2)')")
       write(iw,"(4x,'n',8x,'x1','x2',12x,'f1(x1,x2)','f2(x1,x2)')")
       n=0
       write(*,"(i5,2f10.5,2x,2f10.5)") n,x01,x02,f1(x01,x02),f2(x01,x02)
       write(iw,"(i5,2f10.5,2x,2f10.5)") n,x01,x02,f1(x01,x02),f2(x01,x02)
       do while((abs(f1(x01,x02)).ge.eps.or.abs(f2(x01,x02)).ge.eps).and.n.le.N)
          n=n+1
          x11=x01-(f1(x01,x02)*f22(x01,x02)-f2(x01,x02)*f12(x01,x02))
     1          /(f11(x01,x02)*f22(x01,x02)-f12(x01,x02)*f21(x01,x02))
          x12=x02-(f2(x01,x02)*f11(x01,x02)-f1(x01,x02)*f21(x01,x02))
     1          /(f11(x01,x02)*f22(x01,x02)-f12(x01,x02)*f21(x01,x02))
          write(*,"(i5,2f10.5,2x,2f10.5)") n,x11,x12,f1(x11,x12),f2(x11,x12)
          write(iw,"(i5,2f10.5,2x,2f10.5)") n,x11,x12,f1(x11,x12),f2(x11,x12)
          x01=x11
          x02=x12
       end do
       if(n.gt.N) then
          write(*, "('there is no root','n=',I5)") n
```

```
        write(iw, "('there is no root','n=',I5)") n
    else
        write(*,"('root is',/i5,2f10.5,2x,2f10.5)")
   1                n,x11,x12,f1(x11,x12),f2(x11,x12)
        write(iw,"('root is',/i5,2f10.5,2x,2f10.5)")
   1                n,x11,x12,f1(x11,x12),f2(x11,x12)
    end if
    close(iw)
    stop
    end
```

将 Fortran 程序 ex46. f 运行结果存入文件 out46. dat 中，具体内容如下：

```
x01, x02, eps, N    0.5000000        0.5000000        9.9999997E-05        10000
     n          x1x2                f1(x1,x2)f2(x1,x2)
     0    0.50000    0.50000      -0.01111    -0.01842
     1    0.52682    0.50801       0.00013     0.00022
     2    0.52652    0.50792       0.00000     0.00000
root is
     2    0.52652    0.50792       0.00000     0.00000
```

根据图 4 - 15 所示的计算流程，在 Matlab 中编制求解非线性方程组的函数文件 ex46. m，该程序中调用了牛顿迭代的子函数 newton，并同时给出运行得到的数值结果和图示结果。Matlab 程序 ex46. m 列表如下：

```
%ex46.m %例4.6 牛顿迭代求解非线性方程组
function ex46()
f=@(x) [x(1)-0.7*sin(x(1))-0.2*cos(x(2)),x(2)-0.7*cos(x(1))+0.2*sin(x(2))];
f1=@(x) [1-0.7*cos(x(1)), 0.7*sin(x(1)); 0.2*sin(x(2)), 1+0.2*cos(x(2))];
x0=[0.5,0.5]; eps=0.0001; N=10000; nn=length(x0); %the dimension of x
nx=newton(f,f1,x0,eps,N)
%show the results
n=nx(end,1); x=nx(end,2:nn+1); fx=f(x); terr=fx;
given=sprintf('%s %6.4f %6.4f, %s %10.4e, %s %d', ...
    'x0=',x0,'eps=',eps,'N=',N)
roots=sprintf('%s %d, %s %6.4f %6.4f, %s %6.4f %6.5f %s %6.4f %6.5f', ...
    'n=',n,'x=',x,'f(x)=',fx,'terr=',terr)
results=table(x0,eps,N,n,x,fx)
%plot the results
xv=nx(:,2:nn+1); fv=[]; for ni=1:n+1; fv=[fv;f(xv(ni,:))]; end
plot(xv,fv,'o'); hold on; plot(x,fx,'.k','linewidth',2);
h=ezplot('0'); set(h,'color','k'); title ''; %plot y=0
legend('x1-iter','x2-iter','the root','location','SE')
textfx1=['x1=' num2str(x(1),'%6.4f') ', f(x1)=' num2str(fx(1),'%6.4f')];
textfx2=['x2=' num2str(x(2),'%6.4f') ', f(x2)=' num2str(fx(2),'%6.4f')];
ptex1=[x(1)-0.032,fx(1)+0.003]; ptex2=[x(2),fx(2)-0.003];
text(ptex1(1),ptex1(2),[textfx1 ' \downarrow '],'color','b','fontsize',15)
text(ptex2(1),ptex2(2),['\uparrow ' textfx2],'color','r','fontsize',15)
text(x(2)+0.002,-0.006,['niter = ' num2str(n)],'color','k','fontsize',15)
xlabel x; ylabel f(x); set(gca,'xlim',[0.48,0.54],'fontsize',15);    hold off

%function of newton iterate
function nargout=newton(fun1,fun2,x0,eps,N)
nx=length(x0);              %the dimension of x
n=0; xf(n+1,1:nx)=x0;
while (norm(fun1(x0))>=eps)&&(n<=N)
    n=n+1; x1=x0-fun1(x0)/fun2(x0);
    xf(n+1,1:nx)=x1; x0=x1;
end
nargout=[[0:n]',xf];
```

在 Matlab 命令行窗口运行 ex46. m，得到运行结果和结果图 4－16，图中标示了牛顿迭代所求得的根 $x_1=0.5265$，$x_2=0.5079$。

```
>> ex46
nx =
         0    0.5000    0.5000
    1.0000    0.5268    0.5080
    2.0000    0.5265    0.5079
given =
x0= 0.5000 0.5000, eps= 1.0000e-04, N= 10000
roots =
n= 2, x= 0.5265 0.5079, f(x)= 0.0000 0.00000 terr= 0.0000 0.00000
results =
    x0        eps       N      n            x                       fx
  ________   ______   _____   _    ___________________    ________________________
  0.5  0.5   0.0001   10000   2    0.52652    0.50792     1.6798e-08    2.7123e-08
```

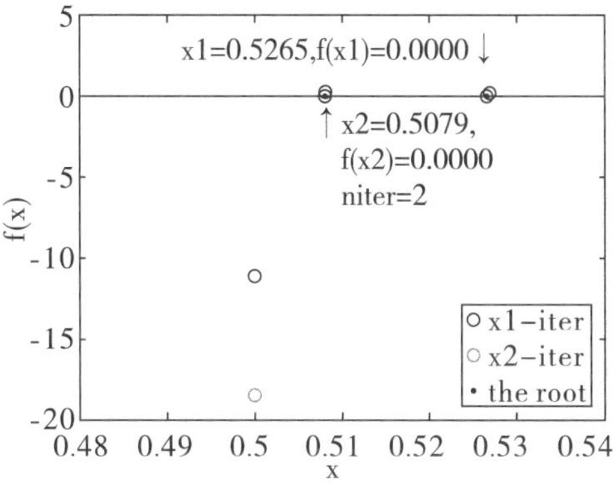

图 4－16　例 4. 6 结果图

（4）结果分析：由 Fortran 程序 ex46. f 和 Matlab 程序 ex46. m 的运行结果可以看出，采用牛顿迭代法解该非线性方程组，需通过 2 次迭代，得到了满足精度 eps＝0. 0001 的初值$[x_1,x_2]=[0.5,0.5]$附近的根，其数值结果为$[x_1,x_2]=[0.5265,0.5079]$，这些结果以 x_1 和 x_2 的文字标示在图 4－16 中。

比较该非线性方程组的不动点迭代和牛顿迭代求解，由 Fortran 程序 ex44. f 和 ex46. f、Matlab 程序 ex44. m 和 ex46. m 的运行结果可以看出：从初值 $x=[0.5,0.5]$出发，不动点迭代法需经过 12 次迭代得到满足精度要求的结果 $x=[0.5264,0.5080]$，而牛顿迭代法只需 2 次迭代即可得到相同精度要求的结果 $x=[0.5265,0.5079]$，这二组结果在精度 eps＝0. 0001 的范围内一致。由此可知：求解该非线性方程组，牛顿迭代法较不动点迭代法更高效。

另外，在 Matlab 环境下，也可调用非线性方程数值求解的内置函数 fsolve 直接求解该非线性方程组，其 Matlab 程序 ex46f. m 内容如下：

```
%ex46f.m to solve nonlinear equations by fsolve
%例4.6 求解非线性方程组
%方程1    x1-0.7*sin(x(1))-0.2*cos(x(2))=0;
%方程2    x2-0.7*cos(x(1))+0.2*sin(x(2))=0;
f=@(x) [x(1)-0.7*sin(x(1))-0.2*cos(x(2)),x(2)-0.7*cos(x(1))+0.2*sin(x(2))];
x0=[0.5,0.5];
[x,fx]=fsolve(f,x0);
results=table(x0,x,fx)
```

运行程序 ex46. m 得到数值结果如下：

```
>> ex46f
results =
        x0                    x                          fx
 _____________      _________________________     ______________________________
 0.5      0.5       0.52652       0.50792         1.6798e-08       2.7124e-08
```

可以看出，调用内置函数 fsolve 得到的解与不动点迭代法、牛顿迭代法得到的结果在精度要求为 eps = 0. 0001 时一致，即 $x_1 = 0.5265$，$x_2 = 0.5079$。

习 题

4. 1 试用二分法或迭代法求非线性方程 $3x^2 - e^x = 0$ 的一个根，要求误差小于 0. 0001。

4. 2 试用迭代法求非线性方程组 $\begin{cases} 2x_1 - x_2 - e^{-x_1} = 0 \\ -x_1 + 2x_2 - e^{-x_2} = 0 \end{cases}$ 的一组根，要求误差小于 0. 0001。

4. 3 试用二分法或迭代法求解非线性方程 $x - \tan x = 0$，要求误差小于 0. 0001。

5　数值积分与微分

5.1　引言

求区间$[a,b]$上的定积分

$$I(f) = \int_a^b f(x)\mathrm{d}x \tag{5-1}$$

这是工程和科学计算中具有广泛应用的问题。利用高等数学微积分的知识，如果$f(x)$的原函数为$F(x)$，即$F'(x)=f(x)$，则有如下求积公式：

$$I(f) = \int_a^b f(x)\mathrm{d}x = F(b) - F(a) \tag{5-2}$$

式（5－2）为已知原函数求定积分的方法。但在实际应用中，很多被积函数的原函数无法准确地用解析式表示，或者其原函数不能用基本函数解析表达，因此，求被积函数的定积分，需利用数值积分方法，得到满足给定误差（精度）要求的数值积分结果。

所谓数值积分方法，就是从近似计算的角度，通过某种数值过程，求出被积函数定积分的近似值。本章将着重介绍根据定积分几何意义导出的等距节点求积公式，进一步介绍数值多重积分的计算，最后简单介绍数值微分公式。

5.2　等距节点求积公式

5.2.1　矩形求积公式

函数$f(x)$在区间$[a,b]$上的定积分为$I = \int_a^b f(x)\mathrm{d}x$，根据定积分的几何意义，该定积分的值是直角坐标系中函数曲线$f(x)$与x轴之间的面积，如图5－1所示。

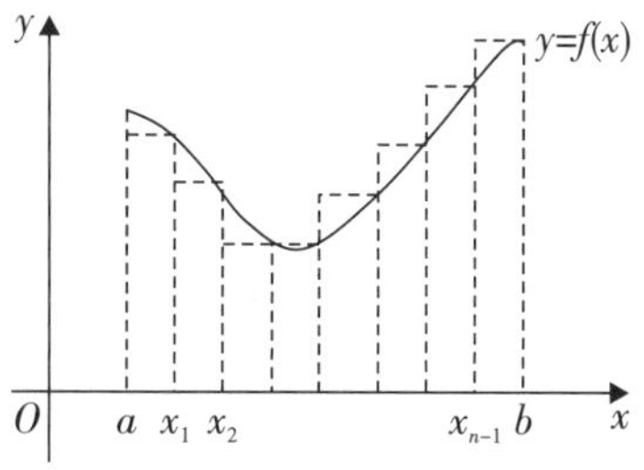

图5－1　函数定积分矩形求积示意图

根据定积分的几何意义，若用一串等间距的分离点$x_0(=a)$，x_1，x_2，…，$x_n(=b)$，将区间$[a,b]$分成n个等间距小区间$[x_0,x_1]$，$[x_1,x_2]$，…，$[x_{n-1},x_n]$（如图5－1所示），在任一区间$[x_{i-1},x_i]$（$i=1$，2，…，n）上任取一点，对应的函数值取为$f(x_i)$，于是得到一组以$h_i=x_i-x_{i-1}$为底，以$f(x_i)$为高的矩形，其面积为$S_i=h_i f(x_i)$，则函数在$[a,b]$上的积分可表示为：

$$I = \int_a^b f(x)\,\mathrm{d}x = \sum_{i=1}^{n} S_i = \sum_{i=1}^{n} h_i f(x_i) \tag{5-3}$$

这就是定积分的矩形求积公式。

定积分的矩形求积公式（5-3）相当于在等间距小区间采用了以直代曲的计算技巧得到，引起的误差可以通过比较定积分矩形求积公式的结果与将被积函数$f(x)$泰勒展开后的积分结果得到。利用定积分矩形求积公式，被积函数$f(x)$在区间$[x_{i-1},x_i]$上的定积分为：

$$S_i = \int_{x_{i-1}}^{x_i} f(x)\,\mathrm{d}x = f(x_i)(x_i - x_{i-1})$$

将被积函数$f(x)$在x_i点上泰勒展开，再在区间$[x_{i-1},x_i]$上积分有：

$$f(x) = f(x_i) + f'(x_i)(x - x_i) + \frac{1}{2!}f''(x_i)(x - x_i)^2 + \cdots$$

$$I_i = \int_{x_{i-1}}^{x_i} f(x)\mathrm{d}x = f(x_i)(x_i - x_{i-1}) + \frac{1}{2!}f'(x_i)(x_i - x_{i-1})^2 + \frac{1}{3!}f''(x_i)(x_i - x_{i-1})^3 + \cdots$$

比较积分S_i和I_i，得到定积分矩形求积公式的误差：

$$\varepsilon = |I_i - S_i| \leqslant \frac{(x_i - x_{i-1})^2}{2}\max_{x_{i-1}\leqslant x\leqslant x_i}|f'(x)|$$

由此可见，定积分矩形求积公式的误差源于被积函数泰勒展开后积分结果保留线性项、忽略高阶项的结果，即定积分矩形求积公式具有一阶精度。

定积分矩形求积公式（5-3）具有一阶精度，其精度比较低。为了提高数值积分的计算精度，根据定积分的几何意义，类似于定积分矩形求积公式的推导，可以得到具有二阶精度的定积分梯形求积公式。

5.2.2 梯形求积公式

1. 梯形求积公式的基本形式

用一串等间距分离点x_0（$=a$），x_1，x_2，…，x_n（$=b$），将区间$[a,b]$分成n个小区间$[x_0,x_1]$，$[x_1,x_2]$，…，$[x_{n-1},x_n]$，函数$f(x)$在这些等距节点上的值分别为$f(x_0)$，$f(x_1)$，$f(x_2)$，…，$f(x_n)$，这些函数值也是小直角梯形底边的长度，这n个小直角梯形的高都为$h=\frac{b-a}{n}$，如图5-2所示，其中第i个小直角梯形的面积由梯形面积公式得到：

$$S_i = \frac{f(x_{i-1}) + f(x_i)}{2}\cdot\frac{b-a}{n},\ i=1,\ 2,\ \cdots,\ n \tag{5-4}$$

则函数$f(x)$在$[a,b]$上的积分是这n个小直角梯形面积之和，可表示为：

$$\begin{aligned}
I &= \int_a^b f(x)\,\mathrm{d}x = \sum_{i=1}^{n} S_i \\
&= \frac{b-a}{n}\left(\frac{f(x_0)+f(x_1)}{2} + \frac{f(x_1)+f(x_2)}{2} + \cdots + \frac{f(x_{n-1})+f(x_n)}{2}\right) \\
&= \frac{h}{2}\sum_{i=1}^{n}[f(x_{i-1}) + f(x_i)] \\
&= \frac{h}{2}[f(a) + 2\sum_{i=1}^{n-1} f(x_i) + f(b)]
\end{aligned} \tag{5-5}$$

这就是定积分的梯形求积公式。

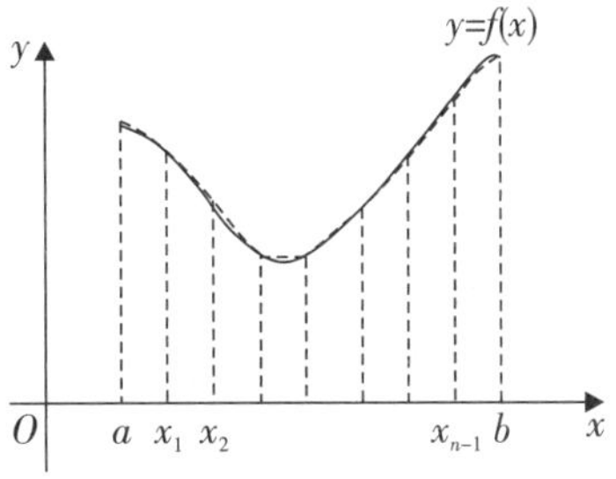

图 5－2　函数定积分梯形求积法示意图

定积分梯形求积公式（5－5）类似于矩形求积公式（5－3），在各小区间内也采用了以直代曲的数值计算技巧，由此引起的误差也可以通过比较定积分梯形求积公式的结果与将被积函数 $f(x)$ 泰勒展开后的积分结果得到。

利用定积分梯形求积公式，被积函数 $f(x)$ 在区间 $[x_{i-1}, x_i]$ 上的定积分为：

$$S_i = \int_{x_{i-1}}^{x_i} f(x)\,\mathrm{d}x = \frac{f(x_{i-1}) + f(x_i)}{2} \cdot (x_i - x_{i-1})$$

$$= \frac{1}{2}\left\{f(x_{i-1}) + \left[f(x_{i-1}) + f'(x_{i-1})(x_i - x_{i-1}) + \frac{1}{2!}f''(x_{i-1})(x_i - x_{i-1})^2 + \cdots\right]\right\} \cdot (x_i - x_{i-1})$$

$$= f(x_{i-1})(x_i - x_{i-1}) + \frac{1}{2}f'(x_{i-1})(x_i - x_{i-1})^2 + \frac{1}{4}f''(x_{i-1})(x_i - x_{i-1})^3 + \cdots$$

将被积函数 $f(x)$ 在 x_{i-1} 点上泰勒展开，再在区间 $[x_{i-1},\ x_i]$ 上积分有：

$$f(x) = f(x_{i-1}) + f'(x_{i-1})(x - x_{i-1}) + \frac{1}{2!}f''(x_{i-1})(x - x_{i-1})^2 + \cdots$$

$$I_i = \int_{x_{i-1}}^{x_i} f(x)\mathrm{d}x = f(x_{i-1})(x_i - x_{i-1}) + \frac{1}{2!}f'(x_{i-1})(x_i - x_{i-1})^2 + \frac{1}{3!}f''(x_{i-1})(x_i - x_{i-1})^3 + \cdots$$

比较积分 S_i 和 I_i，得到定积分梯形公式的误差：

$$\varepsilon = |I_i - S_i| \sim \frac{(x_i - x_{i-1})^3}{12} \max_{x_{i-1} \leqslant x \leqslant x_i} |f''(x)|$$

由此可见，定积分梯形求积公式的误差源于被积函数泰勒展开后积分结果保留二次项、忽略高阶项的结果，即定积分梯形求积公式具有二阶精度。

例 5.1　试用梯形求积公式，取步长为 0.3，求积分 $\int_{0.1}^{4} \frac{\sin x}{x}\mathrm{d}x$ 的近似值。

解：（1）问题分析：根据题意，求定积分的区间为 $[a, b]$，其中：$a = 0.1$，$b = 4$，$h = 0.3$，有 $n = (b - a)/h = 13$；被积函数为 $f(x) = \frac{\sin x}{x}$。

（2）计算流程：利用梯形求积公式（5－5），编制定积分的计算流程图，如图 5－3 所示。

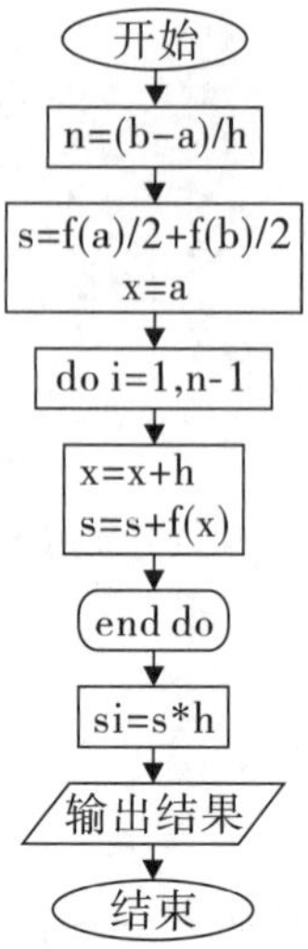

图 5－3　梯形求积公式计算流程图

（3）程序编制及运行：根据梯形求积公式的计算流程图 5－3，编制的 Fortran 程序 ex51. f 列表如下：

```
c      integral method with trapezoidal method ex51.f
       data a,b,h/0.1,4.,0.3/
       f(x)=(sin(x))/x

       iw=10
       open(unit=iw,file='out51.dat',status='unknown',form='formatted')
       n=floor((b-a)/h)+1
       write(iw,"('[a,b]=',2F8.4,2x,'h=',F8.4,2x,'n=',I4)") a,b,h,n
       x=a
       write(iw,"(5x,'i',10x,'x',10x,'f(x)')")
       write(iw,"(2x,I4,3x,F10.4,3x,F10.4)") 0,a,f(a)
       s=f(a)/2.+f(b)/2.
       do i=1,n-1
         x=x+h
         s=s+f(x)
         write(iw,"(2x,I4,3x,F10.4,3x,F10.4)") i,x,f(x)
       end do
       write(iw,"(2x,I4,3x,F10.4,3x,F10.4)") n,b,f(b)
       si=s*h
       write(iw,"('the integral value=',F8.4)") si
       close(iw)
       stop
       end
```

程序 ex51. f 运行后的计算结果存于 out51. dat 文件中，内容如下：

```
[a,b]=  0.1000  4.0000  h=  0.3000  n=  13
     i          x          f(x)
     0      0.1000      0.9983
     1      0.4000      0.9735
     2      0.7000      0.9203
     3      1.0000      0.8415
```

```
      4        1.3000       0.7412
      5        1.6000       0.6247
      6        1.9000       0.4981
      7        2.2000       0.3675
      8        2.5000       0.2394
      9        2.8000       0.1196
     10        3.1000       0.0134
     11        3.4000      -0.0752
     12        3.7000      -0.1432
     13        4.0000      -0.1892
the integral value=   1.6576
```

根据梯形求积公式的计算流程图5－3，在Matlab中编制程序ex51. m，程序中还包含梯形求积内置函数trapz和符号求积内置函数int的调用，并同时给出数值结果和结果图示（见图5－4）。程序ex51. m列表如下：

```
%ex51.m   %例5.1
a=0.1; b=4; h=0.3; n=(b-a)/h;
x=a:h:b; y=sin(x)./x;
s=(y(1)+y(n+1))/2;
for i=2:n; s=s+y(i); end
si0=s*h;
%调用内置函数
si1=h/2*(2*sum(y)-sin(a)/a-sin(b)/b); %梯形求积
si2=trapz(x,y);   %si2=trapz(y)*h;   %梯形求积内置函数调用
syms t; si3=double(int(sin(t)/t,0.1,4));    %符号求积内置函数调用
%show the results
xy=[x',y']
si=vpa([si0,si1,si2,si3],5)
si=table(si0,si1,si2,si3)
%plot the area and equal-distance points
plot(x,y,'ro'); hold on; area(x,y);
legend('等距节点函数值',['积分值= ' num2str(si0,5)])
xlabel x; ylabel y; set(gca,'fontsize',15)
title(' y=sin(x)/x  梯形积分法','fontsize',13)
```

程序ex51. m的运行结果如下：

```
>> ex51
xy =
     0.1000      0.9983
     0.4000      0.9735
     0.7000      0.9203
     1.0000      0.8415
     1.3000      0.7412
     1.6000      0.6247
     1.9000      0.4981
     2.2000      0.3675
     2.5000      0.2394
     2.8000      0.1196
     3.1000      0.0134
     3.4000     -0.0752
     3.7000     -0.1432
     4.0000     -0.1892
```

```
si =
[ 1.6576, 1.6576, 1.6576, 1.6583]

si =
    si0       si1       si2       si3
  ______    ______    ______    ______
  1.6576    1.6576    1.6576    1.6583
```

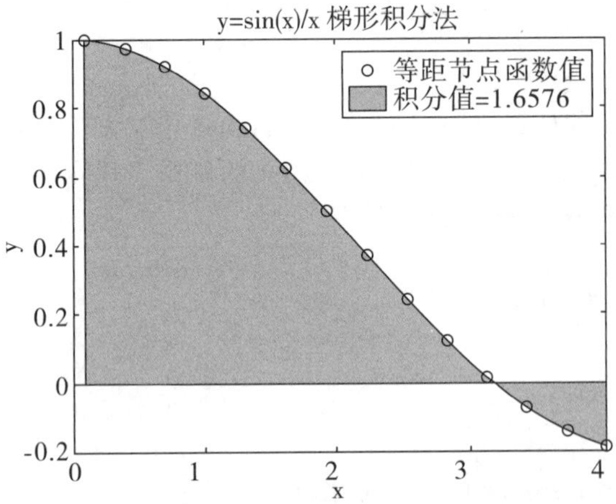

图 5－4　例 5. 1 结果图

（4）结果分析：运行 Fortran 程序 ex51. f 和 Matlab 程序 ex51. m 得到本题所需求的数值积分结果一致，为 1. 6576，该结果与调用梯形求积的 Matlab 内置函数得到的结果一致，与调用符号积分的 Matlab 内置函数得到的结果存在误差 0. 0007；计算得到的数值积分结果是 ex51. m 运行结果图 5－4 中填充区域的面积和。

2. 变步长梯形求积公式

在按梯形求积公式（5－5）计算积分近似值时，将区间$[a,b]$分成 n 等份，一共有 $n+1$个等距节点，需要计算 $n+1$ 个函数值。若定积分数值结果达不到给定误差（精度）要求，可进一步将各小区间再二等分，此时节点增至 $2n+1$ 个，计算 $2n+1$ 个函数值时，只需对新增加的 n 个等距节点进行计算。由梯形求积公式（5－5），有：

$$\begin{aligned} I_{2n} &= \frac{h_{2n}}{2}\left[f(a) + 2\sum_{i=1}^{2n-1} f(a + ih_{2n}) + f(b)\right] \\ &= \frac{h_{2n}}{2}\left[f(a) + 2\sum_{i=1}^{n-1} f(a + 2ih_{2n}) + f(b) + 2\sum_{i=1}^{n} f(a + (2i-1)h_{2n})\right] \\ &= \frac{1}{2}I_n + h_{2n}\sum_{i=1}^{n} f(a + (2i-1)h_{2n}) \end{aligned} \tag{5-6}$$

其中：　$I_n = \frac{h_n}{2}\left[f(a) + 2\sum_{i=1}^{n-1} f(a + ih_n) + f(b)\right]$，　$h_n = \frac{b-a}{n}$，　$h_{2n} = \frac{h_n}{2}$

此处，I_n、h_n 分别为 $n+1$ 个等距节点时的梯形求积公式及 n 个小梯形的高，I_{2n}、h_{2n} 分别为 $2n+1$ 个等距节点时的梯形求积公式及 $2n$ 个小梯形的高，$\sum_{i=1}^{n} f(a+(2i-1)h_{2n})$ 为 n 个新增加等距节点的函数值之和。

在实际应用中，通常将积分区间$[a,b]$的等分数 n 依次取 $1=2^0$，$2=2^1$，$4=2^2$，$8=$

2^3，…，2^k，…，于是变步长梯形求积公式（5－6）可写成如下迭代式：

$$I_1 = \frac{b-a}{2}[f(a)+f(b)],\quad k=0,\quad n=2^k=1,\quad h_n=h_1=b-a$$

$$I_{2n} = \frac{1}{2}I_n + h_{2n}\sum_{i=1}^{n} f(a+(2i-1)h_{2n}) \tag{5-7}$$

其中，$h_{2n}=\frac{h_n}{2}=\frac{b-a}{2^k}$，$k=1,2,3,\cdots$，$n=2^{k-1}$，$2n=2^k$。

从 $k=0$，$n=2^k=1$ 开始，每次变步长，$k'=k+1$，$n'=2n=2\cdot 2^k=2^{k'}$，等距节点个数由 $n+1=2^k+1$ 个变为 $n'+1=2n+1=2^{k'}+1$ 个，节点间距（小梯形的高）由 $h_n=\frac{b-a}{n}=\frac{b-a}{2^k}$ 变为 $h_{2n}=\frac{b-a}{n'}=\frac{b-a}{2^{k'}}$，计算新增加的 n 个等距节点函数值之和 $\sum_{i=1}^{n} f(a+(2i-1)h_{2n})$，即可由式（5－7）迭代得到变步长后的数值积分结果 I_{2n}。

在变步长积分过程中，为满足给定的绝对误差 ε 的要求：

$$|I_{2n}-I_n| = |I_{2^k}-I_{2^{k-1}}| \leqslant \varepsilon$$

或满足相对误差 ε 的要求：

$$\left|\frac{I_{2n}-I_n}{I_{2n}}\right| = \left|\frac{I_{2^k}-I_{2^{k-1}}}{I_{2^k}}\right| \leqslant \varepsilon$$

需进行误差要求的判断，若给定的误差要求得到满足，则停止继续变步长梯形求积公式的计算。

例 5.2 试用变步长梯形求积公式求积分 $\int_{0.1}^{4}\frac{\sin x}{x}dx$，使误差小于 0.0001。

解：（1）问题分析：根据题意，求定积分的区间为 $[a,b]$，其中：$a=0.1$，$b=4$；要求达到的计算误差（相对误差）$\varepsilon=0.0001$；被积函数为 $f(x)=\frac{\sin x}{x}$。

（2）计算流程：利用变步长梯形求积公式（5－7）编制定积分的计算流程，如图 5－5 所示。

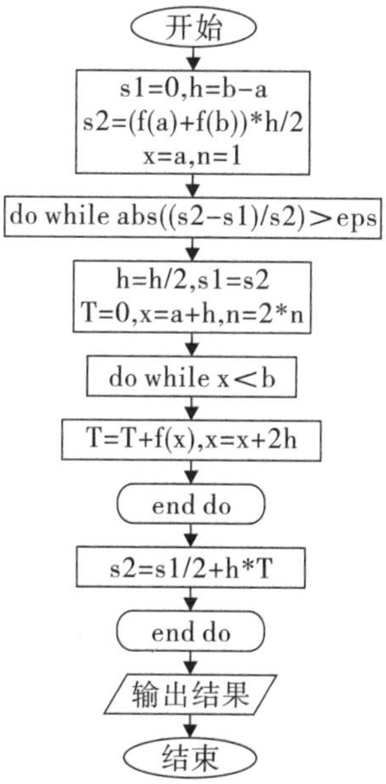

图 5－5 变步长梯形求积公式计算流程图

（3）程序编制及运行：根据变步长梯形求积公式的计算流程图 5－5，编制 Fortran 程序 ex52. f 列表如下：

```
c      integral method with trapezoidal method by invariable step ex52.f
       data a,b,eps/0.1,4,0.0001/
       f(x)=(sin(x))/x

       iw=10
       open(unit=iw,file='out52.dat',status='unknown',form='formatted')
       write(iw,*) 'a,b,eps=',a,b,eps
       write(iw,"('interval',5x,'integral value',6x,'(s2-s1)/s2')")
       s1=0.
       h=b-a
       s2=h*(f(a)+f(b))/2.
       x=a
       n=1
       write(iw,"(I8,8x,F10.4,8x,F10.5)") n,s2,(s2-s1)/s2
       do while(abs((s2-s1)/s2).gt.eps)
          h=h/2.
          s1=s2
          T=0.
          x=a+h
          n=2*n
          do while (x.lt.b)
             T=T+f(x)
             x=x+2*h
          end do
          s2=s1/2.+h*T
          write(iw,"(I8,8x,F10.4,8x,F10.5)") n,s2,(s2-s1)/s2
       end do
       write(iw,"('the answer is')")
       write(iw,"(I8,8x,F10.4,8x,F10.5)") n,s2,(s2-s1)/s2
       close(iw)
       stop
       end
```

程序 ex52. f 的计算结果存于 out52. dat 文件中，结果如下：

```
a,b,eps=   0.1000000          4.000000          9.9999997E-05
   interval          integral value         (s2-s1)/s2
       1                1.5778                1.00000
       2                1.6330                0.03379
       4                1.6518                0.01136
       8                1.6566                0.00294
      16                1.6578                0.00074
      32                1.6582                0.00019
      64                1.6582                0.00005
the answer is
      64                1.6582                0.00005
```

根据变步长梯形求积公式计算流程图 5－5，编制 Matlab 程序 ex52. m，程序中还包含辛普森求积内置函数 quad、符号求积内置函数 int 的调用，程序列表如下：

```
%ex52.m intergral method with trapezoidal method by variable step
f=@(x) sin(x)./x;
a=0.1; b=4; eps=0.0001;
```

```
%variable step
s1=0; h=b-a; s2=(f(a)+f(b))*h/2; epsi=(s2-s1)/s2;
x=a; n=1; i=1;            %the number of iteration
An(i,:)=[i,n,s2,epsi];   %the data [i,n,s2,(s2-s1)/s2]
while abs(epsi>eps)
    h=h/2; s1=s2; T=0; x=a+h; n=2*n;
    while x<b; T=T+f(x); x=x+2*h; end
    s2=s1/2+T*h; i=i+1; epsi=(s2-s1)/s2;
    An(i,:)=[i,n,s2,epsi];
end
%showing the results by calculating
sprintf('        itern,        n,          int,          err')
si1=s2; An
%integral by function in matlab
si2=quad(f,a,b,0.0001);                        %simpson function
syms t; si3=double(int(sin(t)/t,a,b));         %int function
results=table(si1,si2,si3,epsi,'variablename',{'Strapz','Squad','Sint','eps'})
```

在 Matlab 命令行窗口运行程序 ex52. m，结果如下：

```
>> ex52

ans =
      itern,        n,          int,          err
An =
      1.0000      1.0000      1.5778      1.0000
      2.0000      2.0000      1.6330      0.0338
      3.0000      4.0000      1.6518      0.0114
      4.0000      8.0000      1.6566      0.0029
      5.0000     16.0000      1.6578      0.0007
      6.0000     32.0000      1.6582      0.0002
      7.0000     64.0000      1.6582      0.0000

results =
      Strapz      Squad      Sint        eps

      ______      ______     ______     __________
      1.6582      1.6583     1.6583     4.6353e-05
```

（4）结果分析：从 Fortran 程序 ex52. f 和 Matlab 程序 ex52. m 的运行结果可以看出：采用变步长梯形求积公式，经过 6 次步长变化数值积分结果为 1. 6582，它与辛普森积分的 Matlab 内置函数 quad 调用、定积分的符号求积内置函数 int 调用得到的结果 1. 6583 的相对误差不大于 0. 0001，即在可接受误差范围内结果一致。

5. 2. 3 辛普森求积公式

1. 辛普森求积公式的基本形式

用一串分离点 $a=x_0<x_1<x_2<\cdots<x_{2n-2}<x_{2n-1}<x_{2n}=b$，将区间 $[a,b]$ 分成 $2n$ 个等距小区间，小区间长度 $h=\dfrac{b-a}{2n}$。设函数 $y=f(x)$ 在这 $2n+1$ 个等距节点上的值分别为 $f(x_0)$，$f(x_1)$，$f(x_2)$，…，$f(x_{2n-2})$，$f(x_{2n-1})$，$f(x_{2n})$，在每两个相邻小区间内，过曲线上三个相应的点作一抛物线，该抛物线的对称轴与 Y 轴平行，如图 5 - 6 所示，共可作抛物线 n 条，相应地得到 n 个抛物线梯形。这 n 个抛物线梯形的面积之和，就是函数定积分 $\int_a^b f(x)\mathrm{d}x$ 的近似值。这种求定积分近似值的方法称为辛普森（Simpson）求积法。

辛普森求积法又称抛物线法，在求定积分近似值时，用抛物线弧代替曲线 $y=f(x)$ 的弧，如图 5 –7 所示。辛普森求积法采用了已知曲线解析积分值近似曲线积分值的数值计算技巧。

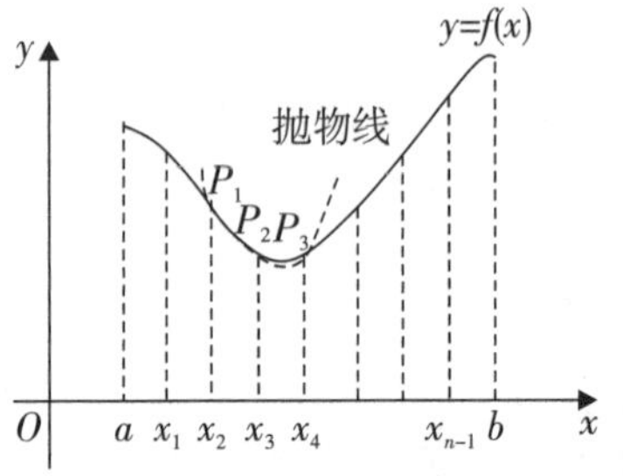

图 5 –6　函数定积分辛普森求积法示意图

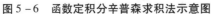

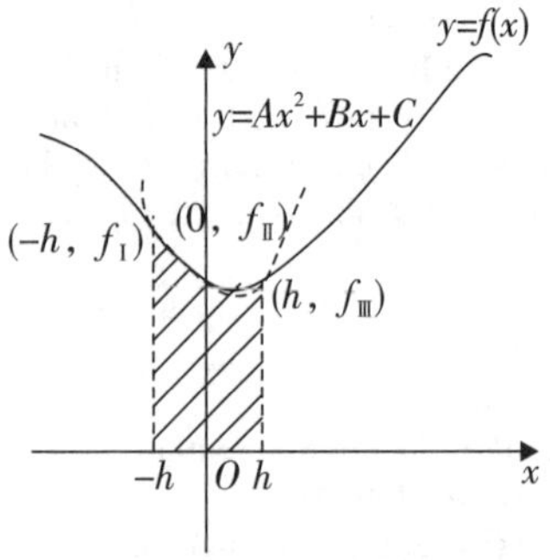

图 5 –7　一个抛物线梯形的面积示意图

为了得到辛普森求积公式，先计算一个抛物线梯形的面积。如图 5 –7 所示，设抛物线方程为 $y = Ax^2 + Bx + C$，此抛物线经过 $(-h, f_{\mathrm{I}})$，$(0, f_{\mathrm{II}})$，(h, f_{III}) 三点，则此三点满足抛物线方程，有：

$$f_{\mathrm{I}} = Ah^2 - Bh + C;\ f_{\mathrm{II}} = C;\ f_{\mathrm{III}} = Ah^2 + Bh + C$$

由此可得：

$$\frac{1}{3}Ah^2 + C = \frac{1}{6}\ (f_{\mathrm{I}} + 4f_{\mathrm{II}} + f_{\mathrm{III}})$$

这个抛物线梯形的面积为：

$$\begin{aligned} S &= \int_{-h}^{h} (Ax^2 + Bx + C)\,\mathrm{d}x \\ &= 2h\left(\frac{1}{3}Ah^2 + C\right) \\ &= \frac{h}{3}(f_{\mathrm{I}} + 4f_{\mathrm{II}} + f_{\mathrm{III}}) \end{aligned} \tag{5-8}$$

设区间 $[a,b]$ 分成 $2n$ 个小区间，由相邻的两个小区间构成一个抛物线梯形区间，n 个抛物线梯形所在区间分别为 $[x_0,\ x_2]$，$[x_2,\ x_4]$，…，$[x_{2n-2},\ x_{2n}]$，其内的抛物线梯形面积分别为：

$$S_1 = \int_{x_0}^{x_2} f(x)\,\mathrm{d}x = \frac{h}{3}[f(x_0) + 4f(x_1) + f(x_2)]$$

$$S_2 = \int_{x_2}^{x_4} f(x)\,\mathrm{d}x = \frac{h}{3}[f(x_2) + 4f(x_3) + f(x_4)]$$

$$\vdots$$

$$S_n = \int_{x_{2n-2}}^{x_{2n}} f(x)\,\mathrm{d}x = \frac{h}{3}[f(x_{2n-2}) + 4f(x_{2n-1}) + f(x_{2n})]$$

则这 n 个抛物线梯形的面积和为：

$$\begin{aligned} I &= \int_a^b f(x)\,\mathrm{d}x = \sum_{i=1}^{n} S_i = \frac{h}{3}\left[f(x_0) + f(x_{2n}) + 4\sum_{i=1}^{n} f(x_{2i-1}) + 2\sum_{i=1}^{n-1} f(x_{2i})\right] \\ &= \frac{h}{3}\left[f(x_0) - f(x_{2n}) + \sum_{i=1}^{n}\Big(4f(x_{2i-1}) + 2f(x_{2i})\Big)\right] \end{aligned} \tag{5-9}$$

这就是定积分的辛普森求积公式。

定积分辛普森求积公式（5 -9）的误差，类似于定积分梯形求积公式的误差，可以通过与被积函数$f(x)$泰勒展开后的积分结果比较得到。

利用定积分辛普森求积公式（5 -9），被积函数$f(x)$在区间$[x_{2i-2},x_{2i}]$的定积分为：

$$S_i=\frac{(x_{2i}-x_{2i-1})}{3}\left[f(x_{2i-2})+4f(x_{2i-1})+f(x_{2i})\right]$$

将$f(x)$在x_{2i-1}处作泰勒展开，分别代入$x=x_{2i-2}$及x_{2i}有：

$$f(x_{2i-2})=f(x_{2i-1})+f'(x_{2i-1})(x_{2i-2}-x_{2i-1})+\frac{f''(x_{2i-1})}{2}(x_{2i-2}-x_{2i-1})^2+\frac{f'''(x_{2i-1})}{6}(x_{2i-2}-x_{2i-1})^3+\frac{f^{(4)}(x_{2i-1})}{24}(x_{2i-2}-x_{2i-1})^4+\cdots$$

$$f(x_{2i})=f(x_{2i-1})+f'(x_{2i-1})(x_{2i}-x_{2i-1})+\frac{f''(x_{2i-1})}{2}(x_{2i}-x_{2i-1})^2+\frac{f'''(x_{2i-1})}{6}(x_{2i}-x_{2i-1})^3+\frac{f^{(4)}(x_{2i-1})}{24}(x_{2i}-x_{2i-1})^4+\cdots$$

则函数$f(x)$在第i个抛物线梯形区间$[x_{2i-2},x_{2i}]$的积分为：

$$S_i=2f(x_{2i-1})(x_{2i}-x_{2i-1})+\frac{f''(x_{2i-1})}{3}(x_{2i}-x_{2i-1})^3+\frac{f^{(4)}(x_{2i-1})}{36}(x_{2i}-x_{2i-1})^5+\cdots$$

另外，函数$f(x)$在第i个抛物线梯形区间$[x_{2i-2},x_{2i}]$的积分为：

$$I_i=\int_{x_{2i-2}}^{x_{2i}}f(x)\mathrm{d}x$$

代入$f(x)$在x_{2i-1}处的泰勒展开式，有：

$$\begin{aligned}I_i&=\int_{x_{2i-2}}^{x_{2i}}\Big[f(x_{2i-1})+f'(x_{2i-1})(x-x_{2i-1})+\frac{f''(x_{2i-1})}{2}(x-x_{2i-1})^2+\frac{f'''(x_{2i-1})}{6}(x-x_{2i-1})^3+\frac{f^{(4)}(x_{2i-1})}{24}(x-x_{2i-1})^4+\cdots\Big]\mathrm{d}x\\&=2f(x_{2i-1})(x_{2i}-x_{2i-1})+\frac{f''(x_{2i-1})}{3}(x_{2i}-x_{2i-1})^3+\frac{f^{(4)}(x_{2i-1})}{60}(x_{2i}-x_{2i-1})^5+\cdots\end{aligned}$$

则函数$f(x)$在第i个抛物线梯形区间$[x_{2i-2},x_{2i}]$的数值积分误差为：

$$\begin{aligned}\varepsilon&=|I_i-S_i|\leqslant\left|\frac{f^{(4)}(x_{2i-1})}{90}(x_{2i}-x_{2i-1})^5\right|\\&\leqslant\frac{(x_{2i}-x_{2i-1})^5}{90}\max_{x_{2i-1}\leqslant x\leqslant x_{2i}}|f^{(4)}(x)|\end{aligned}$$

由此可见，定积分辛普森求积公式的误差是被积函数泰勒展开后保留三次项、忽略高阶项的结果，即定积分辛普森求积公式（5 -9）具有三阶精度。

例 5.3 试用辛普森求积法，取步长为 0.15，求积分$\int_{0.1}^{4}\frac{\sin x}{x}\mathrm{d}x$的近似值。

解：（1）问题分析：根据题意，求定积分的区间为$[a,b]$，其中：$a=0.1$，$b=4$，$h=0.15$；被积函数为$f(x)=\frac{\sin x}{x}$。

（2）计算流程：根据辛普森求积公式（5 -9），构造辛普森求积公式的计算流程，如图 5 -8 所示：

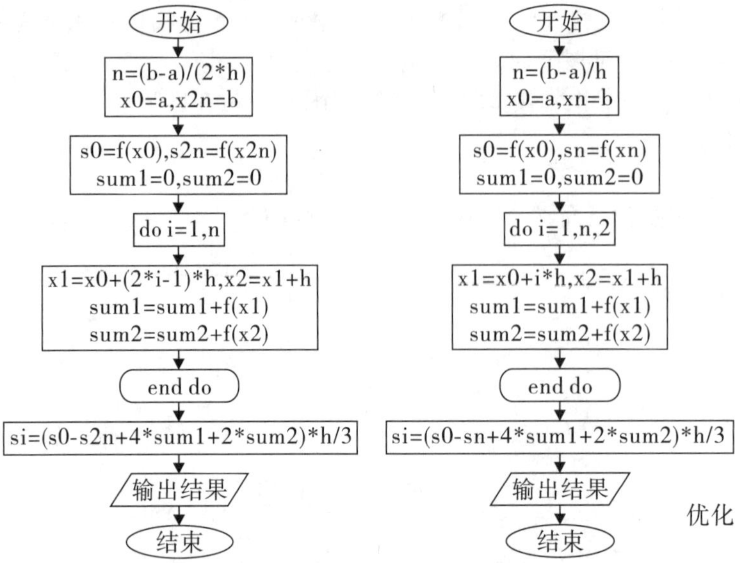

图 5－8　辛普森求积公式计算流程图

（3）程序编制与运行：根据辛普森求积公式计算流程图 5－8，编制 Fortran 程序 ex53. f 列表如下：

```
c     intergral method with simpsons method ex53.f
      data a,b,h/0.1,4.,0.15/
      f(x)=(sin(x))/x

      iw=10
      open(unit=iw,file='out53.dat',status='unknown',form='formatted')
      n=floor((b-a)/h)+1
      x0=a
      xn=b
      write(iw,"('[a,b]=',2F8.4,2x,'h=',F8.4,2x,'n=',I4)") a,b,h,n
      write(iw,"(5x,'i',10x,'x',10x,'f(x)')")
      s0=f(x0)
      write(iw,"(2x,I4,3x,F10.4,3x,F10.4)") 0,a,f(a)
      sn=f(xn)
      sum1=0.
      sum2=0.
      do i=1,n,2
         x1=x0+i*h
         x2=x1+h
         sum1=sum1+f(x1)
         write(iw,"(2x,I4,3x,F10.4,3x,F10.4)") i,x1,f(x1)
         sum2=sum2+f(x2)
         write(iw,"(2x,I4,3x,F10.4,3x,F10.4)") i+1,x2,f(x2)
      end do
      si=(s0-sn+4.*sum1+2.*sum2)*h/3.
      write(iw,"('the integral value=',F8.4)") si
      close(iw)
      stop
      end
```

程序 ex53. f 的运行结果存于 out53. dat 文件中，结果如下：

```
[a,b]=   0.1000    4.0000   h=    0.1500   n=    26
      i             x              f(x)
      0          0.1000          0.9983
      1          0.2500          0.9896
      2          0.4000          0.9735
      3          0.5500          0.9503
      4          0.7000          0.9203
      5          0.8500          0.8839
      6          1.0000          0.8415
      7          1.1500          0.7937
      8          1.3000          0.7412
      9          1.4500          0.6846
     10          1.6000          0.6247
     11          1.7500          0.5623
     12          1.9000          0.4981
     13          2.0500          0.4329
     14          2.2000          0.3675
     15          2.3500          0.3028
     16          2.5000          0.2394
     17          2.6500          0.1781
     18          2.8000          0.1196
     19          2.9500          0.0646
     20          3.1000          0.0134
     21          3.2500         -0.0333
     22          3.4000         -0.0752
     23          3.5500         -0.1119
     24          3.7000         -0.1432
     25          3.8500         -0.1690
     26          4.0000         -0.1892
the integral value=    1.6583
```

根据辛普森求积公式计算流程图 5－8，编制 Matlab 程序 ex53. m，程序中还包含辛普森求积内置函数 quad、符号求积内置函数 int 的调用，并同时给出数值结果和结果图示（见图 5－9）。具体内容列表如下：

```
%ex53.m   %例5.3
a=0.1; b=4; h=0.15; n=(b-a)/h; x=a:h:b; y=sin(x)./x;
s0=y(1); sn=y(n+1);                         %辛普森求积公式开始
sum1=sum(y(2:2:n)); sum2=sum(y(3:2:n+1));
si1=(s0-sn+4*sum1+2*sum2)*h/3;      %辛普森求积公式结束
si2=quad('sin(xq)./xq',a,b);                    %辛普森积分内置函数调用
syms xs; si3=double(int(sin(xs)/xs,0.1,4));     %符号求积内置函数调用
%show the numeric results
xy=[(1:n+1)',x',y']                          %showing the distanced points
results=table(n,h,si1,si2,si3,'variablename',{'n','h','simpson','quad','int'})
%ploting the area and the equal-distance points
plot(x,y,'ro'); hold on; area(x,y);
legend('等距节点函数值',['积分值= ' num2str(si1,5)])
xlabel x; ylabel y; set(gca,'fontsize',15)
title('y=sin(x)/x  辛普森积分法','fontsize',13)
```

程序 ex53. m 的运行结果如下：

```
>> ex53
xy =
     1.0000    0.1000    0.9983
     2.0000    0.2500    0.9896
     3.0000    0.4000    0.9735
     4.0000    0.5500    0.9503
     5.0000    0.7000    0.9203
     6.0000    0.8500    0.8839
     7.0000    1.0000    0.8415
     8.0000    1.1500    0.7937
     9.0000    1.3000    0.7412
    10.0000    1.4500    0.6846
    11.0000    1.6000    0.6247
    12.0000    1.7500    0.5623
    13.0000    1.9000    0.4981
    14.0000    2.0500    0.4329
    15.0000    2.2000    0.3675
    16.0000    2.3500    0.3028
    17.0000    2.5000    0.2394
    18.0000    2.6500    0.1781
    19.0000    2.8000    0.1196
    20.0000    2.9500    0.0646
    21.0000    3.1000    0.0134
    22.0000    3.2500   -0.0333
    23.0000    3.4000   -0.0752
    24.0000    3.5500   -0.1119
    25.0000    3.7000   -0.1432
    26.0000    3.8500   -0.1690
    27.0000    4.0000   -0.1892
results =
     n      h      simpson      quad       int
    __    ____    ________    _______    _______
    26    0.15     1.6583      1.6583     1.6583
```

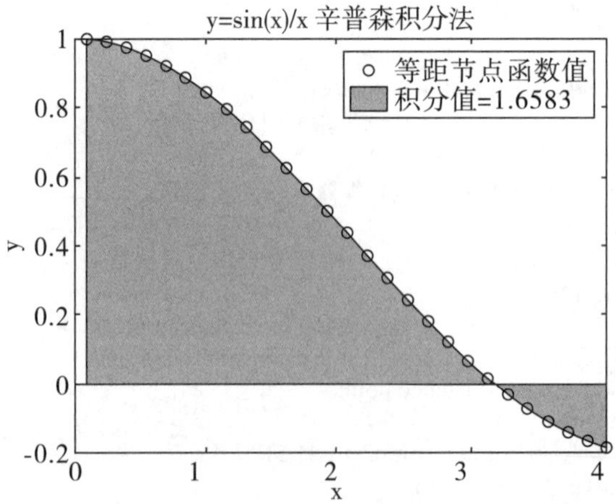

图 5－9　例 5.3 结果图

（4）结果分析：运行 Fortran 程序 ex53. f 和 Matlab 程序 ex53. m 得到本题所需求的数值积分结果一致，为 1. 6583。该值与 ex53. m 运行得到的 Matlab 内置函数 quad 和 int 调用得到的结果也一致，其值是结果图 5 - 9 中填充区域的面积和。

2. 变步长辛普森求积公式

类似于变步长梯形求积公式，在按辛普森求积公式计算积分近似值时，将区间$[a,b]$分成 $2n$ 等份（n 个辛普森区间），一共有 $2n+1$ 个等分节点，需要计算 $2n+1$ 个函数值。若定积分数值结果达不到给定误差（精度）要求，可进一步将各小区间再二等分（n 个辛普森区间变成 $2n$ 个辛普森区间），此时等距节点增至 $4n+1$ 个，计算 $4n+1$ 个函数值时，只需计算新的 $2n$ 个节点上的函数值。根据辛普森求积公式，有：

$$
\begin{aligned}
I_n &= \frac{h_n}{3}[f(a)+f(b)+4\sum_{i=1}^{n}f(a+(2i-1)h_n)+2\sum_{i=1}^{n-1}f(a+2ih_n)] \\
I_{2n} &= \frac{h_{2n}}{3}[f(a)+f(b)+4\sum_{i=1}^{2n}f(a+(2i-1)h_{2n})+2\sum_{i=1}^{2n-1}f(a+2ih_{2n})] \\
&= \frac{(\frac{h_n}{2})}{3}[f(a)+f(b)+4\sum_{i=1}^{2n}f(a+(2i-1)\frac{h_n}{2})+2\sum_{i=1}^{2n-1}f(a+2i\frac{h_n}{2})] \\
&= \frac{h_n}{6}(RP+4RC)
\end{aligned}
\tag{5-10}
$$

其中：$h_n=\frac{b-a}{2n}$，$RP=f(a)+f(b)+2\sum_{i=1}^{2n-1}f(a+2i\frac{h_n}{2})$，$RC=\sum_{i=1}^{2n}f(a+(2i-1)\frac{h_n}{2})$。

实际应用中，类似于变步长梯形求积公式的应用，通常将求积区间$[a,b]$分成 n 个辛普森求积区间（$2n$ 个等距区间），n 依次为 $1=2^0$，$2=2^1$，$4=2^2$，$8=2^3$，…，2^k，…，于是变步长辛普森求积公式可写成：

$$
n=2^0=1,\ k=0,\ \begin{cases} h_0=(b-a),\ RP_0=f(a)+f(b),\ RC_0=\sum_{i=1}^{1}f((a-\frac{h_0}{2})+ih_0) \\ I_1=\frac{h_0}{6}(RP_0+4RC_0) \end{cases}
$$

$$
2n=2^k,\ k=1,2,3,\cdots,\ \begin{cases} h_k=\frac{h_{k-1}}{2}=\frac{b-a}{2^k},\ RP_k=f(a)+f(b)+2\sum_{i=1}^{2n-1}f(a+ih_k)=RP_{k-1}+2RC_{k-1} \\ RC_k=\sum_{i=1}^{2n}f((a-\frac{h_k}{2})+ih_k),\ I_{2n}=\frac{h_k}{6}(RP_k+4RC_k) \end{cases}
\tag{5-11}
$$

每次变步长时，只需计算新增加分点上的函数值，即可得到变步长后的数值积分结果。

从 $k=0$，$n=2^k=1$ 开始，每次变步长 $k'=k+1$，$n'=2n=2^{k'}$（等距节点数由$2n+1=2\cdot 2^k+1$ 变为 $2\cdot 2n+1=2\cdot 2^{k'}+1$，辛普森积分小区间间距由 $h_k=\frac{b-a}{2^k}$变为$h_{k'}=\frac{(b-a)}{2^{k+1}}$），计算新增加的 $2n$ 个等距节点函数值之和 $\sum_{i=1}^{2n}f(a+(2i-1)h_{k'})$，即可由式（5-11）迭代得到变步长后的数值积分结果 I_{2n}。

在变步长积分过程中，为满足给定绝对误差或相对误差 ε 的要求，有：

$$|I_{2n}-I_n| = |I_{2^{k'}}-I_{2^k}| \leqslant \varepsilon \text{ 或 } \left|\frac{I_{2n}-I_n}{I_{2n}}\right| = \left|\frac{I_{2^{k'}}-I_{2^k}}{I_{2^{k'}}}\right| \leqslant \varepsilon$$

需进行误差要求的判断，若误差要求得到满足，则停止继续变步长的计算。

例 5.4 试用变步长辛普森求积公式，求积分 $\int_{0.1}^{4}\frac{\sin x}{x}dx$，使误差小于 0.0001。

解：（1）问题分析：根据题意，求定积分的区间为 $[a,b]$，其中：$a=0.1$，$b=4$；要求达到的计算误差（相对误差）$\varepsilon=0.0001$；被积函数为 $f(x)=\frac{\sin x}{x}$。

（2）计算流程：根据变步长辛普森求积公式（5－11）编制定积分计算流程，如图 5－10 所示。

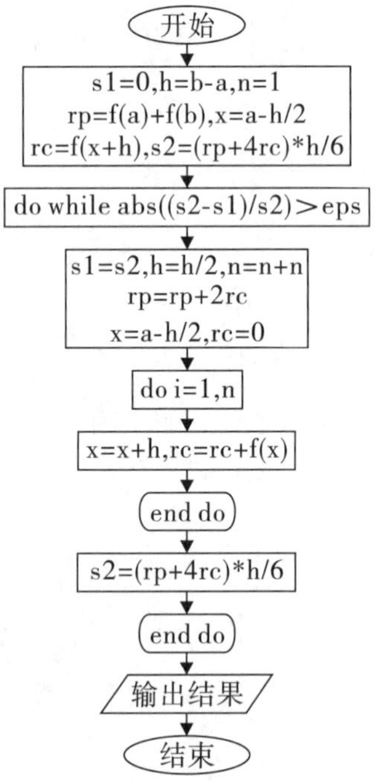

图 5－10　变步长辛普森求积公式计算流程图

（3）程序编制及运行：根据变步长辛普森求积公式计算流程图 5－10，编制 Fortran 程序 ex54. f 如下：

```
c     intergral method with simpsons method by invariable step ex54.f
      data a,b,eps/0.1,4.0,0.0001/
      f(x)=(sin(x))/x

      iw=10
      open(unit=iw,file='out54.dat',status='unknown',form='formatted')
      write(iw,*) 'a,b,eps=',a,b,eps
      write(iw,"('intergral value',5x,'intervals',6x,'(s2-s1)/s2')")
      s1=0.
      h=b-a
      n=1
      rp=f(a)+f(b)
      x=a-h/2.
```

```
    rc=f(x+h)
    s2=(rp+4*rc)*h/6.
    write(iw,"(F10.4,8x,I8,8x,F10.5)") s2,n,(s2-s1)/s2
    do while(abs((s2-s1)/s2).gt.eps.or.n.eq.1)
      s1=s2
      h=h/2.
      n=n+n
      rp=rp+2.*rc
      x=a-h/2.
      rc=0.
      do i=1,n
        x=x+h
        rc=f(x)+rc
      end do
      s2=(rp+4*rc)*h/6.
      write(iw,"(F10.4,8x,I8,8x,F10.5)") s2,n,(s2-s1)/s2
    end do
    write(iw,"('the answer is')")
    write(iw,"(F10.4,8x,I8,8x,F10.5)") s2,n,(s2-s1)/s2
    write(*,"(F10.4,8x,I8,8x,F10.5)") s2,n,(s2-s1)/s2
    close(iw)
    stop
    end
```

程序 ex54. f 的计算结果存于 out54. dat 文件中，结果如下：

```
a,b,eps=   0.1000000          4.000000          9.9999997E-05

intergral value             intervals          (s2-s1)/s2
      1.6514                    1                1.00000
      1.6580                    2                0.00400
      1.6582                    4                0.00014
      1.6583                    8                0.00001

the answer is
      1.6583                    8                0.00001
```

根据变步长辛普森求积公式计算流程图 5－10，编制 Matlab 程序 ex54. m，其中包括调用内置函数 quad、int 实现函数积分求值，程序 ex54. m 列表如下：

```
%ex54.m   %例5.4
f=@(x) sin(x)./x; a=0.1; b=4; eps=1e-4;
%变步长辛普森求积公式开始
s1=0; h=b-a; n=1; i=1;          %the number of iteration
rp=f(a)+f(b); x=a-h/2; rc=f(x+h);
s2=(rp+4*rc)*h/6;
An(i,:)=[i,n,s2,(s2-s1)/s2];        %the data [i,n,s2,(s2-s1)/s2]
while(abs((s2-s1)/s2)>eps )
    s1=s2; h=h/2; n=n+n;
    rp=rp+2*rc; x=a-h/2; rc=0;
    for k=1:n
        x=x+h; rc=rc+f(x);
    end
    s2=(rp+4*rc)*h/6; i=i+1;
    An(i,:)=[i,n,s2,(s2-s1)/s2];
end
%变步长辛普森求积公式结束
%show the    results together with other methods
sprintf('        iteration, n,       int,            err')
si1=s2; An
```

```
si2=quad(f,a,b,0.0001);                  %调用辛普森积分内置函数
syms t; si3=double(int(sin(t)/t,a,b));   %调用符号积分内置函数
results=table(i,n,si1,si2,si3,'variablename', {'i','n','simpson','quad','int'})
```

程序 ex54. m 的运行结果如下：

```
>> ex54
ans =
     iteration,    n,        int,       err
An =
     1.0000     1.0000     1.6514     1.0000
     2.0000     2.0000     1.6580     0.0040
     3.0000     4.0000     1.6582     0.0001
     4.0000     8.0000     1.6583     0.0000
results =
     i     n     simpson      quad        int
     _     _     _______     _______     _______
     4     8     1.6583      1.6583      1.6583
```

（4）结果分析：运行 Fortran 程序 ex54. f 和 Matlab 程序 ex54. m，经过 3 次变步长，得到辛普森积分结果为 1. 6583，此结果与调用 Matlab 内置函数 quad、符号积分 int 得到的结果一致。比较程序 ex52. m 和 ex54. m 可以看出，后者（辛普森积分法）只需 3 次变步长，即可得到满足误差（精度）要求 $\varepsilon=0.0001$ 的积分结果，而前者（梯形积分法）需 6 次变步长，才可得到满足误差要求的积分结果。由此可知，在相同的可接受误差要求下，辛普森积分法更高效。

5. 2. 4 牛顿—柯特斯求积公式

类似于辛普森求积公式，用一串分点 $a=x_0<x_1<x_2<\cdots<x_{3n-2}<x_{3n-1}<x_{3n}=b$，将区间$[a,b]$分成$3n$个相等的小区间，每个小区间长度 $h=\dfrac{b-a}{3n}$。设函数 $y=f(x)$ 在这 $3n+1$ 个等距节点上的值分别为 $f(x_0)$，$f(x_1)$，$f(x_2)$，$f(x_3)$，…，$f(x_{3n-3})$，$f(x_{3n-2})$，$f(x_{3n-1})$，$f(x_{3n})$，在每三个相邻小区间内，过函数曲线上四个相应的点，作三次多项式曲线，共可作 n 条，相应地得到 n 个曲线梯形。这 n 个曲线梯形的面积之和，就是函数定积分 $\int_a^b f(x)\mathrm{d}x$ 的近似值。这种求定积分近似值的方法称为牛顿—柯特斯（Newton-Cotes）求积法。

类似于辛普森求积公式的导出，可以得到第一个曲线梯形的面积为：

$$S_1=\frac{3h}{8}\left[f(x_0)+3f(x_1)+3f(x_2)+f(x_3)\right] \tag{5-12}$$

将上式推广，在$[a,b]$区间积分为：

$$\begin{aligned}
I &= \int_a^b f(x)\mathrm{d}x = \sum_{i=0,3,6,\cdots}^{3n-3} S_i \\
&= \frac{3h}{8}\sum_{i=0,3,6,\cdots}^{3n-3}\left[f(x_i)+3f(x_{i+1})+3f(x_{i+2})+f(x_{i+3})\right] \\
&= \frac{3h}{8}\left[f(a)+f(b)+3\sum_{i=1}^{n}f(x_{3i-2})+3\sum_{i=1}^{n}f(x_{3i-1})+2\sum_{i=1}^{n-1}f(x_{3i})\right]
\end{aligned} \tag{5-13}$$

这就是定积分的牛顿—柯特斯求积公式或称为 3/8 辛普森公式。

类似于辛普森求积公式误差的推导，函数 $f(x)$ 在第 i 个曲线梯形区间$[x_{3i-3},x_{3i}]$的积分误差为：

$$\varepsilon \leqslant \frac{3(x_{3i}-x_{3i-1})^5}{80}\max_{x_{3i-1}\leqslant x\leqslant x_{3i}}|f^{(4)}(x)|$$

定积分牛顿—柯特斯求积公式（5－13）的误差是被积函数泰勒展开后保留四次项、忽略高阶项的结果，即定积分牛顿—柯特斯求积公式具有四阶精度。

类似地，若将区间$[a,b]$分成$4n$个相等的小区间，每个小区间长度$h=\frac{b-a}{4n}$，在每四个相邻小区间内，过函数曲线上五个相应的点，作四次多项式曲线，共可作n条。用类似的方法，可导出牛顿—柯特斯求积公式：

$$I=\int_a^b f(x)\mathrm{d}x=\sum_{i=0,4,8,\cdots}^{4n-4}S_i$$

$$=\frac{2h}{45}\sum_{i=0,4,8,\cdots}^{4n-4}[7f(x_i)+32f(x_{i+1})+12f(x_{i+2})+32f(x_{i+3})+7f(x_{i+4})] \quad (5-14)$$

函数$f(x)$在第i个曲线梯形区间$[x_{4i-4},x_{4i}]$的积分误差为：

$$\varepsilon \leqslant \frac{8\ (x_{4i}-x_{4i-1})^7}{945}\max_{x_{4i-1}\leqslant x\leqslant x_{4i}}|f^{(6)}(x)|$$

定积分牛顿—柯特斯求积公式（5－14）的误差是被积函数泰勒展开后保留五次项、忽略高阶项的结果，即该定积分牛顿—柯特斯求积公式具有五阶精度。

例 5.5　试用牛顿—柯特斯求积法，取步长为 0.10，求积分$\int_{0.1}^{4}\frac{\sin x}{x}\mathrm{d}x$的近似值。

解：（1）问题分析：根据题意，求定积分的区间为$[a,b]$，其中：$a=0.1$，$b=4$，$h=0.10$；被积函数为$f(x)=\frac{\sin x}{x}$。

（2）计算流程：根据公式（5－13），构造牛顿—柯特斯求积公式的计算流程，如图 5－11 所示：

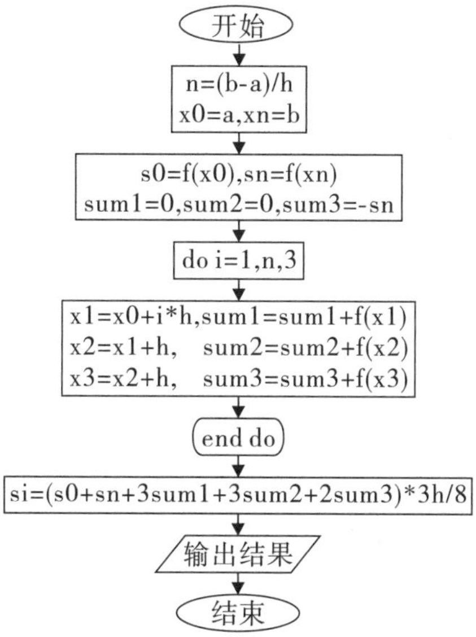

图 5－11　牛顿—柯特斯求积公式计算流程图

（3）程序编制及运行：根据牛顿—柯特斯求积公式的计算流程图 5－11，编制 Fortran 程序 ex55. f 列表如下：

```
c     intergral method with Newton-Cotes method ex55.f
      data a,b,h/0.1,4.,0.10/
      real*8 x0,xn,x1,x2,x3,h,si
      f(x)=(sin(x))/x

      iw=10
      open(unit=iw,file='out55.dat',status='unknown',form='formatted')
      n=floor((b-a)/h)+1
      x0=a
      xn=b
      write(iw,"('[a,b]=',2F8.4,2x,'h=',F8.4,2x,'n=',I4)") a,b,h,n
      write(iw,"(5x,'i',10x,'x',10x,'f(x)')")
      s0=f(x0)
      write(iw,"(2x,I4,3x,F10.4,3x,F10.4)") 0,a,f(a)
      sn=f(xn)
      sum1=0.
      sum2=0.
      sum3=-sn
      do i=1,n,3
         x1=x0+i*h
         x2=x1+h
         x3=x2+h
         sum1=sum1+f(x1)
         sum2=sum2+f(x2)
         sum3=sum3+f(x3)
         write(iw,"(2x,I4,3x,F10.4,3x,F10.4)") i,x1,f(x1)
         write(iw,"(2x,I4,3x,F10.4,3x,F10.4)") i+1,x2,f(x2)
         write(iw,"(2x,I4,3x,F10.4,3x,F10.4)") i+2,x3,f(x3)
      end do
      si=(s0+sn+3.*sum1+3.*sum2+2.*sum3)*3.*h/8.
      write(iw,"('the integral value=',F8.4)") si
      close(iw)
      stop
      end
```

程序 ex55. f 运行结果存入 out55. dat 文件中，内容如下：

```
[a,b]=  0.1000   4.0000   h=   0.1000   n=   39
     i          x           f(x)
     0       0.1000       0.9983
     1       0.2000       0.9933
     2       0.3000       0.9851
     3       0.4000       0.9735
     4       0.5000       0.9589
     5       0.6000       0.9411
     6       0.7000       0.9203
     7       0.8000       0.8967
     8       0.9000       0.8704
     9       1.0000       0.8415
    10       1.1000       0.8102
    11       1.2000       0.7767
    12       1.3000       0.7412
```

```
     13          1.4000          0.7039
     14          1.5000          0.6650
     15          1.6000          0.6247
     16          1.7000          0.5833
     17          1.8000          0.5410
     18          1.9000          0.4981
     19          2.0000          0.4546
     20          2.1000          0.4111
     21          2.2000          0.3675
     22          2.3000          0.3242
     23          2.4000          0.2814
     24          2.5000          0.2394
     25          2.6000          0.1983
     26          2.7000          0.1583
     27          2.8000          0.1196
     28          2.9000          0.0825
     29          3.0000          0.0470
     30          3.1000          0.0134
     31          3.2000         -0.0182
     32          3.3000         -0.0478
     33          3.4000         -0.0752
     34          3.5000         -0.1002
     35          3.6000         -0.1229
     36          3.7000         -0.1432
     37          3.8000         -0.1610
     38          3.9000         -0.1764
     39          4.0000         -0.1892
the integral value=   1.6583
```

根据牛顿—柯特斯求积公式（5 - 13），编写 Matlab 程序 ex55. m，其中包括 Matlab 内置函数 quad、符号计算内置函数 int 的调用，并同时给出数值结果和结果图示（见图 5 - 12）。该程序列表如下：

```
%ex55.m   %例5.5
a=0.1; b=4; h=0.10; n=(b-a)/h;
x=a:h:b; y=sin(x)./x;
s0=y(1); sn=y(n+1);
sum1=sum(y(2:3:n-1));
sum2=sum(y(3:3:n));
sum3=sum(y(4:3:n-2));
si1=(s0+sn+3*sum1+3*sum2+2*sum3)*h*3/8;

%show the results
ixy=[[0:n]',x',y']
si2=quad('sin(x)./x',a,b);                    %内置函数quad调用
syms t; si3=double(int(sin(t)/t,0.1,4));     %符号积分内置函数调用
results=table(n,si1,si2,si3,'variablename',{ 'n','siNC','quad','int'})

%ploting the area and the equal-distance points
plot(x,y,'ro'); hold on; area(x,y)
legend('等距节点函数值',['积分值= ' num2str(si1,5)]);
xlabel x; ylabel y; set(gca,'fontsize',15)
title('y=sin(x)/x  牛顿-柯特斯积分','fontsize',13)
```

程序 ex55. m 的运行结果如下：

```
>> ex55

ixy =
            0        0.1000        0.9983
```

```
    1.0000    0.2000    0.9933
    2.0000    0.3000    0.9851
    3.0000    0.4000    0.9735
    4.0000    0.5000    0.9589
    5.0000    0.6000    0.9411
    6.0000    0.7000    0.9203
    7.0000    0.8000    0.8967
    8.0000    0.9000    0.8704
    9.0000    1.0000    0.8415
   10.0000    1.1000    0.8102
   11.0000    1.2000    0.7767
   12.0000    1.3000    0.7412
   13.0000    1.4000    0.7039
   14.0000    1.5000    0.6650
   15.0000    1.6000    0.6247
   16.0000    1.7000    0.5833
   17.0000    1.8000    0.5410
   18.0000    1.9000    0.4981
   19.0000    2.0000    0.4546
   20.0000    2.1000    0.4111
   21.0000    2.2000    0.3675
   22.0000    2.3000    0.3242
   23.0000    2.4000    0.2814
   24.0000    2.5000    0.2394
   25.0000    2.6000    0.1983
   26.0000    2.7000    0.1583
   27.0000    2.8000    0.1196
   28.0000    2.9000    0.0825
   29.0000    3.0000    0.0470
   30.0000    3.1000    0.0134
   31.0000    3.2000   -0.0182
   32.0000    3.3000   -0.0478
   33.0000    3.4000   -0.0752
   34.0000    3.5000   -0.1002
   35.0000    3.6000   -0.1229
   36.0000    3.7000   -0.1432
   37.0000    3.8000   -0.1610
   38.0000    3.9000   -0.1764
   39.0000    4.0000   -0.1892

results =
    n       siNC      quad      int
   __     ______    ______    ______
   39     1.6583    1.6583    1.6583
```

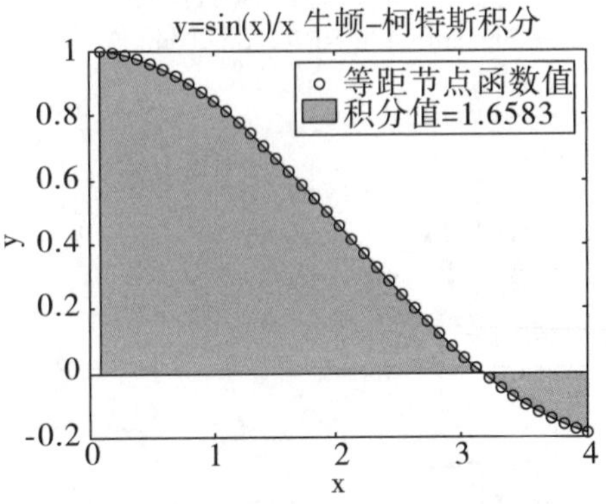

图 5－12　例 5.5 结果图

（4）结果分析：运行 Fortran 程序 ex55. f 和 Matlab 程序 ex55. m，采用牛顿—柯特斯积分法，得到本题所需求的数值积分结果一致，为 1. 6583。该值也与 ex55. m 中调用 Matlab 内置函数 quad、int 得到的数值结果一致，该值为结果图 5 – 12 中填充区域的面积和。

以上定积分求解公式的获得，是采用了将求积区域化整为零的数值计算技巧。等距节点划分求积区域得到的梯形求积公式、辛普森求积公式和牛顿—柯特斯求积公式，统称为牛顿—柯特斯系列数值求积公式，可统一如下表述：

将积分区间$[a,b]$划分为 n 等份，步长 $h=\dfrac{b-a}{n}$，等距节点 $x_i=a+ih$，数值定积分 $\int_a^b f(x)\,\mathrm{d}x$ 可由下面构造的插值型求积公式得到：

$$I_n = (b-a)\sum_{i=0}^{n} C_i^n f(x_i) \tag{5-15}$$

其中系数 C_i^n 由柯特斯系数表给出，见表 5 – 1。

表 5 – 1 C_i^n 柯特斯系数表

n	C_i^n					ε
1	1/2	1/2				$\frac{1}{12}h^3 \max\limits_{x_{i-1}\leqslant x\leqslant x_i} \lvert f''(x) \rvert$
2	1/6	2/3	1/6			$\frac{1}{90}h^5 \max\limits_{x_{i-1}\leqslant x\leqslant x_i} \lvert f^{(4)}(x) \rvert$
3	1/8	3/8	3/8	1/8		$\frac{3}{80}h^5 \max\limits_{x_{i-1}\leqslant x\leqslant x_i} \lvert f^{(4)}(x) \rvert$
4	7/90	16/45	2/15	16/45	7/90	$\frac{8}{945}h^7 \max\limits_{x_{i-1}\leqslant x\leqslant x_i} \lvert f^{(6)}(x) \rvert$
⋮						

可以看出：对于求积公式（5 – 15），当 $n=1$ 时，为梯形公式；当 $n=2$ 时，为辛普森公式；当 $n=3$ 时，为牛顿—柯特斯公式或称为 3/8 辛普森公式；当 $n>3$ 时，还可导出精度更高的牛顿—柯特斯系列求积公式。

以上是通过积分的几何意义得到牛顿—柯特斯系列数值求积公式（5 – 15）。实际上，这些公式的求得相当于根据等距节点 x_i 及其函数值 $f(x_i)$，对被积函数 $f(x)$ 在积分小区域内作 n 阶拉格朗日插值（见式（2 – 20）），插值的系数 $l_i(x)=\prod\limits_{\substack{j=0\\ j\neq i}}^{n}\dfrac{x-x_j}{x_i-x_j}$ 在积分小区间上的积分值即为 $(b-a)\times C_i^n$，插值多项式在积分小区域上的积分值即为牛顿—柯特斯系列数值求积公式（5 – 15）。当 $n=1$ 时，为线性插值得到梯形公式；当 $n=2$ 时，为二次插值得到辛普森公式；当 $n=3$ 时，为三次插值得到牛顿—柯特斯公式或称为 3/8 辛普森公式。以此类推，可得到精度更高的牛顿—柯特斯系列求积公式。

5.3 求积公式拓展

5.3.1 龙贝格求积公式

在采用等距节点的求积公式时，若数值积分未满足给定的误差（精度）要求，可以将积分区间$[a,b]$的等分数 n 改为 $2n$。当积分区间$[a,b]$为 n 等分时，节点 $x_i=a+ih_n$，步长 $h_n=\dfrac{b-a}{n}$，此时梯形求积公式数值积分 T_n 的余项为（参考表5－1）：

$$I-T_n=\sum_{i=1}^{n}\left[-\frac{(x_i-x_{i-1})^3}{12}f''(x_i)\right]=-\frac{b-a}{12}f''(\xi)h_n^2$$

当积分区间$[a,b]$为 $2n$ 等分时，节点 $x_i=a+ih_{2n}$，步长 $h_{2n}=\dfrac{b-a}{2n}$，此时梯形求积公式数值积分 T_{2n}的余项为：

$$I-T_{2n}=\sum_{i=1}^{2n}\left[-\frac{(x_i-x_{i-1})^3}{12}f''(x_i)\right]=-\frac{b-a}{12}f''(\bar{\xi})\left(\frac{h_n}{2}\right)^2$$

若积分区间$[a,b]$上有$f''(\xi)\approx f''(\bar{\xi})$，则：$\dfrac{I-T_{2n}}{I-T_n}=\dfrac{1}{4}=\left(\dfrac{1}{2}\right)^2$，即

$$I=\frac{4}{3}T_{2n}-\frac{1}{3}T_n \qquad \text{（代入变步长梯形求积公式（5－6））}$$

$$=\frac{h_{2n}}{3}\left[f(a)+4\sum_{i=1}^{n}f(a+(2i-1)h_{2n})+2\sum_{i=1}^{n-1}f(a+2ih_{2n})+f(b)\right]$$

此式即为将积分区间$[a,b]$$2n$ 等分时，有 n 个抛物梯形时的辛普森求积公式（5－9），用 S_n 表示，有：

$$S_n=\frac{4}{3}T_{2n}-\frac{1}{3}T_n \tag{5-16}$$

由此可见，采用梯形求积公式时，若倍增积分小区间前后的两个结果分别为 T_n 和 T_{2n}，则按（5－16）的线性组合可得到辛普森求积公式。

类似地，由于辛普森求积公式的截断误差与 h_n^4 成正比，因此辛普森求积公式数值积分 S_{2n}与 S_n 的余项之比为$\dfrac{I-S_{2n}}{I-S_n}=\left(\dfrac{1}{2}\right)^4$，有牛顿—柯特斯（表5－1中 $n=4$）求积公式 C_n：

$$C_n=\frac{16}{15}S_{2n}-\frac{1}{15}S_n \tag{5-17}$$

进一步将积分小区间增加，由于牛顿—柯特斯求积公式的截断误差与 h_n^6 成正比，因此牛顿—柯特斯求积公式数值积分 C_{2n}与 C_n 的余项之比为$\dfrac{I-C_{2n}}{I-C_n}=\left(\dfrac{1}{2}\right)^6$，有求积公式 R_n：

$$R_n=I=\frac{64}{63}C_{2n}-\frac{1}{63}C_n \tag{5-18}$$

该式称为龙贝格（Romberg）求积公式。

在变步长求数值定积分过程中，运用公式（5－16）至（5－18），就能由梯形求积法计算的积分值逐步得到精度较高的数值积分结果，这种求积分的数值方法称为龙贝格求积法。

为了便于在计算机上计算，龙贝格求积法可写成如下迭代通式：

$$T_m^k=\frac{4^mT_{m-1}^{k+1}-T_{m-1}^k}{4^m-1},\ k=0,\ 1,\ 2,\ \cdots;\ m=1,\ 2,\ \cdots,\ k \tag{5-19}$$

其中，

$$T_0^0=\frac{b-a}{2}[f(a)+f(b)]$$

$$T_0^k = \frac{1}{2}T_0^{k-1} + \frac{b-a}{2^k}\sum_{i=1}^{2^{k-1}} f\left(a + (2i-1)\frac{b-a}{2^k}\right),\ k = 1,\ 2,\ \cdots$$

利用龙贝格求积公式（5－19）数值求定积分，计算从 T_0^0 开始，T_0^0 表示将区间 $[a,b]$ 视为 $n=1$ 时的梯形求积公式，由此得到 $n=2^k$ 的变步长梯形求积公式 T_0^k，进而得到辛普森求积公式系列 S_n 记为 $\{T_1^k\}$，再进一步得到牛顿—柯特斯求积公式系列 C_n 记为 $\{T_2^k\}$，甚至更高精度的牛顿—柯特斯求积公式系列 $\{T_m^k\}$，龙贝格求积公式系列如表 5－2 所示，直到得到满足给定误差要求的数值结果为止。

表 5－2　龙贝格求积公式系列表

k	n	h	T_0^k	T_1^k	T_2^k	T_3^k	T_4^k
0	1	$b-a$	$T_0^0\rightarrow$	$T_1^0\rightarrow$	$T_2^0\rightarrow$	$T_3^0\rightarrow$	T_4^0
			$\downarrow\nearrow$	$\nearrow$	$\nearrow$	$\nearrow$	
1	2	$\frac{b-a}{2}$	$T_0^1\rightarrow$	$T_1^1\rightarrow$	$T_2^1\rightarrow$	T_3^1	
			$\downarrow\nearrow$	$\nearrow$	$\nearrow$		
2	4	$\frac{b-a}{2^2}$	$T_0^2\rightarrow$	$T_1^2\rightarrow$	T_2^2		
			$\downarrow\nearrow$	$\nearrow$			
3	8	$\frac{b-a}{2^3}$	$T_0^3\rightarrow$	T_1^3			
			$\downarrow\nearrow$				
4	16	$\frac{b-a}{2^4}$	T_0^4				

例 5.6　试用龙贝格求积公式求积分 $\int_{0.1}^{4}\frac{\sin x}{x}\mathrm{d}x$，使误差小于 0.0001。

解：（1）问题分析：根据题意，求定积分的区间为 $[a,b]$，其中：$a=0.1$，$b=4$，要求达到的计算误差（相对误差）$\varepsilon=0.0001$；被积函数为 $f(x)=\frac{\sin x}{x}$。

（2）计算流程：利用龙贝格求积公式（5－19），编制定积分的计算流程，如图 5－13 所示。在流程图中，式（5－19）中的 T_m^k 由数组 $t(k,m)$ 表示，因此，T_0^0 表示为 $t(1,1)$，T_0^1 表示为 $t(2,1)$，T_1^0 表示为 $t(1,2)$，以此类推。计算 T_0^k（表示为 $t(k+1,1)$）时，式 $\sum_{i=1}^{2^{k-1}} f\left(a+(2i-1)\frac{b-a}{2^k}\right)$ 变形为 $\sum_{i=1,3,5,\cdots}^{2^k-1} f\left(a+i\cdot\frac{b-a}{2^k}\right)$ 进行计算，进而计算 T_m^k（表示为 $t(k+1,m+1)$）时，m 取值为 1 到 k，k 的取值为 $k-m$。这些计算在流程图中由循环实现。

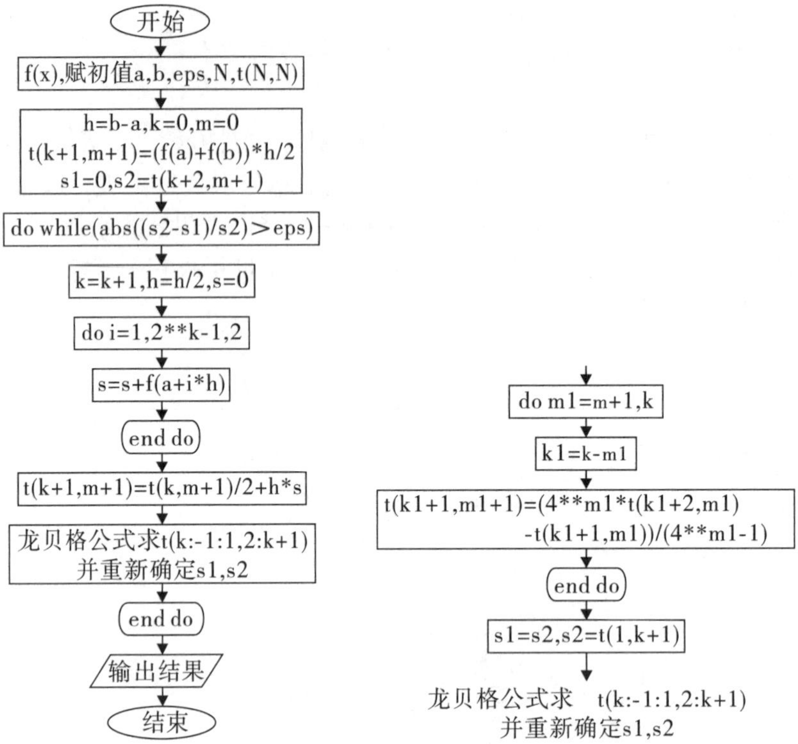

图 5－13　龙贝格求积公式计算流程图

（3）程序编制及运行：根据龙贝格求积公式计算流程，编制 Fortran 程序 ex56. f，程序列表如下：

```
c      intergral method with Romberg method by invariable step ex56.f
       data a,b,eps/0.1,4.0,0.0001/
       dimension t(10,10)
c      real*8 t(100,100),h,s,s1,s2
       f(x)=sin(x)/x

       iw=10
       open(unit=iw,file='out56.dat',status='unknown',form='formatted')
       write(iw,*) 'a,b,eps=',a,b,eps
       do i=1,10
          do j=1,10
             t(i,j)=0.
          end do
       end do
       h=b-a
       k=0
       m=0
       t(k+1,m+1)=0.5*h*(f(a)+f(b))
       s1=0
       s2=t(k+1,m+1)
       do while(abs((s2-s1)/s2).gt.eps)
            k=k+1
            h=0.5*h
            s=0
            do i=1,2**k-1,2
                 s=s+f(a+h*i)
```

```
          end do
          t(k+1,m+1)=0.5*t(k,m+1)+h*s
          do m1=m+1,k
              k1=k-m1
              t(k1+1,m1+1)=(4**m1*t(k1+2,m1)-t(k1+1,m1))/(4**m1-1)
          end do
          s1=s2
          s2=t(1,k+1)
      end do
      write(iw,"(1x,'k',5x,'T(k,m)')")
      do i=0,k
          write(iw,"(I2,2x,8F10.5)") i,(t(i+1,m),m=1,k+1)
      end do
      write(iw,"('the answer is')")
      write(iw,"(1x,'k',8x,'s1',10x,'s2',6x,'(s2-s1)/s2')")
      write(iw,"(I2,2(2x,F10.4),3x,E12.5)") k,s1,s2,(s2-s1)/s2
      close(iw)
      stop
      end
```

程序 ex56. f 的计算结果存于 out56. dat 文件中，结果如下：

```
a,b,eps=   0.1000000          4.000000         9.9999997E-05
 k       T(k,m)
 0       1.57781    1.65137    1.65845    1.65826    1.65826    0.00000
 1       1.63298    1.65801    1.65826    1.65826    0.00000    0.00000
 2       1.65175    1.65824    1.65826    0.00000    0.00000    0.00000
 3       1.65662    1.65826    0.00000    0.00000    0.00000    0.00000
 4       1.65785    0.00000    0.00000    0.00000    0.00000    0.00000
the answer is
 k          s1           s2        (s2-s1)/s2
 4        1.6583       1.6583     0.64699E-06
```

根据龙贝格求积公式计算流程图 5－13，编制 Matlab 程序 ex56. m 列表如下：

```
%ex56.m   %例5.6
%Romberg method by invariable step
fun=@(x) sin(x)./x;                      %被积函数
a=0.1; b=4; eps=0.0001; h=b-a;
N=5; t=zeros(N,N); k=0; m=0;
t(k+1,m+1)=(fun(a)+fun(b))*h/2       %T(0,0)
s1=0;s2=t(k+1,m+1);
while(abs((s2-s1)/s2)>eps)
     k=k+1; h=h/2; s=0;
     for i=1:2:2^k-1
          s=s+fun(a+h*i);
     end
     t(k+1,m+1)=0.5*t(k,m+1)+h*s      %T(k>1,0)
     for m1=m+1:k                      %T(k,m)
          k1=k-m1;
          t(k1+1,m1+1)=(4^m1*t(k1+2,m1)-t(k1+1,m1))/(4^m1-1)
     end
     s1=s2; s2=t(1,k+1);
end
kT=[(0:k)',t(1:k+1,1:k+1)]
```

程序 ex56. m 的运行结果如下：

```
>> ex56
t =
    1.5778         0         0         0         0
         0         0         0         0         0
         0         0         0         0         0
         0         0         0         0         0
         0         0         0         0         0
t =
    1.5778         0         0         0         0
    1.6330         0         0         0         0
         0         0         0         0         0
         0         0         0         0         0
         0         0         0         0         0
t =
    1.5778    1.6514         0         0         0
    1.6330         0         0         0         0
         0         0         0         0         0
         0         0         0         0         0
         0         0         0         0         0
t =
    1.5778    1.6514         0         0         0
    1.6330         0         0         0         0
    1.6518         0         0         0         0
         0         0         0         0         0
         0         0         0         0         0
t =
    1.5778    1.6514         0         0         0
    1.6330    1.6580         0         0         0
    1.6518         0         0         0         0
         0         0         0         0         0
         0         0         0         0         0
t =
    1.5778    1.6514    1.6585         0         0
    1.6330    1.6580         0         0         0
    1.6518         0         0         0         0
         0         0         0         0         0
         0         0         0         0         0
t =
    1.5778    1.6514    1.6585         0         0
    1.6330    1.6580         0         0         0
    1.6518         0         0         0         0
    1.6566         0         0         0         0
         0         0         0         0         0
t =
    1.5778    1.6514    1.6585         0         0
    1.6330    1.6580         0         0         0
    1.6518    1.6582         0         0         0
    1.6566         0         0         0         0
         0         0         0         0         0
t =
    1.5778    1.6514    1.6585         0         0
    1.6330    1.6580    1.6583         0         0
```

```
     1.6518     1.6582          0          0          0
     1.6566          0          0          0          0
          0          0          0          0          0
t =
     1.5778     1.6514     1.6585     1.6583          0
     1.6330     1.6580     1.6583          0          0
     1.6518     1.6582          0          0          0
     1.6566          0          0          0          0
          0          0          0          0          0
t =
     1.5778     1.6514     1.6585     1.6583          0
     1.6330     1.6580     1.6583          0          0
     1.6518     1.6582          0          0          0
     1.6566          0          0          0          0
     1.6578          0          0          0          0
t =
     1.5778     1.6514     1.6585     1.6583          0
     1.6330     1.6580     1.6583          0          0
     1.6518     1.6582          0          0          0
     1.6566     1.6583          0          0          0
     1.6578          0          0          0          0
t =
     1.5778     1.6514     1.6585     1.6583          0
     1.6330     1.6580     1.6583          0          0
     1.6518     1.6582     1.6583          0          0
     1.6566     1.6583          0          0          0
     1.6578          0          0          0          0
t =
     1.5778     1.6514     1.6585     1.6583          0
     1.6330     1.6580     1.6583     1.6583          0
     1.6518     1.6582     1.6583          0          0
     1.6566     1.6583          0          0          0
     1.6578          0          0          0          0
t =
     1.5778     1.6514     1.6585     1.6583     1.6583
     1.6330     1.6580     1.6583     1.6583          0
     1.6518     1.6582     1.6583          0          0
     1.6566     1.6583          0          0          0
     1.6578          0          0          0          0
kT =
          0     1.5778     1.6514     1.6585     1.6583     1.6583
     1.0000     1.6330     1.6580     1.6583     1.6583          0
     2.0000     1.6518     1.6582     1.6583          0          0
     3.0000     1.6566     1.6583          0          0          0
     4.0000     1.6578          0          0          0          0
```

（4）结果分析：运行 Fortran 程序 ex56. f 和 Matlab 程序 ex56. m 得到龙贝格公式数值求定积分的结果都为 1. 6583。从 Matlab 程序 ex56. m 的运行结果可以看出，T_m^k 的求值过程如龙贝格求积公式系列表 5 – 2 所示。比较程序 ex56. m 和 ex52. m、ex54. m 可以看出：变步长梯形积分程序 ex52. m 的结果与程序 ex56. m 结果中的 $T(k, m)$ 矩阵的第二列结果一致，变步长辛普森积分程序 ex54. m 的结果与程序 ex56. f 结果中 $T(k, m)$ 矩阵的第三列结果一致，ex56. m 运行结果第四列以后的积分值为牛顿—柯特斯系列积分公式的结果；龙贝格公式求积程序 ex56. m 得到的满足相对误差（精度）要求（$\varepsilon=0.0001$）的积分结果需 4 次加速迭代，而变步长梯形积分需 6 次变步长，变步长辛普森积分需 3 次变步长，都可得到满足相同误差要求的数值积分结果。

5.3.2 数值多重积分

多重积分的数值计算，最直接的方法是对每个变量逐一进行单重积分计算，依照规律写出多重积分公式，计算程序中增加相应的循环以实现数值积分求值。

下面以二重积分 $I=\int_c^d\int_a^b f(x,y)\,\mathrm{d}x\mathrm{d}y$ 为例，介绍利用辛普森求积公式进行二重定积分求值的数值计算。对更多重的定积分求值，可采用类似的方法进行数值计算。

1. *方法一*

在 x 方向将被积区间 $[a,b]$ 划分为 n 等份，在 y 方向将 $[c,d]$ 区间划分为 m 等份，此处 m、n 均为偶数，由此将积分区域等分成 $m\times n$ 个小矩形，其边长为 $h=\frac{b-a}{n}$ 和 $k=\frac{d-c}{m}$，各等距节点上的函数值为 $f(x_i,y_j)=f_{i,j}=f(a+ih,c+jk)$（$i=0$, 1, 2, …, n; $j=0$, 1, 2, …, m），辛普森积分的小区域为 $[x_i,x_{i+2}]$, $[y_j,y_{j+2}]$，如图 5－14 所示。

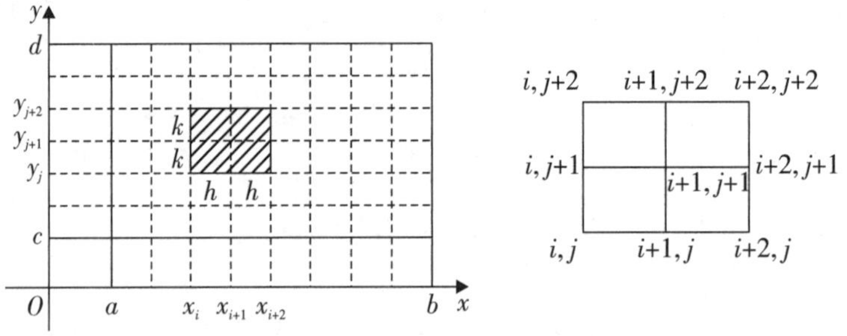

图 5－14　函数二重定积分区域划分

利用辛普森求积公式（5－8），确定函数在定积分小区间 $[x_i,x_{i+2}]$, $[y_j,y_{j+2}]$ 的数值积分：

$$
\begin{aligned}
I_{i,j} &= \int_{y_j}^{y_{j+2}}\mathrm{d}y\int_{x_i}^{x_{i+2}}f(x,y)\,\mathrm{d}x \\
&= \int_{y_j}^{y_{j+2}}\mathrm{d}y\left\{\frac{h}{3}[f(x_i,y)+4f(x_{i+1},y)+f(x_{i+2},y)]\right\} \\
&= \frac{h}{3}\left[\int_{y_j}^{y_{j+2}}f(x_i,y)\,\mathrm{d}y+4\int_{y_j}^{y_{j+2}}f(x_{i+1},y)\,\mathrm{d}y+\int_{y_j}^{y_{j+2}}f(x_{i+2},y)\,\mathrm{d}y\right] \\
&= \frac{h}{3}\left\{\frac{k}{3}[f(x_i,y_j)+4f(x_i,y_{j+1})+f(x_i,y_{j+2})]+\right. \\
&\quad 4\times\frac{k}{3}[f(x_{i+1},y_j)+4f(x_{i+1},y_{j+1})+f(x_{i+1},y_{j+2})]+ \\
&\quad \left.\frac{k}{3}[f(x_{i+2},y_j)+4f(x_{i+2},y_{j+1})+f(x_{i+2},y_{j+2})]\right\} \\
&= \frac{hk}{9}(f_{i,j}+4f_{i,j+1}+f_{i,j+2}+4f_{i+1,j}+16f_{i+1,j+1}+4f_{i+1,j+2}+f_{i+2,j}+4f_{i+2,j+1}+f_{i+2,j+2})
\end{aligned}
$$

即在小区间$[x_i, x_{i+2}]$,$[y_j, y_{j+2}]$上的数值积分为：

$$I_{i,j} = \frac{hk}{9}[(f_{i,j} + 4f_{i+1,j} + f_{i+2,j}) + 4(f_{i,j+1} + 4f_{i+1,j+1} + f_{i+2,j+1}) + (f_{i,j+2} + 4f_{i+1,j+2} + f_{i+2,j+2})]$$
$$= \frac{hk}{9}\sum_{j'=j}^{j+2} P_{j'}(f_{i,j'} + 4f_{i+1,j'} + f_{i+2,j'})$$

其中，$P_{j'}=1, 4, 1$ （$j'=j,\ j+1,\ j+2$）。

函数$f(x, y)$ 在积分区域$[a,b]$，$[c,d]$上的积分 $I = \int_c^d\int_a^b f(x,y)\mathrm{d}x\mathrm{d}y$ 为：

$$I = \sum_{j=0}^{m-2}\sum_{i=0}^{n-2} I_{i,j}$$
$$= \sum_{j=0}^{m-2}\sum_{i=0}^{n-2}\left[\frac{hk}{9}\sum_{j'=j}^{j+2} P_{j'}(f_{i,j'} + 4f_{i+1,j'} + f_{i+2,j'})\right],$$
$$i = 0,2,4,\cdots,n-2\ ;\ j = 0,2,4,\cdots,m-2$$

即有：

$$I = \int_c^d \mathrm{d}y\int_a^b f(x,y)\mathrm{d}x = \frac{hk}{9}\sum_{j=0}^{m}\sum_{i=0}^{n-2} P_j(f_{i,j} + 4f_{i+1,j} + f_{i+2,j}) \qquad (5-20)$$

其中，$i=0,\ 2,\ 4,\ \cdots,\ n-2$；$j=0,\ 1,\ 2,\ 3,\ \cdots,\ m$；$P_j=1,\ 4,\ 2,\ 4,\ 2,\ \cdots,\ 4,\ 2,\ 4,\ 1$。$P_j$ 的取值与辛普森求积公式（5-9）中各函数值前的系数类似。

2. *方法二*

对二重积分的区间$[a,b]$、$[c,d]$进行与方法一相同的离散化划分，两次利用辛普森求积公式（5-9），得到函数$f(x, y)$ 的二重数值积分。

令 $F(y) = \int_a^b f(x,y)\mathrm{d}x$ ，则有：$I = \int_c^d\int_a^b f(x,y)\mathrm{d}x\mathrm{d}y = \int_c^d F(y)\mathrm{d}y$ 。两次利用辛普森求积公式（5-9），有：

$$F(y) = \int_a^b f(x,y)\mathrm{d}x = \sum_{i=1}^{\frac{n}{2}} S_i(y)$$
$$= \frac{h}{3}\left[f(x_0,y) + f(x_n,y) + 4\sum_{i=1}^{\frac{n}{2}} f(x_{2i-1},y) + 2\sum_{i=1}^{\frac{n}{2}-1} f(x_{2i},y)\right] \qquad (5-21\ (\mathrm{a}))$$

$$I = \int_c^d\int_a^b f(x,y)\mathrm{d}x\mathrm{d}y$$
$$= \int_c^d F(y)\mathrm{d}y = \sum_{j=1}^{\frac{m}{2}} S_{Fj}$$
$$= \frac{k}{3}\left[F(y_0) + F(y_m) + 4\sum_{j=1}^{\frac{m}{2}} F(y_{2j-1}) + 2\sum_{j=1}^{\frac{m}{2}-1} F(y_{2j})\right] \qquad (5-21\ (\mathrm{b}))$$

具体计算时，表达式（5-21（a））由子程序实现，表达式（5-21（b））放在主程序中，通过调用子程序得到二重积分的数值结果。

例 5.7 试用辛普森求积法求二重定积分 $I = \int_0^2\int_0^1 (x^3 + y^3)\mathrm{d}x\mathrm{d}y$ 的值。

解：(1) 问题分析：根据题意，求二重定积分的区间 x 方向上为 $[a,b]$，y 方向上为 $[c,d]$，其中：$a=0$，$b=1$，$c=0$，$d=2$；被积函数为 $f(x, y)=x^3+y^3$；将积分区域在 x 方向 10 等分，在 y 方向 20 等分。二重积分的数值求值采用以上介绍的两种二重积分的数值方法，具体过程如计算流程图所示。

(2) 计算流程：

方法一：利用二重定积分的辛普森求积公式（5-20）编制定积分的计算流程，如图 5-15 所示。其中 L 为系数 p 随 j 变化取值的标记，有 $j=0$ 和 m 时，$p=1$；$0<j<m$ 时，$L=1$，$p=4$；$L\neq1$，$p=2$。

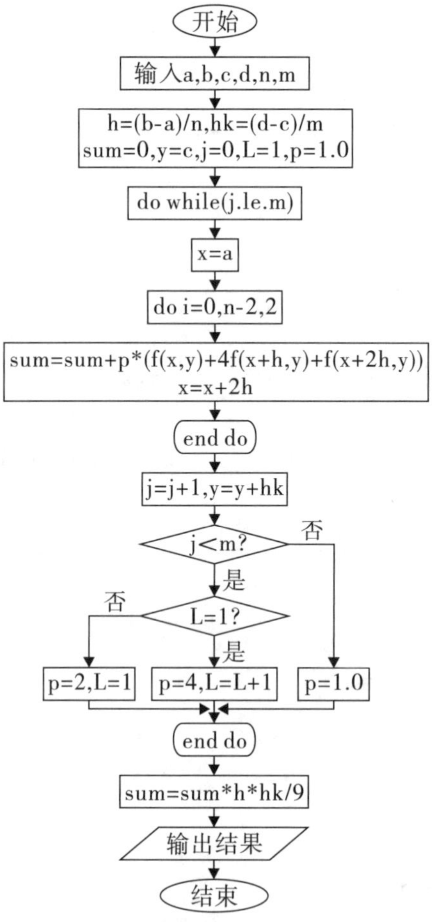

图 5-15　二重定积分辛普森求积公式（5-20）计算流程图

方法二：利用二重定积分的辛普森求积公式（5-21）编制定积分的计算流程，如图 5-16 所示。

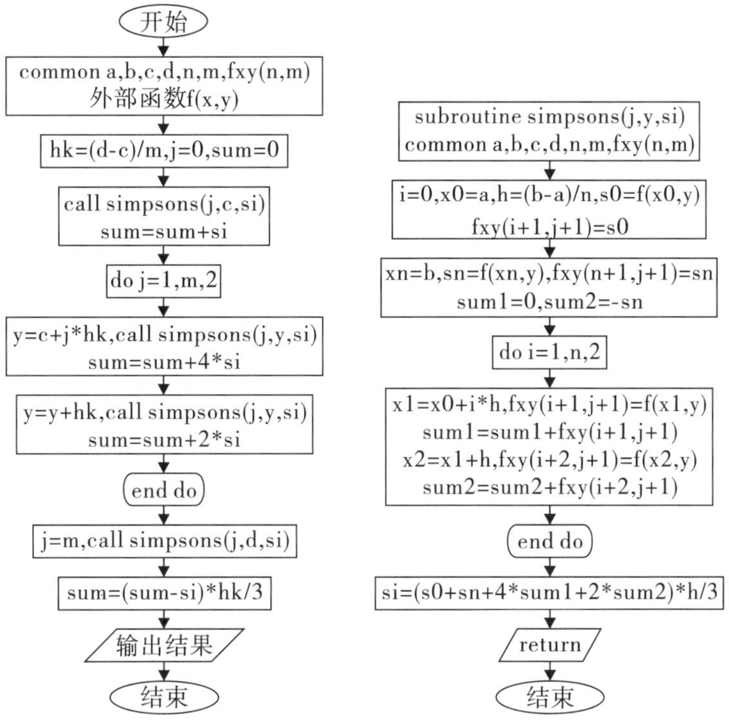

图 5－16　二重定积分辛普森求积公式（5－21）的计算流程图

（3）程序编制及运行：根据二重定积分辛普森求积公式（5－20）的计算流程图 5－15，编制 Fortran 程序 ex571. f，程序列表如下：

```
C     double integration by simpson's 1/3formula ex571.f
      real*8 h,hk,x,y,f,sum
      data a,b,c,d,n,m/0.,1.,0.,2.,10,20/
      f(x,y)=x**3+y**3

      iw=10
      open(unit=iw,file='out571.dat',status='unknown',form='formatted')
      write(iw,"('a,b,c,d,n,m=',4(1x,F8.6),2(2x,I3))") a,b,c,d,n,m
      write(iw,"(/,3x,'i',4x,'j',6x,'p',12x,'sum')")
      h=(b-a)/n
      hk=(d-c)/m
      sum=0.
      j=0
      y=c
      L=1
      p=1.
      do while(j.le.m)
        x=a
        do i=0,n-2,2
          sum=sum+p*(f(x,y)+4.*f(x+h,y)+f(x+2.*h,y))
          x=x+2.*h
        end do
        write(iw,"(1x,I3,2x,I3,2x,F8.6,2x,F12.6))") i,j,p,sum
```

```
        j=j+1
        y=y+hk
        if(j.lt.m) then
           if(L.eq.1) then
              p=4.
              L=L+1
           else
              p=2.
              L=1
           end if
        else
           p=1.
        end if
     end do
     sum=sum*h*hk/9.0
     write(*,"(/'i=',I3,2x,'j=',I3,2x,'the result is',F10.6)") i,j-1,sum
     write(iw,"(/'i=',I3,2x,'j=',I3,2x,'the result is',F10.6)") i,j-1,sum
     close(iw)
     stop
     end
```

程序 ex571. f 的计算结果存于 out571. dat 文件中，结果如下：

```
a,b,c,d,n,m= 0.000000 1.000000 0.000000 2.000000      10      20
   i      j        p                 sum
  10      0   1.000000          7.500000
  10      1   4.000000         37.620000
  10      2   2.000000         53.100000
  10      3   4.000000         86.340000
  10      4   2.000000        105.180000
  10      5   4.000000        150.180000
  10      6   2.000000        178.140000
  10      7   4.000000        249.300000
  10      8   2.000000        295.020000
  10      9   4.000000        412.500000
  10     10   2.000000        487.500000
  10     11   4.000000        677.220000
  10     12   2.000000        795.900000
  10     13   4.000000       1089.540000
  10     14   2.000000       1269.180000
  10     15   4.000000       1704.180000
  10     16   2.000000       1964.940000
  10     17   4.000000       2584.500000
  10     18   2.000000       2949.420000
  10     19   4.000000       3802.500000
  10     20   1.000000       4050.000000

i= 10   j= 20   the result is    4.500000
```

根据二重定积分辛普森求积公式（5－21）的计算流程图 5－16，编制 Fortran 程序 ex572. f 列表如下：

```
c     intergral method with simpsons method ex572.f
c     the main program
      common a,b,c,d,n,m,fxy(11,21)
      data a,b,c,d,n,m/0.0,1.0,0.0,2.0,10,20/
      external f

      iw=10
      open(unit=iw,file='out572.dat',status='unknown',form='formatted')
      write(iw,"('a,b,c,d,n,m=',4(1x,F8.6),2(2x,I3))") a,b,c,d,n,m
      hk=(d-c)/m
      j=0
      sum=0.0
      call simpsons(j,c,si)
      sum=sum+si
      do j=1,m,2
         y=c+j*hk
         call simpsons(j,y,si)
         sum=sum+4*si
         y=y+hk
         call simpsons(j+1,y,si)
         sum=sum+2*si
      end do
      j=m
      call simpsons(j,d,si)
      sum=sum-si
      sum=sum*hk/3
      write(iw,"(/,'fxy(x,y)')")
      write(iw,"(21(/11F8.4))") ((fxy(i,j),i=1,n+1),j=1,m+1)
      write(iw,"(/'the result is',F10.6)") sum
      close(iw)
      stop
      end

      subroutine simpsons(j,y,si)
      common a,b,c,d,n,m,fxy(11,21)
      i=0
      x0=a
      h=(b-a)/n
      s0=f(x0,y)
      fxy(i+1,j+1)=s0
      xn=b
      sn=f(xn,y)
      fxy(n+1,j+1)=sn
      sum1=0.
      sum2=-sn
      do i=1,n,2
         x1=x0+i*h
         x2=x1+h
         fxy(i+1,j+1)=f(x1,y)
         sum1=sum1+fxy(i+1,j+1)
         fxy(i+2,j+1)=f(x2,y)
```

```
    sum2=sum2+fxy(i+2,j+1)
  end do
  si=(s0+sn+4*sum1+2*sum2)*h/3.
  return
  end

  function f(x,y)
  f=x**3+y**3
  return
  end
```

程序 ex572. f 的计算结果存于 out572. dat 文件中，结果如下：

```
a,b,c,d,n,m= 0.000000 1.000000 0.000000 2.000000      10      20
fxy(x,y)
0.0000  0.0010  0.0080  0.0270  0.0640  0.1250  0.2160  0.3430  0.5120  0.7290  1.0000
0.0010  0.0020  0.0090  0.0280  0.0650  0.1260  0.2170  0.3440  0.5130  0.7300  1.0010
0.0080  0.0090  0.0160  0.0350  0.0720  0.1330  0.2240  0.3510  0.5200  0.7370  1.0080
0.0270  0.0280  0.0350  0.0540  0.0910  0.1520  0.2430  0.3700  0.5390  0.7560  1.0270
0.0640  0.0650  0.0720  0.0910  0.1280  0.1890  0.2800  0.4070  0.5760  0.7930  1.0640
0.1250  0.1260  0.1330  0.1520  0.1890  0.2500  0.3410  0.4680  0.6370  0.8540  1.1250
0.2160  0.2170  0.2240  0.2430  0.2800  0.3410  0.4320  0.5590  0.7280  0.9450  1.2160
0.3430  0.3440  0.3510  0.3700  0.4070  0.4680  0.5590  0.6860  0.8550  1.0720  1.3430
0.5120  0.5130  0.5200  0.5390  0.5760  0.6370  0.7280  0.8550  1.0240  1.2410  1.5120
0.7290  0.7300  0.7370  0.7560  0.7930  0.8540  0.9450  1.0720  1.2410  1.4580  1.7290
1.0000  1.0010  1.0080  1.0270  1.0640  1.1250  1.2160  1.3430  1.5120  1.7290  2.0000
1.3310  1.3320  1.3390  1.3580  1.3950  1.4560  1.5470  1.6740  1.8430  2.0600  2.3310
1.7280  1.7290  1.7360  1.7550  1.7920  1.8530  1.9440  2.0710  2.2400  2.4570  2.7280
2.1970  2.1980  2.2050  2.2240  2.2610  2.3220  2.4130  2.5400  2.7090  2.9260  3.1970
2.7440  2.7450  2.7520  2.7710  2.8080  2.8690  2.9600  3.0870  3.2560  3.4730  3.7440
3.3750  3.3760  3.3830  3.4020  3.4390  3.5000  3.5910  3.7180  3.8870  4.1040  4.3750
4.0960  4.0970  4.1040  4.1230  4.1600  4.2210  4.3120  4.4390  4.6080  4.8250  5.0960
4.9130  4.9140  4.9210  4.9400  4.9770  5.0380  5.1290  5.2560  5.4250  5.6420  5.9130
5.8320  5.8330  5.8400  5.8590  5.8960  5.9570  6.0480  6.1750  6.3440  6.5610  6.8320
6.8590  6.8600  6.8670  6.8860  6.9230  6.9840  7.0750  7.2020  7.3710  7.5880  7.8590
8.0000  8.0010  8.0080  8.0270  8.0640  8.1250  8.2160  8.3430  8.5120  8.7290  9.0000
the result is    4.500000
```

在 Matlab 环境中，编制程序 ex57. m 函数文件，其中被积函数为 F，根据积分上下限和网格的划分，得到各网格点上的函数值 FXY；根据计算流程图 5－15 和图 5－16，分别编制了子函数 simpson1 和 simpson2，程序中还列出二重定积分数值求值的内置函数 dblquad 和 quad2d 以及符号积分内置函数 int 的调用，得到二重积分数值结果的五个值，并同时给出数值结果和结果图示（见图 5－17）。具体的程序语句列出如下：

```
%ex57.m   %例5.7
function ex57()
F=@(x,y) x.^3+y.^3;              %调用被积函数
a=0; b=1; n=10; h=(b-a)/n; x=a:h:b;
c=0; d=2; m=20; hk=(d-c)/m; y=c:hk:d;
si1=simpson1(F,x,y,h,hk);      % method1
si2=simpson2(F,x,y,h,hk);      % method2
si3=dblquad(F,0,1,0,2);        % dblquad fun
si4=quad2d(F,0,1,0,2);         % quad2d fun
```

```
syms xs ys; S=(xs^3+ys^3);
si5=double(int(int(S,xs,a,b),c,d)); % int
X=x'*ones(size(y)); Y=ones(size(x'))*y; fxy=F(X,Y);
%show the results by data
FXY=fxy'
si=table(si1,si2,si3,si4,si5,'variablename',{'si1','si2','dbl','qua2','int'})
%show the results by a figure
surf(X,Y,fxy); hold on; meshz(X,Y,fxy);
legend(['积分值= ' num2str(si1,5)],'location','NE');
xlabel x; ylabel y; zlabel f(x,y);
set(gca,'xtick',0:0.25:1,'ytick',0:0.5:2,'ztick',0:2.5:10,'fontsize',15)
title('f(x,y)=x^3+y^3  的二重积分','fontsize',15)

function si1=simpson1(F,x,y,h,hk)   % method1
n=length(x);m=length(y);
sumi=0; L=1; p=1;
for j=1:m
    sumi=sumi+p*sum ...
      (F(x(1:2:n-1),y(j))+4.*F(x(2:2:n),y(j))+F(x(3:2:n+1),y(j)));
    if j==m-1
        p=1;
    elseif L==1
        p=4; L=L+1;
    else
        p=2; L=1;
    end
end
si1=sumi*h*hk/9.0;

function si2=simpson2(F,x,y,h,hk)   % method2)
n=length(x);m=length(y);
sum0=(F(x(1),y(1))-F(x(n),y(1))+ ...
    4*sum(F(x(2:2:n-1),y(1)))+2*sum(F(x(3:2:n),y(1))))*h/3;%simpson formula
summ=(F(x(1),y(m))-F(x(n),y(m))+ ...
    4*sum(F(x(2:2:n-1),y(m)))+2*sum(F(x(3:2:n),y(m))))*h/3;%simpson formula
sum1=0; sum2=0;
for j=2:2:m-1
sum1=sum1+(F(x(1),y(j))-F(x(n),y(j))+ ...
    4*sum(F(x(2:2:n-1),y(j)))+2*sum(F(x(3:2:n),y(j))))*h/3;%simpson formula
sum2=sum2+(F(x(1),y(j+1))-F(x(n),y(j+1))+ ...
    4*sum(F(x(2:2:n-1),y(j+1)))+2*sum(F(x(3:2:n),y(j+1))))*h/3;%simpson formula
end
si2=(sum0-summ+4*sum1+2*sum2)*hk/3;
```

程序 ex57. m 运行结果如下：

```
>> ex57
FXY =
        0   0.0010   0.0080   0.0270   0.0640   0.1250   0.2160   0.3430   0.5120   0.7290   1.0000
   0.0010   0.0020   0.0090   0.0280   0.0650   0.1260   0.2170   0.3440   0.5130   0.7300   1.0010
   0.0080   0.0090   0.0160   0.0350   0.0720   0.1330   0.2240   0.3510   0.5200   0.7370   1.0080
   0.0270   0.0280   0.0350   0.0540   0.0910   0.1520   0.2430   0.3700   0.5390   0.7560   1.0270
   0.0640   0.0650   0.0720   0.0910   0.1280   0.1890   0.2800   0.4070   0.5760   0.7930   1.0640
   0.1250   0.1260   0.1330   0.1520   0.1890   0.2500   0.3410   0.4680   0.6370   0.8540   1.1250
   0.2160   0.2170   0.2240   0.2430   0.2800   0.3410   0.4320   0.5590   0.7280   0.9450   1.2160
   0.3430   0.3440   0.3510   0.3700   0.4070   0.4680   0.5590   0.6860   0.8550   1.0720   1.3430
   0.5120   0.5130   0.5200   0.5390   0.5760   0.6370   0.7280   0.8550   1.0240   1.2410   1.5120
   0.7290   0.7300   0.7370   0.7560   0.7930   0.8540   0.9450   1.0720   1.2410   1.4580   1.7290
```

```
    1.0000    1.0010    1.0080    1.0270    1.0640    1.1250    1.2160    1.3430    1.5120    1.7290    2.0000
    1.3310    1.3320    1.3390    1.3580    1.3950    1.4560    1.5470    1.6740    1.8430    2.0600    2.3310
    1.7280    1.7290    1.7360    1.7550    1.7920    1.8530    1.9440    2.0710    2.2400    2.4570    2.7280
    2.1970    2.1980    2.2050    2.2240    2.2610    2.3220    2.4130    2.5400    2.7090    2.9260    3.1970
    2.7440    2.7450    2.7520    2.7710    2.8080    2.8690    2.9600    3.0870    3.2560    3.4730    3.7440
    3.3750    3.3760    3.3830    3.4020    3.4390    3.5000    3.5910    3.7180    3.8870    4.1040    4.3750
    4.0960    4.0970    4.1040    4.1230    4.1600    4.2210    4.3120    4.4390    4.6080    4.8250    5.0960
    4.9130    4.9140    4.9210    4.9400    4.9770    5.0380    5.1290    5.2560    5.4250    5.6420    5.9130
    5.8320    5.8330    5.8400    5.8590    5.8960    5.9570    6.0480    6.1750    6.3440    6.5610    6.8320
    6.8590    6.8600    6.8670    6.8860    6.9230    6.9840    7.0750    7.2020    7.3710    7.5880    7.8590
    8.0000    8.0010    8.0080    8.0270    8.0640    8.1250    8.2160    8.3430    8.5120    8.7290    9.0000


si =
    si1    si2    dbl    qua2    int
    ___    ___    ___    ____    ___
    4.5    4.5    4.5    4.5     4.5
```

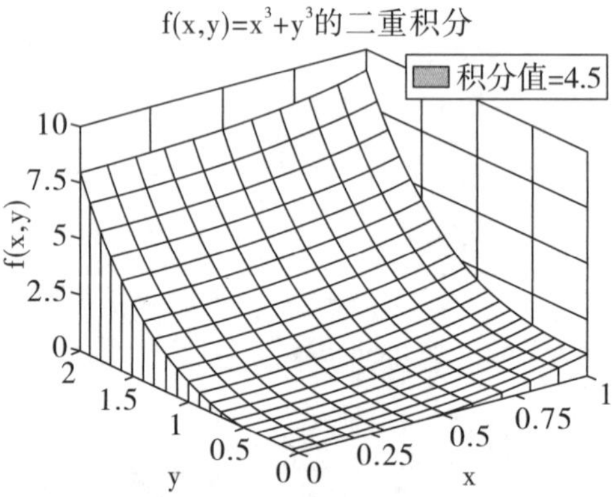

图 5-17　例 5.7 结果图

（4）结果分析：运行 Fortran 程序 ex571. f 和 ex572. f 以及 Matlab 中程序 ex57. m，得到二重定积分 $I = \int_0^2\int_0^1 (x^3 + y^3)\mathrm{d}x\mathrm{d}y$ 的值为 4.5000，该值与 Matlab 中调用内置函数 dblquad 和 quad2d 以及调用内置符号积分 int 得到的结果一致。由 Fortran 程序和 Matlab 程序得到的 $fxy(x,y)$ 数组结果相同，它表示积分区域网格划分各节点上的函数值，并显示在 Matlab 程序 ex57. m 运行结果图 5-17 的网格节点上。积分数值结果即为图 5-17 中曲面 $f(x, y)$ 与平面 $x=0$、$x=1$、$y=0$、$y=2$ 以及 $f(x, y)=0$ 所围成的体积值。

5.4　数值微分

设给定函数 $f(x)$ 的一系列样本点函数值 $f(x_0)$，$f(x_1)$，$f(x_2)$，…，要求在自变量 x_0，x_1，x_2，…处函数的一阶导数 $f'(x)$、二阶导数 $f''(x)$…，这类问题是数值微分问题。

下面介绍常用的数值微分方法，即用插值多项式求数值微分的方法。若已知函数 $f(x)$ 在某些点 x_i（$i=0, 1, 2, \cdots, n$）上的 n 阶插值多项式 $P_n(x)$，用 $P_n(x)$ 近似代替 $f(x)$，对插值多项式 $P_n(x)$ 求导，则可得到函数 $f(x)$ 的数值微分近似值。

5.4.1 两点公式

若已知函数$f(x)$在节点x_0，x_1上的函数值分别为$f(x_0)$，$f(x_1)$，且在区间$[x_0,x_1]$上$f'(x)$连续，$f''(x)$存在，则过$(x_0,f(x_0))$和$(x_1,f(x_1))$两点，得到一阶拉格朗日插值多项式：

$$P_1(x)=\frac{x-x_1}{x_0-x_1}f(x_0)+\frac{x-x_0}{x_1-x_0}f(x_1)$$

有：
$$P_1'(x)=\frac{f(x_1)-f(x_0)}{x_1-x_0}$$

当节点x_0和$x_1=x_0+h$充分靠近时，可得函数$f(x)$的一阶导数为：

$$f'(x)\approx\frac{f(x_1)-f(x_0)}{h},\quad h=x_1-x_0 \tag{5-22}$$

这就是函数数值微分的两点公式。

由数值微分的两点公式得到的近似函数$f(x)$的一阶导数是存在误差的，该误差由拉格朗日插值余项$R_1(x)$给出，即由

$$\begin{aligned}f(x)&=P_1(x)+R_1(x)\\&=\frac{(x-x_1)}{(x_0-x_1)}f(x_0)+\frac{(x-x_0)}{(x_1-x_0)}f(x_1)+\frac{1}{2!}f''(\xi)(x-x_0)(x-x_1)\end{aligned}$$

得到数值微分两点公式（5-22）的误差估计：

$$\varepsilon\leqslant\max_{x_0\leqslant x\leqslant x_1}|R_1'(x)|=\frac{x_1-x_0}{2}\max_{x_0\leqslant x\leqslant x_1}|f''(x)|=\frac{h}{2}\max_{x_0\leqslant x\leqslant x_1}|f''(x)| \tag{5-23}$$

5.4.2 三点公式

若已知函数$f(x)$在节点x_0，x_1，x_2上的函数值分别为$f(x_0)$，$f(x_1)$，$f(x_2)$，且在区间$[x_0,x_2]$上$f'(x)$、$f''(x)$连续，$f'''(x)$存在，则过$(x_0,f(x_0))$，$(x_1,f(x_1))$和$(x_2,f(x_2))$三点，得到二阶拉格朗日插值多项式：

$$P_2(x)=\frac{(x-x_1)(x-x_2)}{(x_0-x_1)(x_0-x_2)}f(x_0)+\frac{(x-x_0)(x-x_2)}{(x_1-x_0)(x_1-x_2)}f(x_1)+\frac{(x-x_0)(x-x_1)}{(x_2-x_0)(x_2-x_1)}f(x_2)$$

则该二阶插值多项式的一阶导数：

$$P_2'(x)=\frac{2x-x_1-x_2}{(x_0-x_1)(x_0-x_2)}f(x_0)+\frac{2x-x_0-x_2}{(x_1-x_0)(x_1-x_2)}f(x_1)+\frac{2x-x_0-x_1}{(x_2-x_0)(x_2-x_1)}f(x_2)$$

二阶插值多项式的二阶导数：

$$P_2''(x)=\frac{2}{(x_0-x_1)(x_0-x_2)}f(x_0)+\frac{2}{(x_1-x_0)(x_1-x_2)}f(x_1)+\frac{2}{(x_2-x_0)(x_2-x_1)}f(x_2)$$

当节点x_0，$x_1=x_0+h$和$x_2=x_1+h$充分靠近时，函数$f(x)$的一阶、二阶导数分别为：

$$f'(x)=-\frac{3}{2h}f(x_0)+\frac{2}{h}f(x_1)-\frac{1}{2h}f(x_2)$$

$$f''(x)=\frac{1}{h^2}[f(x_0)-2f(x_1)+f(x_2)] \tag{5-24}$$

这就是函数数值微分的三点公式。

由数值微分的三点公式（5-24）得到的近似函数$f(x)$的一阶、二阶导数是存在误

差的，这些误差源于拉格朗日插值余项 $R_2(x)$，即由

$$f(x)=P_2(x)+R_2(x)$$

$$P_2(x)=\frac{(x-x_1)(x-x_2)}{(x_0-x_1)(x_0-x_2)}f(x_0)+\frac{(x-x_0)(x-x_2)}{(x_1-x_0)(x_1-x_2)}f(x_1)+\frac{(x-x_0)(x-x_1)}{(x_2-x_0)(x_2-x_1)}f(x_2)$$

$$R_2(x)=\frac{1}{3!}f'''(\xi)(x-x_0)(x-x_1)(x-x_2)$$

得到函数 $f(x)$ 的一阶导数：

$$f'(x)=P_2'(x)+R_2'(x)$$

$$P_2'(x)=\frac{2x-x_1-x_2}{(x_0-x_1)(x_0-x_2)}f(x_0)+\frac{2x-x_0-x_2}{(x_1-x_0)(x_1-x_2)}f(x_1)+\frac{2x-x_0-x_1}{(x_2-x_0)(x_2-x_1)}f(x_2)$$

$$R_2'(x)=\frac{f'''(\xi)}{3!}[(x-x_0)(x-x_1)+(x-x_0)(x-x_2)+(x-x_1)(x-x_2)]+\frac{1}{3!}(x-x_0)(x-x_1)(x-x_2)\frac{\mathrm{d}}{\mathrm{d}x}[f'''(x)]$$

函数 $f(x)$ 的二阶导数 $f''(x)=P_2''(x)+R''_2(x)$ 分别在 x_0，x_1，x_2 点上的表达式：

$$f''(x_0)=\frac{1}{h^2}[f(x_0)-2f(x_1)+f(x_2)]+\left[-hf'''(\xi_1)+\frac{h^2}{6}f^{(4)}(\xi_2)\right]$$

$$f''(x_1)=\frac{1}{h^2}[f(x_0)-2f(x_1)+f(x_2)]+\frac{-h^2}{12}f^{(4)}(\xi)$$

$$f''(x_2)=\frac{1}{h^2}[f(x_0)-2f(x_1)+f(x_2)]+\left[hf'''(\xi_1)-\frac{h^2}{6}f^{(4)}(\xi_2)\right]$$

当点 x_0，$x_1=x_0+h$ 和 $x_2=x_1+h$ 充分靠近时，可分别得到函数一阶、二阶数值微分三点公式的误差估计：

$$\varepsilon_1\leqslant\frac{h^2}{3}\max_{x_0\leqslant x\leqslant x_2}|f'''(x)|$$

$$\varepsilon_2\leqslant\frac{h^2}{4}\max_{x_0\leqslant x\leqslant x_2}|f^{(4)}(x)| \tag{5-25}$$

可以看出：当 $h<1$ 时，函数 $f(x)$ 的一阶导数数值微分三点公式误差值（式（5-25）中的第一式）较二点公式误差值（式（5-23））更小。

例 5.8 试利用数值微分公式，求函数 $f(x)=x^2e^x$ 在 $x=1.0$ 处的一阶、二阶导数的近似值。

解：(1) 问题分析：利用二点公式（5-22）和三点公式（5-24）求给定函数 $f(x)=x^2e^x$ 在点 $x=1.0$ 处的一阶、二阶导数的近似值。计算中从节点间距 $h=0.1$ 开始，直到 0.000001。

(2) 计算流程：利用数值微分的二点公式（5-22）和三点公式（5-24）编制函数一阶、二阶导数数值计算的流程，如图 5-18 所示。

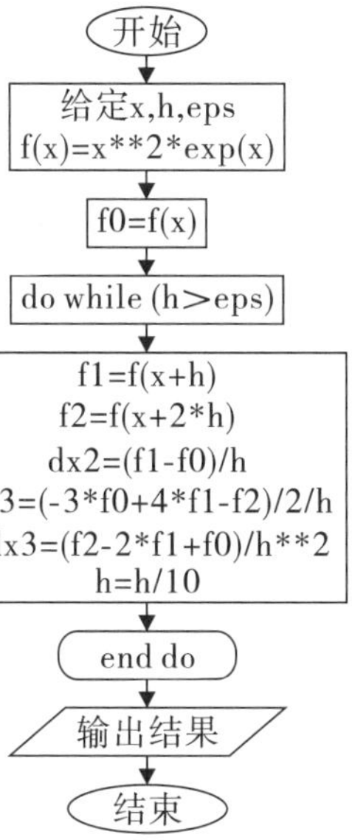

图 5－18 数值微分二点、三点公式计算流程图

（3）程序编制及运行：根据数值微分求导的计算流程图 5－18，编制 Fortran 程序 ex58. f，程序列表如下：

```
C       compute derivatives by finite difference formulas ex58.f
        double precision x,h,f,f0,f1,f2,dx2,dx3,ddx
        data x,h,eps/1.0,0.1,0.000001/
        f(x)=x**2*exp(x)

        iw=10
        open(unit=iw,file='out58.dat',status='unknown',form='formatted')
        write(iw,*) 'x, h, eps=',x,h,eps
        write(iw,"(6x,'h',16x,'dx2',16x,'dx3',13x,'ddx')")
        f0=f(x)
        do while(h.gt.eps)
            f1=f(x+h)
            f2=f(x+2.*h)
            dx2=(f1-f0)/h
            dx3=(-3.*f0+4.*f1-f2)/2./h
            ddx3=(f2-2.*f1+f0)/h**2
            write(iw,"(F10.6,5x,F14.6,5x,F14.6,2x,F14.6)") h,dx2,dx3,ddx3
            h=h/10.
        end do
        write(iw,"('the result is')")
        write(iw,"(F10.6,5x,F14.6,5x,F14.6,2x,F14.6)") 10*h,dx2,dx3,ddx3
        stop
        end
```

程序 ex58. f 的计算结果存入文件 out58. dat，结果如下：

```
x, h, eps=     1.00000000000000        0.100000001490116        1.0000000E-06
      h                 dx2                  dx3                ddx3
   0.100000          9.167591             8.021749           22.916842
   0.010000          8.250577             8.153653           19.384701
   0.001000          8.164365             8.154834           19.063344
   0.000100          8.155797             8.154845           19.031507
   0.000010          8.154941             8.154845           19.028325
   0.000001          8.154855             8.154845           19.028778
the result is
   0.000001          8.154855             8.154845           19.028778
```

数值微分在 Matlab 中的实现，需根据数值微分求导的计算流程图 5 - 18 编制程序 ex58. m，程序中还包含 Matlab 内置函数 diff 符号求导的调用，同时给出数值结果和结果图示（见图 5 - 19）。具体语句如下：

```
%ex58.m  %例5.8 求函数F=x^2*exp(x)在x=1.0处的一级、二级导数的近似值。
f=@(x) x.^2.*exp(x);
x=1.0; h0=0.1;   eps=1e-6;   %eps=1e-8;
resdf=[]; f0=f(x); h=h0; i=1;
while h>eps
      f1=f(x+h); f2=f(x+2.*h);
      dx2=(f1-f0)/h; dx3=(-3.*f0+4.*f1-f2)/2./h;
      ddx3=(f2-2.*f1+f0)/h.^2;
      resdf=[resdf;i,h,x,dx2,dx3,ddx3]; h=h/10; i=i+1;
end
syms xs; F=xs^2*exp(xs); xv=1.0;
dx=diff(F,'xs',1); ddx=diff(F,'xs',2);
dxv=double(subs(dx,'xs',xv)); ddxv=double(subs(ddx,'xs',xv));

%show the numeric results
i_h_x_dx2_dx3_ddx3=vpa([resdf;inf,0,xv,dxv,dxv,ddxv],8)
%plot the results by three subplot
subplot(2,2,[1,3]); ezh=ezplot(f,[0,2]); set(ezh,'color','b'); hold on;
plot(x,f0,'ro'); legend('f(x)=x^2*exp(x)','x = 1.0','location','NW')
xlabel x; ylabel f(x);set(gca,'fontsize',15); title ''
subplot(2,2,2); semilogx(resdf(:,2),resdf(:,4),'<:g',resdf(:,2),resdf(:,5),'*--b')
hold on; plot([10*h,h0],[dxv,dxv],'r-');
legend('二点公式值','三点公式值','解析解值','location','NW');
ylabel df/dx; set(gca,'fontsize',15)
subplot(2,2,4); semilogx(resdf(:,2),resdf(:,6),'*--b'); hold on;
plot([10*h,h0],[ddxv,ddxv],'r-');
legend('三点公式值','解析解值','location','NW');
xlabel h; ylabel 'd^2f/dx^2'; set(gca,'ylim',[15,30],'fontsize',15)
```

程序 ex58. m 的运行结果如下：

```
>> ex58
i_h_x_dx2_dx3_ddx3 =
[ 1.0,          0.1,  1.0,  9.1675906,  8.0217485,  22.916842]
[ 2.0,         0.01,  1.0,  8.2505767,  8.1536532,  19.384700]
[ 3.0,        0.001,  1.0,  8.1643654,  8.1548337,  19.063344]
[ 4.0,       0.0001,  1.0,  8.1557969,  8.1548454,  19.031507]
[ 5.0,      0.00001,  1.0,  8.1549406,  8.1548455,  19.028317]
[ 6.0,     0.000001,  1.0,  8.1548550,  8.1548455,  19.030111]
[ Inf,            0,  1.0,  8.1548455,  8.1548455,  19.027973]
```

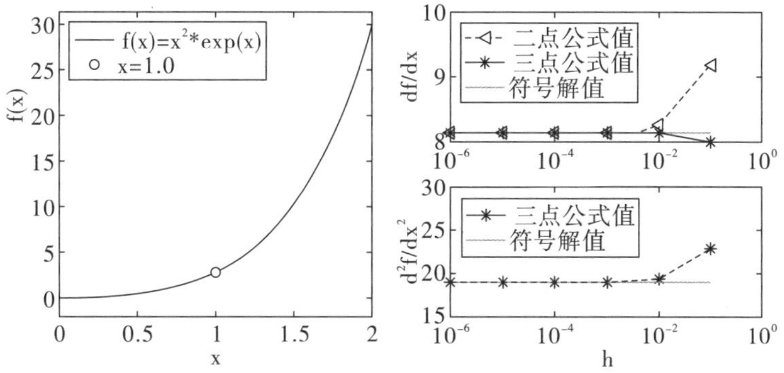

图 5－19　例 5.8 结果图

（4）结果分析：运行 Fortran 程序 ex58. f 和 Matlab 程序 ex58. m，所求函数在 $x=1.0$ 处的一阶、二阶导数分别为 8. 155 和 19. 03（如图 5－19 右上、右下子图所示），即当导数数值保留到四位有效数字时，得到的数值结果一致。程序 ex58. m 运行结果的最后一行为 Matlab 内置函数 diff 调用得到的解析解值，该值的四位有效数字显示与数值微分结果相同。

在程序 ex58. f 和 ex58. m 中，若 h 进一步缩小，则数值微分的三点公式得到的二阶导数结果将趋于发散，如图 5－20 右上、右下子图所示。这是由于三点插值公式余项引起了明显的误差，该误差与函数 $f(x)$ 相关，此时该数值微分方法不适用了。

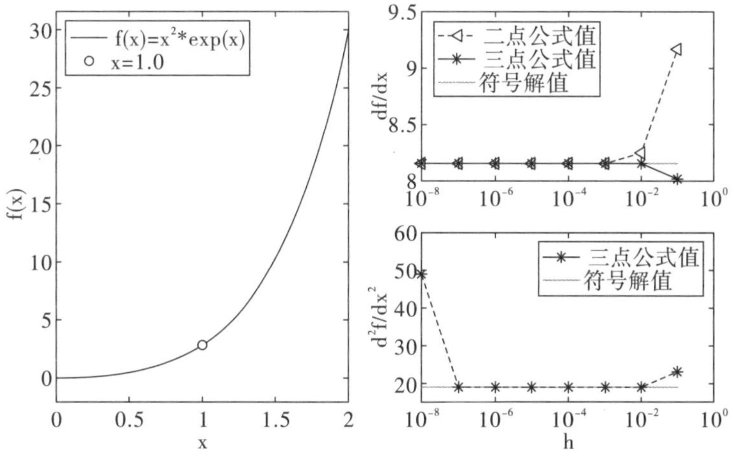

图 5－20　例 5.8 发散结果图

习　题

5.1　试分别用梯形求积公式和辛普森求积公式求 $T=\int_0^1 \frac{dx}{\sqrt{\ln \frac{1}{x}}}$ 的近似值。

5.2　某次实验测得一组如下表所示数据，试用合适的方法求 $\int_0^9 f(x)\,dx$ 的近似值。

x	0	1	2	3	4	5	6	7	8	9
$f(x)$	0	0.5687	0.7909	0.5743	0.1350	－0.1852	－0.1802	0.0811	0.2917	0.3031

5.3　求函数 $f(x)=xe^x$ 在 $x=1.0$ 处的一阶、二阶导数的近似值。

6　常微分方程（组）的数值解法

在研究自然界中物体的运动及其相关过程、化学反应、系统的动态等过程的变化规律时，需求解常微分方程或常微分方程组的定解问题。常微分方程（组）的定解问题可分为初值问题和边值问题两大类。求解初值问题是求同时满足方程和初始条件的解；求解边值问题是求同时满足方程和边界条件的解。本章着重介绍一阶常微分方程初值问题的三种数值解法：欧拉方法和改进的欧拉方法、龙格—库塔方法以及阿达姆斯方法。进一步简单介绍采用这些方法数值求解一阶常微分方程组和高阶常微分方程初值问题。对于边值问题，本章简单介绍两类解法：一类是将边值问题化为初值问题求解；另一类是利用数值微分公式，将常微分方程边值问题化为差分方程，即求解区域内各离散点上函数值未知的线性方程组，再采用线性方程组的数值解法求解。

6.1　常微分方程的离散化

以一阶常微分方程的初值问题

$$\begin{cases}\dfrac{\mathrm{d}y}{\mathrm{d}x}=f(x,\ y),\ x\in(a,b]\\ y|_{x=a}=y_0\end{cases}\tag{6-1}$$

为例，说明建立数值解法的基本思想，它同样适用于常微分方程组和高阶常微分方程。此处假设$f(x,\ y)$满足存在唯一性定理的条件，即$f(x,\ y)$在带形区域R：$\{a\leqslant x\leqslant b,\ -\infty\leqslant y\leqslant+\infty\}$中为$x$和$y$的连续函数，此外，对$y$还满足李氏条件：

$$|f(x,\ y_1)-f(x,\ y_2)|\leqslant L|y_1-y_2|$$

其中（x，y_1）和（x，y_2）为R中的任意两个点，L（>0）为李氏常数。

对于解常微分方程的初值问题，一般只要得到在若干个点上满足给定误差（精度）要求的近似值，或便于计算的满足给定误差（精度）要求的近似表达式的解。下面可以看到，通过对常微分方程（6-1）的离散化，并采用相关的数值方法，可获得满足给定误差（精度）要求的数值解。

离散化的目的是在一系列等间距节点（离散点）$x_0=a$，$x_1=x_0+h$，…，$x_i=x_0+ih$，…，$x_n=b$上，求$y(x_i)$的近似值y_i（$i=1,\ 2,\ \cdots,\ n$），因此，求解一阶常微分方程（6-1）初值问题，需要将连续型的问题（6-1）通过一定的数值方法离散化。一种离散化方法是对式（6-1）中的微分方程两端积分，从而得到y_i（$i=1,\ 2,\ \cdots,\ n$）的计算公式（称为差分格式），然后由差分格式求得离散的等间距节点上的近似值y_i（$i=1,\ 2,\ \cdots,\ n$）；另一种离散化方法是直接用差商近似导数，类似于采用数值微分公式，将常微分方程化为离散的等距节点上函数值求解的线性方程组（差分方程组），再利用第3章介绍的方法数值求解线性方程组，得到各节点上y_i（$i=1,\ 2,\ \cdots,\ n$）的近似值。这些方法统称为差分方法。

基于一阶常微分方程初值问题（6-1）求解的差分方法，下面介绍几种常微分方程（组）的数值解法。

6.2 一阶常微分方程初值问题解法

6.2.1 欧拉方法和改进的欧拉方法

1. 欧拉（Euler）方法

用一串等间距节点（分离点）$x_0(=a)$，x_1，x_2，…，x_n（$=b$），将初值问题（6－1）的求解区间$[a,b]$离散化。由一阶导数的几何意义知，常微分方程（6－1）中的$f(x,y)$是积分曲线$y=y(x)$上点(x,y)的切线斜率。因此，从初始点$P_0(x_0,y_0)$出发，对式（6－1）中的方程两端积分，得到点$P_1(x_1,y_1)$处y的值y_1，同理，从点$P_1(x_1,y_1)$出发，可得到点$P_2(x_2,y_2)$处y的值y_2，重复此过程，有：

$$\begin{aligned} y_{i+1} &= y_i + \int_{x_i}^{x_{i+1}} f(x,y)\,\mathrm{d}x \\ &\approx y_i + hf(x_i,y_i)\ ,\ i=0,\ 1,\ 2,\ \cdots \end{aligned} \tag{6-2}$$

该式称为欧拉公式，由欧拉公式（6－2）求解得到一阶常微分方程初值问题的数值解的方法称为欧拉方法。

欧拉方法的几何意义如图6－1所示，初值问题解的曲线$y=y(x)$过点$P_0(x_0,y_0)$，从点P_0出发，以$f(x_0,\ y_0)$为斜率作一直线，与直线$x=x_1$交于点$P_1(x_1,y_1)$，有$y_1=y_0+hf(x_0,\ y_0)$；再从P_1出发，以$f(x_1,\ y_1)$为斜率作一直线，与直线$x=x_2$交于点$P_2(x_2,y_2)$；由此类推，得到解$y=y(x)$的一条近似曲线，即折线$\overline{P_0P_1P_2\cdots}$。

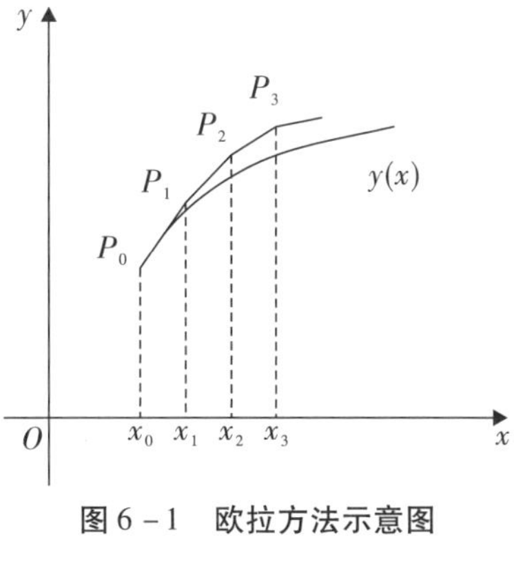

图6－1 欧拉方法示意图

比较欧拉公式（6－2）和$y(x)$在x_i点上的泰勒展开，可以看出，式（6－2）是泰勒展开的前两项，因此欧拉公式的局部截断误差为$O(h^2)$，即欧拉公式（6－2）具有一阶精度。

实际上，欧拉公式（6－2）的推得也可视为其积分部分的数值结果采用了矩形求积公式。

2. 改进的欧拉方法

由于欧拉方法只有一阶精度，精度比较低，得到的数值结果误差较大。为提高计算精度，按照欧拉方法的思想，以相邻两点斜率的平均值代替欧拉公式中一点的斜率，则有：

$$y_{i+1} = y_i + \int_{x_i}^{x_{i+1}} f(x,y)\,\mathrm{d}x$$

$$= y_i + h\frac{f(x_i,y_i)+f(x_{i+1},y_{i+1})}{2}$$

$$= y_i + \frac{h}{2}[f(x_i,y_i)+f(x_{i+1},y_i+hf(x_i,y_i))]\text{，}i=0\text{，}1\text{，}2\text{，}\cdots \qquad (6-3)$$

这就是改进的欧拉公式，由此得到初值问题数值解的方法称为改进的欧拉方法。

改进的欧拉方法的几何意义如图6－2所示，由改进的欧拉公式（6－3）计算得到Q点的y值，比由欧拉公式（6－2）计算得到的$P_{i+1}(x_{i+1},y_{i+1})$点的y_{i+1}值更接近$y(x_{i+1})$，因此其计算误差更小，计算精度更高。

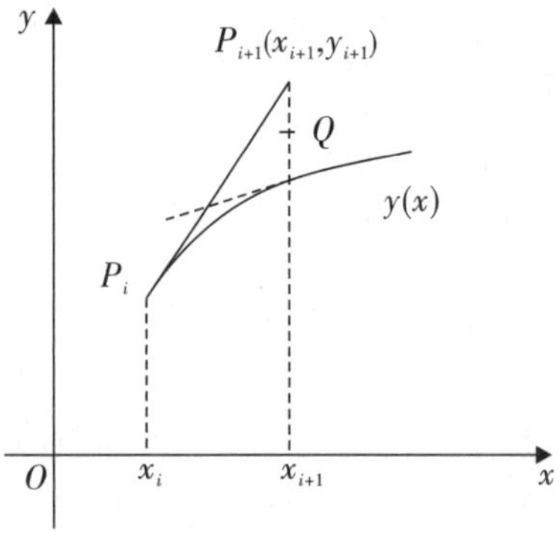

图6－2　改进的欧拉方法示意图

比较改进的欧拉公式（6－3）和$y(x)$在x_i点上的泰勒展开，可以看出，式（6－3）是泰勒展开后保留到h^2项，因此改进的欧拉公式的局部截断误差为$O(h^3)$，即改进的欧拉公式具有二阶精度，较欧拉公式（6－2）提高了一阶精度。

实际上，改进的欧拉公式（6－3）的推得，可视为积分部分的数值结果采用了梯形求积公式。

例6.1　分别用欧拉方法和改进的欧拉方法求解初值问题$\begin{cases}y'=-y+x+1\\y(0)=1\end{cases}$，取步长$h=0.1$，试求从$x=0.1$到0.5各节点上函数$y$的值，并将计算结果与精确解$y=e^{-x}+x$进行比较。

解：（1）问题分析：该初值问题需求解的常微分方程为：$y'=-y+x+1$，自变量为x，初始条件$y(0)=1$，步长取$h=0.1$，离散化求解区域$x\in[0,0.5]$，有：$n=(0.5-0)/h=5$，$x_i=ih$（$i=0$，1，…，n），$y_0=1$。分别采用欧拉公式（6－2）和改进的欧拉公式（6－3），即

$$y_{i+1} = y_i + hf(x_i,y_i)\text{，}i=0\text{，}1\text{，}2\text{，}\cdots\text{，}n$$

$$y_{i+1} = y_i + \frac{h}{2}[f(x_i,y_i)+f(x_{i+1},y_i+hf(x_i,y_i))]\text{，}i=0\text{，}1\text{，}2\text{，}\cdots\text{，}n$$

求从$x=0.1$到0.5各节点上的函数值。

（2）计算流程：根据欧拉公式（6－2）得y_1、y_{21}，根据改进的欧拉公式（6－3）得y_2，分别计算各离散点上函数的近似值，计算流程如图6－3所示。

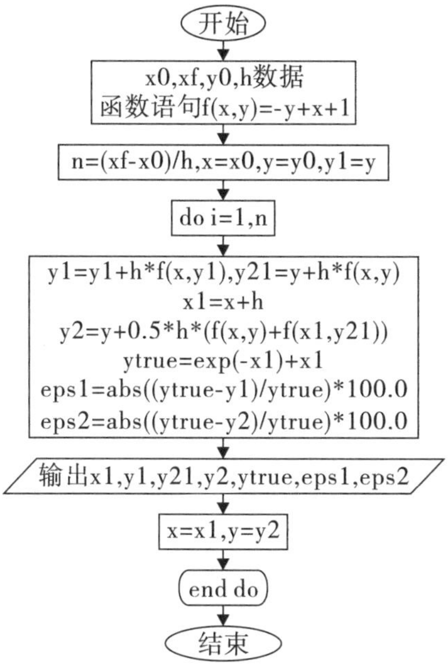

图 6－3　欧拉公式和改进的欧拉公式计算流程图

（3）程序编制及运行：根据图 6－3 的计算流程，编制 Fortran 程序 ex61. f，列表如下：

```
C     ordinary differential equation by improved euler's method ex61.f
      data x0,xf,y0,h/0.0,0.5,1.0,0.1/
      f(x,y)=-y+x+1

      iw=10
      open(unit=iw,file='out61.dat',status='unknown',form='formatted')
      write(iw,*) 'input x0,xf,y0,h',x0,xf,y0,h
      write(iw,"(' i',6x,'x',7x,'y1',8x,'y21',7x,'y2',7x,'ytrue',
     1          5x,'eps1%',5x,'eps2%')")
      write(iw,"(I2,7(F8.4,2x))") 0,x0,y0,y0,y0,y0,0,0
      hn=(xf-x0)/h
      n=int(hn)
      x=x0
      y=y0
      y1=y
      do i=1,n
          y1=y1+h*f(x,y1)
          y21=y+h*f(x,y)
          x1=x+h
          y2=y+0.5*h*(f(x,y)+f(x1,y21))
          ytrue=exp(-x1)+x1
          eps1=abs((ytrue-y1)/ytrue)*100.
          eps2=abs((ytrue-y2)/ytrue)*100.
          write(iw,"(I2,7(F8.4,2x))") i,x1,y1,y21,y2,ytrue,eps1,eps2
          x=x1
          y=y2
      end do
      close(iw)
      stop
      end
```

Fortran 程序 ex61. f 运行后得到的结果存入文件 out61. dat 中，内容如下：

```
input x0,xf,y0,h   0.0000000E+00   0.5000000        1.000000        0.1000000
 i        x          y1        y21        y2       ytrue      eps1%      eps2%
 0     0.0000     1.0000     1.0000     1.0000     1.0000     0.0000     0.0000
 1     0.1000     1.0000     1.0000     1.0050     1.0048     0.4814     0.0162
 2     0.2000     1.0100     1.0145     1.0190     1.0187     0.8570     0.0289
 3     0.3000     1.0290     1.0371     1.0412     1.0408     1.1355     0.0384
 4     0.4000     1.0561     1.0671     1.0708     1.0703     1.3286     0.0450
 5     0.5000     1.0905     1.1037     1.1071     1.1065     1.4496     0.0493
```

在 Matlab 环境中，根据流程图 6 - 3，编制欧拉方法和改进的欧拉方法的程序 ex61. m，其中还包含了调用内置函数 dsolve 符号求解，同时给出计算得到的数值结果和结果图示，具体内容如下：

```
% ex61.m   %例6.1
%欧拉方法和改进的欧拉方法
fxy=@(x,y) -y+x+1; y=@(x) exp(-x)+x;
x0=0; xf=0.5; y0=1; h=0.1; n=(xf-x0)/h;
x=zeros(n+1,1); y1=zeros(n+1,1); y2=zeros(n+1,1);
x(1)=x0; y1(1)=y0; y2(1)=y0;
for i=1:n
     y1(i+1)=y1(i)+h.*fxy(x(i),y1(i));
     y21=y2(i)+h.*fxy(x(i),y2(i));
     x(i+1)=x0+i*h;
     y2(i+1)=y2(i)+h.*(fxy(x(i),y2(i))+fxy(x(i+1),y21))/2;
end
%符号解
ys=dsolve('Dy=-y+x+1','y(0)=1','x');
yx=double(subs(ys,'x',x));
%精确解
yv=y(x);
eps1=abs((yv-y1)./yv).*100; eps2=abs((yv-y2)./yv).*100;
%show the calculated results
results=table((0:n)',x,y1,y2,yx,yv,eps1,eps2)
%show results by figure
subplot('position',[0.15,0.58,0.8,0.4]);
plot(x,y1,'ob',x,y2,'>r',x,yv,'-k')
legend('欧拉方法','改进的欧拉方法','精确解','location','NW');
ylabel y; set(gca,'fontsize',15,'xtick',[])
subplot('position',[0.15,0.15,0.8,0.4]);
plot(x,eps1,'o-.b',x,eps2,'>:r');
legend('欧拉方法','改进的欧拉方法','location','SE');
xlabel x; ylabel 'eps (%)'; set(gca,'fontsize',15)
```

在 Matlab 环境中，程序 ex61. m 运行得到如下数值结果和结果图 6 -4：

```
>> ex61
results =
    Var1     x       y1        y2        yx        yv        eps1        eps2
    ____    ___    ______    ______    ______    ______    _______    ________
    0        0        1         1         1         1          0           0
    1       0.1       1      1.005    1.0048    1.0048    0.48141     0.01618
    2       0.2     1.01     1.019    1.0187    1.0187    0.85702    0.028884
    3       0.3    1.029    1.0412    1.0408    1.0408     1.1355    0.038374
    4       0.4   1.0561    1.0708    1.0703    1.0703     1.3286    0.045024
    5       0.5   1.0905    1.1071    1.1065    1.1065     1.4496    0.049263
```

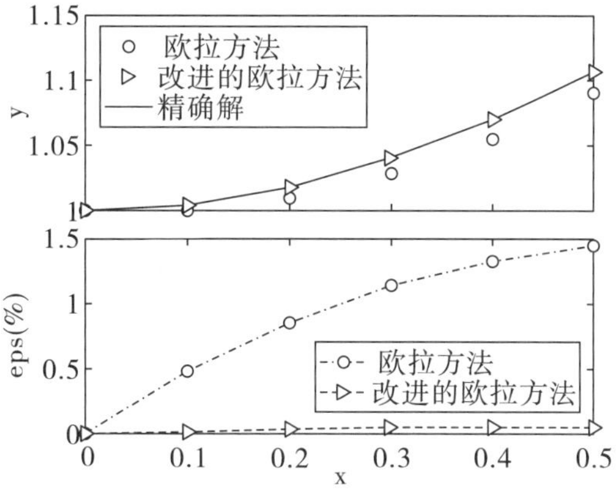

图 6－4　例 6.1 结果图

（4）结果分析：比较程序 ex61. f 和 ex61. m 的运行结果可以看出，Fortran 和 Matlab 程序计算得到的各离散点上的数值结果一致；改进的欧拉方法得到的数值结果的相对误差较小，当 $x=0.5$ 时，误差小于 0.05%，此时欧拉方法得到数值结果的误差达 1.50%。比较 ex61. m 运行结果中的符号解 yx 和精确解 yv 可以看出：在 Matlab 环境中得到的常微分方程的符号解与常微分方程的精确解一致。

6.2.2　龙格—库塔方法

按照改进的欧拉方法的思想，为提高常微分方程数值解的精度，设法在积分小区域 $[x_i, x_{i+1}]$ 内多预报几个点的斜率值，然后将它们线性组合作为平均斜率的近似值，则可构造出具有更高精度的计算格式，这就是龙格—库塔（Runge-Kutta）方法的基本思想。

1. 二阶龙格—库塔公式

取区间 $[x_i, x_{i+1}]$ 内一点 $x_{i+p}=x_i+ph$（$0<p\leqslant 1$），用 x_i 和 x_{i+p} 两个点的斜率值 k_1 和 k_2 线性组合得到平均斜率的近似值，则

$$\begin{cases} y_{i+1}=y_i+h(\lambda_1 k_1+\lambda_2 k_2) \\ k_1=f(x_i,\ y_i) \\ y_{i+p}=y_i+phk_1 \\ k_2=f(x_{i+p},\ y_{i+p}) \end{cases}$$

式中 λ_1，λ_2，p 为待定参数，为使上式具有二阶精度，利用 y_{i+1} 和 $y'_{i+p}=f(x_{i+p},\ y_{i+p})$ 分别在 x_i 点的泰勒展开后保留到 h^2 项的方法，有 $\begin{cases} \lambda_1+\lambda_2=1 \\ \lambda_2 p=\dfrac{1}{2} \end{cases}$，在 $(0,1]$ 中任取一个 p 值即得二阶龙格—库塔公式。

当 $p=1$，$\lambda_1=\lambda_2=\dfrac{1}{2}$ 时，二阶龙格—库塔公式即为改进的欧拉公式（6－3）。

2. 三阶龙格—库塔公式

为提高常微分方程数值解的精度，类似于二阶龙格—库塔方法，取区间 $[x_i, x_{i+1}]$ 内三点 x_i，$x_{i+p}=x_i+ph$，$x_{i+q}=x_i+qh$（$0<p<q\leqslant 1$）的斜率值 k_1，k_2，k_3 的线性组合得到平均斜率的近似值，并要求具有三阶精度，则

$$\begin{cases} y_{i+1}=y_i+h(\lambda_1k_1+\lambda_2k_2+\lambda_3k_3) \\ k_1=f(x_i,\ y_i) \\ k_2=f(x_i+ph,\ y_i+phk_1) \\ k_3=f(x_i+qh,\ y_i+qh\ (rk_1+sk_2)) \end{cases}$$

式中 λ_1，λ_2，λ_3，p，q，r，s 为待定参数，与推导二阶龙格—库塔公式类似，为使上式具有三阶精度，将 y_{i+1}、$y'_{i+p}=f(x_{i+p},\ y_{i+p})$ 和 $y'_{i+q}=f(x_{i+q},\ y_{i+q})$ 分别在点 x_i 上泰勒展开，并保留到 h^3 项，可得到系数关系：

$$\begin{cases} r+s=1 \\ \lambda_1+\lambda_2+\lambda_3=1 \\ \lambda_2p+\lambda_3q=\dfrac{1}{2} \\ \lambda_2p^2+\lambda_3q^2=\dfrac{1}{3} \\ \lambda_3pqs=\dfrac{1}{6} \end{cases}$$

选取合适的系数，即得三阶龙格—库塔公式。

若取 $p=\dfrac{1}{2}$，$q=1$，则有$\begin{cases} \lambda_1=\dfrac{1}{6} \\ \lambda_2=\dfrac{4}{6} \\ \lambda_3=\dfrac{1}{6} \\ r=-1 \\ s=2 \end{cases}$，由此得到常用的三阶龙格—库塔公式：

$$\begin{cases} y_{i+1}=y_i+\dfrac{h}{6}(k_1+4k_2+k_3) \\ k_1=f(x_i,\ y_i) \\ k_2=f(x_i+\dfrac{h}{2},\ y_i+\dfrac{h}{2}k_1) \\ k_3=f(x_i+h,\ y_i-hk_1+2hk_2) \end{cases}$$

可以看出：三阶龙格—库塔公式也可视为式（6－2）右端积分项采用辛普森求积公式（5－8）得到。

3．四阶龙格—库塔公式

类似于二、三阶龙格—库塔公式的推导，可得到具有四阶精度的四阶龙格—库塔公式。常用的四阶龙格—库塔公式为：

$$\begin{cases} y_{i+1}=y_i+\dfrac{h}{6}(k_1+2k_2+2k_3+k_4) \\ k_1=f(x_i,\ y_i) \\ k_2=f(x_i+\dfrac{h}{2},\ y_i+\dfrac{h}{2}k_1) \\ k_3=f(x_i+\dfrac{h}{2},\ y_i+\dfrac{h}{2}k_2) \\ k_4=f(x_i+h,\ y_i+hk_3) \end{cases} \tag{6-4}$$

四阶龙格—库塔公式（6－4）是常微分方程初值问题数值求解常用的公式。四阶龙格—库塔方法的优点是精度较高，且便于变步长，缺点是计算量较大。

例 6.2 用龙格—库塔方法求解初值问题 $\begin{cases} y' = -y + x + 1 \\ y(0) = 1 \end{cases}$，取步长 $h = 0.1$，试求从 $x = 0.1$ 到 0.5 各节点上的函数值 y，并将计算结果与精确解 $y = e^{-x} + x$ 进行比较。

解：(1) 问题分析：根据题意，该初值问题需求解的常微分方程为：$y' = -y + x + 1$，自变量为 x，初始条件为：$y(0) = 1$，步长取 $h = 0.1$，离散化求解区域 $x \in [0, 0.5]$，有：$n = (0.5 - 0)/h = 5$，$x_i = ih$（$i = 0, 1, \cdots, n$），$y_0 = 1$。利用四阶龙格—库塔公式（6－4），求从 $x = 0.1$ 到 0.5 各节点上的数值解。

(2) 计算流程：根据四阶龙格—库塔公式（6－4）构造计算流程，如图 6－5 所示。

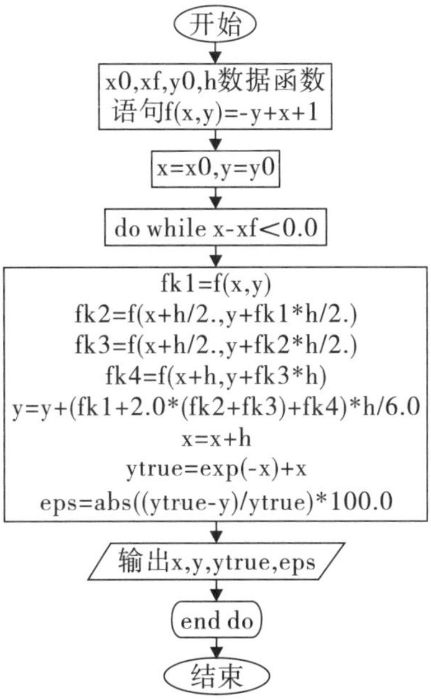

图 6－5 四阶龙格—库塔公式计算流程图

(3) 程序编制及运行：根据图 6－5 的四阶龙格—库塔公式计算流程编制 Fortran 程序 ex62. f，列表如下：

```
C       solution to first-order differential equation by runge-kutta method ex62.f
        data x0,xf,y0,h/0.0,0.5,1.0,0.1/
        f(x,y)=-y+x+1

        iw=10
        open(unit=iw,file='out62.dat',status='unknown',form='formatted')
        write(iw,*) 'x0,xf,y0,h=',x0,xf,y0,h
        x=x0
        y=y0
        write(iw,"(12x,'x',14x,'y',12x,'ytrue',10x,'eps%')")
        write(iw,"(1x,4F15.6)") x,y,y,0
        do while((x-xf).lt.0.0)
```

```
        fk1=f(x,y)
        fk2=f(x+h/2.,y+fk1*h/2.)
        fk3=f(x+h/2.,y+fk2*h/2.)
        fk4=f(x+h,y+h*fk3)
        y=y+(fk1+2.*(fk2+fk3)+fk4)*h/6.
        x=x+h
        ytrue=x+exp(-x)
        eps=abs((ytrue-y)/ytrue)*100.0
        write(iw,"(1x,3F15.6,E15.6)") x,y,ytrue,eps
      end do
      write(*,*) 'the end'
      close(iw)
      stop
      end
```

Fortran 程序 ex62. f 运行后得到的结果存入 out62. dat 文件，内容如下：

```
x0,xf,y0,h=   0.0000000E+00   0.5000000        1.000000        0.1000000
          x               y              ytrue           eps%
       0.000000        1.000000        1.000000        0.000000
       0.100000        1.004838        1.004837     0.118635E-04
       0.200000        1.018731        1.018731     0.117017E-04
       0.300000        1.040818        1.040818     0.229068E-04
       0.400000        1.070320        1.070320     0.334132E-04
       0.500000        1.106531        1.106531     0.323197E-04
```

根据图 6－5 的四阶龙格—库塔公式计算流程，编制 Matlab 程序 ex62. m。另外，在 Matlab 环境中，可直接调用四阶龙格—库塔方法的内置函数 ode45，获得常微分方程的数值解，也可通过内置函数 dsolve 调用得到符号解，这些内容也包含在程序 ex62. m 中，该程序的运行同时给出数值结果和结果图 6－6。程序 ex62. m 列表如下：

```
% ex62.m   %例6.2
fxy=@(x,y) -y+x+1; ytrue=@(x) exp(-x)+x;
x0=0; xf=0.5; h=0.1; y0=1;
%4-order runge-kutta methods
x=x0; y=y0; xy=[]; xy=[xy; x, y];
while x-xf<0.0
     fk1=fxy(x,y); fk2=fxy(x+h/2,y+fk1*h/2);
     fk3=fxy(x+h/2,y+fk2*h/2); fk4=fxy(x+h,y+h*fk3);
     y=y+(fk1+2*(fk2+fk3)+fk4)*h/6;
     x=x+h; xy=[xy; x, y];
end
xh=xy(:,1); yrung=xy(:,2);yt=ytrue(xh);
epsrung=abs((yrung-yt)./yt)*100;
%ode45
[x,yode]=ode45(fxy,xh,y0);
epsode=abs((yode-yt)./yt)*100;
%symbolic dsolve
ys=double(subs(dsolve('Dy=-y+x+1','y(0)=1','x'),'x',x));
epsys=abs((ys-yt)./yt)*100;
%show the digital results
results=table(xh,yrung,yode,ys,yt,epsrung,epsode,epsys)
%showing the results by figure
xx=x0:h/100:xf; yyt=ytrue(xx);
for j=1:2
     subplot(2,1,j)
     if j==1
```

```
        [AX,H1,H2]=plotyy(xh,yrung,xh,epsrung); hold on; plot(xx,yyt,'-k');
        legend('Runge-Kutta','ytrue','epsrung','location','NW');
    else
        [AX,H1,H2]=plotyy(xh,yrung,xh,epsode); hold on; plot(xx,yyt,'-k');
        legend('ode45','ytrue','epsode','location','NW');
    end
    set(H1,'marker','o','linestyle',':','color','b');
    set(H2,'marker','o','linestyle','-.','color','r');
    set(get(AX(2),'ylabel'),'string','eps%')
    xlabel x;ylabel y; set(AX,'fontsize',15)
end
```

Matlab 程序 ex62. m 运行后得到的数值结果和结果图示如下：

```
>> ex62
results =
   xh     yrung     yode      ys       yt       epsrung       epsode        epsys
  ____   ______   ______   ______   ______   __________   __________   __________
    0        1        1        1        1            0            0            0
  0.1   1.0048   1.0048   1.0048   1.0048   8.1569e-06   8.5089e-10            0
  0.2   1.0187   1.0187   1.0187   1.0187    1.456e-05   1.5188e-09            0
  0.3   1.0408   1.0408   1.0408   1.0408   1.9342e-05   2.0177e-09            0
  0.4   1.0703   1.0703   1.0703   1.0703   2.2692e-05   2.3672e-09   2.0746e-14
  0.5   1.1065   1.1065   1.1065   1.1065   2.4826e-05   2.5898e-09            0
```

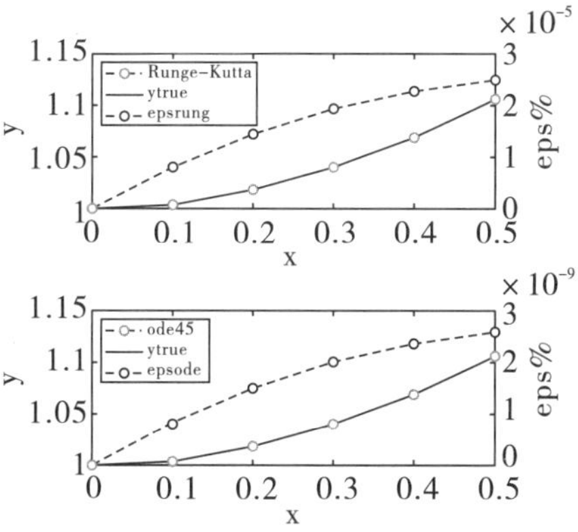

图 6-6 例 6.2 结果图

（4）结果分析：从程序 ex62. m 的运行结果可以看出，根据四阶龙格—库塔方法计算流程图 6-5 编制的程序运行结果与调用内置函数 ode45、dsolve 得到的 $x=0.1$ 到 0.5 的函数 y 的五位有效数字的数值结果一致，但编制的四阶龙格—库塔结果的相对误差为 10^{-5}%、ode45 的误差为 10^{-9}%、dsolve 符号解的误差为 10^{-14}%。比较程序 ex62. f 和 ex62. m 运行的数值结果可以看出，在保留五位有效数字时，函数 y 的数值结果一致，但 Fortran 程序得到的相对误差较大，这主要是 Matlab 中的运算是双精度量的运算，而 Fortran 程序中的量未定义双精度。比较例 6.2 和例 6.1 的结果，利用四阶龙格—库塔方法，得到的常微分方程数值解的相对误差为 10^{-7} 量级，而改进的欧拉方法得到数值解的相对误差为 10^{-4} 量级。由此可见，四阶龙格—库塔方法具有更高的精度。

6.2.3 阿达姆斯方法

前面介绍的求初值问题（6-1）解的欧拉方法和龙格—库塔方法都是单步法，即知

道了分离点 x_i 上的数值解 y_i，便可以求得分离点 x_{i+1}上的数值解 y_{i+1}。这些方法由初始条件 y_0 计算出 y_1，再逐次求 y_2，…，y_i。下面将介绍的方法是必须知道分离点 x_i，x_{i-1}，…上的数值解 y_i，y_{i-1}，…，才能求得分离点 x_{i+1}上的数值解 y_{i+1}，这类方法称为多步法。阿达姆斯（Adams）方法就是其中的一种。

初值问题（6－1）在分离点 $x_{i+1}(i=0,\ 1,\ \cdots)$ 上的数值解 y_{i+1}可表示为：

$$y_{i+1} = y_i + \int_{x_i}^{x_{i+1}} f(x,y(x))\,\mathrm{d}x \tag{6-5}$$

假设在一系列等距节点 x_i，x_{i-1}，…，x_{i-k}上已经求得数值解 y_i，y_{i-1}，…，y_{i-k}，则可采用这些节点中的 $n+1$ 个点作为插值节点，构造 $n(n<k)$ 阶拉格朗日插值多项式 $P_n(x)$ 代替式（6－5）中的 $f(x,\ y(x))$，得到初值问题（6－1）在点 x_{i+1}上的数值解 y_{i+1}。

解初值问题（6－1）常用的多步法是四阶阿达姆斯方法，它与四阶龙格—库塔方法一样，具有四阶精度。四阶阿达姆斯公式有显式和隐式两种，具体形式如下所示。

若采用插值节点为 x_{i-2}，x_{i-1}，x_i，x_{i+1}的三阶插值多项式 $P_3(x)$代替式（6－5）中的 $f(x,y(x))$，则有：

$$\begin{aligned}
f(x,y(x)) &= P_3(x) \\
&= \sum_{j=i-2}^{i+1} \prod_{\substack{k=i-2 \\ k\neq j}}^{i+1} \frac{x - x_k}{x_j - x_k} f(x_j, y(x_j)) \\
&= \frac{(x - x_{i-1})(x - x_i)(x - x_{i+1})}{(x_{i-2} - x_{i-1})(x_{i-2} - x_i)(x_{i-2} - x_{i+1})} \cdot f(x_{i-2}, y(x_{i-2})) + \\
&\quad \frac{(x - x_{i-2})(x - x_i)(x - x_{i+1})}{(x_{i-1} - x_{i-2})(x_{i-1} - x_i)(x_{i-1} - x_{i+1})} \cdot f(x_{i-1}, y(x_{i-1})) + \\
&\quad \frac{(x - x_{i-2})(x - x_{i-1})(x - x_{i+1})}{(x_i - x_{i-2})(x_i - x_{i-1})(x_i - x_{i+1})} \cdot f(x_i, y(x_i)) + \\
&\quad \frac{(x - x_{i-2})(x - x_{i-1})(x - x_i)}{(x_{i+1} - x_{i-2})(x_{i+1} - x_{i-1})(x_{i+1} - x_i)} \cdot f(x_{i+1}, y(x_{i+1}))
\end{aligned}$$

代入式（6－5），并作变换 $x=x_i+th$，将积分变量 x 变换为 t，并应用 $x_{i+1}-x_i=x_i-x_{i-1}=x_{i-1}-x_{i-2}=h$，则有：

$$\begin{aligned}
y_{i+1} = y_i &- \frac{h}{6} f(x_{i-2}, y(x_{i-2})) \int_0^1 (t-1)t(t+1)\,\mathrm{d}t + \\
&\frac{h}{2} f(x_{i-1}, y(x_{i-1})) \int_0^1 (t-1)t(t+2)\,\mathrm{d}t - \\
&\frac{h}{2} f(x_i, y(x_i)) \int_0^1 (t-1)(t+1)(t+2)\,\mathrm{d}t + \\
&\frac{h}{6} f(x_{i+1}, y(x_{i+1})) \int_0^1 t(t+1)(t+2)\,\mathrm{d}t
\end{aligned}$$

即 $$y_{i+1} = y_i + \frac{h}{24}(f_{i-2} - 5f_{i-1} + 19f_i + 9f_{i+1}),\ i=2,\ 3,\ \cdots \tag{6-6}$$

这就是隐式阿达姆斯公式。

若采用插值节点为 x_{i-3}，x_{i-2}，x_{i-1}，x_i 的三阶插值多项式 $P_3(x)$代替式（6－5）中的 $f(x,y(x))$，类似地可得到显式阿达姆斯公式：

$$y_{i+1} = y_i + \frac{h}{24}(55f_i - 59f_{i-1} + 37f_{i-2} - 9f_{i-3}),\ i=3,\ 4,\ \cdots \tag{6-7}$$

在应用阿达姆斯公式的实际计算中，通常采用预估—校正方法得到初值问题（6－1）的数值解。计算开始时，采用四阶龙格—库塔公式（6－4）算出前三个节点的数值解 y_1，y_2，y_3 和 $f(x_1, y_1)$，$f(x_2, y_2)$，$f(x_3, y_3)$，然后用阿达姆斯显式公式（6－7）作为预估公式计算下一个等距节点上的函数预估值 y_4^p，再由阿达姆斯隐式公式（6－6）作为校正公式计算数值解 y_4，进而重复预估—校正过程，得到所有等距节点上的函数 y 的数值解。

四阶阿达姆斯方法的预估—校正算法可表示如下：

$$
\begin{aligned}
&\text{预估：} y_{i+1}^{p} = y_i + \frac{h}{24}(55f_i - 59f_{i-1} + 37f_{i-2} - 9f_{i-3}) \\
&\qquad f^{p}_{i+1} = f(x_{i+1}, y^{p}_{i+1}) \\
&\text{校正：} y_{i+1} = y_i + \frac{h}{24}(9f^{p}_{i+1} + 19f_i - 5f_{i-1} + f_{i-2}) \\
&\qquad f_{i+1} = f(x_{i+1}, y_{i+1})
\end{aligned}
\tag{6-8}
$$

它与阿达姆斯的显式和隐式公式一样，具有四阶精度。

采用阿达姆斯方法容易计算出每一步的误差，其误差源于拉格朗日插值余项。对 $y(x_{i+1})$ 在 $y(x_i)$ 上泰勒级数展开，并与四阶阿达姆斯显式和隐式公式比较，可以得到阿达姆斯公式计算的局部截断误差：

$$
\begin{cases}
y(x_{i+1}) - y_{i+1} = \dfrac{251}{720}h^5 y_i^{(5)} & \text{显式公式误差} \\
y(x_{i+1}) - y_{i+1} = -\dfrac{19}{720}h^5 y_i^{(5)} & \text{隐式公式误差}
\end{cases}
\tag{6-9}
$$

比较阿达姆斯方法与龙格—库塔方法可知，龙格—库塔方法是单步法，是自起步计算，阿达姆斯方法是多步法，需依赖于单步法起步计算；四阶阿达姆斯方法和常用的龙格—库塔方法都具有四阶精度；阿达姆斯方法容易算出每一步的误差，龙格—库塔方法却不容易算出；阿达姆斯方法的计算量较小，其计算速度几乎是龙格—库塔方法的两倍。

例 6.3 用阿达姆斯方法（预估—校正算法）求解初值问题 $\begin{cases} y' = -y + x + 1 \\ y(0) = 1 \end{cases}$，取步长 $h = 0.1$，试求从 $x = 0.1$ 到 1.0 各节点上函数 y 的值，并将数值解结果与精确解 $y = e^{-x} + x$ 进行比较。

解：（1）问题分析：根据题意，该初值问题需求解的常微分方程为：$y' = -y + x + 1$，自变量为 x；初始条件为：$y(0) = 1$，步长取 $h = 0.1$，离散化求解区域 $x \in [0, 1.0]$，有：$n = (1.0 - 0)/h = 10$，$x_i = ih$（$i = 0, 1, \cdots, n$），$y_0 = 1$。利用四阶阿达姆斯公式，求从 $x = 0.1$ 到 1.0 等距节点上的数值解 y。

（2）计算流程：在采用阿达姆斯方法计算开始时，先采用龙格—库塔公式（6－4）算出前三步的数值解 y_1，y_2，y_3 和 $f(x_1, y_1)$，$f(x_2, y_2)$，$f(x_3, y_3)$，再用阿达姆斯预估—校正公式（6－8）计算所有等距节点上函数的近似值，其计算流程如图 6－7 所示。

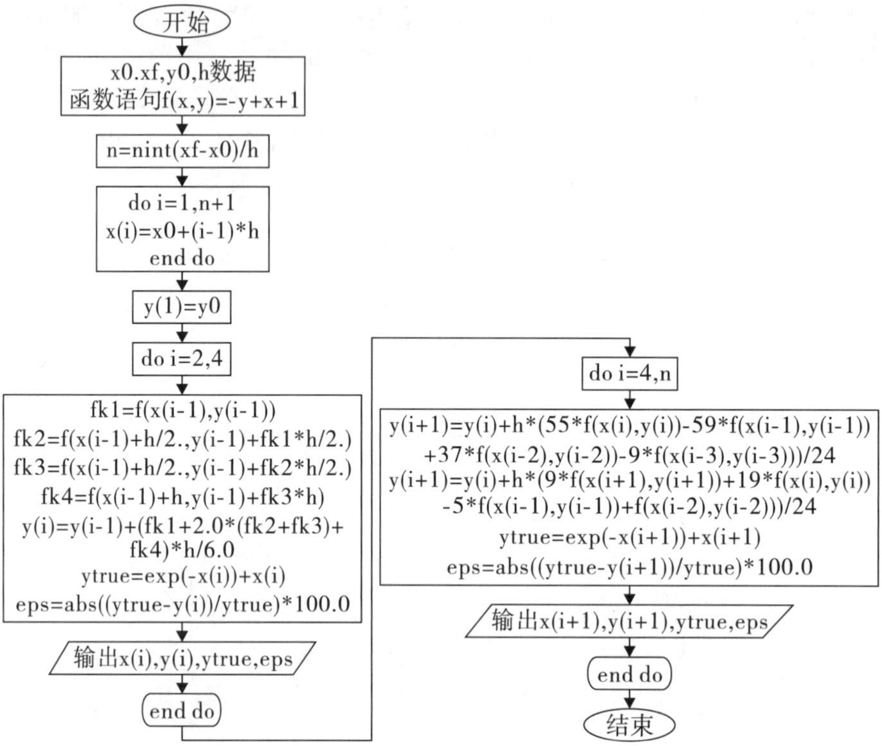

图 6－7　四阶阿达姆斯预估—校正算法计算流程图

（3）程序编制及运行：根据图 6－7 的计算流程编制 Fortran 程序 ex63. f，列表如下：

```
C     solution to first-order differential equation by runge-kutta plus adams    ex63.f
      dimension x(11),y(11)
      data x0,xf,y0,h/0.0,1.0,1.0,0.1/
      f(x,y)=-y+x+1

      iw=10
      open(unit=iw,file='out63.dat',status='unknown',form='formatted')
      write(iw,*) 'x0,xf,y0,h=',x0,xf,y0,h
      n=nint((xf-x0)/h)
      do i=1,n+1
        x(i)=x0+(i-1)*h
      end do
      y(1)=y0
      write(iw,"(12x,'x',14x,'y',12x,'ytrue',10x,'eps%')")
      write(iw,"(1x,3F15.6,E15.6)") x(1),y0,y0,0
      write(iw,"(/2x,'starting values from Runge-kutta')")
      do i=2,4
        fk1=f(x(i-1),y(i-1))
        fk2=f(x(i-1)+h/2.,y(i-1)+fk1*h/2.)
        fk3=f(x(i-1)+h/2.,y(i-1)+fk2*h/2.)
        fk4=f(x(i-1)+h,y(i-1)+fk3*h)
        y(i)=y(i-1)+(fk1+2.*(fk2+fk3)+fk4)*h/6.
        ytrue=exp(-x(i))+x(i)
        eps=abs((y(i)-ytrue)/ytrue)*100.
```

```
        write(iw,"(1x,3F15.6,E15.6)") x(i),y(i),ytrue,eps
      end do
      write(iw,"(/2x,'continuation of solution by admas method')")
      do i=4,n
        y(i+1)=y(i)+h*(55.*f(x(i),y(i))-59.*f(x(i-1),y(i-1))
     1               +37.*f(x(i-2),y(i-2))-9.*f(x(i-3),y(i-3)))/24.
        y(i+1)=y(i)+h*(9.*f(x(i+1),y(i+1))+19.*f(x(i),y(i))
     1               -5.*f(x(i-1),y(i-1))+f(x(i-2),y(i-2)))/24.
        ytrue=exp(-x(i+1))+x(i+1)
        eps=abs((y(i+1)-ytrue)/ytrue)*100.
        write(iw,"(1x,3F15.6,E15.6)") x(i+1),y(i+1),ytrue,eps
      end do
      write(*,*) 'the end'
      close(iw)
      stop
      end
```

Fortran 程序 ex63. f 运行后得到的结果存入 out63. dat 文件，内容如下：

```
x0,xf,y0,h=   0.0000000E+00    1.000000        1.000000        0.1000000
              x                y               ytrue            eps%
          0.000000        1.000000        1.000000       0.000000E+00
  starting values from Runge-kutta
          0.100000        1.004838        1.004837       0.118635E-04
          0.200000        1.018731        1.018731       0.117017E-04
          0.300000        1.040818        1.040818       0.229068E-04
  continuation of solution by admas method
          0.400000        1.070320        1.070320       0.111377E-04
          0.500000        1.106530        1.106531       0.430930E-04
          0.600000        1.148811        1.148812       0.622605E-04
          0.700000        1.196584        1.196585       0.697372E-04
          0.800000        1.249328        1.249329       0.763349E-04
          0.900000        1.306569        1.306570       0.821145E-04
          1.000000        1.367878        1.367879       0.784341E-04
```

根据图 6－7 的计算流程，编制阿达姆斯公式（6－8）计算的 Matlab 程序 ex63. m，程序中同时给出计算得到的数值结果和结果图 6－8，程序列表如下：

```
% ex63.m   %例6.3
fxy=@(x,y) -y+x+1; yt=@(x) x+exp(-x);
% adams method
x0=0; xf=1; h=0.1; y0=1; n=(xf-x0)/h;
x=[x0:h:xf]'; y=zeros(n+1,1); y(1)=y0; ytv=yt(x);
%starting values from Runge-kutta
for i=2:4
    fk1=fxy(x(i-1),y(i-1));
    fk2=fxy(x(i-1)+h/2,y(i-1)+fk1*h/2);
    fk3=fxy(x(i-1)+h/2,y(i-1)+fk2*h/2);
    fk4=fxy(x(i-1)+h,y(i-1)+fk3*h);
    y(i)=y(i-1)+(fk1+2*(fk2+fk3)+fk4)*h/6;
end
%advance the solution by adams
for i=4:n
    y(i+1)=y(i)+h/24*(55*fxy(x(i),y(i))-59*fxy(x(i-1),y(i-1))...
        +37*fxy(x(i-2),y(i-2))-9*fxy(x(i-3),y(i-3)));
    y(i+1)=y(i)+h/24*(9*fxy(x(i+1),y(i+1))+19*fxy(x(i),y(i))...
        -5*fxy(x(i-1),y(i-1))+fxy(x(i-2),y(i-2)));
end
```

```
eps=abs((ytv-y)./ytv).*100;
%showing the results by data
for k=1:n+1
    data(k,:)=sprintf('%10d %12.6f %12.6f %12.6f %15.6e', ...
            k-1,x(k,1),y(k,1),ytv(k,1),eps(k,1));
end
sprintf('%10s %10s %10s %12s %15s ','i','x','y','yt','eps%')
data
%showing the results by figure
xx=x0:h/10:xf; ytxx=yt(xx);
[AX,H1,H2]=plotyy(x,y,x,eps); hold on; plot(xx,ytxx,'-k')
set(H1,'marker','o','linestyle',':','color','b');
set(H2,'marker','o','linestyle','-.','color','r');
legend('阿达姆斯方法','精确解','相对误差eps','location','NW');
set(get(AX(2),'ylabel'),'string','eps%')
xlabel x; ylabel y; set(AX,'fontsize',15)
```

在 Matlab 中运行 ex63. m，得到初值问题的数值解结果如下：

```
>> ex63
ans =
         i          x          y          yt          eps%
data =
         0   0.000000   1.000000   1.000000   0.000000e+00
         1   0.100000   1.004838   1.004837   8.156945e-06
         2   0.200000   1.018731   1.018731   1.456011e-05
         3   0.300000   1.040818   1.040818   1.934242e-05
         4   0.400000   1.070320   1.070320   1.193958e-05
         5   0.500000   1.106530   1.106531   3.536299e-05
         6   0.600000   1.148811   1.148812   5.253602e-05
         7   0.700000   1.196585   1.196585   6.455165e-05
         8   0.800000   1.249328   1.249329   7.233238e-05
         9   0.900000   1.306569   1.306570   7.676188e-05
        10   1.000000   1.367878   1.367879   7.859959e-05
```

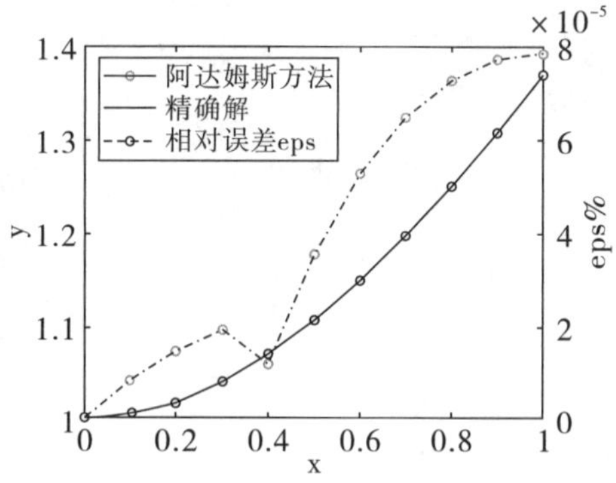

图 6－8　例 6.3 结果图

（4）结果及分析：从 Fortran 程序 ex63. f 和 Matlab 程序 ex63. m 运行得到的结果可见，阿达姆斯预估—校正方法得到初值问题数值解的结果保留到小数点后六位数字时一致，该结果与精确解的相对误差为 10^{-7} 量级。比较例 6. 2 和例 6. 3 的数值结果和结果图示可以看出，龙格—库塔方法和阿达姆斯方法的相对误差在同一量级，它们具有相同的精度。

6.3 一阶常微分方程组和高阶常微分方程解法

6.3.1 一阶常微分方程组的解法

实际应用时，初值问题多以方程组的形式出现，一阶常微分方程组初值问题为：

$$\begin{cases} \dfrac{\mathrm{d}y_i}{\mathrm{d}x}=f_i(x,\ y_1,\ y_2,\ \cdots,\ y_m),\ x>x_0,\ i=1,\ 2,\ \cdots,\ m \\ y_i(x_0)=y_{i0} \end{cases} \tag{6-10}$$

若用向量表示该方程组，可记 $y=(y_1,\ y_2,\ \cdots,\ y_m)^{\mathrm{T}}$，$f=(f_1,\ f_2,\ \cdots,\ f_m)^{\mathrm{T}}$，初始条件 $y(x_0)=y_0=(y_{10},\ y_{20},\ \cdots,\ y_{m0})^{\mathrm{T}}$，则常微分方程组（6-10）可写成：

$$\begin{cases} \dfrac{\mathrm{d}y}{\mathrm{d}x}=f(x,\ y),\ x>x_0,\ y\in\mathbf{R}^m,\ f\in\mathbf{R}^m \\ y(x_0)=y_0 \end{cases}$$

其形式与初值问题（6-1）类似，因此，解初值问题的数值方法均适用于方程组（6-10）。

下面以两个常微分方程构成的方程组为例：

$$\begin{cases} y'=f(x,\ y,\ z) \\ z'=g(x,\ y,\ z) \\ y(x_0)=y_0 \\ z(x_0)=z_0 \end{cases} \tag{6-11}$$

介绍常微分方程组初值问题的数值解法，更多个方程构成的常微分方程组初值问题的解法与此类似。

1. 改进的欧拉方法

对初值问题（6-11），将改进的欧拉公式（6-3）分别应用于两个常微分方程，有：

预估：
$$\bar{y}_{i+1}=y_i+hf(x_i,\ y_i,\ z_i)$$
$$\bar{z}_{i+1}=z_i+hg(x_i,\ y_i,\ z_i)$$

校正：
$$y_{i+1}=y_i+\frac{h}{2}\left[f(x_i,\ y_i,\ z_i)+f(x_{i+1},\ \bar{y}_{i+1},\ \bar{z}_{i+1})\right]$$
$$z_{i+1}=z_i+\frac{h}{2}\left[g(x_i,\ y_i,\ z_i)+g(x_{i+1},\ \bar{y}_{i+1},\ \bar{z}_{i+1})\right] \tag{6-12}$$

2. 龙格—库塔方法

对初值问题（6-11），将四阶龙格—库塔公式（6-4）分别应用于两个常微分方程，有：

$$\begin{cases} y_{i+1}=y_i+\dfrac{h}{6}(k_1+2k_2+2k_3+k_4) \\ z_{i+1}=z_i+\dfrac{h}{6}(L_1+2L_2+2L_3+L_4) \end{cases} \tag{6-13}$$

其中：

$$k_1=f(x_i,\ y_i,\ z_i),\qquad L_1=g(x_i,\ y_i,\ z_i)$$

$$k_2=f\left(x_i+\frac{h}{2},\ y_i+\frac{h}{2}k_1,\ z_i+\frac{h}{2}L_1\right),\quad L_2=g\left(x_i+\frac{h}{2},\ y_i+\frac{h}{2}k_1,\ z_i+\frac{h}{2}L_1\right)$$

$$k_3=f(x_i+\frac{h}{2},\ y_i+\frac{h}{2}k_2,\ z_i+\frac{h}{2}L_2),\quad L_3=g(x_i+\frac{h}{2},\ y_i+\frac{h}{2}k_2,\ z_i+\frac{h}{2}L_2)$$

$$k_4=f(x_i+h,\ y_i+hk_3,\ z_i+hL_3),\qquad L_4=g(x_i+h,\ y_i+hk_3,\ z_i+hL_3)$$

3. 阿达姆斯方法

对初值问题（6－11），需先利用四阶龙格—库塔公式（6－13），求出前三步离散等距节点上的数值解 y_1，z_1，y_2，z_2，y_3，z_3，以及 $f(x_1,\ y_1,\ z_1)$，$g(x_1,\ y_1,\ z_1)$，$f(x_2,\ y_2,\ z_2)$，$g(x_2,\ y_2,\ z_2)$，$f(x_3,\ y_3,\ z_3)$，$g(x_3,\ y_3,\ z_3)$，再将四阶阿达姆斯预估—校正公式（6－8）分别应用于方程组的两个常微分方程，有：

预估：

$$y_{i+1}^p=y_i+\frac{h}{24}(55f_i-59f_{i-1}+37f_{i-2}-9f_{i-3})$$

$$z_{i+1}^p=z_i+\frac{h}{24}(55g_i-59g_{i-1}+37g_{i-2}-9g_{i-3})$$

$$f_{i+1}^p=f(x_{i+1},\ y_{i+1}^p,\ z_{i+1}^p)$$

$$g_{i+1}^p=g(x_{i+1},\ y_{i+1}^p,\ z_{i+1}^p)$$

校正：

$$y_{i+1}=y_i+\frac{h}{24}\ (9f_{i+1}^p+19f_i-5f_{i-1}+f_{i-2})$$

$$z_{i+1}=z_i+\frac{h}{24}\ (9g_{i+1}^p+19g_i-5g_{i-1}+g_{i-2})\qquad(6-14)$$

$$f_{i+1}=f(x_{i+1},\ y_{i+1},\ z_{i+1})$$

$$g_{i+1}=g(x_{i+1},\ y_{i+1},\ z_{i+1})$$

例 6.4 试用四阶龙格—库塔方法求解下列常微分方程组：

$$\begin{cases}y_1'=y_2,\ y_1(0)=1\\ y_2'=xy_2+y_1,\ y_2(0)=1\end{cases}$$

取步长 $h=0.1$，给出各节点上的函数值 y_1 和 y_2，直到 $x=1.0$ 为止。

解：（1）问题分析：根据题意，该初值问题需求解的常微分方程组为：$y_1'=f(x,\ y_1,\ y_2)=y_2$，$y_2'=g(x,\ y_1,\ y_2)=xy_2+y_1$，自变量为 x，初始条件为：$y_1(0)=1$，$y_2(0)=1$，步长取 $h=0.1$，离散化求解区域 $x\in[0,1.0]$，有：$n=(1.0-0)/h=10$，$x_i=ih$（$i=0,\ 1,\ \cdots,\ n$）。求从 $x=0.1$ 到 1.0 等距节点上函数 y_1 和 y_2 的数值解。

（2）计算流程：根据常微分方程组初值问题解的四阶龙格—库塔公式（6－13）构造计算流程，如图 6－9 所示。

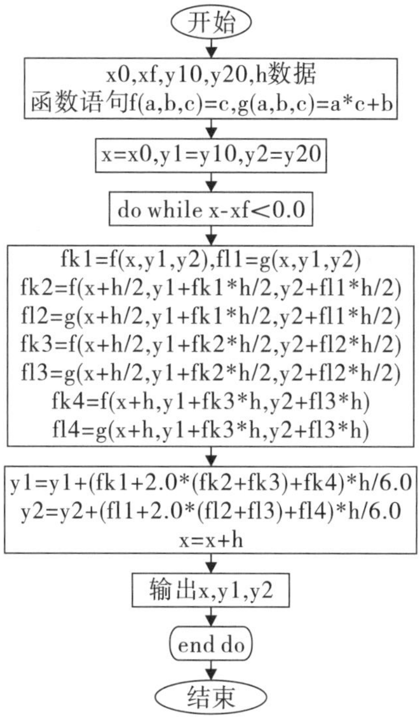

图 6－9　方程组四阶龙格—库塔公式计算流程图

（3）程序编制及运行：根据图 6－9 的计算流程，编制 Fortran 程序 ex64. f，列表如下：

```
C      solution to differential equations by runge-kutta method ex64.f
       data x0,xf,y10,y20,h/0.0,1.0,1.0,1.0,0.1/
       f(a,b,c)=c
       g(a,b,c)=a*c+b

       iw=10
       open(unit=iw,file='out64.dat',status='unknown',form='formatted')
       write(iw,"('x0,xf,y10,y20,h=',5F10.6)") x0,xf,y10,y20,h
       x=x0
       y1=y10
       y2=y20
       write(iw,"(12x,'x',14x,'y1',12x,'y2')")
       write(iw,"(1x,3F15.6)") x,y1,y2
       do while((x-xf).lt.0.0)
          fk1=f(x,y1,y2)
          fl1=g(x,y1,y2)
          fk2=f(x+h/2.,y1+fk1*h/2.,y2+fl1*h/2.)
          fl2=g(x+h/2.,y1+fk1*h/2.,y2+fl1*h/2.)
          fk3=f(x+h/2.,y1+fk2*h/2.,y2+fl2*h/2.)
          fl3=g(x+h/2.,y1+fk2*h/2.,y2+fl2*h/2.)
          fk4=f(x+h,y1+fk3*h,y2+fl3*h)
          fl4=g(x+h,y1+fk3*h,y2+fl3*h)
          y1=y1+(fk1+2.*(fk2+fk3)+fk4)*h/6.
          y2=y2+(fl1+2.*(fl2+fl3)+fl4)*h/6.
```

```
    x=x+h
    write(iw,"(1x,3F15.6)") x,y1,y2
  end do
  write(iw,*) 'the end'
  close(iw)
  stop
  end
```

Fortran 程序 ex64. f 运行后得到的结果存入 out64. dat 文件中，内容如下：

```
x0,xf,y10,y20,h=   0.000000   1.000000   1.000000   1.000000   0.100000
           x              y1             y2
        0.000000       1.000000       1.000000
        0.100000       1.105346       1.110535
        0.200000       1.222889       1.244578
        0.300000       1.355191       1.406557
        0.400000       1.505317       1.602127
        0.500000       1.676973       1.838486
        0.600000       1.874676       2.124805
        0.700000       2.103984       2.472789
        0.800000       2.371781       2.897425
        0.900000       2.686657       3.417991
        1.000000       3.059395       4.059394
 the end
```

根据计算流程图 6 - 9，编制 Matlab 程序 ex64. m，由于 Matlab 环境中存在四阶龙格—库塔方法内置函数 ode45，因此程序 ex64. m 中也包含调用 ode45 获得常微分方程组的数值解，程序语句如下：

```
% ex64.m   %例6.4
f=@(x,y1,y2) y2; g=@(x,y1,y2) y1+x*y2;
x0=0; xf=1.0; h=0.1; y10=1; y20=1;
%1 runge-kutta method
x=x0; y1=y10; y2=y20;
xy=[]; xy=[xy; x, y1, y2];
while x < xf - h
    fk1=f(x,y1,y2); fl1=g(x,y1,y2);
    fk2=f(x+h/2.,y1+fk1*h/2.,y2+fl1*h/2.);
    fl2=g(x+h/2.,y1+fk1*h/2.,y2+fl1*h/2.);
    fk3=f(x+h/2.,y1+fk2*h/2.,y2+fl2*h/2.);
    fl3=g(x+h/2.,y1+fk2*h/2.,y2+fl2*h/2.);
    fk4=f(x+h,y1+fk3*h,y2+fl3*h);
    fl4=g(x+h,y1+fk3*h,y2+fl3*h);
    y1=y1+(fk1+2.*(fk2+fk3)+fk4)*h/6;
    y2=y2+(fl1+2.*(fl2+fl3)+fl4)*h/6;
    x=x+h; xy=[xy; x, y1, y2];
end
%2 ode45
fxy=@(x,y) [0,1;1,x]*y;
[x,y]=ode45(fxy,x0:h:xf,[y10,y20]);
%showing the results by data
for k=1:length(xy(:,1))
    data(k,:)=sprintf('%10.6f %12.6f %12.6f %12.6f %12.6f ', ...
                      xy(k,1),xy(k,2),xy(k,3),y(k,1),y(k,2));
end
sprintf('%6s %12s %12s %12s %12s ','x','xy1','xy2','y1o','y2o')
data     %or     table(xy,y)
```

```
%showing the results by figure
subplot(1,2,1); plot(xy(:,1),xy(:,2),'-.ok',xy(:,1),xy(:,3),'-.>r')
title('runge-kutta','fontsize',15); grid on
legend('y1','y2','location','NW'); axis([0,1,1,5]);
xlabel x; ylabel y; set(gca,'fontsize',15)
subplot(1,2,2);    plot(x,y(:,1),'-.ok',x,y(:,2),'-.>r')
title('ode45.m','fontsize',15); grid on
legend('y1','y2','location','NW'); axis([0,1,1,5]);
xlabel x; ylabel y; set(gca,'fontsize',15)
```

运行 ex64. m 得到如下的数值结果和结果图 6－10，其中 $xy1$ 和 $xy2$ 是四阶龙格—库塔公式得到的结果，$y1o$ 和 $y2o$ 是调用内置函数 ode45 得到的结果。

```
>> ex64
ans =
      x            xy1          xy2          y1o          y2o
data =
   0.000000     1.000000     1.000000     1.000000     1.000000
   0.100000     1.105346     1.110535     1.105347     1.110535
   0.200000     1.222889     1.244578     1.222889     1.244578
   0.300000     1.355191     1.406557     1.355192     1.406558
   0.400000     1.505317     1.602127     1.505319     1.602128
   0.500000     1.676973     1.838486     1.676975     1.838487
   0.600000     1.874676     2.124805     1.874679     2.124807
   0.700000     2.103984     2.472789     2.103988     2.472792
   0.800000     2.371781     2.897425     2.371788     2.897430
   0.900000     2.686657     3.417991     2.686666     3.417999
   1.000000     3.059395     4.059395     3.059407     4.059407
```

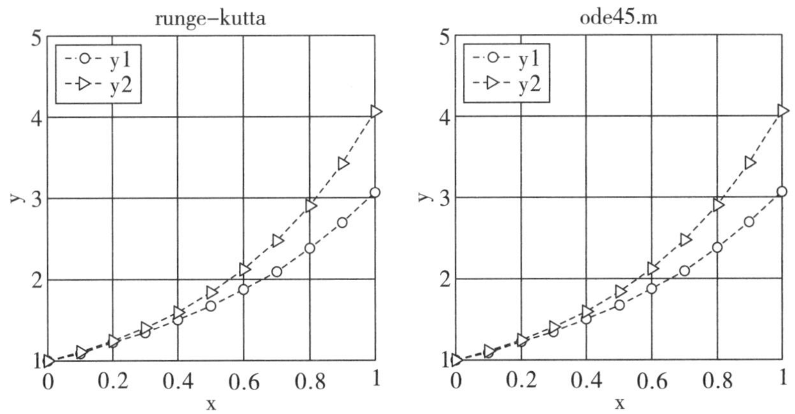

图 6－10　例 6.4 结果图

（4）结果分析：该常微分方程组初值问题求解的 Fortran 程序 ex64. f 与 Matlab 程序 ex64. m 得到的数值解（data 矩阵的前三列）一致，与 Matlab 程序中调用内置函数 ode45 得到的数值解（data 矩阵的后二列）在保留到小数点后四位数字时一致。由四阶龙格—库塔公式和内置函数 ode45 得到的从 $x=0.1$ 到 1.0 各节点上函数值 y_1 和 y_2 如图 6－10 所示，该图的两个子图几乎相同，从图中无法辨认数值解小数点后第五位数字的不同。

6.3.2　高阶常微分方程的解法

高阶常微分方程初值问题，原则上可归结为一阶常微分方程组的初值问题，因此，前面介绍的一阶常微分方程组初值问题的数值解法均适用。

下面以二阶常微分方程初值问题为例，介绍应用四阶龙格—库塔方法的数值解法。

对于二阶常微分方程的初值问题：

$$\begin{cases} y''=f(x,\ y,\ y'),\ x>x_0 \\ y(x_0)=y_0 \\ y'(x_0)=y'_0 \end{cases} \tag{6-15}$$

引入新变量 $z=y'$，可将二阶常微分方程初值问题化为一阶常微分方程组初值问题：

$$\begin{cases} y'=z \\ z'=f(x,\ y,\ z) \\ y(x_0)=y_0 \\ z(x_0)=y'_0 \end{cases}$$

应用一阶常微分方程组初值问题求解的四阶龙格—库塔公式（6 – 13），有：

$$\begin{cases} y_{i+1}=y_i+\dfrac{h}{6}(k_1+2k_2+2k_3+k_4) \\ z_{i+1}=z_i+\dfrac{h}{6}(L_1+2L_2+2L_3+L_4) \end{cases},\ i=0,\ 1,\ \cdots,\ n$$

其中：

$$\begin{aligned} &k_1=z_i, && L_1=f(x_i,\ y_i,\ z_i) \\ &k_2=z_i+\frac{h}{2}L_1, && L_2=f(x_i+\frac{h}{2},\ y_i+\frac{h}{2}k_1,\ z_i+\frac{h}{2}L_1) \\ &k_3=z_i+\frac{h}{2}L_2, && L_3=f(x_i+\frac{h}{2},\ y_i+\frac{h}{2}k_2,\ z_i+\frac{h}{2}L_2) \\ &k_4=z_i+hL_3, && L_4=f(x_i+h,\ y_i+hk_3,\ z_i+hL_3) \end{aligned}$$

消去 k_1，k_2，k_3，k_4，简化可得：

$$\begin{cases} y_{i+1}=y_i+hz_i+\dfrac{h^2}{6}(L_1+L_2+L_3) \\ z_{i+1}=z_i+\dfrac{h}{6}(L_1+2L_2+2L_3+L_4) \end{cases},\ i=0,\ 1,\ \cdots,\ n \tag{6-16}$$

其中：

$$\begin{cases} L_1=f(x_i,\ y_i,\ z_i) \\ L_2=f(x_i+\dfrac{h}{2},\ y_i+\dfrac{h}{2}z_i,\ z_i+\dfrac{h}{2}L_1) \\ L_3=f(x_i+\dfrac{h}{2},\ y_i+\dfrac{h}{2}z_i+\dfrac{h^2}{4}L_1,\ z_i+\dfrac{h}{2}L_2) \\ L_4=f(x_i+h,\ y_i+hz_i+\dfrac{h^2}{2}L_2,\ z_i+hL_3) \end{cases}$$

高阶常微分方程初值问题，原则上可归结为一阶常微分方程组初值问题，例如：n 阶常微分方程初值问题：

$$\begin{cases} y^{(n)}=f(x,\ y,\ y',\ \cdots,\ y^{(n-1)}),\ x>x_0 \\ y(x_0)=y_0,\ y'(x_0)=y'_0,\ \cdots,\ y^{(n-1)}(x_0)=y_0^{(n-1)} \end{cases}$$

引入 $n-1$ 个新变量 $y_1=y'$，$y_2=y''$，$\cdots$，$y_{n-1}=y^{(n-1)}$，则有：

$$\begin{cases} y'=y_1 \\ y'_1=y_2 \\ \quad\vdots \\ y'_{n-1}=f(x,\ y,\ y_1,\ y_2,\ \cdots,\ y_{n-1}) \end{cases}$$

初始条件为：

$$\begin{cases} y(x_0)=y_0 \\ y_1(x_0)=y'_0 \\ \quad\vdots \\ y_{n-1}(x_0)=y_0^{(n-1)} \end{cases}$$

该方程组与初值问题（6－10）一致，可采用常微分方程组初值问题的欧拉方法、龙格—库塔方法以及阿达姆斯方法进行数值求解。

例 6.5 设火箭点火发射时初始重量为 13500 N，其中 10800 N 为燃料，此燃料消耗速度为 180 N/S，可产生 31500 N 推力，试求火箭飞行时的位移、速度和加速度。

解：（1）问题分析：火箭在运动过程中 t 时刻受到三个力作用，分别是燃料燃烧后产生的推力 F、火箭运动过程中的重力 mg 或 W，以及所受的空气阻力 kv^2（假设空气阻力与速度平方成正比），即 $F=31500$ N，$mg=W=(13500-180t)$ N，$kv^2=k\left(\frac{\mathrm{d}y}{\mathrm{d}t}\right)^2$ N，火箭初始时刻的位移和速度均为零，燃料提供推力的时间有限。

（2）建立数学模型：将火箭出发点设为原点，垂直向上为火箭位移 y 的正方向，建立直角坐标系。假设火箭只在垂直方向上运动，火箭运动过程遵循牛顿第二定律，有：$F-mg-kv^2=m\frac{\mathrm{d}^2y}{\mathrm{d}t^2}$；根据题意，有定解条件：$y(0)=0$，$v(0)=\left.\frac{\mathrm{d}y}{\mathrm{d}t}\right|_{t=0}=0$，时间 t 的范围为 $0\leqslant t\leqslant\frac{10800}{180}=60$（s），则火箭运动过程中的数学模型为：

$$\begin{cases} \frac{\mathrm{d}y}{\mathrm{d}t}=v \quad 0<t\leqslant 60 \\ \frac{\mathrm{d}v}{\mathrm{d}t}=\frac{g}{W}(F-kv^2)-g \\ y(0)=0 \\ v(0)=0 \end{cases} \tag{6-17}$$

其中：$F=31500$ N，$mg=W=13500-180t$（N），$k=0.39\ \mathrm{N\cdot s^2/m^2}$，$g=9.8\ \mathrm{m/s^2}$。在该初值问题的求解中，时间 t 为自变量，所求位移为 y，速度为 v，加速度为 $f(t,v)=\frac{g}{W}(F-kv^2)-g$。

（3）选择计算方法：火箭运动过程的数学模型（6－17）是二阶常微分方程初值问题，其数值求解的方法可采用四阶龙格—库塔公式（6－16），时间步长 h 取 0.01 s，离散化求解区域 $t\in[0,60]$，有：$n=(60-0)/h=6000$，$t_i=ih$（$i=0$，1，…，n）。有计算公式：

$$\begin{cases} y_{i+1}=y_i+hv_i+\frac{h^2}{6}(L_1+L_2+L_3) \\ v_{i+1}=v_i+\frac{h}{6}(L_1+2L_2+2L_3+L_4) \end{cases} \tag{6-18}$$

其中：
$$
\begin{cases}
f(t_i, y_i, v_i) = \dfrac{9.8\times(31500-0.39v_i^2)}{(13500-180t_i)} - 9.8 \\
L_1 = f(t_i, v_i) \\
L_2 = f\left(t_i + \dfrac{h}{2}, v_i + \dfrac{h}{2}L_1\right) \\
L_3 = f\left(t_i + \dfrac{h}{2}, v_i + \dfrac{h}{2}L_2\right) \\
L_4 = f(t_i + h, v_i + hL_3)
\end{cases}
$$

（4）计算流程：根据选用的计算公式（6－18）编制计算流程，如图6－11所示：

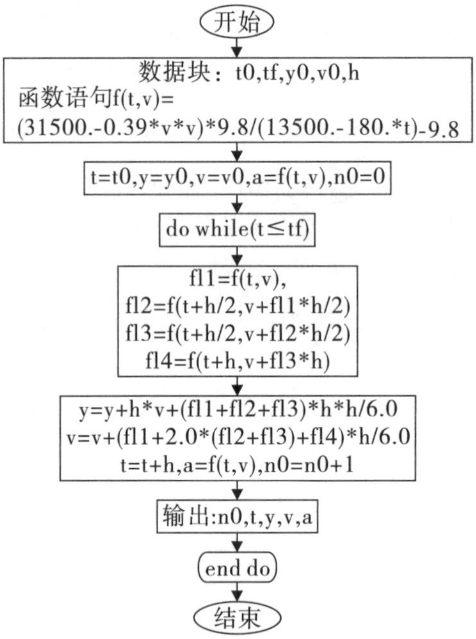

图6－11　二阶常微分方程四阶龙格—库塔公式计算流程图

（5）程序列表：根据图6－11的计算流程，编制 Fortran 程序 ex65. f，列表如下：

```
c      runge-kutta method to solve rocketproblem ex65.f
       real*8 t
       data t0,tf,y0,v0,h/0.0,60.0,0.0,0.0,0.01/
       f(t,v)=(31500.-0.39*v*v)*9.8/(13500.-180.*t)-9.8

       iw=10
       open(unit=iw,file='out65.dat',status='unknown',form='formatted')
       t=t0
       y=y0
       v=v0
       a=f(t,v)
       n0=0
       write(iw,"(3x,'n0',10x,'t',10x,'y',10x,'v',10x,'a')")
       write(iw,"(I6,4(2x,f10.4))") n0,t,y,v,a
       do while(t.le.tf)
```

```
        fl1=a
        fl2=f(t+h/2.0,v+fl1*h/2.0)
        fl3=f(t+h/2.0,v+fl2*h/2.0)
        fl4=f(t+h,v+fl3*h)
        y=y+v*h+(fl1+fl2+fl3)*h*h/6.0
        v=v+(fl1+2.0*fl2+2.0*fl3+fl4)*h/6.0
        t=t+h
        a=f(t,v)
        n0=n0+1
        if(mod(n0,200).eq.0) then
          write(iw,"(I6,4(2x,f10.4))") n0,t,y,v,a
        end if
      end do
      close(iw)
      stop
      end
```

Fortran 程序 ex65. f 运行后得到的结果存入 out65. dat 文件，内容如下：

n0	t	y	v	a
0	0.0000	0.0000	0.0000	13.0667
200	2.0000	26.4783	26.6187	13.4871
400	4.0000	106.7659	53.6711	13.4935
600	6.0000	240.8832	80.3051	13.0706
800	8.0000	427.1518	105.6917	12.2568
1000	10.0000	662.3452	129.1282	11.1377
1200	12.0000	942.0258	150.1149	9.8273
1400	14.0000	1260.9915	168.3895	8.4447
1600	16.0000	1613.7479	183.9161	7.0946
1800	18.0000	1994.9198	196.8418	5.8540
2000	20.0000	2399.5603	207.4370	4.7696
2200	22.0000	2823.3372	216.0373	3.8603
2400	24.0000	3262.6145	222.9940	3.1244
2600	26.0000	3714.4414	228.6406	2.5468
2800	28.0000	4176.5005	233.2724	2.1057
3000	30.0000	4647.0190	237.1382	1.7768
3200	32.0000	5124.6729	240.4388	1.5368
3400	34.0000	5608.5000	243.3310	1.3652
3600	36.0000	6097.8052	245.9335	1.2446
3800	38.0000	6592.0981	248.3337	1.1608
4000	40.0000	7091.0449	250.5939	1.1030
4200	42.0000	7594.4102	252.7575	1.0630
4400	44.0000	8102.0308	254.8539	1.0350
4600	46.0000	8613.7949	256.9026	1.0146
4800	48.0000	9129.6191	258.9155	0.9991
5000	50.0000	9649.4395	260.9007	0.9866
5200	52.0000	10173.2061	262.8628	0.9758
5400	54.0000	10700.8760	264.8046	0.9661
5600	56.0000	11232.4111	266.7275	0.9571
5800	58.0000	11767.7754	268.6328	0.9486
6000	60.0000	12306.9336	270.5214	0.9404

根据图 6 - 11 计算流程，编制 Matlab 程序 ex65. m，程序中同时给出数值结果和结果图示。Matlab 环境中有四阶龙格—库塔方法的内置函数 ode45 可供调用，因此，程序 ex65. m 中所列的方法 2 是调用 ode45 获得常微分方程组的数值解。程序 ex65. m 语句如下：

```
% ex65.m   %例6.5     % dy(1)=y(2); y(1)0=0;
                       % dy(2)=9.8*(31500-0.39*y(2)*y(2))/(13500-180*t)-9.8; y(2)0=0.
t0=0;tf=60; h=0.01; y0=0; v0=0;
%方法1 runge-kutta
g=@(t,y2) 9.8*(31500-0.39*y2.*y2)./(13500-180*t)-9.8;
n=0; t=t0; y=y0;v=v0; a=g(t,v); xy=[]; xy=[xy; n, t, y, v, a];
while t < tf
    fl1=a; fl2=g(t+h/2.0,v+fl1*h/2.0);
    fl3=g(t+h/2.0,v+fl2*h/2.0); fl4=g(t+h,v+fl3*h);
    y=y+v*h+(fl1+fl2+fl3)*h*h/6.0;
    v=v+(fl1+2.0*fl2+2.0*fl3+fl4)*h/6.0;
    n=n+1;t=t+h; a=g(t,v);
    if mod(n,200) == 0
        xy=[xy; n, t, y, v, a];
    end
end
%方法2 ode45
fg=@(t,y) [y(2); 9.8*(31500-0.39*y(2).*y(2))./(13500-180*t)-9.8];
t=t0:200*h:tf; [t,y]=ode45(fg,t,[y0,v0]); n=length(t); av=zeros(n,1);
%showing the results by data
for k=1:n
    fgv=fg(t(k),y(k,:)); av(k)=fgv(2);
    data(k,:)=sprintf('%5d %10.4f %12.4f %12.4f %12.4f %10.4f %12.4f %12.4f %12.4f', ...
                      xy(k,1),xy(k,2),xy(k,3),xy(k,4),xy(k,5),t(k),y(k,1),y(k,2),av(k));
end
sprintf('%5s %10s %12s %12s %12s %12s %12s %12s %12s', ...
        'n','xy(:,1)','xy(:,2)','xy(:,3)','xy(:,4)','t','y','v','a')
data
%showing the results by figure
for i=1:2
    subplot(1,2,i);
    if i==1
        [H,AX,BigAx,P]=plotmatrix(xy(:,2),[xy(:,3)./1000,xy(:,4),xy(:,5)],'o-b');
        title('runge-kutta','fontsize',15);
    else
        [H,AX,BigAx,P]=plotmatrix(t,[y(:,1)./1000,y(:,2),av],'*-r');
        title('ode45','fontsize',15);
    end
    set(get(AX(1),'YLabel'),'string','\bf y (km)');
    set(get(AX(2),'YLabel'),'string','\bf v (m/s)');
    set(get(AX(3),'YLabel'),'string','\bf a (m/s^2)');
    h1=legend(AX(1),'位移','location','NW');
    h2=legend(AX(2),'速度','location','NW');
    h3=legend(AX(3),'加速度','location','NE');
    xlabel ('\bf t (s)','fontsize',15); set(AX,'fontsize',15);
end
```

运行 ex65. m 得到如下的数值计算结果和结果图 6－12：

```
>> ex65
ans =
    n    xy(:,1)      xy(:,2)      xy(:,3)      xy(:,4)        t            y            v            a
data =
    0     0.0000       0.0000       0.0000      13.0667     0.0000       0.0000       0.0000      13.0667
  200     2.0000      26.4783      26.6187      13.4871     2.0000      26.4788      26.6192      13.4870
  400     4.0000     106.7659      53.6712      13.4935     4.0000     106.7704      53.6717      13.4934
  600     6.0000     240.8834      80.3051      13.0706     6.0000     240.8840      80.3039      13.0706
  800     8.0000     427.1520     105.6917      12.2568     8.0000     427.1534     105.6924      12.2568
 1000    10.0000     662.3457     129.1282      11.1377    10.0000     662.3321     129.1300      11.1376
```

1200	12.0000	942.0264	150.1150	9.8273	12.0000	942.0178	150.1154	9.8272
1400	14.0000	1260.9924	168.3896	8.4447	14.0000	1260.9734	168.3927	8.4444
1600	16.0000	1613.7486	183.9161	7.0946	16.0000	1613.6516	183.9319	7.0925
1800	18.0000	1994.9201	196.8416	5.8540	18.0000	1994.9182	196.8467	5.8533
2000	20.0000	2399.5602	207.4369	4.7696	20.0000	2399.5675	207.4426	4.7687
2200	22.0000	2823.3375	216.0373	3.8603	22.0000	2823.2267	216.0672	3.8551
2400	24.0000	3262.6140	222.9940	3.1244	24.0000	3262.6650	222.9975	3.1238
2600	26.0000	3714.4409	228.6406	2.5468	26.0000	3714.5216	228.6408	2.5468
2800	28.0000	4176.5008	233.2724	2.1057	28.0000	4176.4681	233.3002	2.0998
3000	30.0000	4647.0208	237.1381	1.7768	30.0000	4647.1316	237.1335	1.7778
3200	32.0000	5124.6774	240.4387	1.5369	32.0000	5124.8083	240.4308	1.5387
3400	34.0000	5608.5042	243.3310	1.3652	34.0000	5608.5444	243.3487	1.3608
3600	36.0000	6097.8089	245.9336	1.2446	36.0000	6097.9431	245.9238	1.2472
3800	38.0000	6592.1040	248.3337	1.1608	38.0000	6592.2425	248.3232	1.1638
4000	40.0000	7091.0509	250.5939	1.1030	40.0000	7091.1246	250.6051	1.0996
4200	42.0000	7594.4155	252.7575	1.0630	42.0000	7594.5468	252.7474	1.0663
4400	44.0000	8102.0362	254.8539	1.0350	44.0000	8102.1625	254.8460	1.0377
4600	46.0000	8613.7993	256.9025	1.0146	46.0000	8613.8791	256.9140	1.0103
4800	48.0000	9129.6225	258.9156	0.9991	48.0000	9129.7475	258.9059	1.0030
5000	50.0000	9649.4430	260.9008	0.9865	50.0000	9649.5533	260.8996	0.9871
5200	52.0000	10173.2103	262.8629	0.9758	52.0000	10173.2705	262.8898	0.9627
5400	54.0000	10700.8810	264.8046	0.9661	54.0000	10701.0148	264.7864	0.9758
5600	56.0000	11232.4162	266.7276	0.9570	56.0000	11232.5237	266.7289	0.9563
5800	58.0000	11767.7797	268.6331	0.9485	58.0000	11767.8565	268.6555	0.9334
6000	60.0000	12306.9372	270.5217	0.9402	60.0000	12307.0896	270.4811	0.9713

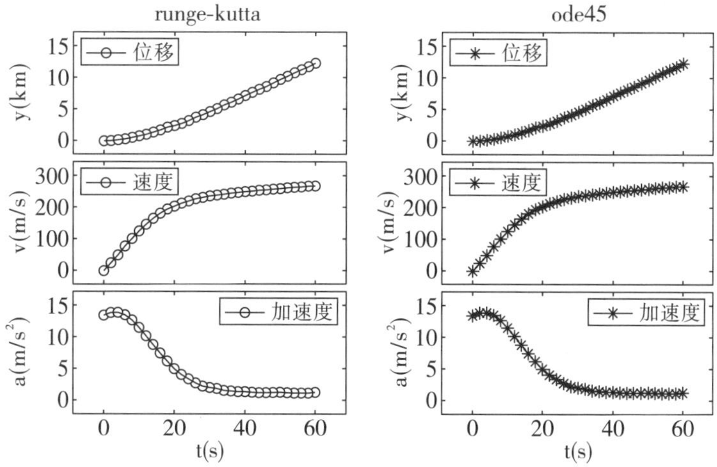

图 6－12　例 6.5 结果图

（6）结果分析：从数值结果可以看出，Fortran 程序 ex65. f 与 Matlab 程序 ex65. m（包含调用内置函数 ode45）得到的数值解一致（位移保留五位有效数字）。火箭位移随时间的增长而增长，在发射后 60 s 达到 12. 307 km；火箭速度随时间的增长先较大增加，后趋于较小增加，在发射后 60 s 达到 270 m/s；火箭加速度随时间的增长先微小增大，后逐渐减小，在发射后 60 s 其值约为 1 m/s^2，这些结果显示在结果图 6－12 中。

（7）进一步的相关工作：考虑火箭速度可否达到第一宇宙速度、第二宇宙速度、第三宇宙速度；若火箭是多级火箭，其各级壳的脱落情况如何；火箭的净载重量与过程是否相关。由此对火箭运动规律进一步获得相关数值解。

6.4 常微分方程边值问题的解法

二阶线性常微分方程为：$y''+p(x)y'+q(x)y=f(x)$，其定解的边值条件有三种，分别为：

第一边值条件：$y(a)=\alpha$，$y(b)=\beta$；

第二边值条件：$y'(a)=\alpha$，$y'(b)=\beta$；

第三边值条件：$y'(a)-b_1y(a)=\alpha$，$y'(b)-b_2y(b)=\beta$。

本节以二阶线性常微分方程及其满足的第一边值条件构成的边值问题为例，给出其数值解的方法，其他常微分方程边值问题可类似地得到相应的数值解。

对于二阶线性常微分方程边值问题：

$$\begin{cases} y''+p(x)y'+q(x)y=f(x), & a<x<b \\ y(a)=\alpha,\ y(b)=\beta \end{cases} \tag{6-19}$$

常用的数值解法有：化边值问题为初值问题的方法、边值问题的差分解法以及打靶法或试射法等，此处基于等间距离散化求解区域，采用化整为零的数值计算技巧，介绍前两种方法，即化边值问题为初值问题的方法和边值问题的差分解法。

6.4.1 化为初值问题的解法

采用化边值问题为初值问题的解法，对边值问题（6－19）进行数值求解。

先求解初值问题：

$$\begin{cases} y''(x)+p(x)y'+q(x)y=f(x),\ x>a \\ y(a)=\alpha,\ y'(a)=0 \end{cases} \tag{6-20 (a)}$$

设其数值解为 $y^{(1)}(x_i)$（$i=1,2,\cdots,n$），n 是求解区域划分为等间距小区域的个数。

再求解其相应齐次方程的初值问题：

$$\begin{cases} y''(x)+p(x)y'+q(x)y=0,\ x>a \\ y(a)=0,\ y'(a)=1 \end{cases} \tag{6-20 (b)}$$

设其数值解为 $y^{(2)}(x_i)$（$i=1,2,\cdots,n$）。

取两个初值问题（6－20（a））和（6－20（b））数值解的线性组合，构成原边值问题（6－19）的通解：$y(x_i)=y^{(1)}(x_i)+Cy^{(2)}(x_i)$，再由原边值问题末端点的边值条件 $y(b)=y(x_n)=y^{(1)}(x_n)+Cy^{(2)}(x_n)=\beta$ 确定常数 C，即得到边值问题（6－19）的数值解：

$$y(x_i)=y^{(1)}(x_i)+Cy^{(2)}(x_i),\ i=1,2,\cdots,n-1 \tag{6-21}$$

例 6.6 试用化边值问题为初值问题的方法求解边值问题：

$$\begin{cases} y''(x)+xy'(x)-xy(x)=2x \\ y(0)=1,\ y(1)=0 \end{cases}$$

取步长 $h=0.1$，自变量 x 取值从 0.1 到 0.9。

解：（1）问题分析：该边值问题的二阶常微分方程为 $y''(x)+xy'(x)-xy(x)=2x$，自变量为 x，二点边值条件为 $y(0)=1$，$y(1)=0$，步长 $h=0.1$，利用化边值问题为初值问题的方法求从 $x=0.1$ 到 0.9 各等距节点上函数 y 的数值解，求解区域为 (a,b)，$a=0$，$b=1$，等间距小区域个数 $n=(b-a)/h=10$。

根据化边值问题（6－19）为初值问题（6－20）的方法，需分别求解以下两个初值问题：

$$\begin{cases} y''(x)+xy'(x)-xy(x)=2x \\ y(0)=1,\ y'(0)=0 \end{cases} \Rightarrow \begin{cases} y1_1'=y1_2 \\ y1_2'=2x+xy1_1-xy1_2 \\ y1_1(0)=1 \\ y1_2(0)=0 \end{cases} \quad (6-22\ (a))$$

$$\begin{cases} y''(x)+xy'(x)-xy(x)=0 \\ y(0)=0,\ y'(0)=1 \end{cases} \Rightarrow \begin{cases} y2_1'=y2_2 \\ y2_2'=xy2_1-xy2_2 \\ y2_1(0)=0 \\ y2_2(0)=1 \end{cases} \quad (6-22\ (b))$$

利用一阶常微分方程组初值问题的四阶龙格—库塔公式（6－16）得到初值问题（6－22（a））和（6－22（b））的数值解分别为 $y1_1(x_i)$，$y2_1(x_i)$，$i=1, 2, \cdots, n$，$x_i=i\times h$，$h=0.1$，由 $y1_1(x_n)+Cy2_1(x_n)=y(1)$ 求得常数 C，从而得到本题边值问题的数值解 $y(x_i)=y1_1(x_i)+Cy2_1(x_i)$，$i=1, 2, \cdots, n-1$。

（2）计算流程：根据边值问题化为初值问题（6－22）的方法构建计算流程，如图 6－13 所示。

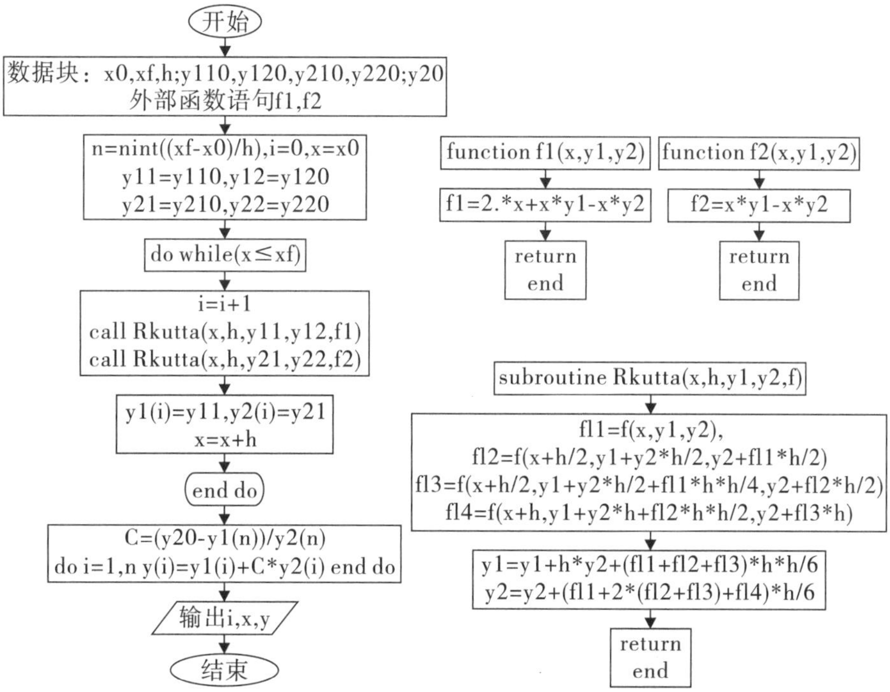

图 6－13　化边值问题为初值问题解的计算流程图

（3）程序编制及运行：根据图 6－13 的计算流程编制 Fortran 程序 ex66. f，列表如下：

```
c     runge-kutta method to solve example 6.6 - ex66.f
      dimension y1(10),y2(10),y(10)
      data x0,xf,h/0.0,1.0,0.1/
      data y110,y120,y210,y220/1.0,0.0,0.0,1.0/y20/0.0/
      external f1,f2

      iw=10
```

```
open(unit=iw,file='out66.dat',status='unknown',form='formatted')
n=nint((xf-x0)/h)
i=0
x=x0
y11=y110
y12=y120
y21=y210
y22=y220
write(iw,"(7x,'x',8x,'y11',7x,'y12',8x,'y21',7x,'y22')")
write(iw,"(5(f10.4))") x,y11,y12,y21,y22
do while(x.le.xf)
  i=i+1
  call Rkutta(x,h,y11,y12,f1)
  call Rkutta(x,h,y21,y22,f2)
  y1(i)=y11
  y2(i)=y21
  x=x+h
  write(iw,"(5(f10.4))") x,y11,y12,y21,y22
end do
C=(y20-y1(n))/y2(n)
do i=1,n
  y(i)=y1(i)+C*y2(i)
end do
write(iw,"('the results is'/7x,'i',9x,'x',10x,'y')")
write(iw,"(3x,I5,2x,f10.6,2x,f10.6)") (i,i*h,y(i),i=1,n)
close(iw)
stop
end

function f1(x,y1,y2)
f1=2.*x+x*y1-x*y2
return
end

function f2(x,y1,y2)
f2=x*y1-x*y2
return
end

subroutine Rkutta(x,h,y1,y2,f)
f11=f(x,y1,y2)
f12=f(x+h/2.0,y1+y2*h/2.0,y2+f11*h/2.0)
f13=f(x+h/2.0,y1+y2*h/2.0+f11*h*h/4.,y2+f12*h/2.0)
f14=f(x+h,y1+y2*h+f12*h*h/2.,y2+f13*h)
y1=y1+y2*h+(f11+f12+f13)*h*h/6.0
y2=y2+(f11+2.0*f12+2.0*f13+f14)*h/6.0
return
end
```

Fortran 程序 ex66. f 运行后得到的结果存入 out66. dat 文件，内容如下：

```
      x         y11        y12        y21        y22
   0.0000     1.0000     0.0000     0.0000     1.0000
   0.1000     1.0005     0.0150     0.0998     0.9953
   0.2000     1.0040     0.0594     0.1988     0.9828
   0.3000     1.0133     0.1322     0.2962     0.9648
   0.4000     1.0313     0.2316     0.3917     0.9435
   0.5000     1.0605     0.3555     0.4849     0.9214
   0.6000     1.1031     0.5013     0.5760     0.9006
   0.7000     1.1614     0.6669     0.6651     0.8831
   0.8000     1.2371     0.8499     0.7528     0.8706
   0.9000     1.3319     1.0482     0.8395     0.8646
   1.0000     1.4472     1.2604     0.9259     0.8664

the results is
        i          x              y
        1      0.100000      0.844450
        2      0.200000      0.693250
        3      0.300000      0.550346
        4      0.400000      0.419173
        5      0.500000      0.302600
        6      0.600000      0.202915
        7      0.700000      0.121841
        8      0.800000      0.060574
        9      0.900000      0.019846
       10      1.000000      0.000000
```

Matlab 环境中，可直接调用四阶龙格—库塔方法的内置函数 ode45 求解，还可利用符号解 dsolve 内置函数调用获得常微分方程的数值解，因此，Matlab 程序 ex66. m 中有根据流程图 6 - 13 编制的程序语句（方法 1）、调用 ode45 内置函数（方法 2）以及采用符号解法（方法 3）得到数值解，其程序列表如下：

```
% ex66.m   %例6.6
function ex66()
x0=0; xn=1.0; y0=1; yn=0; h=0.1; n=(xn-x0)/h;
xy=zeros(n+1,1); y10=y0;y1n=0; y20=0; y2n=1;   定解条件  y1 and y2
%方法1 rungekutta calculation
fxy1=@(x,y1,y2) 2*x+x*y1-x*y2; fxy2=@(x,y1,y2) x*y1-x*y2;
xy1=rungekutta(fxy1,x0,xn,h,[y10,y1n]);
xy2=rungekutta(fxy2,x0,xn,h,[y20,y2n]);
xy(n+1)=yn; Cxy=(xy(n+1)-xy1(n+1,2))/xy2(n+1,2);
xy=xy1(:,2)+Cxy*xy2(:,2);          %通解
%方法2 ode45 calculation
f1=@(x,y1) [0,1;x,-x]*y1+[0;2*x]; f2=@(x,y2) [0,1;x,-x]*y2;
x=x0:h:xn; y=zeros(n+1,1);
[x,y1]=ode45(f1,x,[y10,y1n]);
[x,y2]=ode45(f2,x,[y20,y2n]);
y(n+1)=yn; C=(y(n+1)-y1(n+1,1))/y2(n+1,1);
y=y1(:,1)+C*y2(:,1);               %通解
%方法3 dsolve calculation
ys=dsolve('D2y+x*Dy-x*y=2*x','y(0)=1,y(1)=0','x');
ysv=double(subs(real(ys),'x',x));
% showing allthe results by data
table((0:n)',x,xy,y,ysv,'variablenames',{'i','x','y_rgk','y_ode','ys'})
%showing the results by figure for Rungekutta-calculate
subplot(1,2,1); plot(x,xy,'ob',x,xy1(:,2),'-.>k',x,xy2(:,2),'-.<k')
hold on; plot(x,ysv,'-r'); axis([0,1,0,1.5]);
title('rungekutta-calculate','fontsize',13)
```

```
legend(['y=y1' num2str(Cxy,2) 'y2'],'y1','y2','ydsolve','location','NW');
xlabel 'x'; ylabel 'y'; set(gca,'fontsize',15,'fontweight','bold')
%showing the results by figure for ode45-calculate
subplot(1,2,2); plot(x,y,'o-b',x,y1(:,1),'-.>k',x,y2(:,1),'-.<k')
hold on; plot(x,ysv,'-r'); axis([0,1,0,1.5]);
title('ode45-calculate','fontsize',13)
legend(['y=y1' num2str(C,2) 'y2'],'y1','y2','ydsolve','location','NW');
xlabel 'x'; ylabel 'y'; set(gca,'fontsize',15,'fontweight','bold')

%runge-kutta method to solve example6.6- from ex66.f
function xy=rungekutta(f,x0,xf,h,f0)
x=x0;y1=f0(1); y2=f0(2); xy=[]; xy=[xy; x, y1, y2];
while x < xf-h
      fl1=f(x,y1,y2);
      fl2=f(x+h/2.0,y1+y2*h/2.0,y2+fl1*h/2.0);
      fl3=f(x+h/2.0,y1+y2*h/2.0+fl1*h*h/4.,y2+fl2*h/2.0);
      fl4=f(x+h,y1+y2*h+fl2*h*h/2.,y2+fl3*h);
      y1=y1+y2*h+(fl1+fl2+fl3)*h*h/6.0;
      y2=y2+(fl1+2.0*fl2+2.0*fl3+fl4)*h/6.0;
      x=x+h; xy=[xy; x, y1, y2];
end
```

程序 ex66. m 运行后得到数值解，其数值结果和结果图 6－14 如下：

```
>> ex66
ans =
     i      x       y_rgk       y_ode        ys
    ___    ___    _________   _________   _________
     0      0           1           1           1
     1     0.1    0.84445     0.84445     0.84445
     2     0.2    0.69325     0.69325     0.69325
     3     0.3    0.55035     0.55035     0.55035
     4     0.4    0.41917     0.41917     0.41917
     5     0.5     0.3026      0.3026      0.3026
     6     0.6    0.20292     0.20292     0.20292
     7     0.7    0.12184     0.12184     0.12184
     8     0.8   0.060574    0.060574    0.060574
     9     0.9   0.019846    0.019846    0.019846
    10      1           0           0           0
```

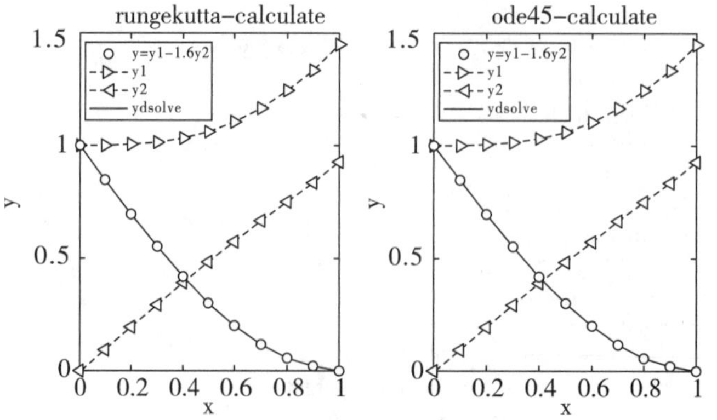

图 6－14　例 6. 6 结果图

（4）结果分析：从数值结果可以看出，化边值问题为初值问题的龙格—库塔方法的

Fortran 程序 ex66. f 与 Matlab 程序 ex66. m 得到相同的数值解（保留五位有效数字）；它们与 Matlab 程序 ex66. m 中调用内置函数 ode45 以及符号解 dsolve 得到的数值结果在误差 0. 000001 范围内一致，这些结果如图 6 – 14 所示。

6.4.2 边值问题的差分解法

对于边值问题（6 – 19），将求解区间 $[a,b]$ 划分为 n 等份，步长为 $h=\frac{(b-a)}{n}$，节点 $x_i=a+ih$（$i=0$，1，2，…，n），记 $p(x_i)=p_i$，$q(x_i)=q_i$，$f(x_i)=f_i$，常微分方程中的一阶、二阶导数采用数值微分公式（5 – 22）和（5 – 23），有：

$$y'_i=\frac{y_{i+1}-y_{i-1}}{2h},\qquad y''_i=\frac{y_{i+1}-2y_i+y_{i-1}}{h^2},$$

则边值问题（6 – 19）中的二阶线性常微分方程变为差分点的线性方程组：

$$\frac{y_{i+1}-2y_i+y_{i-1}}{h^2}+p_i\left(\frac{y_{i+1}-y_{i-1}}{2h}\right)+q_iy_i=f_i,\quad i=1,2,\cdots,n-1$$

化简为：

$$(2+hp_i)\,y_{i+1}+(2h^2q_i-4)\,y_i+(2-hp_i)\,y_{i-1}=2h^2f_i,\quad i=1,2,\cdots,n-1$$

将边值条件 $y(x_0)=y(a)=\alpha$，$y(x_n)=y(b)=\beta$ 代入上式，有：

$$\begin{cases}(2h^2q_1-4)\,y_1+(2+hp_1)y_2=2h^2f_1-(2-hp_1)\alpha\\(2-hp_2)y_1+(2h^2q_2-4)y_2+(2+hp_2)y_3=2h^2f_2\\\vdots\\(2-hp_{n-2})y_{n-3}+(2h^2q_{n-2}-4)y_{n-2}+(2+hp_{n-2})y_{n-1}=2h^2f_{n-2}\\(2-hp_{n-1})y_{n-2}+(2h^2q_{n-1}-4)y_{n-1}=2h^2f_{n-1}-(2+hp_{n-1})\beta\end{cases}\tag{6-23}$$

写成矩阵形式：

$$\begin{bmatrix}2h^2q_1-4 & 2+hp_1 & & & & \\ 2-hp_2 & 2h^2q_2-4 & 2+hp_2 & & & \\ & 2-hp_3 & 2h^2q_3-4 & \cdots & & \\ & & \cdots & \cdots & 2+hp_{n-3} & \\ & & & 2-hp_{n-2} & 2h^2q_{n-2}-4 & 2+hp_{n-2}\\ & & & & 2-hp_{n-1} & 2h^2q_{n-1}-4\end{bmatrix}\begin{bmatrix}y_1\\y_2\\y_3\\\vdots\\y_{n-2}\\y_{n-1}\end{bmatrix}$$

$$=\begin{bmatrix}2h^2f_1-(2-hp_1)\alpha\\2h^2f_2\\2h^2f_3\\\vdots\\2h^2f_{n-2}\\2h^2f_{n-1}-(2+hp_{n-1})\beta\end{bmatrix}\tag{6-24}$$

它是一个 $n-1$ 阶的线性方程组，系数矩阵为三对角带状矩阵，其数值解可用第 3 章的追赶法式（3 – 12）至式（3 – 13）得到。

例 6.7 试用差分法求解边值问题：

$$\begin{cases} y''(x)+xy'(x)-xy(x)=2x \\ y(0)=1,\ y(1)=0 \end{cases}$$

取步长 $h=0.1$，自变量 x 取值从 0.1 到 0.9。

解：（1）问题分析：该边值问题需求解的二阶常微分方程为 $y''(x)+xy'(x)-xy(x)=2x$，自变量为 x，$p(x)=x$，$q(x)=-x$，$f(x)=2x$，初始条件为 $y_0=y(0)=1$，$y_n=y(1)=0$，步长取 $h=0.1$，求解区域等间距个数 $n=(x_n-x_0)/h=10$，需要求从 $x=0.1$ 到 0.9 的 $n-1$ 个节点上函数 y 的数值解。

该边值问题的差分线性方程组矩阵形式可由式（6－24）表示，即

$$\begin{bmatrix} 2h^2q_1-4 & 2+hp_1 & & & & \\ 2-hp_2 & 2h^2q_2-4 & 2+hp_2 & & & \\ & 2-hp_3 & 2h^2q_3-4 & \cdots & & \\ & & \cdots & \cdots & 2+hp_{n-3} & \\ & & & 2-hp_{n-2} & 2h^2q_{n-2}-4 & 2+hp_{n-2} \\ & & & & 2-hp_{n-1} & 2h^2q_{n-1}-4 \end{bmatrix}\begin{bmatrix} y_1 \\ y_2 \\ y_3 \\ \vdots \\ y_{n-2} \\ y_{n-1} \end{bmatrix}$$

$$=\begin{bmatrix} 2h^2f_1-(2-hp_1)\alpha \\ 2h^2f_2 \\ 2h^2f_3 \\ \vdots \\ 2h^2f_{n-2} \\ 2h^2f_{n-1}-(2+hp_{n-1})\beta \end{bmatrix}$$

系数矩阵元素有：

下对角线元素为：$a_i=2-hx_i$，$i=2,3,\cdots,n-1$

主对角线元素为：$d_i=2h^2(-x_i)-4$，$i=1,2,3,\cdots,n-1$

上对角线元素为：$c_i=2+hx_i$，$i=1,2,3,\cdots,n-2$

方程组常数项向量元素为：$b_1=2h^2(2x_1)-(2-hx_1)y_0$

$$b_i=2h^2(2x_i),\ i=2,3,\cdots,n-2$$

$$b_{n-1}=2h^2(2x_{n-1})-(2+hx_{n-1})\ y_n$$

该边值问题的差分线性方程组的求解可采用第 3 章线性方程组求解的追赶法，该方法的表达式如下：

$$\alpha_1=\frac{c_1}{d_1},\quad \beta_1=\frac{b_1}{d_1}$$

$$\alpha_i=\frac{c_i}{d_i-\alpha_{i-1}a_{i-1}},\ i=2,3,\cdots,n-1$$

$$\beta_i=\frac{b_i-\beta_{i-1}a_{i-1}}{d_i-\alpha_{i-1}a_{i-1}},\ i=2,3,\cdots,n$$

$$x_n=\beta_n,\ x_i=\beta_i-\alpha_i x_{i+1},\ i=n-1,n-2,\cdots,2,1$$

（2）计算流程：根据差分线性方程组的矩阵元素表达式，构造计算流程图 6－15，其中 ai 为 y_0，bf 为 y_n，线性方程组的数值解调用了追赶法子程序 trid，见第 3 章线性方程组追赶法数值解的相关介绍。

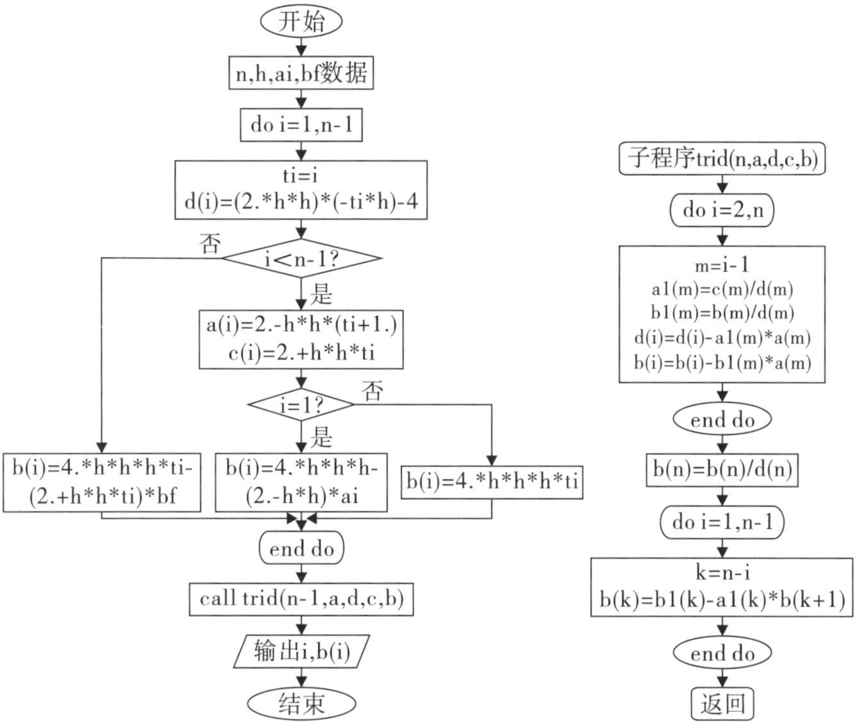

图 6－15　边值问题差分解法计算流程图

（3）程序编制及运行：根据图 6－15 的计算流程编制 Fortran 程序 ex67. f，列表如下：

```
c       to solve two orders boundary -valued problem's by finite difference method ex67.f
c       main program
        dimension a(9),d(9),c(9),b(9)
        data n,h,ai,bf/10,0.1,1.0,0.0/

        iw=10
        open(unit=iw,file='out67.dat',status='unknown',form='formatted')
        write(iw,"(('n-1,h,ai,bf=',i2,3f8.4))") n-1,h,ai,bf
        do i=1,n-1
          ti=i
          d(i)=(2.*h*h)*(-ti*h)-4.
          if(i.lt.n-1) then
            a(i)=2.-h*h*(ti+1.)
            c(i)=2.+h*h*ti
            if(i.eq.1) then
              b(i)=4.*h*h*h-(2.-h*h)*ai
            else
              b(i)=4.*h*h*h*ti
            end if
          else
            b(i)=4.*h*h*h*ti-(2.+h*h*ti)*bf
          end if
        end do
        call trid (n-1,a,d,c,b)
        write(iw,"('the results is'/7x,'i',9x,'x',10x,'y')")
        write(iw,"(3x,I5,2x,f10.6,4x,'y('i2,')=',f8.6)") 0,0,0,ai
        write(iw,"(10(3x,I5,2x,f10.6,4x,'y('i2,')=',f8.6,/))")
     1              (i,i*h,i,b(i),i=1,n-1),n,n*h,n,bf
```

```
      write(*,*) 'the end'
      close(iw)
      stop
      end

C     subprogram to find the solution of band typematrix
      subroutine trid(n,a,d,c,b)
      dimension a(n),d(n),c(n),b(n),a1(n),b1(n)
      do i=2,n
         m=i-1
         a1(m)=c(m)/d(m)
         b1(m)=b(m)/d(m)
         d(i)=d(i)-a1(m)*a(m)
         b(i)=b(i)-b1(m)*a(m)
      end do
      b(n)=b(n)/d(n)
      do i=1,n-1
         k=n-i
         b(k)=b1(k)-a1(k)*b(k+1)
      end do
      return
      end
```

Fortran 程序 ex67. f 运行后得到的结果存入 out67. dat 文件，内容如下：

```
n-1,h,ai,bf= 9   0.1000   1.0000   0.0000
the results is
       i        x            y
       0    0.000000    y( 0)=1.000000
       1    0.100000    y( 1)=0.844320
       2    0.200000    y( 2)=0.693020
       3    0.300000    y( 3)=0.550049
       4    0.400000    y( 4)=0.418840
       5    0.500000    y( 5)=0.302263
       6    0.600000    y( 6)=0.202602
       7    0.700000    y( 7)=0.121578
       8    0.800000    y( 8)=0.060383
       9    0.900000    y( 9)=0.019744
      10    1.000000    y(10)=0.000000
```

Matlab 环境中，根据图 6－15 的计算流程，构造系数矩阵和常数项矩阵，编制计算程序 ex67. m。Matlab 中也可采用稀疏矩阵技术，构建系数矩阵，再直接利用矩阵除法获得数值解；同时还可调用符号解 dsolve。程序 ex67. m 中包含以上三种方法的计算，具体程序语句如下：

```
%ex67.m   the solve of d(dy/dx)/dx+x*dy/dx-x*y=2*x
x0=0; xn=1; h=0.1; n=(xn-x0)/h; n=n-1; ai=1; bf=0;
%解法1 using trid(n,a,d,c,b) method
a=zeros(1,n); b=zeros(1,n); c=zeros(1,n); d=zeros(1,n);
a(1:n-1)=2-h*h*((1:n-1)+1); c(1:n-1)=2+h*h*(1:n-1);          %下、上对角矩阵元素
d(1:n)=(2*h*h)*(-(1:n)*h)-4;                                  %主对角矩阵元素
b(1)=4*h*h*h-(2-h*h)*ai; b(2:n-1)=4*h*h*h*(2:n-1);           %常数项
b(n)=4*h*h*h*n-(2+h*h*n)*bf;
a1=zeros(1,n);   b1=zeros(1,n);
for i=2:n
      m=i-1; a1(m)=c(m)/d(m); b1(m)=b(m)/d(m);
      d(i)=d(i)-a1(m)*a(m); b(i)=b(i)-b1(m)*a(m);
end
b(n)=b(n)/d(n);
```

```
for i=1:n-1; k=n-i; b(k)=b1(k)-a1(k)*b(k+1); end
yt=[ai;b';bf];
%解法2 using sparese technology
Ad=sparse(1:n,1:n,2*h*h*(-(1:n)*h)-4,n,n);   %主对角矩阵元素
Ad1=sparse(1:n-1,2:n,2+h*h*(1:n-1),n,n);     %上对角矩阵元素
Ad2=sparse(2:n,1:n-1,2-h*h*(2:n),n,n);       %下对角矩阵元素
A=Ad+Ad1+Ad2;                                %系数矩阵
B(1)=4*h*h*h-(2-h*h)*ai;
B(2:8)=4*h*h*h*(2:8);
B(n)=4*h*h*h*n-(2+h*h*n)*bf;                 %常数向量
y=A\B'; y=[ai;y;bf];
%解法3 dsolve
ys=dsolve('D2y+x*Dy-x*y=2*x','y(0)=1,y(1)=0','x');
x=[x0:h:xn]'; ysv=double(subs(real(ys),'x',x));
%showing the results by data
i=[1:n+2]';results=table(i,x,yt,y,ysv)   %or results=[i,x,yt,y,ysv]
%showing the results by figure
subplot(1,2,1); plot(x,yt,'or',x,ysv,'-k')   %trid solve
legend('numeric','dsolve');title('trid solve');
xlabel 'x'; ylabel 'y'; set(gca,'fontsize',15);
subplot(1,2,2); plot(x,y,'ob',x,ysv,'-k')   %sparese matrix solve
legend('numeric','dsolve');title('sparese matrix solve');
xlabel 'x'; ylabel 'y'; set(gca,'fontsize',15);
```

Matlab 程序 ex67. m 运行后得到的数值结果和结果图 6－16 如下：

```
>> ex67
results =
      i      x        yt          y          ysv
     __    ___    ________    ________    ________
      1      0           1           1           1
      2    0.1     0.84432     0.84432     0.84445
      3    0.2     0.69302     0.69302     0.69325
      4    0.3     0.55005     0.55005     0.55035
      5    0.4     0.41884     0.41884     0.41917
      6    0.5     0.30226     0.30226      0.3026
      7    0.6      0.2026      0.2026     0.20292
      8    0.7     0.12158     0.12158     0.12184
      9    0.8    0.060383    0.060383    0.060574
     10    0.9    0.019744    0.019744    0.019846
     11      1           0           0           0
```

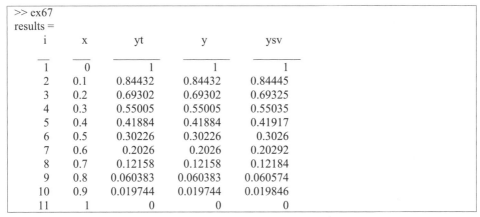

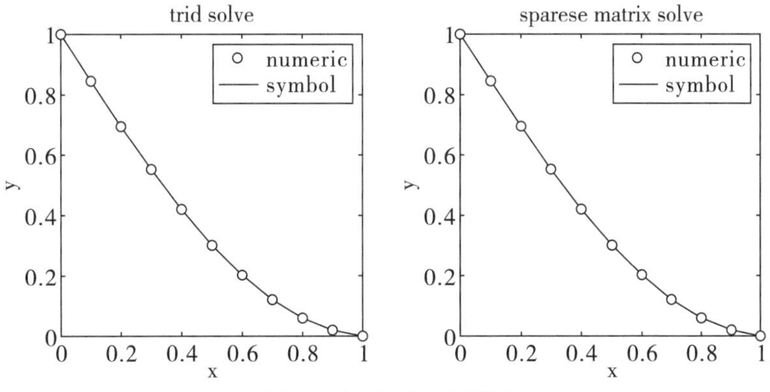

图 6－16　例 6. 7 结果图

（4）结果分析：从数据结果可以看出，边值问题差分解法 Fortran 程序 ex67. f 与 Matlab 程序 ex67. m 中的追赶法、稀疏矩阵除法以及符号解 dsolve 调用得到的数值解一致（保留三位有效数字）。比较例 6.7 和例 6.6 的数值结果可以看出，边值问题的差分解法得到的数值解与化边值问题为初值问题解法得到的数值解在第四位有效数字上存在不同，这是因计算方法的不同造成的误差。由于采用了差分方法，此处例 6.7 的结果误差较大，引起较大误差的原因是以差商替代一阶导数时，只有一阶精度，而例 6.6 的结果采用的是四阶龙格—库塔方法，具有四阶精度。

习　题

6.1　试用数值计算方法，分别通过 Fortran 和 Matlab 程序实现一阶常微分方程组

$$\begin{cases}\dfrac{dy}{dx}=xy+z,\ y(0)=-1\\ \dfrac{dz}{dx}=zy+x,\ z(0)=1\end{cases}$$

在 $x=0.2$ 处的数值解。

6.2　如下图所示，由弹簧连接的一个质量为 m 的物体在不光滑平面上运动的方程为 $\dfrac{md^2x}{dt^2}+kx\pm\mu mg=0$，式中 $m=4.5$ kg，弹性模量 $k=175$ N/m，摩擦系数 $\mu=0.03$。已知该常微分方程的初始条件：$x\big|_{t=0}=7.5$ cm，$\dfrac{dx}{dt}\Big|_{t=0}=0$ m/s，试用四阶龙格—库塔方法和阿达姆斯方法求物体 m 的运动规律，画出其位移、速度及加速度与时间的关系曲线，并比较两种计算方法所用的时间。

6.3　如下图所示的 RLC 电磁振荡电路，当开关 K 闭合后，直流电源 E 向电容充电，此时电容器两极间电压 u_c 满足式（1）所示的常微分方程和初始条件；如果不接电源（即 $E=0$），设电容器已充满电，则当开关 K 闭合后，电容器放电，这时电容器两极间电压 u_c 满足式（2）所示的常微分方程和初始条件：

$$\begin{cases}LC\dfrac{d^2u_c}{dt^2}+RC\dfrac{du_c}{dt}+u_c=E\\ u_c\Big|_{t=0}=0,\quad \dfrac{du_c}{dt}\Big|_{t=0}=0\end{cases}\ (1),\qquad \begin{cases}LC\dfrac{d^2u_c}{dt^2}+RC\dfrac{du_c}{dt}+u_c=0\\ u_c\Big|_{t=0}=E,\quad \dfrac{du_c}{dt}\Big|_{t=0}=0\end{cases}\ (2)$$

若 $L=0.1$ H，$C=0.05$ μF，$R=5000$ Ω，$E=22.5$ V，试选用适当的数值方法，求 u_c 随时间 t 变化的规律 $u_c(t)$。

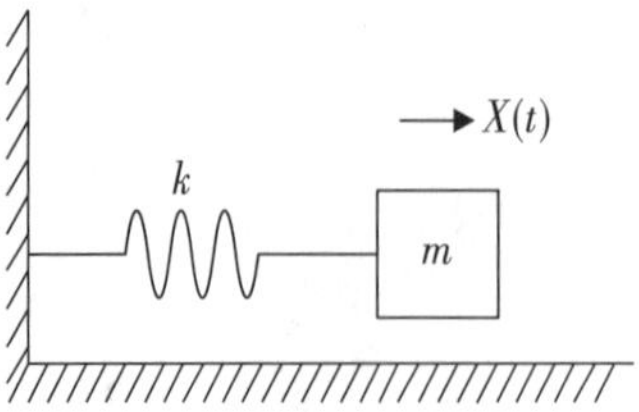

习题 6.2 图

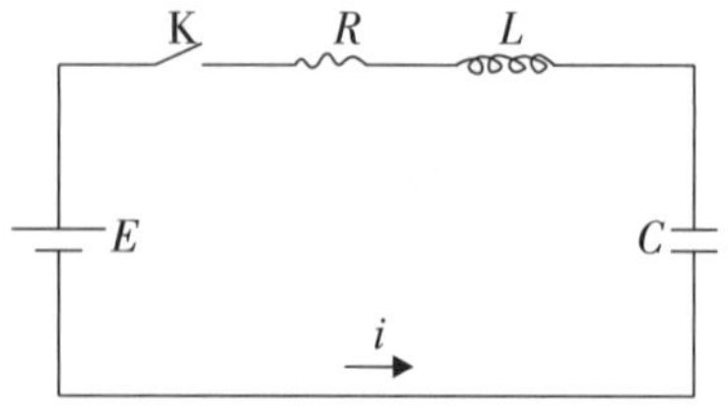

习题 6.3 图

7 偏微分方程的数值解法

在工程技术和科学研究中，存在大量的偏微分方程定解问题需要求解，而偏微分方程和常微分方程一样，只在一些特殊条件下定解问题才有解析解，因此，必须借助于数值计算方法或近似方法给出偏微分方程定解问题的数值解或近似解。本章基于偏微分方程求解区域等间距离散化，介绍偏微分方程的数值解法。

7.1 偏微分方程的离散化

7.1.1 偏微分方程的分类

考虑含两个自变量的二阶偏微分方程，按其数学形式分为三大类型：椭圆型、抛物型和双曲型；按研究的物理问题的形式分为：拉普拉斯方程及泊松方程、热传导方程或扩散方程、波动方程等。

二阶线性偏微分方程一般形式为：

$$A(x,y)\frac{\partial^2 u}{\partial x^2}+B(x,y)\frac{\partial^2 u}{\partial x\partial y}+C(x,y)\frac{\partial^2 u}{\partial y^2}+$$
$$D(x,y)\frac{\partial u}{\partial x}+E(x,y)\frac{\partial u}{\partial y}+F(x,y)u=G(x,y) \tag{7-1}$$

根据系数 A、B、C 之间的关系，有：

当 $B^2-4AC<0$ 时，得到椭圆型偏微分方程。特别地，当 A 和 C 均为 1，B、D、E、F 和 G 为零，得到描述自由空间势场的基本方程，即拉普拉斯方程：

$$\frac{\partial^2 u}{\partial x^2}+\frac{\partial^2 u}{\partial y^2}=0$$

当 A 和 C 均为 1，B、D、E、F 为零，$G(x, y)=f(x, y)$，得到描述带电空间的静电场或物质之间的引力场的基本方程，即泊松方程：

$$\frac{\partial^2 u}{\partial x^2}+\frac{\partial^2 u}{\partial y^2}=f(x, y)$$

当 $B^2-4AC=0$ 时，得到抛物型偏微分方程。特别地，当 A 为 α，B、C、D、F 和 G 为零，E 为 -1，得到一维瞬态扩散方程或热传导方程：

$$\alpha\frac{\partial^2 u}{\partial x^2}=\frac{\partial u}{\partial t}$$

它是描述热传导中的一维瞬态响应或微粒（或流体）的一维流动或扩散的基本方程。

当 $B^2-4AC>0$ 时，得到双曲型偏微分方程。特别地，当 A 为 1，C、D、E、F 和 G 为零，B 为 $-\alpha^2$，得到一维波动方程：

$$\frac{\partial^2 u}{\partial x^2}=\alpha^2\frac{\partial^2 u}{\partial t^2}$$

它在力学和电磁学中应用广泛，可描述随时间变化的各种波动，如细弦（或薄膜）的一维振动、流体中波的一维传播等。

本章针对以上典型的偏微分方程，介绍采用差分法获得数值解的偏微分方程数值解法。

7.1.2 偏导数的差分表示

对于有界区域 Ω 及其边界 Γ，取点(x_0,y_0)为坐标原点建立直角坐标系 Oxy，将该区域在 x 方向上以 Δx 等间距划分，构成一组平行线，在 y 方向上以 Δy 等间距划分，构成另一组平行线，两组平行线的交点称为网格节点，该有界区域被这两组平行线所构成的矩形网格覆盖，如图 7－1 所示。网格节点可分为内部节点和边界节点两类：若属于该有界区域 Ω 的一个节点的最近邻四个节点都在该区域内或其边界 Γ 上，则称此节点为内部节点（或内节点）；若一个节点的最近邻四个节点中至少有一个不属于区域 Ω 内或其边界 Γ，则称此节点为边界节点（或外节点）。在节点(x_i,y_j)上函数 u 的值可表示为 $u(x_i,\ y_j)=u_{i,j}$，则函数 u 在该有界区域的值可离散化并由节点上的函数值表示。

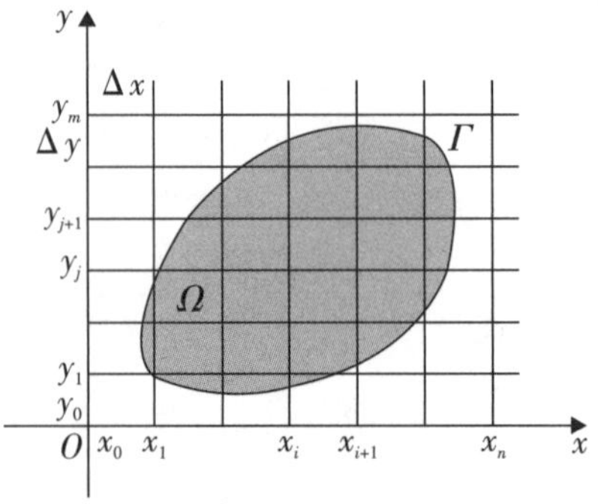

图 7－1 有限区域的等间距划分

二元函数 u 在节点（$x_i+\Delta x,y_j+\Delta y$）的函数值为 $u(x_i+\Delta x,y_j+\Delta y)$，它在节点（$x_i$，$y_j$）的泰勒展开式为：

$$u(x_i+\Delta x,y_j+\Delta y)=u(x_i,y_j)+\left(\Delta x\left.\frac{\partial u}{\partial x}\right|_{x_i,y_j}+\Delta y\left.\frac{\partial u}{\partial y}\right|_{x_i,y_j}\right)+\frac{1}{2!}\left(\Delta x^2\left.\frac{\partial^2 u}{\partial x^2}\right|_{x_i,y_j}+2\Delta x\Delta y\left.\frac{\partial^2 u}{\partial x\partial y}\right|_{x_i,y_j}+\Delta y^2\left.\frac{\partial^2 u}{\partial y^2}\right|_{x_i,y_j}\right)+\cdots$$

分别令 $\Delta y=0$ 和 $\Delta x=0$，作一阶近似［截断误差 $O(\Delta x,\Delta y)$］，得到函数 u 的一阶偏导数向前差分表达式：

$$\left.\frac{\partial u}{\partial x}\right|_{x_i,y_i}=\left(\frac{\partial u(x,y)}{\partial x}\right)_{(i,j)}=\frac{u(x_i+\Delta x,y_j)-u(x_i,y_j)}{\Delta x}=\frac{u_{i+1,j}-u_{i,j}}{\Delta x}$$

$$\left.\frac{\partial u}{\partial y}\right|_{x_i,y_i}=\left(\frac{\partial u(x,y)}{\partial y}\right)_{(i,j)}=\frac{u(x_i,y_j+\Delta y)-u(x_i,y_j)}{\Delta y}=\frac{u_{i,j+1}-u_{i,j}}{\Delta y}\tag{7－2}$$

同理，将 $u(x_i-\Delta x,y_j-\Delta y)$在节点$(x_i,y_j)$上泰勒展开，得到函数 u 的一阶偏导数向后差分表达式：

$$\left.\frac{\partial u}{\partial x}\right|_{x_i,y_i}=\left(\frac{\partial u(x,y)}{\partial x}\right)_{(i,j)}=\frac{u_{i,j}-u_{i-1,j}}{\Delta x}$$

$$\left.\frac{\partial u}{\partial y}\right|_{x_i,y_i}=\left(\frac{\partial u(x,y)}{\partial y}\right)_{(i,j)}=\frac{u_{i,j}-u_{i,j-1}}{\Delta y}\tag{7－3}$$

进一步地，由一阶偏导数的向前差分和向后差分的应用，得到函数 u 的二阶偏导数的中心差分表达式的截断误差为 $O(\Delta x^2,\Delta y^2)$：

$$\left.\frac{\partial^2 u}{\partial x^2}\right|_{x_i,y_i}=\left(\frac{\partial^2 u(x,y)}{\partial x^2}\right)_{(i,j)}=\frac{u_{i+1,j}-2u_{i,j}+u_{i-1,j}}{\Delta x^2}$$
$$\left.\frac{\partial^2 u}{\partial y^2}\right|_{x_i,y_i}=\left(\frac{\partial^2 u(x,y)}{\partial y^2}\right)_{(i,j)}=\frac{u_{i,j+1}-2u_{i,j}+u_{i,j-1}}{\Delta y^2} \quad (7-4)$$

按照以上一阶、二阶偏导数差分格式（7-2）至式（7-4）[这些等式类似于数值积分与微分中的二点和三点数值微分公式（5-22）至式（5-24）]，可将偏微分方程化为有限差分方程，数值求解差分方程，从而得到偏微分方程定解问题的数值解。

偏微分方程数值解的有限差分方法是从偏微分方程出发，利用离散点上函数值的差商逼近方程中的偏导数。有限差分方法的具体步骤：①将求解区域由等间距离散化节点连成的网格覆盖，这些网格均匀排列，网格间距选取由求解问题和它的边界条件确定；②将偏微分方程转化为有限个差分方程，对每个网格节点写出差分方程，求解区域上的所有节点的差分方程构成的线性方程组；③用数值方法求解线性方程组，得到网格节点上的函数值，由此逼近偏微分方程在求解区域上的数值解。

偏微分方程离散化数值求解方法，除了上面介绍的等间距离散的有限差分方法，还有有限元离散化方法和谱（离散）方法，因此，偏微分方程的数值解法主要有三种：有限差分法、有限元法以及谱方法。本章只介绍基于等间距离散化求解区域的偏微分方程数值解法的有限差分方法。

7.2 拉普拉斯方程的差分解法

假定在(x,y)平面的有界区域Ω内讨论数值求解拉普拉斯（Laplace）方程：

$$\frac{\partial^2 u}{\partial x^2}+\frac{\partial^2 u}{\partial y^2}=0, \qquad (x,y)\in\Omega \quad (7-5)$$

其中Γ是区域Ω的边界。该偏微分方程的定解条件（类似于常微分方程边值条件）有以下三类：

第一边值条件：$u|_{\Gamma}=U(x,y)$ (7-6)

第二边值条件：$\left.\frac{\partial u}{\partial n}\right|_{\Gamma}=U(x,y)$ (7-7)

第三边值条件：$\left.\left[\frac{\partial u}{\partial n}+\gamma(x,y)u\right]\right|_{\Gamma}=U(x,y)$ (7-8)

此处，$U(x,y)$，$\gamma(x,y)$为边界曲线Γ上的已知函数，n表示边界曲线的外法线方向。

本节以拉普拉斯方程及其第一边值条件构成的边值问题为例，介绍拉普拉斯方程(7-5)数值求解，其定解区域Ω由$x=a$，$x=b$，$y=c$和$y=d$所包围，u的值在四条边界上已给定。

求解的具体过程为：首先，对求解区域Ω进行等间距网格划分，将区域x方向长度$b-a$划分为n等份，每份长度为$(b-a)/n$，将y方向长度$d-c$划分为m等份，每份长度为$(d-c)/m$，由此得到$(n-1)\times(m-1)$个内节点、$2n+2m$个外节点、划分的差分网格覆盖求解区域Ω，如图7-2所示。其次，记点(x_i,y_j)为(i,j)，该点上的函数值u为$u_{i,j}$，在每一个内部节点上建立根据方程（7-5）得到的差分格式，在每一个外节点上根据第一边界条件（7-6）得到方程或等式，由此得到含有$(n-1)\times(m-1)$个内节点上待求函数值$u_{i,j}$的$(n-1)\times(m-1)$个线性方程构成的方程组。最后，采用第3章介绍的方法，数值求解$(n-1)\times(m-1)$个未知数$u_{i,j}$的线性方程组，进而采用第2章介绍的插值方法，得到求解区域内拉普拉斯方程（7-5）的数值解。

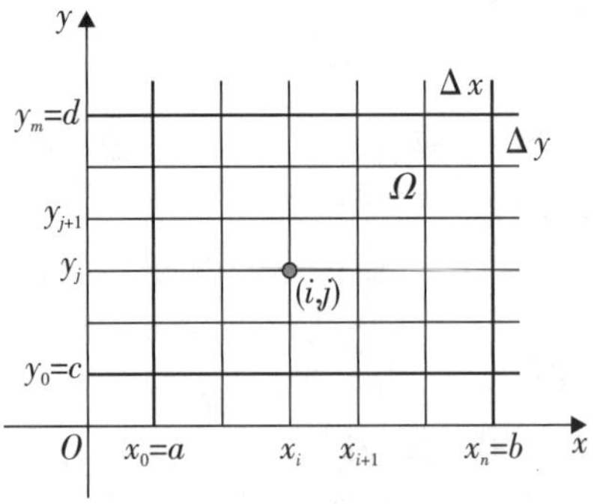

图7-2　求解区域等间距网格划分示意图

7.2.1　拉普拉斯方程的差分格式

在点(i,j)，函数对 x 和 y 的二阶偏导数都采用中心差分格式，将式（7-4）代入拉普拉斯方程（7-5），得到拉普拉斯方程的差分格式：

$$\frac{u_{i+1,j}-2u_{i,j}+u_{i-1,j}}{\Delta x^2}+\frac{u_{i,j+1}-2u_{i,j}+u_{i,j-1}}{\Delta y^2}=0$$

则有：

$$u_{i,j}=\frac{u_{i+1,j}+u_{i-1,j}+\frac{\Delta x^2}{\Delta y^2}(u_{i,j+1}+u_{i,j-1})}{2+2\frac{\Delta x^2}{\Delta y^2}},\quad \begin{matrix} i=1,\ 2,\ \cdots,\ n-1 \\ j=1,\ 2,\ \cdots,\ m-1 \end{matrix} \tag{7-9}$$

在区域 Ω 的每个内节点上都可以建立一个差分方程，有多少个内节点就有相同多个这样的方程。因此，方程（7-9）实际上是 $(n-1)\times(m-1)$ 个方程构成的线性方程组。

差分格式（7-9）是常用的五点格式，如图7-3所示，求内节点(i,j)的函数值时，需要用到与之相邻的四个节点的函数值，若边界节点上函数值未知，则方程（7-9）是未知数个数多于方程个数的线性方程组，需要对边界处理后才能得到该方程组的解。

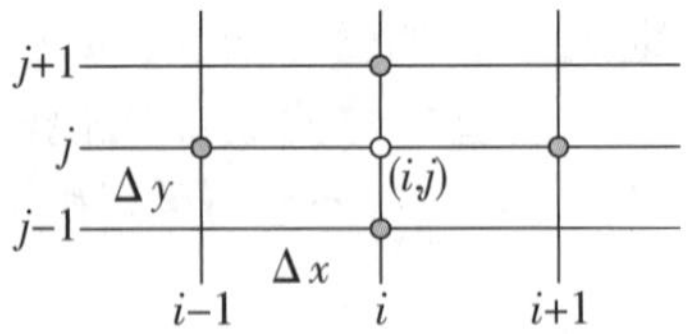

图7-3　五点格式

假定偏微分方程求解区域是矩形区域 $0<x<a$，$0<y<b$，取 $\Delta x=\Delta y=h$ 时，有拉普拉斯方程差分的五点格式：

$$u_{i,j}=\frac{1}{4}\left(u_{i+1,j}+u_{i-1,j}+u_{i,j+1}+u_{i,j-1}\right),\ i=1,\ 2,\ \cdots,\ n-1;\ j=1,\ 2,\ \cdots,\ m-1 \tag{7-10}$$

由于所讨论的区域是矩形区域，此时外节点完全落在边界上。根据给定的边界条件［第一边值条件式（7－6）]，在边界节点上有：

$$u_{i,j}=U(x_i,y_j),\quad \begin{array}{l} i=0,\ n;\ \ j=0,\ 1,\ \cdots,\ m \\ i=1,\ \cdots,\ n-1;\ \ j=0,\ m \end{array} \tag{7-11}$$

方程组（7－9）或（7－10）与（7－11）构成一个方程个数和节点个数 $(n+1)\times(m+1)$ 相同的线性方程组，该方程组可化为 $(n-1)\times(m-1)$ 个内节点上函数值 $u_{i,j}$ 为未知数的 $(n-1)\times(m-1)$ 个方程构成的待求解的线性方程组，可采用第3章介绍的线性方程组迭代解法求解。

利用泰勒展开式，可得到偏微分方程离散化后的误差估计。式（7－9）和式（7－10）的截断误差为 $O(\Delta x^2,\Delta y^2)$。

拉普拉斯方程差分的五点格式（7－9）收敛，需满足条件 $\frac{\Delta y^2}{\Delta x^2}\leqslant 1$。更多稳定性和收敛性的内容，请参阅计算数学的相关书籍。

7.2.2 特殊边界的处理

1．第一边值条件

如图7－4所示，区域边界是曲线边界时，第一边界条件式（7－6）不能直接应用，需通过线性插值得到紧邻边界的网格节点上的函数值与边界点上函数值的关系式。

例如，在邻近边界的节点 P 上的函数值，可通过区域内节点 A 和边界上的点 C 的函数值插值得到，也可通过区域内节点 B 和边界上的点 D 的函数值插值得到。

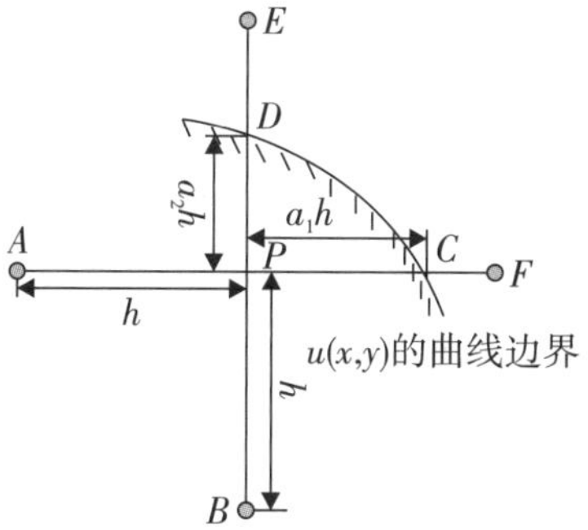

图7－4 曲线边界的第一边值条件

用 A、C 两点线性插值求 P 点的函数值，有：

$$u_P=u_A+(u_C-u_A)\left(\frac{h}{h+a_1h}\right)=\left(\frac{a_1}{1+a_1}\right)u_A+\left(\frac{1}{1+a_1}\right)u_C \tag{7-12 (a)}$$

同理，用 B、D 两点线性插值求 P 点的函数值，有：

$$u_P=\left(\frac{a_2}{1+a_2}\right)u_B+\left(\frac{1}{1+a_2}\right)u_D \tag{7-12 (b)}$$

2．第二边值条件

如图7－5所示，区域边界是曲线边界时，第二边界条件式（7－7）也不能直接应用，需通过近似方法得到紧邻边界网格节点上的函数值与边界点上函数值的关系式。

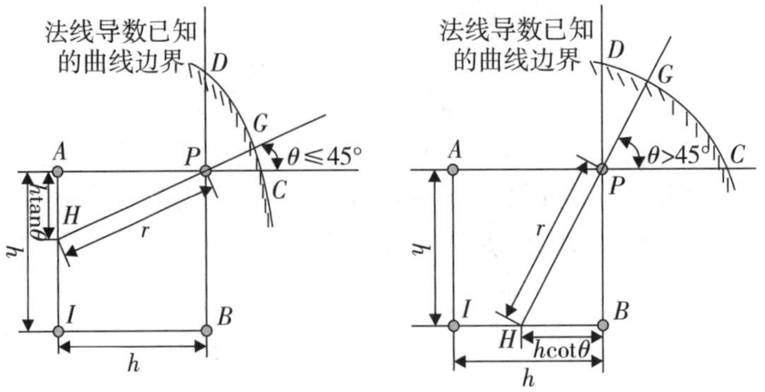

图 7－5　曲线边界的第二边值条件

当 $\theta \leqslant 45°$时，用区域内节点 A 与点 I 线性插值得到 H 点的函数值，再通过 G 点的法线方向导数得到 P 点的函数值关系式：

由于　$u_H = u_A + (u_I - u_A)\tan\theta$

$$\left.\frac{\partial u}{\partial n}\right|_G = \frac{u_P - u_H}{r} = \frac{u_P - u_H}{\dfrac{h}{\cos\theta}}$$

得到
$$u_P = \left.\frac{\partial u}{\partial n}\right|_G \left(\frac{h}{\cos\theta}\right) + u_A(1 - \tan\theta) + u_I\tan\theta \qquad (7-13\ (a))$$

当 $\theta > 45°$时，用区域内节点 B 与点 I 线性插值得到 H 点的函数值，再通过 G 点的法线方向导数得到 P 点的函数值关系式：

由于　$u_H = u_B + (u_I - u_B)\cot\theta$

$$\left.\frac{\partial u}{\partial n}\right|_G = \frac{u_P - u_H}{r} = \frac{u_P - u_H}{\dfrac{h}{\sin\theta}}$$

得到
$$u_P = \left.\frac{\partial u}{\partial n}\right|_G \left(\frac{h}{\sin\theta}\right) + u_B(1 - \cot\theta) + u_I\cot\theta \qquad (7-13\ (b))$$

3. 第三边值条件

区域边界是曲线边界时，第三边界条件式（7－8）不能直接应用，类似于第一、第二类边值条件处理方法，通过线性插值近似方法得到邻近边界网格节点的函数值与边值的关系式。

例 7.1　试计算图 7－6 所示平板的温度分布。已知图中左下、右下侧为绝热体，左侧绝缘区域由底部至 $IA=5$，右侧绝缘区域由底部至 $IB=8$；顶端及左上侧、右上侧维持恒定温度 $u_T=100$ ℃；底部维持恒定温度 $u_B=0$ ℃。覆盖平板的网格点共有 10 行 10 列。

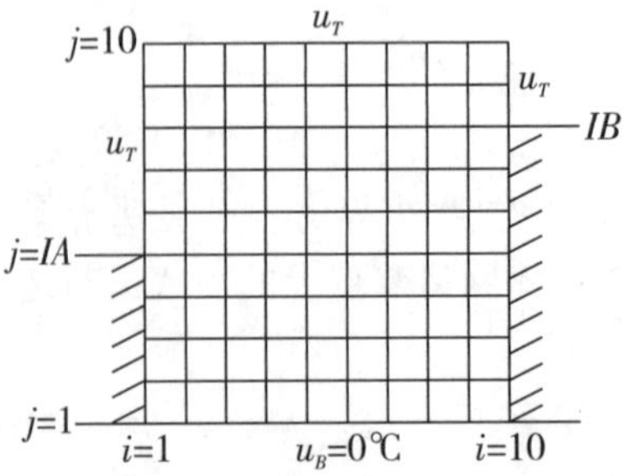

图 7－6　例 7.1 平板温度分布示意图

解：（1）问题分析：由平板边界温度确定该平板内温度终将达到热平衡，其温度分布满足拉普拉斯方程。如图7－6所示的边值条件中，已知 $IA=5$，$IB=8$，$u_T=100$ ℃，$u_B=0$ ℃，x 方向等间距节点数 $n=10$，网格节点标记为 i，y 方向等间距节点数 $m=10$，网格节点标记为 j，需求解 $(n-2)\times(m-2)$ 个内节点上的温度值 $u_{i,j}$。

（2）数学模型：根据图7－6所示平板网格分布，采用拉普拉斯方程差分的五点格式（7－10），有：

$$u_{i,j}=\frac{u_{i+1,j}+u_{i-1,j}+u_{i,j+1}+u_{i,j-1}}{4},\quad 1<i<n,\ 1<j<m \tag{7-14}$$

边界条件中左右侧绝缘各点的差分方程分别为：

$$u_{i,j}=\frac{u_{i,j+1}+2u_{i+1,j}+u_{i,j-1}}{4},\quad i=1,\ 1<j<IA$$

$$u_{i,j}=\frac{u_{i,j+1}+2u_{i-1,j}+u_{i,j-1}}{4},\quad i=n,\ 1<j<IB \tag{7-15}$$

恒定温度 u_T 的边界上各点满足：$u_{i,j}=u_T$，$\begin{cases}1\leqslant i\leqslant n,\ j=m\\ i=1,\ IA\leqslant j<m\\ i=n,\ IB\leqslant j<m\end{cases}$ （7－16）

恒定温度 u_B 的边界上各点满足：$u_{i,j}=u_B$，$1\leqslant i\leqslant n$，$j=1$ （7－17）

取 $\Delta x=\Delta y=1$，使稳定性条件 $\frac{\Delta y^2}{\Delta x^2}\leqslant 1$ 得到满足。

（3）计算流程：采用高斯—塞德尔迭代法，求解线性方程组（7－14）至式（7－17），平板上各点温度达到热平衡时终止迭代。根据差分的五点格式及其边界条件式（7－14）至式（7－17）编制计算流程，如图7－7所示，其中，N 为迭代次数，eps 为给定误差要求，k 为是否继续迭代的标记，utemp 为迭代过程中各节点的温度计算值。

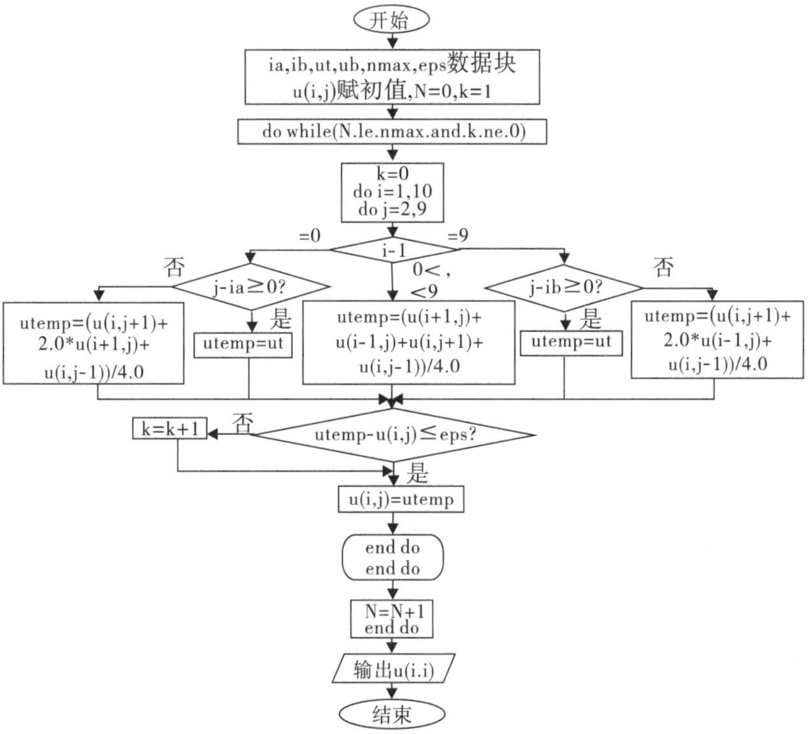

图7－7　差分的五点格式计算流程图

（4）程序编制及运行：根据计算流程图 7－7 编制 Fortran 计算程序 ex71. f，列表如下：

```
c     gauss-seidel method to solve laplace equations ex71.f
      dimension u(10,10)
      data ia,ib,ut,ub,nmax,eps/5,8,100.,0.0,1000,0.0001/

      iw=10
      open(unit=iw,file='out71.dat',status='unknown',form='formatted')
      do i=1,10
          do j=1,10
              if (j.eq.1)then
                  u(i,j)=ub
              else
                  if(j.eq.10) then
                      u(i,j)=ut
                  else
                      u(i,j)=0.0
                  end if
              end if
          end do
      end do

      n=0
      k=1
      do while(n.le.nmax.and.k.ne.0)
         k=0
         do i=1,10
          do j=2,9
            if((i-1).eq.0) then
                if((j-ia).ge.0) then
                    utemp=ut
                else
                    utemp=(u(i,j+1)+2.0*u(i+1,j)+u(i,j-1))/4.0
                end if
            else
                if((i-1).eq.9) then
                    if((j-ib).ge.0) then
                        utemp=ut
                    else
                        utemp=(u(i,j+1)+2.0*u(i-1,j)+u(i,j-1))/4.0
                    end if
                else
                    utemp=(u(i+1,j)+u(i-1,j)+u(i,j+1)+u(i,j-1))/4.0
                end if
            end if
            if(abs(utemp-u(i,j)).gt.eps) k=k+1
            u(i,j)=utemp
          end do
         end do
         n=n+1
      end do
      write(iw,"('show nmax=1000? kbalance=0?',' n=',i4,' k=',i4)") n,k
      write(iw,"(4x,10(I3,6x))") (i, i=1,10)
      do m=1,10
          write(iw,"(10f9.4)")(u(i,11-m), i=1,10)
      end do
      close(iw)
      stop
      end
```

程序 ex71. f 的运行结果存入 out71. dat 文件，内容如下：

```
show nmax=1000? kbalance=0? n= 132 k=     0

      1         2        3        4         5        6         7         8         9        10
 100.0000  100.0000 100.0000 100.0000  100.0000 100.0000 100.0000  100.0000 100.0000 100.0000
 100.0000  97.7087  95.7181  94.1851  93.1556  92.6497  92.7449  93.6688  95.9004 100.0000
 100.0000  95.1166  90.9788  87.8666  85.7878  84.6985  84.6609  86.0300  89.9329 100.0000
 100.0000  91.7790  85.2137  80.5149  77.4303  75.6957  75.1702  75.8576  77.8012  80.3360
 100.0000  86.7858  77.5822  71.5492  67.7230  65.4840  64.4665  64.4291  65.0782  65.7416
 100.0000  77.7821  66.7802  60.3767  56.4287  54.0510  52.7830  52.3142  52.3412  52.4740
  63.6319  57.5625  51.3800  46.7490  43.5643  41.5084  40.3003  39.7038  39.4984  39.4722
  39.4026  37.4562  34.4284  31.6749  29.5712  28.1183  27.2063  26.7025  26.4765  26.4183
  19.0663  18.4313  17.2027  15.9513  14.9275  14.1875  13.7043  13.4234  13.2869  13.2480
   0.0000   0.0000   0.0000   0.0000   0.0000   0.0000   0.0000   0.0000   0.0000   0.0000
```

根据计算流程图 7 -7 在 Matlab 环境中编制计算程序 ex71. m，列表如下：

```
%ex71.m   %例7.1

ia=5; ib=8; n=10; m=10; ut=100; ub=0; nmax=1000; eps=0.0001; u=zeros(n,m);
u(:,1)=ub; u(:,m)=ut; u(1,ia:m-1)=ut; u(n,ib:m-1)=ut; u1=u;
% pcolor(u1'); shading interp; colorbar;pause(0.5)
N=0; k=1;
while N<=nmax & k~=0
     k=0;
     u1(1,2:ia-1)=(u(1,3:ia)+2*u(2,2:ia-1)+u(1,1:ia-2))/4;
     u1(n,2:ib-1)=(u(n,3:ib)+2*u(n-1,2:ib-1)+u(n,1:ib-2))/4;
     u1(2:n-1,2:m-1)=(u(3:n,2:m-1)+u(1:n-2,2:m-1)+u(2:n-1,3:m)+u(2:n-1,1:m-2))/4;
     if norm(u1-u,inf)>eps
          k=k+1;
     end
     u=u1; N=N+1;
%        pcolor(u1'); shading interp; colorbar;pause(0.5)
end

%show the results by data
nk=[N,k]
u1=u'; u=flipud(u1)

%show the results by figures
subplot(1,2,1); [x,y]=meshgrid(1:m,1:n);
plot3(x,y,u1,'.-k'); hold on;   meshc(x,y,u1);
xlabel '\it i'; ylabel '\it j'; zlabel '\it u (^oC)';
set(gca,'fontsize',15,'fontweight','bold')
subplot(1,2,2); pcolor(u1); shading interp; colorbar
xlabel '\it i'; ylabel '\it j';
set(gca,'fontsize',15,'fontweight','bold')
```

Matlab 程序 ex71. m 运行后，得到的数值结果和结果图 7 -8 如下：

```
>> ex71
nk =
   284     0
u =
  100.0000  100.0000  100.0000  100.0000  100.0000  100.0000  100.0000  100.0000  100.0000  100.0000
  100.0000   97.7087   95.7182   94.1852   93.1558   92.6499   92.7450   93.6689   95.9005  100.0000
  100.0000   95.1167   90.9790   87.8669   85.7881   84.6988   84.6612   86.0303   89.9331  100.0000
  100.0000   91.7792   85.2140   80.5153   77.4308   75.6962   75.1706   75.8580   77.8015   80.3363
  100.0000   86.7860   77.5826   71.5497   67.7236   65.4846   64.4671   64.4296   65.0787   65.7420
  100.0000   77.7824   66.7807   60.3773   56.4293   54.0516   52.7836   52.3148   52.3418   52.4746
   63.6322   57.5629   51.3805   46.7495   43.5649   41.5091   40.3010   39.7044   39.4990   39.4728
   39.4029   37.4565   34.4288   31.6754   29.5717   28.1188   27.2068   26.7030   26.4770   26.4187
   19.0665   18.4315   17.2029   15.9515   14.9277   14.1878   13.7046   13.4237   13.2872   13.2483
         0         0         0         0         0         0         0         0         0         0
```

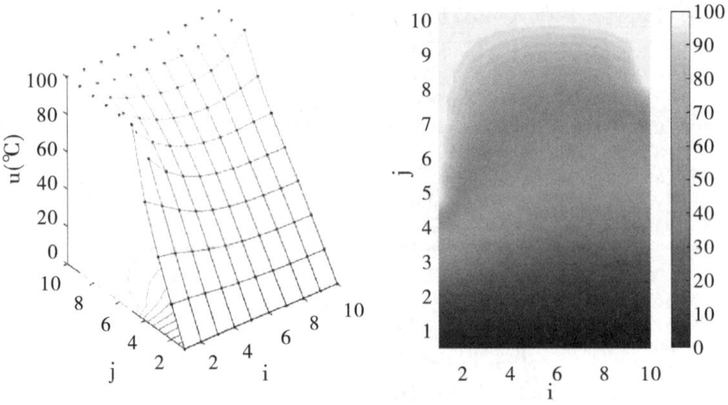

图 7－8　例 7.1 结果图

（5）结果分析：运行 Fortran 程序 ex71.f 和 Matlab 程序 ex71.m 得到的各网格节点上的温度值，在保留到小数点后第二位数字时数值结果一致。从 Matlab 程序 ex71.m 运行结果图 7－8 可以看出，平板区域中不同位置处温度的变化，平板由底部的 0 ℃渐变到顶部的 100 ℃，颜色棒给出了图中温度值和颜色的对应。

7.3　热传导方程的差分解法

讨论一维热传导方程的第一边值问题：

$$\alpha \frac{\partial^2 u}{\partial x^2} = \frac{\partial u}{\partial t},\ a < x < b,\ 0 < t \tag{7-18}$$

$$u(a,\ t) = u_a,\ u(b,\ t) = u_b,\ 0 < t$$

$$u(x,\ 0) = u_0,\ a \leqslant x \leqslant b$$

α 为常数，定解区域空间变量范围是 $a \leqslant x \leqslant b$，时间变量 $0 \leqslant t$，函数值 u 在定解区域的边值及初值三条边上已给定。

对于方程（7－18），将定解的空间区域 x 方向的长度 $b-a$ 划分为 n 等份，每等份长度为 $\Delta x = (b-a)/n$，定解的时间区域 t 方向取 Δt 为步长，等间距网格划分求解区域，使差分网格覆盖定解区域，如图 7－9 所示，网格节点(i,j)上自变量是(x_i, t_j)，相应的函数值 u 记为 $u_{i,j}$，则初始条件和边值条件为：

$$u_{i,0} = u_0,\ i = 0,\ 1,\ 2,\ \cdots,\ n$$

$$u_{0,j} = u_a,\ u_{n,j} = u_b,\ j = 1,\ 2,\ \cdots \tag{7-19}$$

从初始条件出发，在每一个内节点上建立根据方程（7－18）得到的差分格式，由此将偏微分方程的定解问题化为差分方程的求解问题。

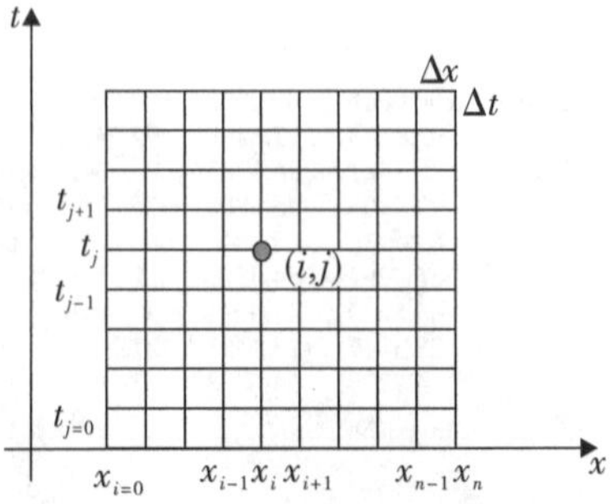

图 7－9　求解区域等间距网格划分示意图

7.3.1 显式、隐式差分格式

1. 显式差分格式

在点(i,j)，函数u对x的二阶偏导数采用中心差分，对t的一阶偏导数采用向前差分，分别利用式（7－4）和式（7－2），代入热传导方程（7－18），得到其解的差分格式：

$$\frac{u_{i+1,j}-2u_{i,j}+u_{i-1,j}}{\Delta x^2}=\frac{1}{\alpha}\left(\frac{u_{i,j+1}-u_{i,j}}{\Delta t}\right)$$

即
$$u_{i,j+1}=\frac{\alpha\Delta t}{\Delta x^2}u_{i-1,j}+\left[1-\frac{2\alpha\Delta t}{\Delta x^2}\right]u_{i,j}+\frac{\alpha\Delta t}{\Delta x^2}u_{i+1,j},\quad \begin{matrix} i=1,\ 2,\ \cdots,\ n-1 \\ j=0,\ 1,\ 2,\ 3,\ \cdots \end{matrix} \tag{7－20}$$

根据初始条件和边值条件式（7－19），由式（7－20）可求得$j=1$时的近似值$u_{i,1}$，进而可求得所有$j\geqslant1$取值的近似值$u_{i,j}$。这种差分格式不需要求解线性方程组，称为显式差分格式，求解点$(i,j+1)$的函数值$u_{i,j+1}$时，只需用到与之相邻的前一时刻三点$(i-1,j)$、(i,j)、$(i+1,j)$的函数值，如图7－10所示。

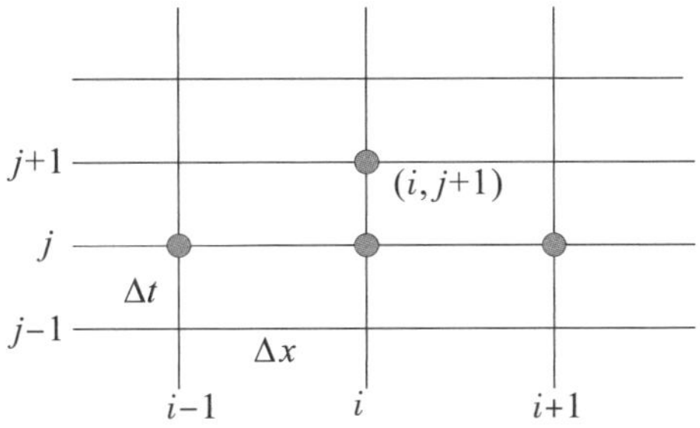

图7－10 显式差分格式

一维热传导方程显式差分格式（7－20）的截断误差为$O(\Delta x^2,\ \Delta t)$，稳定的充要条件$\Delta t\leqslant\frac{\Delta x^2}{2\alpha}$，稳定且非振荡的充要条件$\Delta t\leqslant\frac{\Delta x^2}{4\alpha}$，即时间步长为空间步长的二阶小量。误差和稳定性的相关推导可参阅相关书籍。

2. 隐式差分格式

在点$(i,j+1)$，函数u对x的二阶偏导数采用中心差分，对t的一阶偏导数采用向后差分，分别利用式（7－4）和式（7－3），得到热传导方程（7－18）的差分格式：

$$\frac{u_{i+1,j+1}-2u_{i,j+1}+u_{i-1,j+1}}{\Delta x^2}=\frac{1}{\alpha}\left(\frac{u_{i,j+1}-u_{i,j}}{\Delta t}\right)$$

即
$$u_{i-1,j+1}+\left(-2-\frac{\Delta x^2}{\alpha\Delta t}\right)u_{i,j+1}+u_{i+1,j+1}=\left(-\frac{\Delta x^2}{\alpha\Delta t}\right)u_{i,j}, \tag{7－21}$$

$$i=1,\ 2,\ \cdots,\ n-1;\ j=0,\ 1,\ 2,\ 3,\ \cdots$$

代入初始条件和边值条件式（7－19），对$j=0$式（7－21）可写成一个含有$n-1$个未知数$u_{i,1}$的线性方程组，其系数矩阵是三对角线带状矩阵，采用线性方程组数值解法的追赶法可获得其数值解，进而可求得所有$j\geqslant1$取值的近似值$u_{i,j}$。这种差分格式需要解线性方程组，称为隐式差分格式，其求解过程中(i,j)点的函数值$u_{i,j}$已知，与之相邻的下一时刻三点$(i-1,j+1)$、$(i,j+1)$、$(i+1,j+1)$的函数值通过解线性方程组得到，如图7－11所示。

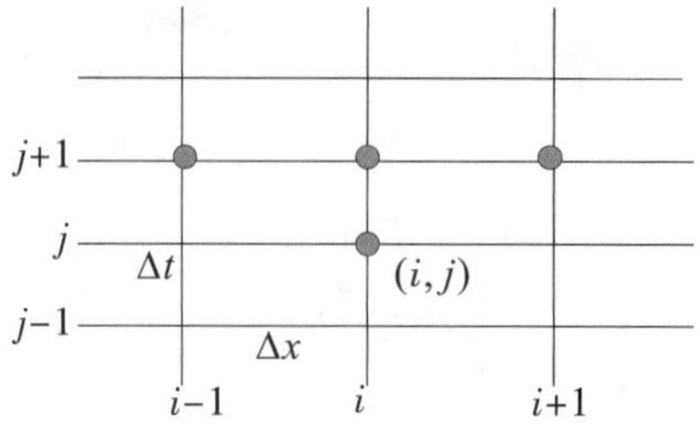

图 7－11　隐式差分格式

一维热传导方程隐式差分格式（7－21）的截断误差也是 $O(\Delta x^2, \Delta t)$，可以证明，隐式差分格式对任何步长都是恒稳的，在 Δt 的取值上唯一的限制是要求截断误差保持在合理的程度上，以节省计算时间。

3. 平均隐式差分格式（六点格式）

在点 $(i, j+1/2)$，函数 u 对 x 的二阶偏导数采用点 $(i, j+1)$ 和点 (i, j) 的中心差分的平均，对 t 的一阶偏导数取中心差分，利用式（7－4）和式（7－3），得到热传导方程（7－18）的差分格式：

$$\frac{\alpha}{2}\left(\frac{u_{i+1,j+1}-2u_{i,j+1}+u_{i-1,j+1}}{\Delta x^2}+\frac{u_{i+1,j}-2u_{i,j}+u_{i-1,j}}{\Delta x^2}\right)=\frac{u_{i,j+1}-u_{i,j}}{\Delta t}$$

即

$$u_{i-1,j+1}+\left(-2-\frac{2\Delta x^2}{\alpha\Delta t}\right)u_{i,j+1}+u_{i+1,j+1}=\left(2-\frac{2\Delta x^2}{\alpha\Delta t}\right)u_{i,j}-u_{i-1,j}-u_{i+1,j} \qquad (7-22)$$

$$i=1,\ 2,\ \cdots,\ n-1;\ j=0,\ 1,\ 2,\ 3,\ \cdots$$

代入初始条件和边值条件式（7－19），对 $j=0$，式（7－22）可写成一个含有 $n-1$ 个未知数 $u_{i,1}$ 的线性方程组，其系数矩阵是三对角线带状矩阵，采用线性方程组数值解法的追赶法获得其数值解，进而可求得所有 $j\geqslant1$ 取值的数值解 $u_{i,j}$。这种差分格式需要求解线性方程组，求解过程中（$i-1$，j）、（i，j）、（$i+1$，j）三点的函数值已知，与之相邻的下一时刻三点 $(i-1, j+1)$、$(i, j+1)$、$(i+1, j+1)$ 的函数值通过解线性方程组得到，如图 7－12 所示，称为六点格式，它也是一种隐式差分格式。

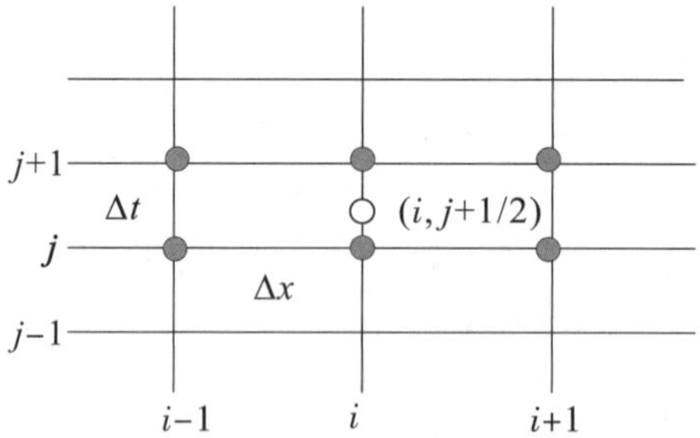

图 7－12　平均隐式差分格式

一维热传导方程六点差分格式（7－22）的截断误差是 $O(\Delta x^2, \Delta t^2)$，可以证明，六点差分格式对任何步长都是恒稳的，它所求得的数值解较显式差分格式（7－20）和隐式差分格式（7－21）具有更小的截断误差。

一维热传导方程的显式、隐式和六点差分格式可归结为通用表达式：

$$\alpha\left[\Gamma\,\frac{u_{i+1,j+1}-2u_{i,j+1}+u_{i-1,j+1}}{\Delta x^2}+(1-\Gamma)\,\frac{u_{i+1,j}-2u_{i,j}+u_{i-1,j}}{\Delta x^2}\right]=\frac{u_{i,j+1}-u_{i,j}}{\Delta t}$$

式中 Γ 称为隐含度，当 Γ 为 0 时，上式为显式差分格式，当 Γ 为 1 时，上式为隐式差分格式，当 Γ 为 1/2 时，可得六点差分格式。对于 $\Gamma \geqslant 1/2$，上式的差分格式是恒稳的，对 $\Gamma < 1/2$，则是条件稳定的。

7.3.2　显隐交替差分格式

热传导方程计及多维空间变量时，随着维数的增加，隐式差分格式计算量将大大增加，因此有必要寻求新的差分格式，使其兼具显式和隐式差分格式的优点，并满足如下要求：①无条件稳定；②有合理的精确度；③所产生的代数方程组易于求解。

有限差分中的显隐交替法（ADI）兼有显式和隐式两种差分格式的优点，且具有计算稳定性好和计算精度较高的优点。ADI 法是针对二维或更高维空间变量的问题而设置的，对二维空间变量问题，引入时间半步长，一个整时间步长的过程由二个时间半步长的过程实现，在前半步时间步长，对空间变量 x 差分取时间隐式格式，对空间变量 y 差分取时间显式格式；在后半步时间步长，对 x 取时间显式格式，对 y 取时间隐式格式。

例如，研究二维热传导问题，函数 $u(x,\ y,\ t)$ 满足如下方程和边界条件：

$$\begin{cases} \dfrac{\partial u}{\partial t} = D\dfrac{\partial^2 u}{\partial x^2} + D\dfrac{\partial^2 u}{\partial y^2}, & a < x < b, \quad c < y < d, \quad 0 < t \\ u(x,y,0) = u_0(x,y), & a \leqslant x \leqslant b, \quad c \leqslant y \leqslant d \\ u(a,y,t) = u_a(y,t), & u(b,y,t) = u_b(y,t), \quad c \leqslant y \leqslant d, \quad 0 \leqslant t \\ u(x,c,t) = u_c(x,t), & u(x,d,t) = u_d(x,t), \quad a \leqslant x \leqslant b, \quad 0 \leqslant t \end{cases} \tag{7-23}$$

式中，D 为扩散系数。

在偏微分方程（7－23）求解区域离散化的过程中，时间网格的划分中引入半整数的过渡网格，数值计算中由 $u(x_i,\ y_j,\ t_k)$ 计算 $u(x_i,\ y_j,\ t_{k+1})$ 的过程分为两步完成，即由 $u(x_i,\ y_j,\ t_k)$ 计算 $u(x_i,\ y_j,\ t_{k+1/2})$，再由 $u(x_i,\ y_j,\ t_{k+1/2})$ 计算 $u(x_i,\ y_j,\ t_{k+1})$，由此从 k 时刻求解区域各节点的函数值求得 $k+1$ 时刻各节点上的值，进而求得所有时间步长上的函数值。

在 $t_k \to t_{k+1/2}$ 的过程中，函数 u 对 x 的二阶偏导数采用时间隐式中心差分，对 y 的二阶偏导数采用时间显式中心差分，对时间 t 的一阶偏导数取向后差分，有：

$$\frac{\partial^2 u}{\partial x^2} = \frac{1}{\Delta x^2}(u_{i-1,j,k+1/2} - 2u_{i,j,k+1/2} + u_{i+1,j,k+1/2})$$

$$\frac{\partial^2 u}{\partial y^2} = \frac{1}{\Delta y^2}(u_{i,j-1,k} - 2u_{i,j,k} + u_{i,j+1,k})$$

$$\frac{\partial u}{\partial t} = \frac{1}{\Delta t/2}(u_{i,j,k+1/2} - u_{i,j,k})$$

由此得到：

$$\frac{1}{\Delta t}(u_{i,j,k+1/2} - u_{i,j,k}) = \frac{1}{2}\left[\frac{D}{\Delta x^2}(u_{i-1,j,k+1/2} - 2u_{i,j,k+1/2} + u_{i+1,j,k+1/2}) + \frac{D}{\Delta y^2}(u_{i,j-1,k} - 2u_{i,j,k} + u_{i,j+1,k})\right]$$

即

$$u_{i-1,j,k+1/2} - 2\left(1 + \frac{\Delta x^2}{D\Delta t}\right)u_{i,j,k+1/2} + u_{i+1,j,k+1/2} = -\frac{\Delta x^2}{\Delta y^2}\left[u_{i,j-1,k} - 2\left(1 - \frac{\Delta y^2}{D\Delta t}\right)u_{i,j,k} + u_{i,j+1,k}\right] \tag{7-24}$$

$$i=1,\ 2,\ \cdots,\ n-1;\ j=1,\ 2,\ \cdots,\ m-1$$

由此得到系数矩阵为三对角线带状矩阵的线性方程组（7－24），从 $k=0$ 时刻出发，由追赶法求解可得 $(n-1)\times(m-1)$ 个函数值 $u_{i,j,k+\frac{1}{2}}$。

在 $t_{k+1/2}\to t_{k+1}$ 的过程中，函数 u 对 x 的二阶偏导数采用时间显式中心差分，对 y 的二阶偏导数采用时间隐式中心差分，对时间 t 的一阶偏导数仍取向后差分，有：

$$\frac{\partial^2 u}{\partial x^2}=\frac{1}{\Delta x^2}(u_{i-1,j,k+1/2}-2u_{i,j,k+1/2}+u_{i+1,j,k+1/2})$$

$$\frac{\partial^2 u}{\partial y^2}=\frac{1}{\Delta y^2}(u_{i,j-1,k+1}-2u_{i,j,k+1}+u_{i,j+1,k+1})$$

$$\frac{\partial u}{\partial t}=\frac{1}{\Delta t/2}(u_{i,j,k+1}-u_{i,j,k+1/2})$$

得到：

$$\frac{1}{\Delta t}(u_{i,j,k+1}-u_{i,j,k+1/2})=\frac{1}{2}\left[\frac{D}{\Delta x^2}(u_{i-1,j,k+1/2}-2u_{i,j,k+1/2}+u_{i+1,j,k+1/2})+\frac{D}{\Delta y^2}(u_{i,j-1,k+1}-2u_{i,j,k+1}+u_{i,j+1,k+1})\right]$$

即

$$\begin{aligned}&u_{i,j-1,k+1}-2\left(1+\frac{\Delta y^2}{D\Delta t}\right)u_{i,j,k+1}+u_{i,j+1,k+1}\\&=-\frac{\Delta y^2}{\Delta x^2}\left[u_{i-1,j,k+1/2}-2\left(1-\frac{\Delta x^2}{D\Delta t}\right)u_{i,j,k+1/2}+u_{i+1,j,k+1/2}\right]\end{aligned}\qquad(7-25)$$

$$i=1,\ 2,\ \cdots,\ n-1;\ j=1,\ 2,\ \cdots,\ m-1$$

由此得到系数矩阵为三对角线带状矩阵的线性方程组（7－25），从 $k+1/2$ 时刻的函数值，由追赶法求解可得所有内节点上 $k+1$ 时刻的函数值 $u_{i,j,k+1}$，进而类似地从 k 时刻的 $u_{i,j,k}$ 得到 $k\geqslant 1$ 时刻的函数值 $u_{i,j,k+1}$，由此得到二维热传导定解问题（7－23）的数值解。

例 7.2　将一个长为0.36米、横截面均匀的铝杆嵌入绝热介质中，使其左端露在外面。开始时杆各处的平衡温度是50 ℃，若突然在某一瞬间使左端温度降至0 ℃，试求杆上温度随时间的变化，直至最终杆上各点温度为0 ℃为止。已知铝杆热传导系数 k 为0.22 瓦/(米·开)，比热 c 为0.92 千焦/(千克·开)，铝杆密度 ρ 为 2.7×10^3 千克/米^3。

解：(1) 问题分析：根据题意，描述铝杆上温度随时间、位置变化的关系式为热传导方程，其中 k、c、ρ、时间 t 和杆上各点位置 x 采用国际单位制，杆的温度 u 单位取 ℃，有：

$$\frac{\partial u}{\partial t}=\frac{k\partial^2 u}{\rho c\partial x^2},\ 0<x<L,\ t>0,\ k=0.22,\ c=920,\ \rho=2700\qquad(7-26)$$

以杆的左端为坐标原点，杆长为 x 轴，时间 t 为 y 轴，建立直角坐标系，有：

边界条件：$u(0,\ t)=0,\ \dfrac{\partial u(L,\ t)}{\partial x}=0$；

初始条件：$u(x,\ 0)=50$；

稳定且非振荡条件为：$\dfrac{k}{\rho c}\dfrac{\Delta t}{\Delta x^2}\leqslant\dfrac{1}{4}$，取 $\Delta x=0.03$，可取 $\Delta t=1800$。

将铝杆温度变化的求解区域等间距离散化，即该求解区域 x 方向等间距化为 $n=0.36/0.03=12$ 个小区间，$i=1,\ 2,\ \cdots,\ n+1$，时间间隔 Δt 取0.5小时，并在 x 方向增加一个虚拟网格，如图7－13所示。

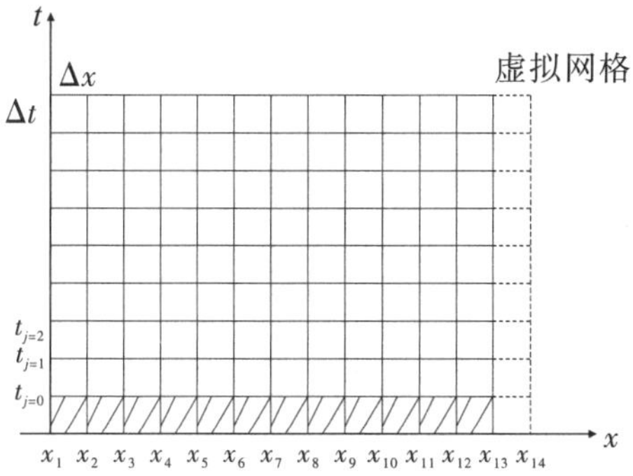

图 7－13　铝杆的网格划分示意图

（2）数学模型：本题采用显式差分格式求解热传导方程（7－26）。

根据差分求解区域网格划分及显式差分格式（7－20），写出热传导方程（7－26）解的显式差分格式：

$$u_{i,j+1}=u_{i,j}+\frac{k}{\rho c}\cdot\frac{\Delta t}{\Delta x^2}\left(u_{i-1,j}-2u_{i,j}+u_{i+1,j}\right),\ i=2,\ 3,\ \cdots,\ n+1;\ j=0,\ 1,\ 2,\ \cdots \tag{7-27}$$

初始条件：$u_{1,0}=(0+50)/2=25$，$u_{i,0}=50$，$i=2$，3，…，$n+2$

边界条件：$u_{1,j}=0$，$u_{n,j}=u_{n+2,j}$，$j=1$，2，3，…

（3）计算流程：根据热传导方程（7－26）解的显式差分格式（7－27），编制计算流程图 7－14，图中 u 和 uu 分别为 t_j 和 t_{j+1} 时刻杆上各网格点的温度，tp 为记录结果的时间间隔，$u1$ 表示温度为 0 ℃，eps 为给定的可接受误差，k 为是否达到误差要求的标记，$k=0$ 为所有等距差分网格节点的温度计算值在误差范围内达到 0 ℃。显式差分格式计算流程见图 7－14。

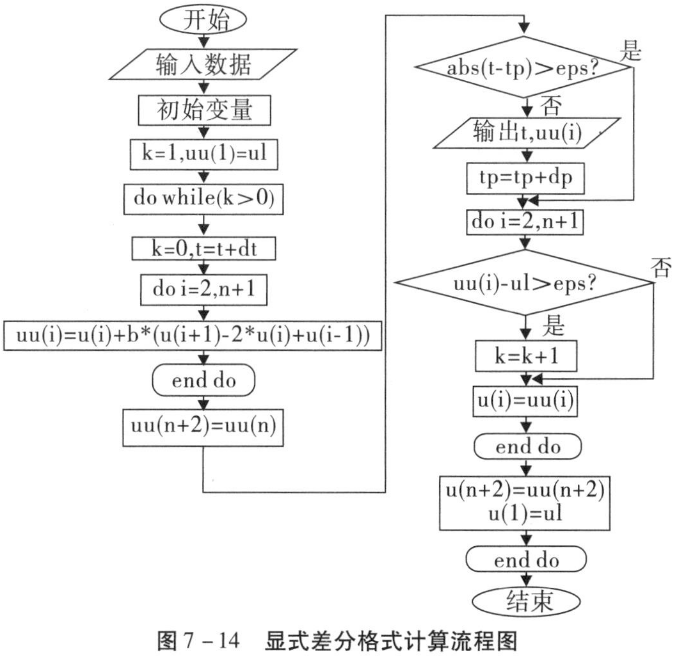

图 7－14　显式差分格式计算流程图

（4）程序编制及运行：根据计算流程图 7 – 14 编制 Fortran 计算程序 ex72. f，列表如下：

```
c      ex72.f transient heat-flow problen of parabolic partial differential equation
       dimension u(14), uu(14)
       data ul,ux,el,n,th,eps/0.0,50.0,0.36,12,8.85e-8,0.05/
       data dt,dp/1800.0,180000.0/

       iw=10
       open(unit=iw,file='out72.dat',status='unknown',form='formatted')
       write(iw,"(2x,'time(h)',2(5x,i1),5(5x,i2))") (i,i=1,13,2)
       t=0
       tp=dp
       b=th*dt/(el/n)**2.0
       u(1)=(ul+ux)/2.
       do i=2,n+2
          u(i)=ux
       end do
       write(iw,"(1x,2f7.1,7f7.2)") t/3600,(u(i),i=1,n+1,2)
       k=1
       uu(1)=ul
       do while(k.gt.0)
          k=0
          do i=2,n+1
            uu(i)=u(i)+b*(u(i+1)-2.0*u(i)+u(i-1))
          end do
          uu(n+2)=uu(n)
          t=t+dt
          if(abs(t-tp).le.1.e-4) then
            write(iw,"(1x,2f7.1,7f7.2)") t/3600,(uu(i),i=1,n+1,2)
            tp=tp+dp
          end if
          do i=2,n+1
             diff=uu(i)-ul
             if(abs(diff).ge.eps) then
                k=k+1
             end if
             u(i)=uu(i)
          end do
          u(n+2)=uu(n+2)
          u(1)=ul
       end do
       write(iw,"(1x,2f7.1,7f7.2)")t/3600,(uu(i),i=1,n+1,2)
       close(iw)
       stop
       end
```

在 Fortran 环境中运行程序 ex72. f，计算结果记录在 out72. dat 中，内容如下：

time(h)	1	3	5	7	9	11	13
0.0	25.0	50.00	50.00	50.00	50.00	50.00	50.00
50.0	0.0	13.15	24.89	34.21	40.71	44.43	45.63
100.0	0.0	9.05	17.45	24.61	30.06	33.46	34.62
150.0	0.0	6.64	12.82	18.13	22.20	24.75	25.62
200.0	0.0	4.90	9.46	13.38	16.39	18.28	18.92
250.0	0.0	3.62	6.99	9.88	12.10	13.50	13.97
300.0	0.0	2.67	5.16	7.30	8.93	9.97	10.32
350.0	0.0	1.97	3.81	5.39	6.60	7.36	7.62
400.0	0.0	1.46	2.81	3.98	4.87	5.43	5.62
450.0	0.0	1.07	2.08	2.94	3.60	4.01	4.15

500.0	0.0	0.79	1.53	2.17	2.66	2.96	3.07
550.0	0.0	0.59	1.13	1.60	1.96	2.19	2.26
600.0	0.0	0.43	0.84	1.18	1.45	1.61	1.67
650.0	0.0	0.32	0.62	0.87	1.07	1.19	1.23
700.0	0.0	0.24	0.46	0.64	0.79	0.88	0.91
750.0	0.0	0.17	0.34	0.48	0.58	0.65	0.67
800.0	0.0	0.13	0.25	0.35	0.43	0.48	0.50
850.0	0.0	0.09	0.18	0.26	0.32	0.35	0.37
900.0	0.0	0.07	0.14	0.19	0.23	0.26	0.27
950.0	0.0	0.05	0.10	0.14	0.17	0.19	0.20
1000.0	0.0	0.04	0.07	0.10	0.13	0.14	0.15
1050.0	0.0	0.03	0.05	0.08	0.09	0.11	0.11
1100.0	0.0	0.02	0.04	0.06	0.07	0.08	0.08
1150.0	0.0	0.02	0.03	0.04	0.05	0.06	0.06
1179.0	0.0	0.01	0.02	0.04	0.04	0.05	0.05

根据计算流程图 7 – 14 编制 Matlab 计算程序 ex72. m，其计算结果以数值和图示的形式显示。该程序列表如下：

```
%ex72.m   %例7.2
type='显式差分格式';
ul=0; ux=50; el=0.36; k=0.22; rou=2.7*1e3; c=0.92*1e3; th=k/(rou*c);
dt=1.8*1000; dp=100*dt; dx=0.03; n=el/dx; b=th*dt/dx^2.0; eps=0.05;
u=zeros(1,n+2); uu=u;
t=0; tp=dp; u(1)=(ul+ux)/2; u(2:n+2)=ux; uu(1)=ul;
umn=[]; k=1; imn=1; umn=[umn;u];
while k>0
      k=0; t=t+dt;
      uu(2:n+1)=u(2:n+1)+b*(u(3:n+2)-2*u(2:n+1)+u(1:n)); uu(n+2)=uu(n);
      if abs(t-tp)<=1.e-4
            tp=tp+dp; imn=imn+1; umn=[umn;uu];
      end
      diff=max(abs(uu-ul)); if diff>=eps; k=k+1; end
      u=uu;
end
%show the calculated data by a matrix
x=0:dx:(el+dx); xx=repmat(x,[imn+1,1]); umn=[umn;u];
tt=repmat([[0:imn-1]'*dp/dt*0.5;t/dt*0.5],[1,n+2]);
fprintf('%6s %6s %8s %8s %8s %8s %8s %8s%8s\n', ...
      type,'time(h)','1','3','5','7','9','11','13');
format bank; [tt(:,1),umn(:,1:2:n+1)]
%show the calculated data by two subgraphs
figure
subplot(1,2,1); plot3(xx,tt,umn,'.b'); hold on; meshc(xx,tt,umn);
xlabel 'x (m)'; ylabel 't/50 (h)', zlabel 'u (¡ãC)';
set(gca,'xlim',[0,0.4],'ylim',[0,1200],'fontsize',15); title(type);
subplot(1,2,2); pcolor(xx,tt,umn); shading interp; colorbar
xlabel 'x (m)'; ylabel 't/50 (h)'; title('u (° C) correspond to colorbar');
set(gca,'xlim',[0,0.4],'ylim',[0,1200],'fontsize',15)
```

在 Matlab 环境中，运行程序 ex72. m，计算的数值结果在 Matlab 命令行窗口以矩阵形式显示，并给出结果图 7 – 15，内容如下：

显式计算结果

time(h)	1	3	5	7	9	11	13
0	25.00	50.00	50.00	50.00	50.00	50.00	50.00
50.00	0	13.15	24.88	34.20	40.70	44.42	45.63
100.00	0	9.04	17.44	24.60	30.05	33.45	34.61
150.00	0	6.63	12.81	18.11	22.18	24.74	25.61
200.00	0	4.89	9.45	13.37	16.37	18.26	18.91
250.00	0	3.61	6.98	9.87	12.09	13.48	13.96
300.00	0	2.67	5.15	7.29	8.92	9.95	10.30

350.00	0	1.97	3.80	5.38	6.59	7.35	7.61
400.00	0	1.45	2.81	3.97	4.86	5.42	5.61
450.00	0	1.07	2.07	2.93	3.59	4.00	4.14
500.00	0	0.79	1.53	2.16	2.65	2.96	3.06
550.00	0	0.58	1.13	1.60	1.96	2.18	2.26
600.00	0	0.43	0.83	1.18	1.44	1.61	1.67
650.00	0	0.32	0.62	0.87	1.07	1.19	1.23
700.00	0	0.24	0.45	0.64	0.79	0.88	0.91
750.00	0	0.17	0.34	0.47	0.58	0.65	0.67
800.00	0	0.13	0.25	0.35	0.43	0.48	0.50
850.00	0	0.09	0.18	0.26	0.32	0.35	0.37
900.00	0	0.07	0.13	0.19	0.23	0.26	0.27
950.00	0	0.05	0.10	0.14	0.17	0.19	0.20
1000.00	0	0.04	0.07	0.10	0.13	0.14	0.15
1050.00	0	0.03	0.05	0.08	0.09	0.10	0.11
1100.00	0	0.02	0.04	0.06	0.07	0.08	0.08
1150.00	0	0.02	0.03	0.04	0.05	0.06	0.06
1178.00	0	0.01	0.02	0.04	0.04	0.05	0.05

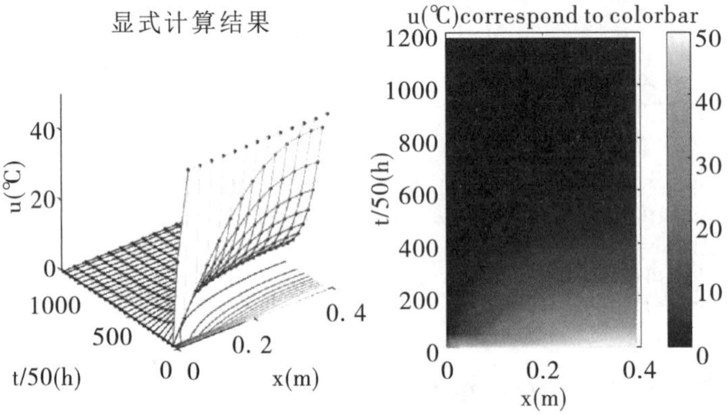

图 7－15　例 7. 2 结果图

（5）结果及分析：Fortran 程序 ex72. f 和 Matlab 程序 ex72. m 得到的数值结果在误差要求范围内（eps＝0. 05）一致，即最终杆上各点的温度达到 0 ℃。从程序 ex72. m 的结果图 7－15 可以看出：随着时间的增长，杆上各等间距节点上温度由初始的 50 ℃逐渐趋于最终的平衡温度 0 ℃（误差 eps＝0. 05 的范围内）。

以上讨论了热传导方程第一边值问题的显式差分格式解法，其他边值问题用类似的方法可得到热传导方程的数值解。

例 7. 3　同例 7. 2（见第 212 页）。

解：（1）问题分析：同例 7. 2 的问题分析（见第 212 页）。

（2）数学模型：本题采用隐式差分格式求解热传导方程（7－26）。

根据差分求解区域网格划分及热传导方程解的隐式差分格式（7－21），写出热传导方程（7－26）解的隐式差分格式，其定解条件中的初始条件和边界条件与显式差分格式（7－27）中的相同：

$$u_{i-1,j+1}-\left(2+\frac{\Delta x^2}{\frac{k}{\rho c}\Delta t}\right)u_{i,j+1}+u_{i+1,j+1}=\left(-\frac{\Delta x^2}{\frac{k}{\rho c}\Delta t}\right)u_{i,j},\qquad(7-28)$$

$$i=2,\ \cdots,\ n+1;\ j=0,\ 1,\ 2,\ \cdots,\ m$$

初始条件：$u_{1,0}=(0+50)/2=25$，$u_{i,0}=50$，$i=2,\ 3,\ \cdots,\ n+2$

边界条件：$u_{1,j}=0$，$u_{n,j}=u_{n+2,j}$，$j=1,\ 2,\ 3,\ \cdots$

（3）计算流程：根据隐式差分格式（7－28）编制计算流程图7－16，图中 u 和 uu 分别为 t_j 和 t_{j+1} 时刻杆上各网格点的温度，tp 为记录结果的时间间隔，$u1$ 表示温度为0 ℃，eps为给定的可接受误差，k 为是否达到误差要求的标记，$k=0$ 为所有等距差分网格节点的温度计算值在误差范围内达到0 ℃。该流程图与图7－14不同之处在于计算 uu 采用了隐式格式（7－28）替换了显式格式（7－27），aa、ad 以及 ac 分别是隐式格式（7－28）矩阵方程的系数矩阵中的下对角线、主对角线和上对角线的元素构成的数组，bb 为常数项元素构成的数组，trid()是追赶法子函数。隐式差分格式计算流程如图7－16所示：

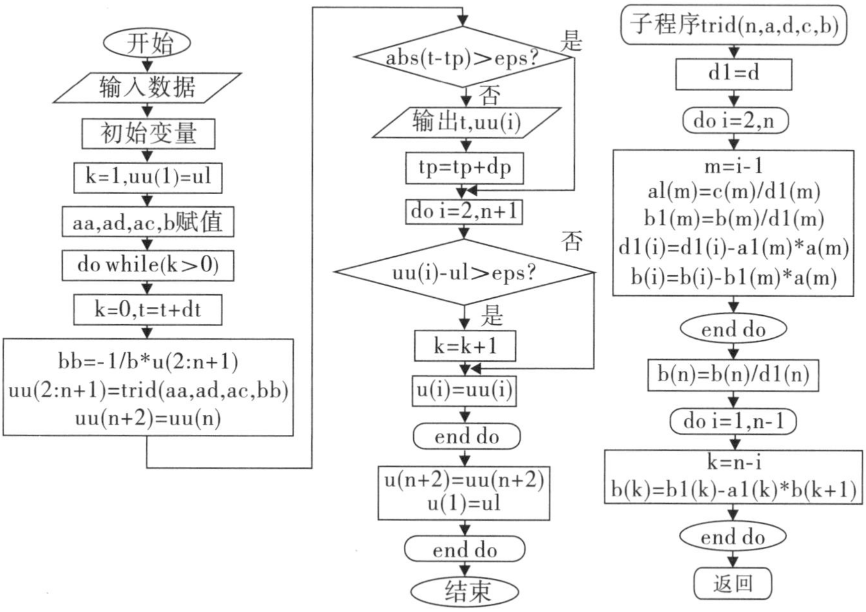

图7－16 隐式差分格式计算流程图

（4）程序编制及运行：根据计算流程图7－16编制Fortran计算程序ex73.f，列表如下：

```
c     ex73.f transient heat-flow problem of parabolic partial differential equation

      dimension u(14),uu(14),aa(12),ad(12),ac(12),bb(12)
      data ul,ux,el,n,th,eps/0.0,50.0,0.36,12,8.85e-8,0.05/
      data dt,dp/1800.0,180000.0/

      iw=10
      open(unit=iw,file='out73.dat',status='unknown',form='formatted')
      write(iw,"(2x,'time(h)',2(5x,i1),5(5x,i2))") (i,i=1,13,2)
      t=0
      tp=dp
      b=th*dt/(el/n)**2.0
      u(1)=(ul+ux)/2.
      do i=2,n+2
         u(i)=ux
      end do
      write(iw,"(1x,2f7.1,7f7.2)") t/3600,(u(i),i=1,n+1,2)
      k=1
```

```
      uu(1)=ul
      do i=1,n
            aa(i)=1
            ad(i)=-(2+1/b)
            ac(i)=1
      end do
     aa(n-1)=2
      do while(k.gt.0)
         k=0
         do i=1,n
            bb(i)=-1/b*u(i+1)
         end do
        call trid(n,aa,ad,ac,bb)
         do i=1,n
            uu(i+1)=bb(i)
         end do
         uu(n+2)=uu(n)
         t=t+dt
         if(abs(t-tp).le.1.e-4) then
            write(iw,"(1x,2f7.1,7f7.2)") t/3600,(uu(i),i=1,n+1,2)
            tp=tp+dp
         cnd if
         do i=2,n+1
              diff=uu(i)-ul
              if(abs(diff).ge.eps) then
                   k=k+1
              end if
              u(i)=uu(i)
         end do
         u(n+2)=uu(n+2)
         u(1)=ul
      end do
     write(iw,"(1x,2f7.1,7f7.2)") t/3600,(uu(i),i=1,n+1,2)
      close(iw)
      stop
      end

      subroutine trid(n,a,d,c,b)
      dimension a(n),d(n),c(n),b(n),a1(n),d1(n),b1(n)
     do i=1,n
        d1(i)=d(i)
     end do
      do i=2,n
         m=i-1
         a1(m)=c(m)/d1(m)
         b1(m)=b(m)/d1(m)
         d1(i)=d1(i)-a1(m)*a(m)
         b(i)=b(i)-b1(m)*a(m)
      end do
      b(n)=b(n)/d1(n)
      do i=1,n-1
         k=n-i
         b(k)=b1(k)-a1(k)*b(k+1)
      end do
      return
      end
```

在 Fortran 环境中运行程序 ex73. f，计算结果记录在 out73. dat 中，内容如下：

time(h)	1	3	5	7	9	11	13
0.0	25.0	50.00	50.00	50.00	50.00	50.00	50.00
50.0	0.0	13.21	24.96	34.25	40.68	44.35	45.53
100.0	0.0	9.06	17.46	24.62	30.07	33.47	34.62
150.0	0.0	6.65	12.84	18.15	22.22	24.78	25.65
200.0	0.0	4.91	9.48	13.41	16.42	18.32	18.96
250.0	0.0	3.63	7.01	9.91	12.14	13.54	14.02
300.0	0.0	2.68	5.18	7.32	8.97	10.01	10.36
350.0	0.0	1.98	3.83	5.41	6.63	7.39	7.66
400.0	0.0	1.46	2.83	4.00	4.90	5.47	5.66
450.0	0.0	1.08	2.09	2.96	3.62	4.04	4.18
500.0	0.0	0.80	1.55	2.19	2.68	2.98	3.09
550.0	0.0	0.59	1.14	1.61	1.98	2.21	2.28
600.0	0.0	0.44	0.84	1.19	1.46	1.63	1.69
650.0	0.0	0.32	0.62	0.88	1.08	1.20	1.25
700.0	0.0	0.24	0.46	0.65	0.80	0.89	0.92
750.0	0.0	0.18	0.34	0.48	0.59	0.66	0.68
800.0	0.0	0.13	0.25	0.36	0.44	0.49	0.50
850.0	0.0	0.10	0.19	0.26	0.32	0.36	0.37
900.0	0.0	0.07	0.14	0.19	0.24	0.27	0.28
950.0	0.0	0.05	0.10	0.14	0.18	0.20	0.20
1000.0	0.0	0.04	0.08	0.11	0.13	0.15	0.15
1050.0	0.0	0.03	0.06	0.08	0.10	0.11	0.11
1100.0	0.0	0.02	0.04	0.06	0.07	0.08	0.08
1150.0	0.0	0.02	0.03	0.04	0.05	0.06	0.06
1182.0	0.0	0.01	0.02	0.04	0.04	0.05	0.05

根据计算流程图 7－16，编制 Matlab 计算程序 ex73. m，程序中包括隐式差分格式的稀疏矩阵技术和追赶法两种形式的计算求解，这些方法的计算结果均以数值和图示的形式显示。该程序列表如下：

```
%ex73.m   %例7.3
function ex73
ul=0; ux=50; el=0.36; k=0.22; rou=2.7*1e3; c=0.92*1e3; th=k/(rou*c);
dt=1.8*1000; dp=100*dt; dx=0.03; n=el/dx; b=th*dt/dx^2.0; eps=0.05;
aa=[ones(1,n-2),2,0]; ad=-(2+1/b)*ones(1,n); ac=[ones(1,n-1),0];
A1=sparse(2:n,1:n-1,aa(1:n-1),n,n); A2=sparse(1:n,1:n,ad,n,n);
A3=sparse(1:n-1,2:n,ac(1:n-1),n,n); A=A1+A2+A3; %size(A)=[n-1,n-1]
type={'隐式sparse结果','隐式trid结果'}
for it=1:2
    u=zeros(1,n+2); uu=u;
    t=0; tp=dp; u(1)=(ul+ux)/2; u(2:n+2)=ux; uu(1)=ul;
    umn=[]; k=1; imn=1; umn=[umn;u];
    while k>0
        k=0; t=t+dt; bb=-1/b*u(2:n+1);
        switch it   %[1,2]
            case 1   %隐式公式  sparse method
                uu(2:n+1)=(A\bb')'; uu(n+2)=uu(n);
            case 2   %隐式公式  trid method
                uu(2:n+1)=trid(n,aa,ad,ac,bb); uu(n+2)=uu(n);
        end
        if abs(t-tp)<=1.e-4
            tp=tp+dp; imn=imn+1; umn=[umn;uu];
        end
        diff=max(abs(uu-ul)); if diff>=eps; k=k+1; end
        u=uu;
    end
    %show the calculated data by a matrix
```

```
        x=0:dx:(el+dx); xx=repmat(x,[imn+1,1]); umn=[umn;u];
        tt=repmat([[0:imn-1]'*dp/dt*0.5;t/dt*0.5],[1,n+2]);
        fprintf('%6s %6s %8s %8s %8s %8s %8s %8s%8s\n', ...
            type{it},'time(h)','1','3','5','7','9','11','13');
        format bank; [tt(:,1),umn(:,1:2:n+1)]
        %show the calculated data by two subgraphs
        umnplot(xx,tt,umn,type{it})
end

%trid function
function y=trid(n,a,d,c,b) %(n,下,主,上,常)
d1=d;
for i=2:n
        m=i-1; a1(m)=c(m)/d1(m); b1(m)=b(m)/d1(m);
        d1(i)=d1(i)-a1(m)*a(m);    b(i)=b(i)-b1(m)*a(m);
end
b(n)=b(n)/d1(n);
for i=1:n-1
        k=n-i; b(k)=b1(k)-a1(k)*b(k+1);
end
y=b;

%show the calculated data by two subgraphs
function umnplot(xx,tt,umn,type)
figure
subplot(1,2,1); plot3(xx,tt,umn,'.b'); hold on; meshc(xx,tt,umn);
xlabel 'x (m)'; ylabel 't/50 (h)', zlabel 'u (¡ãC)';
set(gca,'xlim',[0,0.4],'ylim',[0,1200],'fontsize',15); title(type);
subplot(1,2,2); pcolor(xx,tt,umn); shading interp; colorbar
xlabel 'x (m)'; ylabel 't/50 (h)'; title('u (¡ãC) correspond to colorbar');
set(gca,'xlim',[0,0.4],'ylim',[0,1200],'fontsize',15)
```

在 Matlab 环境中，运行程序 ex73. m，计算得到的数值结果在 Matlab 命令行窗口以矩阵形式显示，并给出结果图 7－17，具体内容如下：

```
>> ex73

type =
  1×2 cell 数组
    '隐式sparse结果'    '隐式trid结果'


隐式sparse结果
```

time(h)	1	3	5	7	9	11	13
0	25.00	50.00	50.00	50.00	50.00	50.00	50.00
50.00	0	13.20	24.95	34.24	40.67	44.34	45.52
100.00	0	9.05	17.46	24.61	30.06	33.45	34.60
150.00	0	6.64	12.83	18.14	22.21	24.76	25.64
200.00	0	4.90	9.47	13.40	16.41	18.30	18.95
250.00	0	3.62	7.00	9.90	12.12	13.52	14.00
300.00	0	2.68	5.17	7.31	8.96	9.99	10.34
350.00	0	1.98	3.82	5.40	6.62	7.38	7.64
400.00	0	1.46	2.82	3.99	4.89	5.45	5.65
450.00	0	1.08	2.09	2.95	3.61	4.03	4.17
500.00	0	0.80	1.54	2.18	2.67	2.98	3.08
550.00	0	0.59	1.14	1.61	1.97	2.20	2.28
600.00	0	0.44	0.84	1.19	1.46	1.63	1.68
650.00	0	0.32	0.62	0.88	1.08	1.20	1.24
700.00	0	0.24	0.46	0.65	0.80	0.89	0.92
750.00	0	0.18	0.34	0.48	0.59	0.66	0.68
800.00	0	0.13	0.25	0.35	0.43	0.48	0.50
850.00	0	0.10	0.19	0.26	0.32	0.36	0.37
900.00	0	0.07	0.14	0.19	0.24	0.26	0.27
950.00	0	0.05	0.10	0.14	0.18	0.20	0.20

1000.00	0	0.04	0.07	0.11	0.13	0.14	0.15
1050.00	0	0.03	0.06	0.08	0.10	0.11	0.11
1100.00	0	0.02	0.04	0.06	0.07	0.08	0.08
1150.00	0	0.02	0.03	0.04	0.05	0.06	0.06
1181.00	0	0.01	0.02	0.04	0.04	0.05	0.05

隐式trid结果

time(h)	1	3	5	7	9	11	13
0	25.00	50.00	50.00	50.00	50.00	50.00	50.00
50.00	0	13.20	24.95	34.24	40.67	44.34	45.52
100.00	0	9.05	17.46	24.61	30.06	33.45	34.60
150.00	0	6.64	12.83	18.14	22.21	24.76	25.64
200.00	0	4.90	9.47	13.40	16.41	18.30	18.95
250.00	0	3.62	7.00	9.90	12.12	13.52	14.00
300.00	0	2.68	5.17	7.31	8.96	9.99	10.34
350.00	0	1.98	3.82	5.40	6.62	7.38	7.64
400.00	0	1.46	2.82	3.99	4.89	5.45	5.65
450.00	0	1.08	2.09	2.95	3.61	4.03	4.17
500.00	0	0.80	1.54	2.18	2.67	2.98	3.08
550.00	0	0.59	1.14	1.61	1.97	2.20	2.28
600.00	0	0.44	0.84	1.19	1.46	1.63	1.68
650.00	0	0.32	0.62	0.88	1.08	1.20	1.24
700.00	0	0.24	0.46	0.65	0.80	0.89	0.92
750.00	0	0.18	0.34	0.48	0.59	0.66	0.68
800.00	0	0.13	0.25	0.35	0.43	0.48	0.50
850.00	0	0.10	0.19	0.26	0.32	0.36	0.37
900.00	0	0.07	0.14	0.19	0.24	0.26	0.27
950.00	0	0.05	0.10	0.14	0.18	0.20	0.20
1000.00	0	0.04	0.07	0.11	0.13	0.14	0.15
1050.00	0	0.03	0.06	0.08	0.10	0.11	0.11
1100.00	0	0.02	0.04	0.06	0.07	0.08	0.08
1150.00	0	0.02	0.03	0.04	0.05	0.06	0.06
1181.00	0	0.01	0.02	0.04	0.04	0.05	0.05

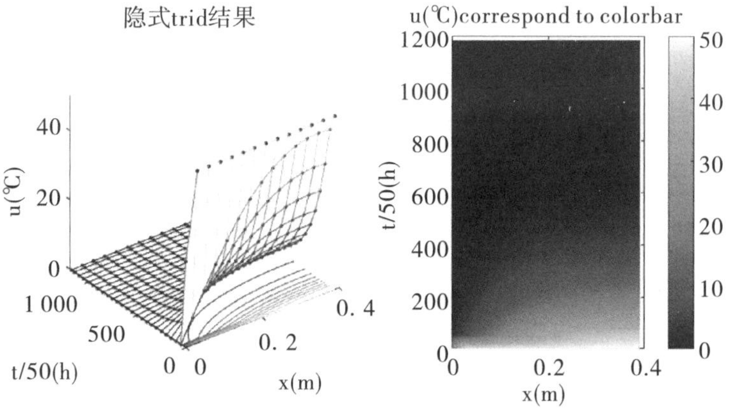

图 7－17 例 7. 3 结果图

（5）结果分析：运行 Fortran 程序 ex73. f 得到隐式差分格式的追赶法的数值结果，运行 Matlab 程序 ex73. m 得到隐式差分格式的稀疏矩阵除法和追赶法两种方法的数值结果，在误差范围内（eps =0. 05） ex73. f 和 ex73. m 的结果一致，即最终杆上各点的温度达到 0 ℃。从程序 ex73. m 的结果图 7－17 可以看出：随着时间的增长，杆上各等间距节点上温度由初始的 50 ℃逐渐趋于最终的平衡温度 0 ℃。

以上讨论了热传导方程第一边值问题的隐式差分格式解法，其他边值问题用类似的方法可得到热传导方程的数值解。

7.4 波动方程的差分解法

讨论一维波动方程的第一边值问题：

$$\frac{\partial^2 u}{\partial t^2}=\alpha^2\frac{\partial^2 u}{\partial x^2},\qquad a<x<b,\ 0<t \tag{7-29}$$

$$u(a,\ t)=u_a,\ u(b,\ t)=u_b,\ 0<t$$

$$u(x,\ 0)=u_0,\ u_t(x,\ 0)=u_1,\ a\leqslant x\leqslant b$$

α 为常数，定解区域的空间变量范围是 $a\leqslant x\leqslant b$，时间变量 $0\leqslant t$，一维波动方程函数值 u 在定解区域的边值及初值上已给定。

对于方程（7－29），将求解区域 x 方向 $b-a$ 长度划分为 n 等份，每等份长度为 $\Delta x=(b-a)/n$，t 方向以 Δt 为步长进行等间距网格划分，网格覆盖定解区域，如图 7－18 所示，网格节点 (i,j) 空间位置为 x_i，时间为 t_j 时刻，其上的函数值 u 记为 $u_{i,j}$，则初始条件和边值条件为：

$$u_{i,0}=u_0,\ \left(\frac{\partial u}{\partial t}\right)_{i,0}=\frac{u_{i,1}-u_{i,-1}}{2\Delta t}=u_1,\qquad i=0,\ 1,\ 2,\ \cdots,\ n$$

$$u_{0,j}=u_a,\qquad u_{n,j}=u_b,\qquad j=1,\ 2,\ \cdots \tag{7-30}$$

从初始条件出发，在差分等间距网格每一个内节点上建立根据方程（7－29）得到的波动方程差分格式，由此将偏微分方程的定解问题化为有限差分方程的求解问题。

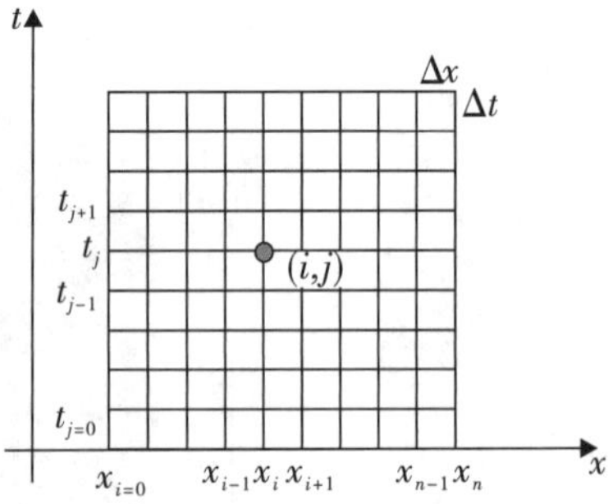

图 7－18 求解区域等间距网格划分示意图

7.4.1 显式、隐式差分格式

1．显式差分格式

在点 (i,j)，函数的二阶偏导数采用中心差分格式（7－4），有：

$$\frac{\partial^2 u}{\partial x^2}=\frac{u_{i+1,j}-2u_{i,j}+u_{i-1,j}}{\Delta x^2}$$

$$\frac{\partial^2 u}{\partial t^2}=\frac{u_{i,j+1}-2u_{i,j}+u_{i,j-1}}{\Delta t^2}$$

代入波动方程（7－29），有：

$$u_{i,j+1}=\alpha^2\frac{\Delta t^2}{\Delta x^2}\left(u_{i+1,j}+u_{i-1,j}\right)+2\left(1-\alpha^2\frac{\Delta t^2}{\Delta x^2}\right)u_{i,j}-u_{i,j-1}, \tag{7-31}$$

$$i=1,\ 2,\ \cdots,\ n-1;\ j=1,\ 2,\ \cdots$$

其中 $j=0$ 时，代入初始条件（7－30），有：

$$u_{i,1}=\frac{\alpha^2\Delta t^2}{2\Delta x^2}(u_{i+1,0}+u_{i-1,0})+\left(1-\alpha^2\frac{\Delta t^2}{\Delta x^2}\right)u_{i,0}+\Delta t u_1,\ i=1,2,\cdots,n-1$$

此为一维波动方程求解的显式差分格式，求解（i，$j+1$）点的函数值 $u_{i,j+1}$时，需用到与之相邻的四点$(i+1,j)$、$(i-1,j)$、(i,j)以及$(i,j-1)$的函数值，如图 7－19 所示，这是三层显式差分格式。

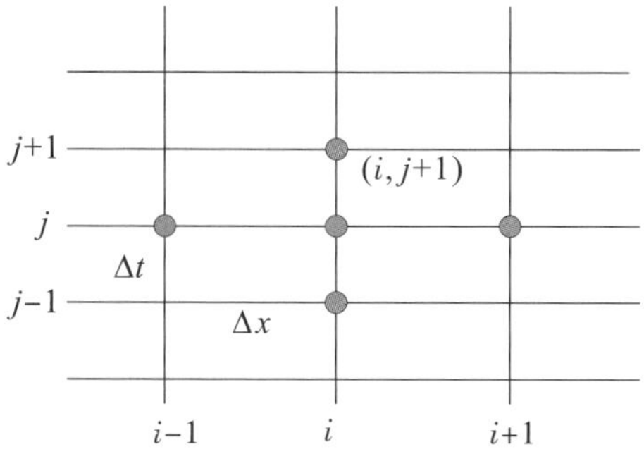

图 7－19　三层显式差分格式

一维波动方程显式差分格式（7－31）的截断误差为 $O(\Delta x^2,\ \Delta t^2)$。结合初始条件式（7－30），当 $\alpha^2\dfrac{\Delta t^2}{\Delta x^2}<1$ 时，其解是稳定的；当 $\alpha^2\dfrac{\Delta t^2}{\Delta x^2}=1$ 时，可得到稳定的数值解；当 $\alpha^2\dfrac{\Delta t^2}{\Delta x^2}>1$ 时，其解是不稳定的。

2. 隐式差分格式

在点$(i,j+1)$，对 x 的二阶偏导数采用中心差分格式（7－4），对 t 的二阶偏导数采用二次向后差分式（7－3），有：

$$\alpha^2\frac{\partial^2 u}{\partial x^2}=\frac{\alpha^2}{\Delta x^2}\ (u_{i+1,j+1}-2u_{i,j+1}+u_{i-1,j+1})$$

$$\frac{\partial^2 u}{\partial t^2}=\frac{u_{i,j+1}-2u_{i,j}+u_{i,j-1}}{\Delta t^2}$$

代入式（7－29），得到波动方程的隐式差分格式：

$$u_{i-1,j+1}-\left(2+\frac{\Delta x^2}{\alpha^2\Delta t^2}\right)u_{i,j+1}+u_{i+1,j+1}=\frac{\Delta x^2}{\alpha^2\Delta t^2}\ (u_{i,j-1}-2u_{i,j})\qquad(7-32)$$

$$i=1,2,\cdots,n-1;\ j=1,2,\cdots$$

其中 $j=0$ 时，代入初始条件有：

$$u_{i-1,1}-2\left(1+\frac{\Delta x^2}{\alpha^2\Delta t^2}\right)u_{i,1}+u_{i+1,1}=-\frac{2\Delta x^2}{\alpha^2\Delta t^2}\ (u_{i,0}+\Delta t u_1),\ i=1,2,\cdots,n-1$$

代入初始条件和边值条件式（7－30），对 $j=1$，式（7－32）可写成一个含有 $n-1$ 个未知数的线性方程组，其系数矩阵是三对角线带状矩阵，可采用线性方程组的数值解法追赶法获得其数值解 $u_{i,2}$，进而可求得所有 j 取值的数值解 $u_{i,j}$。这种差分格式需要求解线性方程组，称之为隐式差分格式，求解过程中(i,j)和$(i,j-1)$两点的函数值已知，与之相邻的三点$(i-1,j+1)$、$(i,j+1)$、$(i+1,j+1)$的函数值通过求解线性方程组得到，如图 7－20 所示，其为三层隐式差分格式。

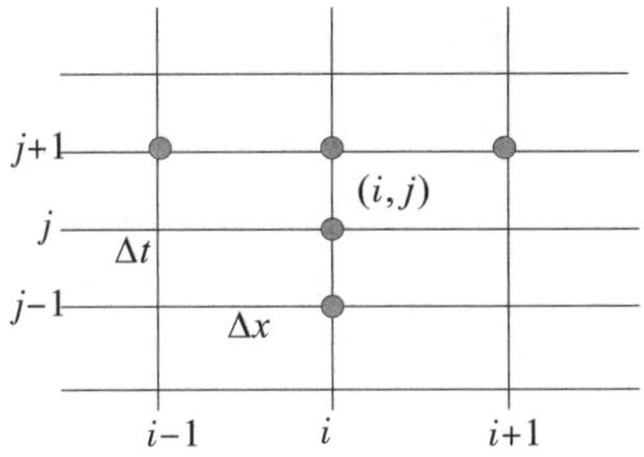

图 7－20　三层隐式差分格式

一维波动方程三层隐式差分格式（7－32）的截断误差是 $O(\Delta x^2, \Delta t^2)$，可以证明，三层隐式差分格式对任何空间步长和时间步长都是稳定的，求解时根据计算误差要求确定所取的步长。

3. 平均隐式差分格式

在点(i,j)，对 x 的二阶偏导数采用点$(i,j\pm1)$的中心差分格式（7－4）的平均，对 t 的二阶偏导数采用中心差分（7－4），有：

$$\alpha^2\frac{\partial^2 u}{\partial x^2}=\frac{\alpha^2}{2\Delta x^2}\left(u_{i+1,j+1}-2u_{i,j+1}+u_{i-1,j+1}+u_{i+1,j-1}-2u_{i,j-1}+u_{i-1,j-1}\right)$$

$$\frac{\partial^2 u}{\partial t^2}=\frac{u_{i,j+1}-2u_{i,j}+u_{i,j-1}}{\Delta t^2}$$

代入式（7－29），得到波动方程的平均隐式差分格式：

$$\begin{aligned}&u_{i-1,j+1}-2\left(1+\frac{\Delta x^2}{\alpha^2\Delta t^2}\right)u_{i,j+1}+u_{i+1,j+1}\\&=-u_{i-1,j-1}+2\left(1+\frac{\Delta x^2}{\alpha^2\Delta t^2}\right)u_{i,j-1}-u_{i+1,j-1}-\frac{4\Delta x^2}{\alpha^2\Delta t^2}u_{i,j},\end{aligned}\tag{7－33}$$

$$i=1,\ 2,\ \cdots,\ n-1;\ j=1,\ 2,\ \cdots$$

其中 $j=0$ 时，代入初始条件（7－30），有：

$$u_{i-1,1}-2\left(1+\frac{\Delta x^2}{\alpha^2\Delta t^2}\right)u_{i,1}+u_{i+1,1}=-\frac{2\Delta x^2}{\alpha^2\Delta t^2}(u_{i,0}+\Delta t u_1),\ i=1,\ 2,\ \cdots,\ n-1$$

代入初始条件和边值条件式（7－30），对 $j=1$，式（7－33）可写成一个含有 $n-1$ 个未知数的线性方程组，其系数矩阵是三对角线带状矩阵，采用线性方程组的数值解法追赶法可获得其数值解 $u_{i,2}$，进而可求得所有 j 取值的数值解 $u_{i,j}$。这种差分格式需要解线性方程组，称之为隐式差分格式，求解过程中(i,j)、$(i-1,j-1)$、$(i,j-1)$、$(i+1,j-1)$四点的函数值已知，与之相邻的三点（$i-1$，$j+1$）、（i，$j+1$）、（$i+1$，$j+1$）的函数值需通过求解线性方程组得到，如图 7－21 所示，可见该差分格式也是三层隐式差分格式。

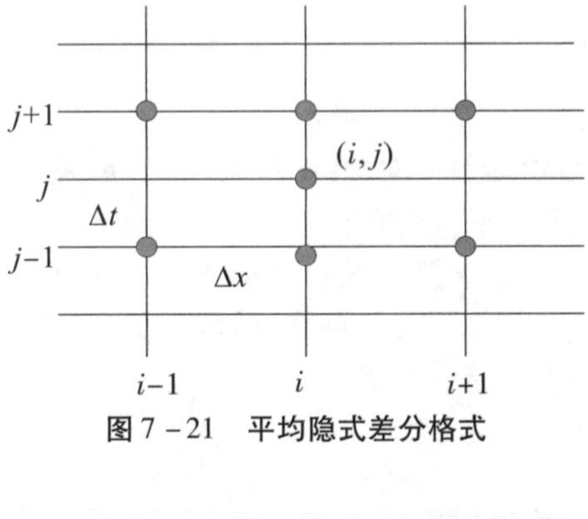

图 7－21　平均隐式差分格式

一维波动方程平均隐式差分格式（7－33）的截断误差是 $O(\Delta x^2, \Delta t^2)$，可以证明，平均隐式差分格式对任何步长都是恒稳的，步长的取定可根据误差要求确定。

7.4.2　显隐交替差分格式

波动方程的空间变量为多个时，可用类似于热传导方程的空间多维变量的处理方式，构造显隐交替（ADI）的差分格式从而求解。

例 7.4　在物理实验中，取一根长为 0.45 米、单位长度质量为 0.03 千克/米的弦，悬于固定的 O 和 E 两点，弦的初始张力为 26.5 牛顿，在距 O 点 2/3 处拉高 0.0015 米，释放该弦后，试求弦上各点位移随时间的变化。

解：(1) 问题分析：根据题意，绘出弦的初始状态示意图，如图 7－22 所示，弦的两端固定于点 O 和点 E，已知弦的长度为 $l=0.45$ 米，弦长 $2/3l$ 处的位移为 $h=0.0015$ 米，假设弦的位移很小，弦的张力 F 为常数，$F=26.5$ 牛顿，弦的单位长度质量 $\rho=0.03$ 千克/米，由此进行弦振动问题的分析，获知弦上各点位移 u 随时间的变化。

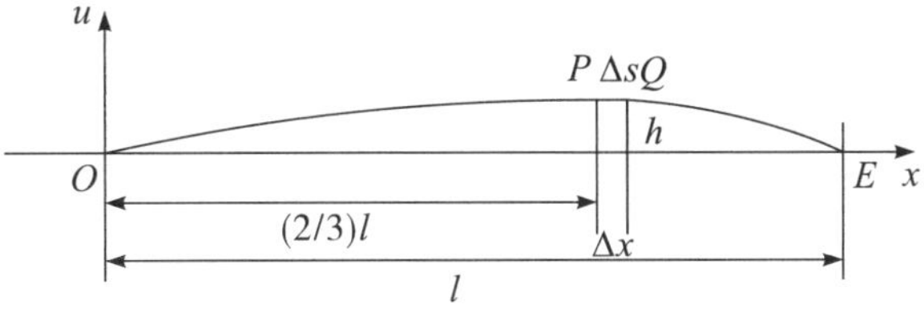

图 7－22　弦的初始状态示意图

取微元 PQ 作受力分析，若 α_Q 和 α_P 分别为点 Q 和 P 处受力 F_Q 和 F_P 与水平方向的夹角，由牛顿第二定律得：

$$F_Q\sin\alpha_Q + F_p\sin\alpha_p = \Delta s\rho u_{tt}$$

因为

$$F_Q = F_p,\ \Delta s \approx \Delta x$$

$$\sin\alpha_Q \approx \tan\alpha_Q = \frac{\Delta u}{\Delta x} = u_x(x+\Delta x,\ t)$$

$$\sin\alpha_p \approx \tan\alpha_p = -\frac{\Delta u}{\Delta x} = -u_x(x,\ t)$$

所以

$$F\frac{u_x(x+\Delta x,\ t) - u_x(x,\ t)}{\Delta x} = \rho u_{tt}$$

即

$$\frac{\partial^2 u}{\partial t^2} = \frac{F\partial^2 u}{\rho\partial x^2}$$

(2) 数学模型：根据问题分析知，弦位移 u 为时间 t 和位置 x 的函数，描述它的偏微分方程为一维波动方程：

$$\frac{\partial^2 u}{\partial t^2} = \frac{F\partial^2 u}{\rho\partial x^2},\quad 0<x<l,\quad t>0 \tag{7－34 (a)}$$

由于弦两端固定于 O 和 E 两点，得到式（7－34（a））求解的边界条件：

$$u(0,\ t)=0,\ u(l,\ t)=0,\ t>0 \tag{7－34 (b)}$$

由已知初始时刻弦上各点的位移知，其最大值位移在 $2/3l$ 处，值为 h，利用线性插值得到各点的初始位移；根据弦初始时刻静止不动得知弦各点的初始速度为零。由此得到式 7－34（a）求解的初始条件：

$$u(x,0)=\begin{cases}\dfrac{h}{\frac{2}{3}l}x, & 0<x\leqslant\dfrac{2}{3}l\\ -\dfrac{h}{\left(1-\frac{2}{3}\right)l}x+\dfrac{h}{1-\frac{2}{3}}, & \dfrac{2}{3}l<x\leqslant l\end{cases}$$

$$\frac{\partial u(x,0)}{\partial t}=0,\ 0\leqslant x\leqslant l \qquad (7-34\text{（c）})$$

采用一维波动方程的显式差分格式（7－31）求解波动方程定解问题，其数学模型为（7－34），计算中需满足的稳定性条件为：$c=\dfrac{F}{\rho}\cdot\dfrac{\Delta t^2}{\Delta x^2}\leqslant 1$。因为$\dfrac{F}{\rho}=883.33\ \text{m}^2/\text{s}^2$，取$\Delta x=0.03$ m，则$\Delta t=0.001$ s可满足稳定性条件。

对求解区域进行等间距网格划分：在x方向上将空间求解区域划分为$n=\dfrac{l}{\Delta x}=\dfrac{0.45}{0.03}=15$个等间距小区间，在时间求解区域以$\Delta t$时间递增，初始时刻点$n_1=\dfrac{2}{3}l/\Delta x=10$处位移最大为$h$，$t$时刻弦上各点位移由波动方程（7－34）的解$u(x,t)$给出。

根据差分网格划分，列出定解问题（7－34）的边界条件和初始条件如下：

$$\begin{aligned}&u_{1,j}=0,\ u_{n+1,j}=0, && j\geqslant 0\\ &u_{i,0}=\frac{h}{\frac{2}{3}l}(i-1)\times\Delta x, && 1<i\leqslant n_1+1\\ &u_{i,0}=\frac{h}{1-\frac{2}{3}}-\frac{h}{\left(1-\frac{2}{3}\right)l}(i-1)\times\Delta x, && n_1+1<i\leqslant n\\ &u_{i,-1}=u_{i,1}, && i=2,\cdots,n\end{aligned} \qquad (7-35)$$

根据差分网格的划分，弦上各点的位移随时间变化满足一维波动方程（7－34），求解采用波动方程显式差分格式，有：

$$u_{i,1}=u_{i,0}+\frac{c}{2}(u_{i+1,0}-2u_{i,0}+u_{i-1,0}),\ j=0,\ i=2,\cdots,n$$

$$u_{i,j+1}=2u_{i,j}-u_{i,j-1}+c(u_{i+1,j}-2u_{i,j}+u_{i-1,j}),\ j\geqslant 1,\ i=2,\cdots,n \qquad (7-36)$$

（3）计算流程：根据三层显式差分格式（7－36）和定解条件式（7－35），编制计算流程图，其中，u，$u1$，$u2$分别为$t-\Delta t$，t，$t+\Delta t$时刻弦的位移，tp为结果记录的时间间隔，tf为计算的最大时间，显式差分格式计算流程如图7－23所示。

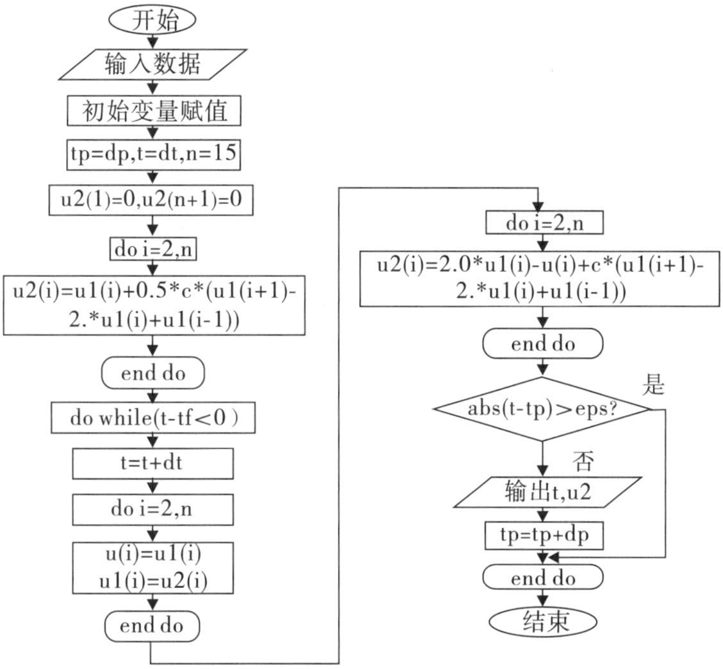

图 7－23　波动方程三层显式差分格式计算流程图

（4）程序编制及运行：根据计算流程图 7－23，编制 Fortran 程序 ex74. f，列表如下：

```
c     ex74.f tial differential equation
      dimension u(16),u1(16),u2(16)
      data sq,xL,dt,dx,dp,tf/883.33,0.45,0.001,0.03,0.005,0.1/

      iw=10
      open(unit=iw,file='out74.dat',status='unknown',form='formatted')
c      n=16 for this case:xL=0.45,dx=0.03. It can be changed according xL and dx. So do dt.
      n=anint(xL/dx)
      n1=n*2/3
      t=0.0
      do i=2,n1+1
         u1(i)=0.005*(i-1)*dx
      end do
      do i=n1+2,n+1
         u1(i)=0.0045-0.01*(i-1)*dx
      end do
      write(iw,"('time      displ.   at    stations    ')")
      write(iw,"(4x,'t',9(4x,I3))") (i,i=1,n+1,2),n+1
      write(iw,'(f7.4,9f7.4)') t,(u1(i),i=1,n+1,2),u1(n+1)
      tp=dp
      t=dt
      c=sq*dt**2/dx**2
      u2(1)=0.
      u2(n+1)=0.
      do i=2,n
         u2(i)=u1(i)+0.5*c*(u1(i+1)-2.*u1(i)+u1(i-1))
      end do
      do while(t-tf.lt.0.0)
        t=t+dt
        do i=2,n
```

```
            u(i)=u1(i)
            u1(i)=u2(i)
         end do
         do i=2,n
            u2(i)=2.0*u1(i)-u(i)+c*(u1(i+1)-2.*u1(i)+u1(i-1))
         end do
         if(abs(t-tp).le.1.0e-6) then
           write(iw,'(f7.4,9f7.4)') t,(u2(i),i=1,n+1,2),u2(n+1)
           tp=tp+dp
         end if
      end do
      close(iw)
      stop
      end
```

Fortran 程序 ex74. f 运行后得到结果存入文件 out74. dat，内容如下：

```
time     displ.  at   stations
    t        1        3        5        7        9       11       13       15       16
  0.0000   0.0000   0.0003   0.0006   0.0009   0.0012   0.0015   0.0009   0.0003   0.0000
  0.0050   0.0000   0.0003   0.0006   0.0007   0.0005   0.0004   0.0002   0.0001   0.0000
  0.0100   0.0000  -0.0001  -0.0003  -0.0004  -0.0006  -0.0007  -0.0004  -0.0001   0.0000
  0.0150   0.0000  -0.0006  -0.0012  -0.0014  -0.0011  -0.0008  -0.0005  -0.0002   0.0000
  0.0200   0.0000  -0.0002  -0.0003  -0.0005  -0.0006  -0.0007  -0.0005  -0.0002   0.0000
  0.0250   0.0000   0.0003   0.0006   0.0006   0.0005   0.0003   0.0002   0.0000   0.0000
  0.0300   0.0000   0.0003   0.0006   0.0009   0.0012   0.0014   0.0009   0.0003   0.0000
  0.0350   0.0000   0.0003   0.0006   0.0008   0.0006   0.0004   0.0003   0.0002   0.0000
  0.0400   0.0000  -0.0001  -0.0002  -0.0004  -0.0005  -0.0007  -0.0004  -0.0002   0.0000
  0.0450   0.0000  -0.0006  -0.0012  -0.0014  -0.0010  -0.0007  -0.0004  -0.0001   0.0000
  0.0500   0.0000  -0.0003  -0.0004  -0.0006  -0.0007  -0.0007  -0.0004  -0.0001   0.0000
  0.0550   0.0000   0.0003   0.0006   0.0005   0.0004   0.0003   0.0001  -0.0001   0.0000
  0.0600   0.0000   0.0003   0.0006   0.0009   0.0012   0.0014   0.0009   0.0003   0.0000
  0.0650   0.0000   0.0003   0.0006   0.0009   0.0007   0.0005   0.0004   0.0002   0.0000
  0.0700   0.0000   0.0000  -0.0001  -0.0003  -0.0005  -0.0006  -0.0005  -0.0002   0.0000
  0.0750   0.0000  -0.0006  -0.0012  -0.0014  -0.0010  -0.0008  -0.0005  -0.0002   0.0000
  0.0800   0.0000  -0.0003  -0.0005  -0.0006  -0.0008  -0.0008  -0.0005  -0.0002   0.0000
  0.0850   0.0000   0.0003   0.0006   0.0005   0.0003   0.0002   0.0001  -0.0001   0.0000
  0.0900   0.0000   0.0003   0.0006   0.0009   0.0012   0.0013   0.0009   0.0003   0.0000
  0.0950   0.0000   0.0003   0.0006   0.0008   0.0007   0.0006   0.0004   0.0003   0.0000
  0.1000   0.0000   0.0001  -0.0001  -0.0003  -0.0004  -0.0005  -0.0005  -0.0002   0.0000
```

根据计算流程图 7－23，编制 Matlab 程序 ex74. m，其中添加了将计算结果以数据矩阵显示和图示的部分，程序列表如下：

```
% ex74.m   %例7.4
type='显式计算结果';
F=26.5; rou=0.03; xL=0.45; dx=0.03; dt=0.001; xL1=2/3; hu=0.0015; tf=0.1;
hu1=hu/(xL1*xL); hu2=hu/((1-xL1)*xL); hu3=hu/(1-xL1); c=F/rou*dt^2/dx^2;
n=fix(xL/dx);n1=fix(n*xL1); ndt1=5; dtp=ndt1*dt; ndt=fix(tf/dtp);
u=zeros(1,n+1); u1=u; u2=u; ushow=[];uu=[];
t=0; it=1;                                    %开始迭代计算
u1(1:n1+1)=hu1*[0:n1]*dx; u1(n1+2:n+1)=hu3-hu2*[n1+1:n]*dx;   %初始条件
ushow=[ushow;[t,u1]]; uu=[uu;[t,u1]];         %数据存入矩阵
t=t+dt; it=it+1; tp=dtp;
u2(2:n)=u1(2:n)+0.5*c*(u1(3:n+1)-2*u1(2:n)+u1(1:n-1));
ushow=[ushow;[t,u2]]; uu=[uu;[t,u2]];         %数据存入矩阵
while t-tf<0.0
    t=t+dt;it=it+1; u=u1; u1=u2;
```

```
    u2(2:n)=2.0*u1(2:n)-u(2:n)+c*(u1(3:n+1)-2*u1(2:n)+u1(1:n-1));
    uu=[uu;[t,u2]];                              %数据存入矩阵
    if abs(t-tp)<=1.0e-6
        tp=tp+dtp; ushow=[ushow;[t,u2]]; %数据存入矩阵
    end
end
ushow=[ushow;[t,u2]];
%show the calculated results by data
fprintf('%5s\n',type);
fprintf('%10s %8s %8s %8s %8s %10s %10s %9s %9s %9s\n', ...
    'time(s)','1','3','5','7','9','11','13','15','16');
format short; ushow(:,[1,2:2:n+1,n+2])
%show the calculated data by two subgraphs
subplot(1,2,1); x=0:dx:xL; xxp=x(1):0.1*dx:xL;    %for interp
for i=1:size(uu,1)
    uup=interp1(x,uu(i,2:end),xxp);
    plot(xxp,uup,'.b-'); xlabel 'x (m)'; ylabel 'u (m)';
    set(gca,'xlim',[0,xL],'ylim',[-hu,hu],'fontsize',15,'fontweight','bold')
    text(dx,hu*0.8,['t= ' num2str(i*dt,2) 's'],'fontsize',15); pause(0.1);
end
title(type);
subplot(1,2,2); waterfall(x,uu(:,1),uu(:,2:end))    %plot 3D figure
axis([0,xL,0,tf,-hu,hu]); view(30,80); colormap([0,0,1]);
xlabel 'x (m)'; ylabel 't (s)'; zlabel 'u (m)';
set(gca,'fontsize',15,'fontweight','bold'); title('弦的振动图示')
```

程序 ex74. m 在 Matlab 环境中运行，得到显式差分格式计算的数值结果，并绘出不同时刻弦的位移数值结果图 7－24。

```
>> ex74

显式计算结果
```

time(s)	1	3	5	7	9	11	13	15	16
0	0	0.0003	0.0006	0.0009	0.0012	0.0015	0.0009	0.0003	0.0000
0.0010	0	0.0003	0.0006	0.0009	0.0012	0.0013	0.0009	0.0003	0
0.0050	0	0.0003	0.0006	0.0007	0.0005	0.0004	0.0002	0.0001	0
0.0100	0	-0.0001	-0.0003	-0.0004	-0.0006	-0.0007	-0.0004	-0.0001	0
0.0150	0	-0.0006	-0.0012	-0.0014	-0.0011	-0.0008	-0.0005	-0.0002	0
0.0200	0	-0.0002	-0.0003	-0.0005	-0.0006	-0.0007	-0.0005	-0.0002	0
0.0250	0	0.0003	0.0006	0.0006	0.0005	0.0003	0.0002	-0.0000	0
0.0300	0	0.0003	0.0006	0.0009	0.0012	0.0014	0.0009	0.0003	0
0.0350	0	0.0003	0.0006	0.0008	0.0006	0.0004	0.0003	0.0002	0
0.0400	0	-0.0001	-0.0002	-0.0004	-0.0005	-0.0007	-0.0004	-0.0002	0
0.0450	0	-0.0006	-0.0012	-0.0014	-0.0010	-0.0007	-0.0004	-0.0001	0
0.0500	0	-0.0003	-0.0004	-0.0006	-0.0007	-0.0007	-0.0004	-0.0001	0
0.0550	0	0.0003	0.0006	0.0005	0.0004	0.0003	0.0001	-0.0001	0
0.0600	0	0.0003	0.0006	0.0009	0.0012	0.0014	0.0009	0.0003	0
0.0650	0	0.0003	0.0006	0.0009	0.0007	0.0005	0.0004	0.0002	0
0.0700	0	0.0000	-0.0001	-0.0003	-0.0005	-0.0006	-0.0005	-0.0002	0
0.0750	0	-0.0006	-0.0012	-0.0014	-0.0010	-0.0008	-0.0005	-0.0002	0
0.0800	0	-0.0003	-0.0005	-0.0006	-0.0008	-0.0008	-0.0005	-0.0002	0
0.0850	0	0.0003	0.0006	0.0005	0.0003	0.0002	0.0001	-0.0001	0
0.0900	0	0.0003	0.0006	0.0009	0.0012	0.0013	0.0009	0.0003	0
0.0950	0	0.0003	0.0006	0.0008	0.0007	0.0006	0.0004	0.0003	0
0.1000	0	0.0001	-0.0001	-0.0003	-0.0004	-0.0005	-0.0005	-0.0002	0
0.1000	0	0.0001	-0.0001	-0.0003	-0.0004	-0.0005	-0.0005	-0.0002	0

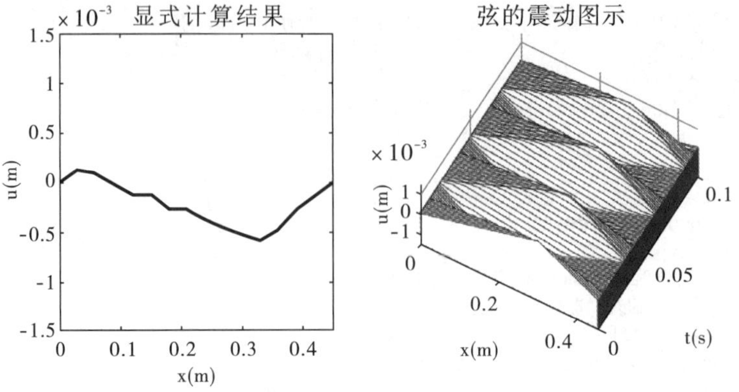

图 7-24　例 7.4 结果图

（5）结果分析：从数据结果可以看出：Fortran 程序 ex74. f 和 Matlab 程序 ex74. m 运行得到的 0. 1s 时弦位置的数值结果一致；而且 Matlab 程序 ex74. m 运行结果图 7-24 给出了随着时间的增长，弦上各点偏离水平平衡位置的位移图示。

以上讨论了弦振动方程第一边值问题的显式差分格式解法，其他边值问题用类似的方法可同样得到波动方程的数值解。

例 7. 5　同例 7. 4（见第 225 页）。

解：（1）问题分析：同例 7. 4 的问题分析（第 225 页）。

（2）数学模型：同例 7. 4 的数学模型（见第 225—226 页）。定解问题（7-34）解的隐式差分格式：

$$u_{i-1,1}-2\left(1+\frac{1}{c}\right)u_{i,1}+u_{i+1,1}=-\left(\frac{2}{c}\right)u_{i,0},\quad j=0,\ i=2,\ \cdots,\ n$$

$$u_{i-1,j+1}-\left(2+\frac{1}{c}\right)u_{i,j+1}+u_{i+1,j+1}=\left(\frac{1}{c}\right)\left(u_{i,j-1}-2u_{i,j}\right),\quad j\geqslant 1,\ i=2,\ \cdots,\ n \tag{7-37}$$

（3）计算流程：根据三层隐式差分格式（7-37）和定解条件式（7-35）编制计算流程图，其中，u，$u1$，$u2$ 分别为 $t-\Delta t$，t，$t+\Delta t$ 时刻弦的位移，tp 为结果记录的时间间隔，tf 为计算的最大时间，三层隐式差分格式计算流程见图 7-25。

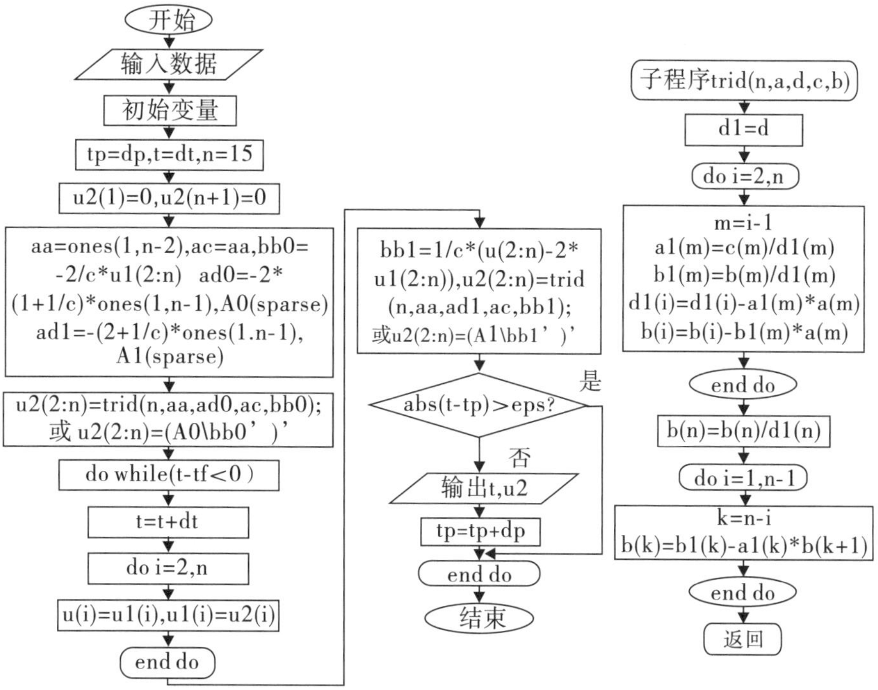

图 7－25　波动方程三层隐式差分格式计算流程图

（4）程序编制及运行：根据计算流程图 7－25 编制 Fortran 程序 ex75. f，列表如下：

```
c     ex75.f tial differential equation
      dimension u(16),u1(16),u2(16),aa(14),ad0(14),ad(14),ac(14),bb(14)
      data sq,xL,dt,dx,dp,tf/883.33,0.45,0.001,0.03,0.005,0.1/

      iw=10
      open(unit=iw,file='out75.dat',status='unknown',form='formatted')
c    n=16 for this case:xL=0.45,dx=0.03. It can be changed according xL and dx. So do dt.
      n=anint(xL/dx)
      n1=n*2/3
      t=0.0
      do i=2,n1+1
         u1(i)=0.005*(i-1)*dx
      end do
      do i=n1+2,n+1
         u1(i)=0.0045-0.01*(i-1)*dx
      end do
      write(iw,"('time      displ.   at    stations    ')")
      write(iw,"(4x,'t',9(4x,I3))") (i,i=1,n+1,2),n+1
      write(iw,'(f7.4,9f7.4)') t,(u1(i),i=1,n+1,2),u1(n+1)
      tp=dp
      t=dt
      c=sq*dt**2/dx**2
      do i=1,n-1
           aa(i)=1
           ad0(i)=-(2+2/c)
           ad(i)=-(2+1/c)
           ac(i)=1
      end do
      u2(1)=0.
      u2(n+1)=0.
```

```
do i=1,n-1
    bb(i)=-2/c*u1(i+1)
end do
  call trid(n-1,aa,ad0,ac,bb)
do i=1,n-1
    u2(i+1)=bb(i)
end do
do while(t-tf.lt.0.0)
   t=t+dt
   do i=2,n
       u(i)=u1(i)
       u1(i)=u2(i)
   end do
   do i=1,n-1
       bb(i)=1/c*(u(i+1)-2*u1(i+1))
   end do
     call trid(n-1,aa,ad,ac,bb)
   do i=1,n-1
       u2(i+1)=bb(i)
   end do
   if(abs(t-tp).le.1.0e-6) then
      write(iw,'(f7.4,9f7.4)') t,(u2(i),i=1,n+1,2),u2(n+1)
      tp=tp+dp
   end if
end do
close(iw)
stop
end

subroutine trid(n,a,d,c,b)
dimension a(n),d(n),c(n),b(n),a1(n),d1(n),b1(n)
  do i=1,n
     d1(i)=d(i)
  end do
do i=2,n
   m=i-1
   a1(m)=c(m)/d1(m)
   b1(m)=b(m)/d1(m)
   d1(i)=d1(i)-a1(m)*a(m)
   b(i)=b(i)-b1(m)*a(m)
end do
b(n)=b(n)/d1(n)
do i=1,n-1
   k=n-i
   b(k)=b1(k)-a1(k)*b(k+1)
end do
return
end
```

程序 ex75. f 在 Fortran 环境中运行，得到计算结果存入文件 out75. dat，内容如下：

```
time    displ.  at  stations
   t       1      3      5      7      9     11     13     15     16
 0.0000 0.0000 0.0003 0.0006 0.0009 0.0012 0.0015 0.0009 0.0003 0.0000
 0.0050 0.0000 0.0003 0.0005 0.0007 0.0006 0.0005 0.0004 0.0001 0.0000
 0.0100 0.0000-0.0000-0.0001-0.0003-0.0004-0.0004-0.0003-0.0001 0.0000
 0.0150 0.0000-0.0004-0.0007-0.0009-0.0008-0.0007-0.0004-0.0001 0.0000
 0.0200 0.0000-0.0002-0.0004-0.0005-0.0005-0.0004-0.0003-0.0001 0.0000
 0.0250 0.0000 0.0001 0.0002 0.0002 0.0002 0.0001 0.0001 0.0000 0.0000
```

```
0.0300 0.0000 0.0002 0.0004 0.0006 0.0006 0.0005 0.0004 0.0001 0.0000
0.0350 0.0000 0.0002 0.0003 0.0004 0.0004 0.0004 0.0003 0.0001 0.0000
0.0400 0.0000-0.0000-0.0001-0.0001-0.0001-0.0001-0.0001-0.0000 0.0000
0.0450 0.0000-0.0002-0.0003-0.0004-0.0004-0.0004-0.0003-0.0001 0.0000
0.0500 0.0000-0.0001-0.0002-0.0003-0.0003-0.0003-0.0002-0.0001 0.0000
0.0550 0.0000 0.0000 0.0000 0.0001 0.0001 0.0000 0.0000 0.0000 0.0000
0.0600 0.0000 0.0001 0.0002 0.0003 0.0003 0.0003 0.0002 0.0001 0.0000
0.0650 0.0000 0.0001 0.0002 0.0002 0.0002 0.0002 0.0001 0.0001 0.0000
0.0700 0.0000-0.0000-0.0000-0.0000-0.0000-0.0000-0.0000-0.0000 0.0000
0.0750 0.0000-0.0001-0.0002-0.0002-0.0002-0.0002-0.0001-0.0000 0.0000
0.0800 0.0000-0.0001-0.0001-0.0002-0.0002-0.0002-0.0001-0.0000 0.0000
0.0850 0.0000-0.0000-0.0000-0.0000-0.0000-0.0000-0.0000-0.0000 0.0000
0.0900 0.0000 0.0001 0.0001 0.0001 0.0002 0.0001 0.0001 0.0000 0.0000
0.0950 0.0000 0.0001 0.0001 0.0001 0.0001 0.0001 0.0001 0.0000 0.0000
0.1000 0.0000 0.0000 0.0000 0.0000 0.0000 0.0000 0.0000 0.0000 0.0000
```

根据计算流程图 7 - 25，编制 Matlab 程序 ex75. m，程序中包含隐式格式的稀疏矩阵除法和追赶法的计算，同时添加了将计算结果以数据矩阵显示和图示的部分，其程序列表如下：

```
% ex75.m   %例7.5

function ex75
type={'隐式sparse结果','隐式trid结果'};
F=26.5; rou=0.03; xL=0.45; dx=0.03; dt=0.001; xL1=2/3; hu=0.0015; tf=0.1;
hu1=hu/(xL1*xL); hu2=hu/((1-xL1)*xL); hu3=hu/(1-xL1); c=F/rou*dt^2/dx^2;
n=fix(xL/dx);n1=fix(n*xL1); ndt1=5; dtp=ndt1*dt; ndt=fix(tf/dtp);
aa=ones(1,n-2);ac=aa; ad0=-2*(1+1/c)*ones(1,n-1); ad1=-(2+1/c)*ones(1,n-1);
A01=sparse(2:n-1,1:n-2,aa,n-1,n-1); A03=A01';
A02=sparse(1:n-1,1:n-1,ad0,n-1,n-1); A0=A01+A02+A03;
A12=sparse(1:n-1,1:n-1,ad1,n-1,n-1); A1=A01+A12+A03;

for itype=1:2       %for two methods
    u=zeros(1,n+1); u1=u; u2=u; ushow=[];uu=[];
    t=0; it=1;                                  %开始迭代计算
    u1(1:n1+1)=hu1*[0:n1]*dx; u1(n1+2:n+1)=hu3-hu2*[n1+1:n]*dx; %初始条件
    ushow=[ushow;[t,u1]]; uu=[uu;[t,u1]];       %数据存入矩阵
    t=t+dt; it=it+1; tp=dtp; bb0=-2/c*u1(2:n);
    switch itype
        case 1; u2(2:n)=(A0\bb0')';
        case 2; u2(2:n)=trid(n-1,aa,ad0,ac,bb0);
    end
    ushow=[ushow;[t,u2]]; uu=[uu;[t,u2]];       %数值存入矩阵
    while t-tf<0.0
        t=t+dt;it=it+1; u=u1; u1=u2; bb1=1/c*(u(2:n)-2*u1(2:n));
        switch itype
            case 1; u2(2:n)=(A1\bb1')';
            case 2; u2(2:n)=trid(n-1,aa,ad1,ac,bb1);
        end
        uu=[uu;[t,u2]];                         %数据存入矩阵
        if abs(t-tp)<=1.0e-6
            tp=tp+dtp; ushow=[ushow;[t,u2]]; %数据存入矩阵
        end
    end
     ushow=[ushow;[t,u2]];
```

```
        %show the calculated results by data
        fprintf('%5s\n',type{itype});
        fprintf('%10s %8s %8s %8s %8s %10s %10s %9s %9s %9s\n', ...
              'time(s)','1','3','5','7','9','11','13','15','16');
        format short; ushow(:,[1,2:2:n+1,n+2])
        %show the calculated data by two subgraphs
        figure; x=0:dx:xL; umnplot(hu,x,uu,type{itype})
end

%trid function
function y=trid(n,a,d,c,b) %(n,下,主,上)
for i=2:n
        m=i-1; a1(m)=c(m)/d(m); b1(m)=b(m)/d(m);
        d(i)=d(i)-a1(m)*a(m);    b(i)=b(i)-b1(m)*a(m);
end
b(n)=b(n)/d(n);
for i=1:n-1
        k=n-i; b(k)=b1(k)-a1(k)*b(k+1);
end
y=b;

%show the calculated results by two sub-figures
function umnplot(hu,x,uu,type)
subplot(1,2,1); xL=x(end); dx=x(2)-x(1);tf=uu(end,1); dt=uu(2,1)-uu(1,1);
xxp=x(1):0.1*dx:xL;    %for interp
for i=1:size(uu,1)
        uup=interp1(x,uu(i,2:end),xxp);
        plot(xxp,uup,'.b-'); xlabel 'x (m)'; ylabel 'u (m)';
        set(gca,'xlim',[0,xL],'ylim',[-hu,hu],'fontsize',15,'fontweight','bold')
        text(dx,hu*0.8,['t= ' num2str(i*dt,2) 's'],'fontsize',15); pause(0.1);
end
title(type);
subplot(1,2,2); waterfall(x,uu(:,1),uu(:,2:end))    %plot 3D figure
axis([0,xL,0,tf,-hu,hu]); view(30,80); colormap([0,0,1]);
xlabel 'x (m)'; ylabel 't (s)'; zlabel 'u (m)';
set(gca,'fontsize',15,'fontweight','bold'); title('弦的振动图示')
```

程序 ex75. m 在 Matlab 环境中运行，得到计算结果如下，并绘出不同时刻弦的位移数值结果图 7 – 26。

```
>> ex75

隐式sparse结果
```

time(s)	1	3	5	7	9	11	13	15	16
0	0	0.0003	0.0006	0.0009	0.0012	0.0015	0.0009	0.0003	0.0000
0.0010	0	0.0003	0.0006	0.0009	0.0012	0.0014	0.0009	0.0003	0
0.0050	0	0.0003	0.0005	0.0007	0.0006	0.0005	0.0004	0.0001	0
0.0100	0	-0.0000	-0.0001	-0.0003	-0.0004	-0.0004	-0.0003	-0.0001	0
0.0150	0	-0.0004	-0.0007	-0.0009	-0.0008	-0.0007	-0.0004	-0.0001	0
0.0200	0	-0.0002	-0.0004	-0.0005	-0.0005	-0.0004	-0.0003	-0.0001	0
0.0250	0	0.0001	0.0002	0.0002	0.0002	0.0001	0.0001	0.0000	0
0.0300	0	0.0002	0.0004	0.0006	0.0006	0.0005	0.0004	0.0001	0
0.0350	0	0.0002	0.0003	0.0004	0.0004	0.0004	0.0003	0.0001	0
0.0400	0	-0.0000	-0.0001	-0.0001	-0.0001	-0.0001	-0.0001	-0.0000	0
0.0450	0	-0.0002	-0.0003	-0.0004	-0.0004	-0.0004	-0.0003	-0.0001	0
0.0500	0	-0.0001	-0.0002	-0.0003	-0.0003	-0.0003	-0.0002	-0.0001	0
0.0550	0	0.0000	0.0000	0.0001	0.0001	0.0000	0.0000	0.0000	0
0.0600	0	0.0001	0.0002	0.0003	0.0003	0.0003	0.0002	0.0001	0
0.0650	0	0.0001	0.0002	0.0002	0.0002	0.0002	0.0001	0.0001	0
0.0700	0	-0.0000	-0.0000	-0.0000	-0.0000	-0.0000	-0.0000	-0.0000	0
0.0750	0	-0.0001	-0.0002	-0.0002	-0.0002	-0.0002	-0.0001	-0.0000	0

0.0800	0	-0.0001	-0.0001	-0.0002	-0.0002	-0.0002	-0.0001	-0.0000	0
0.0850	0	-0.0000	-0.0000	-0.0000	-0.0000	-0.0000	-0.0000	-0.0000	0
0.0900	0	0.0001	0.0001	0.0001	0.0002	0.0001	0.0001	0.0000	0
0.0950	0	0.0001	0.0001	0.0001	0.0001	0.0001	0.0001	0.0000	0
0.1000	0	0.0000	0.0000	0.0000	0.0000	0.0000	0.0000	0.0000	0
0.1000	0	0.0000	0.0000	0.0000	0.0000	0.0000	0.0000	0.0000	0

隐式trid结果

time(s)	1	3	5	7	9	11	13	15	16
0	0	0.0003	0.0006	0.0009	0.0012	0.0015	0.0009	0.0003	0.0000
0.0010	0	0.0003	0.0006	0.0009	0.0012	0.0014	0.0009	0.0003	0
0.0050	0	0.0003	0.0005	0.0007	0.0006	0.0005	0.0004	0.0001	0
0.0100	0	-0.0000	-0.0001	-0.0003	-0.0004	-0.0004	-0.0003	-0.0001	0
0.0150	0	-0.0004	-0.0007	-0.0009	-0.0008	-0.0007	-0.0004	-0.0001	0
0.0200	0	-0.0002	-0.0004	-0.0005	-0.0005	-0.0004	-0.0003	-0.0001	0
0.0250	0	0.0001	0.0002	0.0002	0.0002	0.0001	0.0001	0.0000	0
0.0300	0	0.0002	0.0004	0.0006	0.0006	0.0005	0.0004	0.0001	0
0.0350	0	0.0002	0.0003	0.0004	0.0004	0.0004	0.0003	0.0001	0
0.0400	0	-0.0000	-0.0001	-0.0001	-0.0001	-0.0001	-0.0001	-0.0000	0
0.0450	0	-0.0002	-0.0003	-0.0004	-0.0004	-0.0004	-0.0003	-0.0001	0
0.0500	0	-0.0001	-0.0002	-0.0003	-0.0003	-0.0003	-0.0002	-0.0001	0
0.0550	0	0.0000	0.0000	0.0001	0.0001	0.0000	0.0000	0.0000	0
0.0600	0	0.0001	0.0002	0.0003	0.0003	0.0003	0.0002	0.0001	0
0.0650	0	0.0001	0.0002	0.0002	0.0002	0.0002	0.0001	0.0001	0
0.0700	0	-0.0000	-0.0000	-0.0000	-0.0000	-0.0000	-0.0000	-0.0000	0
0.0750	0	-0.0001	-0.0002	-0.0002	-0.0002	-0.0002	-0.0001	-0.0000	0
0.0800	0	-0.0001	-0.0001	-0.0002	-0.0002	-0.0002	-0.0001	-0.0000	0
0.0850	0	-0.0000	-0.0000	-0.0000	-0.0000	-0.0000	-0.0000	-0.0000	0
0.0900	0	0.0001	0.0001	0.0001	0.0002	0.0001	0.0001	0.0000	0
0.0950	0	0.0001	0.0001	0.0001	0.0001	0.0001	0.0001	0.0000	0
0.1000	0	0.0000	0.0000	0.0000	0.0000	0.0000	0.0000	0.0000	0
0.1000	0	0.0000	0.0000	0.0000	0.0000	0.0000	0.0000	0.0000	0

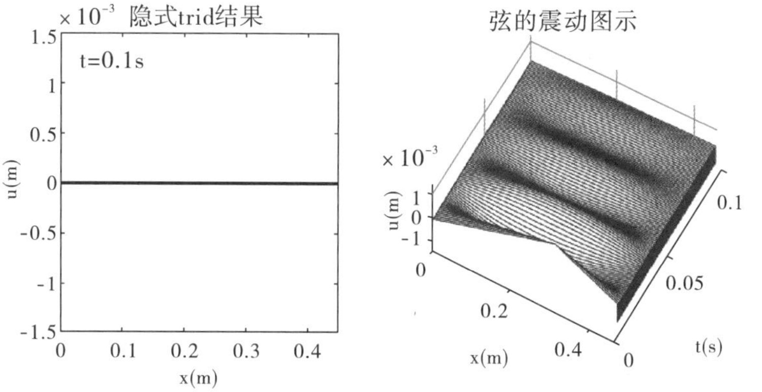

图 7－26 例 7.5 结果图

(5) 结果分析：从数据结果可以看出 Fortran 程序 ex75. f 和 Matlab 程序 ex75. m 得到的弦的位移数值结果一致；Matlab 程序 ex75. m 的运行结果图 7－26 给出了随着时间的增长，弦上各点偏离水平平衡位置的位移图示。比较显式差分格式程序 ex74. m 和隐式差分格式程序 ex75. m 的结果可以看出：在相同的空间和时间间隔设定下，到 $tf = 0.1$s 时刻，显式差分格式得到的数值结果显示弦的位移多处为非零值，而隐式差分格式得到的数值结果均为 0.0000。由此说明：隐式格式的计算能更快地达到平衡。

以上讨论了弦振动方程第一边值问题的隐式差分格式求解，其他边值问题用类似的方法可同样得到波动方程的数值解。

习　题

7.1　把一个长为 L，横截面均匀的杆嵌入绝热的介质中，其左端露在外面，如下图所示。开始时，杆的平衡温度是 $T=0$ ℃，若某时刻 $t=0$ 瞬间使左端处于恒定温度 $T=100$ ℃，则描述杆上各点温度与位置和时间关系的偏微分方程为：

$$K\frac{\partial^2 T}{\partial x^2}=\frac{\partial T}{\partial t}\quad (0<x<L,\ 0<t)$$

其中系数 K 为与材料相关的参数，边界条件和初始条件为 $T(0,\ t)=100$，$\frac{\partial T(L,\ t)}{\partial x}=0$，$T(x,\ 0)=0$。试给出杆上各点温度随时间变化的描述。

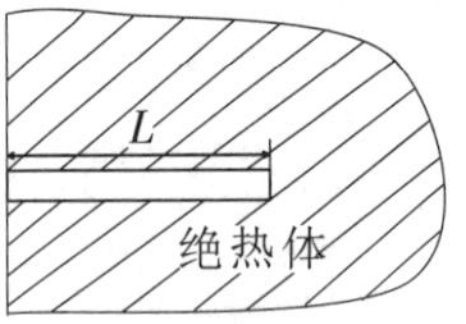

习题 7.1 图

7.2　如下图所示，已知一方形平板上的二维稳态温度在区域边界上的分布，板上温度分布由二维拉普拉斯方程及其边界条件描述：

$$\frac{\partial^2 T}{\partial x^2}+\frac{\partial^2 T}{\partial y^2}=0,\ 0<x<1,\ 0<y<1$$

$$x=0,\ T=0;\ x=1,\ T=100$$

$$y=0,\ T=100x;\ y=1,\ T=100x^2$$

若取步长 $\Delta x=\Delta y=0.1$，试求该方形平板上各节点的温度值。

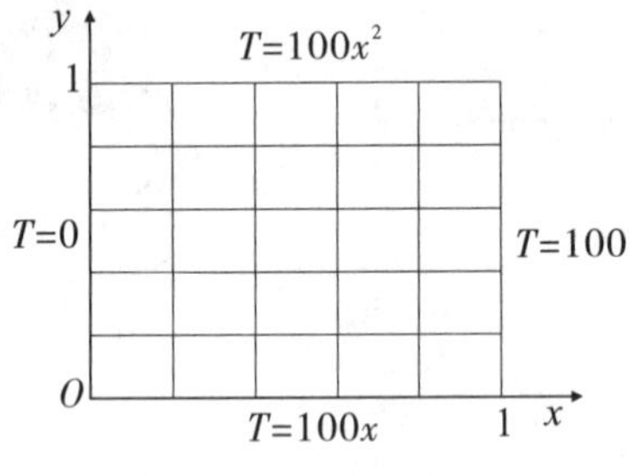

习题 7.2 图

附录　例题 Python 程序实现

为便于在开源环境下编程并进行数值计算，我们提供了本书例题的 Python 程序，该程序的逻辑流程沿用了各章相应例题的计算流程图，此处列出 Python 程序及其在 Python3. 9. 5环境下运行的结果，供 Python 编程爱好者参考。

附录1　例 1. 1 至例 1. 2

例 1. 1（见第 3 页）

解： 按照计算流程图 1－1，编制 Python 程序 ex11. py，程序分别给出了直接法、迭代法和嵌套法的代码，具体内容如下：

```
#ex11.py

x = 2;a = list(range(1,7));n = len(a)
print('x = {0} \t n = {1}'.format(x,n))
print('a = ',a)

#method 1 - directly calculation
p = a[0]
for k in range(1,n):
    p = p + a[k]*x**(k)
p1 = p
print('method 1 - The polyval P = %d'%p1)

#method 2 - iteration calculation
p = a[0]
r = 1
for k in range(1,n):
    r = r*x
    p = p + a[k]*r
p2 = p
print('method 2 - The polyval P = %d'%p2)

#method 3 - nested calculation
p = a[n-1]
for k in range(n-1):
    n1 = n - k - 2
    p = p*x + a[n1]
p3 = p
print('method 3 - The polyval P = %d'%p3)
```

在 Python 工作窗口查看程序 ex11. py 并运行，得到的结果如下：

```
x = 2          n = 6
a =  [1, 2, 3, 4, 5, 6]
method 1 - The polyval P = 321
method 2 - The polyval P = 321
method 3 - The polyval P = 321
```

在 Python 环境下运行得到的结果与 Fortran 程序 ex11. f 和 Matlab 程序 ex11. m 的结果相同，且该五阶多项式用直接法、迭代法和嵌套法求得的结果相同，都为 321。

例 1.2（见第 6 页）

解：采用两种方法对电场强度为零的位置进行数值计算求解。

1. *直接法*

按照计算流程图 1－4，编制 Python 程序 ex12.py，其中先定义要用到的函数 ex11()，再列出主程序 main()语句，继而调用主程序 main()，具体内容如下：

```
#ex12.py

def ex12(q1,q2,l):
    print('given = \n q1 = {0:.4f}\tq2 = {1:.4f}\tl = {2}'.format(q1,q2,l))
    x = 0;
    if abs(q1) > 0 and abs(q2) > 0:
        if q1 != -q2:
            q = q2/q1
            if q < 0:
                x = l/(1 - pow((-q),1/2))
            else:
                x = l/(1 + pow((q),1/2))
            print('the balance position is %.6f\n'% x)
        else:
            print('there is no balance point\n')

def main():
    ex12(1,2,4)
    ex12(1,-2,4)
    ex12(-1,-2,4)

main()
```

在 Python 工作窗口查看程序 ex12.py 并运行，得到的结果如下：

```
given =
 q1 = 1.0000     q2 = 2.0000      l = 4
the balance position is 1.656854

given =
 q1 = 1.0000     q2 = -2.0000     l = 4
the balance position is -9.656854

given =
 q1 = -1.0000    q2 = -2.0000     l = 4
the balance position is 1.656854
```

在 Python 环境下运行得到的结果与 Fortran 程序和 Matlab 程序的结果在相同误差范围内一致。

2. *逐次逼近法*

按照计算流程图 1－6，在 Python 环境下编制程序 ex13.py，列表如下：

```
#ex13.py

def ex13(q1,q2,l,N,eps):
    print('given = \nq1 = {0:.6f}\tq2 = {1:.6f}\t\
l = {2}\tN = {3}\teps = {4:10.4e}'.format(q1,q2,l,N,eps))
    a = 0
    b = 1
    n = 1
    x = (a+b)/2
    E = q1/pow(x,2) - q2/pow((l-x),2)
```

```
    while abs(E) > eps and n < N:
        if E > 0:
            a = x;
        else:
            b = x;
        n += 1
        x = (a+b)/2
        E = q1/pow(x,2) - q2/pow((l-x),2)
    print('results = \nx = {0:.6f}    E = {1:.7g}    n = {2}'.format(x, E, n))

def main():
    ex13(1,2,4,10000,1.0e-6)

main()
```

在 Python 工作窗口查看程序 ex13. py 并运行，得到结果如下：

```
given =
q1 = 1.000000    q2 = 2.000000    l = 4  N = 10000  eps = 1.0000e-06
results =
x = 1.656855    E = -2.852653e-07    n = 21
```

在 Python 环境的运行结果与 Fortran 程序和 Matlab 程序的结果在给定的误差范围内一致。

附录 2　例 2. 1 至例 2. 5

例 2. 1（见第 15 页）

解： 在 Python 环境下编制程序 ex21. py，程序开头需要导入科学计算模块 numpy 和数据可视化模块 matplotlib，分别实现数组的运算和画图的功能（其中 numpy 和 matplotlib 模块需提前安装），程序中各变量名的意义与 Matlab 程序 ex21. m 中的相同。

```
#ex21.py
import numpy as np
import matplotlib.pyplot as plt

def gaussmf(x,xm,sigma):
    return np.exp(-1*((x-xm)**2)/(2*(sigma**2)))/(pow((2*np.pi),1/2)*sigma)

def main():
        X = [188,189,192,185,187,185,193,186,198,189,\
             191,197,188,186,195,187,194,198,182,189,\
             197,188,190,198,184,183,193,192,190,189,\
             190,188,186,198,192,191,187,190,189,185]
        print('given = \nX = ',X)
        xm = np.mean(X)
        sigma = np.std(X,ddof=1) #设置参数ddof=1计算无偏标准差
        xmin = np.min(X)
        xmax = np.max(X)
        print('results = \nxm = {0:.4f}\tsigma = {1:.4f}\txmin = {2}\t\
xmax = {3}'.format(xm,sigma,xmin,xmax))
        nx = 9;
        delx = (xmax - xmin)/(nx - 1)
        x = np.arange(xmin,xmax+0.1,delx)
        plt.hist(X,x,label='histgram')
        y = gaussmf(x,xm,sigma)*delx*len(X)
        plt.scatter(x,y,color='r',marker='*',label='gaussian',zorder=2)
        plt.xlabel('counts')
        plt.ylabel('frequency')
```

```
        plt.legend()
        plt.show()

main()
```

程序 ex21. py 运行结果如下，单位时间计数值的频率分布与图 2－2 右图一致。

```
given =
X =   [188, 189, 192, 185, 187, 185, 193, 186, 198, 189, 191, 197, 188, 186, 195, 187, 194, 198, 182,
189, 197, 188, 190, 198, 184, 183, 193, 192, 190, 189, 190, 188, 186, 198, 192, 191, 187, 190, 189, 185]
results =
xm = 189.9750    sigma = 4.3764    xmin = 182xmax = 198
```

Python 程序 ex21. py 与 Fortran 程序 ex21. f 以及 Matlab 程序 ex21. m 计算得到的单位时间计数平均值、均方差和标准偏差结果一致。

例 2. 2（见第 22 页）

解：根据计算流程图 2－5 编写拉格朗日插值 Python 程序 ex22. py，先定义拉格朗日函数 lagrange()，并在主函数 main() 中对其进行调用，列表如下：

```
#ex22.py
import numpy
import matplotlib.pyplot as plt

def lagrange(x,y,x1):
    print('given = ')
    for i in range(len(x)):
        print('%.4f'%x[i],end='\t')
    print('')
    for j in range(len(y)):
        print('%.4f'%y[j],end='\t')
    print('\nx1 for interp = ')
    print(x1)
    n = len(x) - 1
    m = len(x1)
    y1 = numpy.zeros(m)
    for k in range(m):
        z = x1[k]
        y1[k] = 0
        for i in range(n+1):
            h = 1
            for j in range(n+1):
                if j != i:
                    h = h*(z-x[j])/(x[i]-x[j])
            y1[k] = y1[k] + h*y[i]
    print('\nresults = \nx1\t\ty1')
    for i in range(len(x1)):
        print('{0:.4f}\t\t{1:.4f}'.format(x1[i],y1[i]))
    return y1

def main():
    x = [-2,-0.4,-0.2,1,4]
    y = [24,-0.2688,-0.0766,0,480]
    x1 = [-1.5,-1,-0.2,0,0.4,0.8,1.5,2.0]
    y1 = lagrange(x,y,x1)
    plt.rcParams['font.sans-serif'] = ['SimHei'] #使图例可以显示中文
    plt.rcParams['axes.unicode_minus'] = False
    plt.plot(x,y,'o--',label='插值样本值')
```

```
        plt.plot(x1,y1,'*',label='lagrange插值')
        plt.legend()
        plt.xlabel('x')
        plt.ylabel('y')
        plt.show()

main()
```

程序 ex22. py 的运行结果如下：

```
given =
-2.0000    -0.4000    -0.2000    1.0000    4.0000
24.0000    -0.2688    -0.0766    0.0000    480.0000
x1 for interp =
[-1.5, -1, -0.2, 0, 0.4, 0.8, 1.5, 2.0]

results =
x1          y1
-1.5000      5.6242
-1.0000      -0.0007
-0.2000      -0.0766
0.0000       0.0004
0.4000       -0.2683
0.8000       -0.4606
1.5000       5.6241
2.0000       23.9979
```

根据插值节点及其样本值的四阶拉格朗日插值得到的结果图与图 2－6 一致：

Python 程序 ex22. py 与 Fortran 程序 ex22. f 以及 Matlab 程序 ex22. m 计算得到的插值点 x_1 的函数值 y_1 在显示到小数点后四位数字时结果一致。

例 2. 3（见第 31 页）

解：

1. 分段线性插值

根据分段线性插值计算流程图 2－10，编制 Python 程序 ex231. py，列表如下：

```
#ex231.py
import numpy

def interp1(x,y,x1):
        print('given = \nx\ty')
        for j in range(len(x)):
                print('{0:.3f}\t{1:.5f}'.format(x[j],y[j]))
        x.sort()
        y1 = numpy.zeros(len(x1))
        for i in range(len(x1)):
                if x1[i] > min(x) and x1[i] < max(x):
                        for j in range(len(x)):
                                if x1[i] > x[j]:
                                        y1[i] = (x1[i]-x[j+1])/(x[j]-x[j+1])*y[j] +\
                                                (x1[i]-x[j])/(x[j+1]-x[j])*y[j+1]
                else:
                        y1[i] = 0
        print('\nresults = \nx1\t\ty1')
        for i in range(len(x1)):
```

```
            print('{0:.4f}\t\t{1:.6f}'.format(x1[i],y1[i]))

def main():
    x = [0.0,0.10,0.195,0.30,0.401,0.50]
    y = [0.39894,0.39695,0.39142,0.38138,0.36812,0.35206]
    x1 = [0.15,0.30,0.45]
    y1 = interp1(x,y,x1)

main()
```

在 Python 工作窗口查看程序 ex231. py 并运行，得到的结果如下：

```
given =
x           y
0.000       0.39894
0.100       0.39695
0.195       0.39142
0.300       0.38138
0.401       0.36812
0.500       0.35206

results =
x1              y1
0.1500           0.394039
0.3000           0.381380
0.4500           0.360171
```

可以看出，在 Python 环境下运行得到的分段线性插值的结果与 Fortran 程序 ex231. f 以及 Matlab 程序 ex231. m 的结果保留到第六位有效数字时相同。

2. 一元三点插值

根据分段一元三点插值计算流程图 2 – 11，编制 Python 程序 ex232. py，其中函数 threep()为一元三点插值子函数。

```
#ex232.py
import numpy

def threep(x,y,x1):
    print('given = \nx\t\ty')
    for i in range(len(x)):
        print('{0:.6f}\t{1:.6f}'.format(x[i],y[i]))
    n = len(x)
    m = len(x1)
    y1 = numpy.zeros(len(x1))
    for m1 in range(m):
        for i1 in range(1,n-1):
            if x1[m1] <= x[i1]:
                break
        if i1 != 1 and i1 != n-1 and (x1[m1] - x[i1-1]) < (x[i1] - x1[m1]):
            i = i1 - 1;
        else:
            if i1 == n - 1:
                i = n - 2;
            else:
                i = i1;
        xi1 = x[i-1]
        xi2 = x[i]
        xi3 = x[i+1]
        a1 = (x1[m1]-xi2)*(x1[m1]-xi3)/((xi1-xi2)*(xi1-xi3))
```

```
            a2 = (x1[m1]-xi1)*(x1[m1]-xi3)/((xi2-xi1)*(xi2-xi3))
            a3 = (x1[m1]-xi1)*(x1[m1]-xi2)/((xi3-xi1)*(xi3-xi2))
            y1[m1] = a1*y[i-1] + a2*y[i] + a3*y[i+1]
    print('results = \nx1\t\ty1')
    for i in range(len(x1)):
            print('{0:.4f}\t\t{1:.6f}'.format(x1[i],y1[i]))

def main():
    x = [0.0,0.10,0.195,0.30,0.401,0.50]
    y = [0.39894,0.39695,0.39142,0.38138,0.36812,0.35206]
    x1 = [0.15,0.30,0.45]
    threep(x,y,x1)

main()
```

在 Python 工作窗口查看程序 ex232. py 并运行，得到的结果如下：

```
given =
x            y
0.000000     0.398940
0.100000     0.396950
0.195000     0.391420
0.300000     0.381380
0.401000     0.368120
0.500000     0.352060
results =
x1           y1
0.1500        0.394460
0.3000        0.381380
0.4500        0.360550
```

可以看出，在 Python 环境下运行得到的一元三点插值结果与在 Fortran 以及 Matlab 环境下运行得到的结果在保留到第六位有效数字时相同。

例 2.4（见第 45 页）

解：

1. 二元分段线性插值

根据图 2－16，利用二元分段线性插值求函数值的程序 ex241. py，列表如下：

```
#ex241.py
import numpy as np

def dij(u,u1):
    for i1 in range(1,len(u)):
        if u1 <= u[i1]:
            break
    i = i1
    return i

def interp2(x,y,f,xi,yi):
    print('given = ')
    print('x = ',x,'\ny = ',y)
    print('f(x,y) = \n',f[0],'\n',f[1],'\n',f[2], '\n',f[3])
    Fi = np.zeros(len(xi))
    for n in range(len(xi)):
        a = [0,0]
        b = [0,0]
        i = dij(x,xi[n])
```

```
            x1 = x[i-1]
            x2 = x[i]
            a[0] = (xi[n]-x2)/(x1-x2)
            a[1] = (xi[n]-x1)/(x2-x1)
            j = dij(y,yi[n])
            y1 = y[j-1]
            y2 = y[j]
            b[0] = (yi[n]-y2)/(y1-y2)
            b[1] = (yi[n]-y1)/(y2-y1)
            fi = 0.0
            for i1 in range(2):
                ix = i - 1 + i1
                for j1 in range(2):
                    jy = j - 1 + j1
                    fi = fi + a[i1]*b[j1]*f[ix][jy]
            Fi[n] = fi
        print('results = ')
        print('xi\t\tyi\t\tfi')
        for m in range(len(xi)):
            print('{0:.1f}\t\t{1:.1f}\t\t{2:.5f}'.format(xi[m],yi[m],Fi[m]))

def main():
    x = [10,30,50,70]
    y = [25,35,45]
    f = [[0.43674,0.61193,0.78756],[0.43973,0.62003,0.80437],\
    [0.44455,0.63364,0.83431],[0.44901,0.64707,0.86653]]
    xi = [40,20,60]
    yi = [30,30,40]
    interp2(x,y,f,xi,yi)

main()
```

在 Python 工作窗口查看程序 ex241. py 并运行，得到的结果如下：

```
given =
x =   [10, 30, 50, 70]
y =   [25, 35, 45]
f(x,y) =
 [0.43674, 0.61193, 0.78756]
 [0.43973, 0.62003, 0.80437]
 [0.44455, 0.63364, 0.83431]
 [0.44901, 0.64707, 0.86653]
results =
xi          yi          fi
40.0        30.0        0.53449
20.0        30.0        0.52643
60.0        40.0        0.74539
```

利用二元三点插值求函数值的 Python 程序 ex241. py 的运行结果与 Fortran 程序 ex242. f 以及 Matlab 程序 ex242. m 的结果一致。

2. 二元三点插值

根据图 2－17，利用二元三点插值求函数值程序 ex242. py，列表如下：

```
#ex242.py
import numpy

def tij(u,u1):
    n = len(u)
    i = n - 2
```

```
    for i1 in   range(1,n-1):
        if u1 <= u[i1]:
            if i1 != 1 and (u1 - u[i1-1]) < (u[i1] - u1):
                i = i1 - 1
            else:
                i = i1
            break
    return i

def lagt(x,y,f,x0,y0):
    print('given = ')
    print('x = ',x,'\ny = ',y)
    print('f(x,y) = \n',f[0],'\n',f[1],'\n',f[2]'\n',f[3] )
    print('results = ')
    print('xi\tyi\tfi')
    for n in range(len(x0)):
        a = numpy.zeros(3)
        b = numpy.zeros(3)
        xi = x0[n]
        yi = y0[n]
        i = tij(x,xi)
        j = tij(y,yi)
        x1 = x[i-1]
        x2 = x[i]
        x3 = x[i+1]
        y1 = y[j-1]
        y2 = y[j]
        y3 = y[j+1]
        a[0] = (xi - x2)*(xi - x3)/((x1 - x2)*(x1 - x3))
        a[1] = (xi - x1)*(xi - x3)/((x2 - x1)*(x2 - x3))
        a[2] = (xi - x1)*(xi - x2)/((x3 - x1)*(x3 - x2))
        b[0] = (yi - y2)*(yi - y3)/((y1 - y2)*(y1 - y3))
        b[1] = (yi - y1)*(yi - y3)/((y2 - y1)*(y2 - y3))
        b[2] = (yi - y1)*(yi - y2)/((y3 - y1)*(y3 - y2))
        fi = 0
        i = i - 1
        j = j - 1
        for i1 in range(3):
            ix = i + i1
            for j1 in range(3):
                jy = j + j1
                fi = fi + a[i1]*b[j1]*f[ix][jy]
        print('{0:.1f}\t{1:.1f}\t{2:.5f}'.format(xi,yi,fi))

def main():
    x = [10,30,50,70]
    y = [25,35,45]
    f = [[0.43674,0.61193,0.78756],[0.43973,0.62003,0.80437],\
          [0.44455,0.63364,0.83431],[0.44901,0.64707,0.86653]]
    xi = [40,20,60]
    yi = [30,30,40]
    lagt(x,y,f,xi,yi)

main()
```

在 Python 工作窗口查看程序 ex242. py 并运行，得到的结果如下：

```
given =
x =   [10, 30, 50, 70]
y =   [25, 35, 45]
```

```
f(x,y) =
 [0.43674, 0.61193, 0.78756]
 [0.43973, 0.62003, 0.80437]
 [0.44455, 0.63364, 0.83431]
 [0.44901, 0.64707, 0.86653]
results =
xi          yi          fi
40.0        30.0        0.53358
20.0        30.0        0.52643
60.0        40.0        0.74323
```

利用二元三点插值求函数值的 Python 程序 ex241. py 的运行结果与 Fortran 程序 ex241. f 以及 Matlab 程序 ex241. m 的结果一致。

例 2. 5（见第 58 页）

解：根据图 2－20 编制 Python 程序 ex25. py，程序导入的 math 模块为 Python 内置数学模块，其提供了一些基础的计算功能，无须提前安装。程序通过对子函数 linr() 的调用实现相关量的数值求解，程序 ex25. py 列表如下：

```
#ex25.py
import math
import numpy

def linr(x,y):
        yest = numpy.zeros(len(x))
        n = len(x)
        sx = 0.0
        sy = 0.0
        xy = 0.0
        xx = 0.0
        yy = 0.0
        q = 0.0
        for i in range(len(x)):
                sx = sx + x[i]
                sy = sy + y[i]
                xy = xy + x[i]*y[i]
                xx = xx + x[i]*x[i]
                yy = yy + y[i]*y[i]

        a = (sy*xx - sx*xy)/(n*xx - sx*sx)
        b = (n*xy - sx*sy)/(n*xx - sx*sx)
        r = (xy - sx*sy/n)/math.sqrt((xx - sx*sx/n)*(yy - sy*sy/n))
        print('i\tx0\ty0\ta+b*x0\tdiff')
        for i in range(n):
                yest[i] = a + b*x[i]
                z = y[i] - yest[i]
                q = q + (y[i] - yest[i])**2
                sigma = math.sqrt(q/(n-1))
                print('{0}\t{1:.4f}\t{2:.4f}\t{3:.4f}\t{4:.4f}'.format(i,x[i],y[i],yest[i],z))
        print('roots = \na = {0:.4f}\tb = {1:.4f}\tsigma = {2:.4f}\t\
r = {3:.4f}'.format(a,b,sigma,r))

def main():
        x0 = [4.0,8.0,12.5,16.0,20.0,25.0,31.0,35.0,40.0,40.0]
        y0 = [3.7,7.8,12.1,15.6,19.8,24.5,31.1,35.5,39.4,39.5]
        linr(x0,y0)

main()
```

在 Python 工作窗口查看程序 ex25. py 并运行，得到的结果如下：

```
i    x0         y0         a+b*x0     diff
0    4.0000     3.7000     3.7032     -0.0032
1    8.0000     7.8000     7.7130     0.0870
2    12.5000    12.1000    12.2240    -0.1240
3    16.0000    15.6000    15.7325    -0.1325
4    20.0000    19.8000    19.7423    0.0577
5    25.0000    24.5000    24.7545    -0.2545
6    31.0000    31.1000    30.7692    0.3308
7    35.0000    35.5000    34.7790    0.7210
8    40.0000    39.4000    39.7912    -0.3912
9    40.0000    39.5000    39.7912    -0.2912
roots =
a = -0.3066        b = 1.0024        sigma = 0.3293        r = 0.9997
```

可以看出，利用 Python 程序计算得到拟合参数 a 和 b，x 和 y 的相关系数 r 以及拟合的标准偏差 *sigma* 的数值结果与对应的 Fortran 程序和 Matlab 程序结果一致。

附录3　例 3.1 至例 3.6

例 3.1（见第 69 页）

解：在 Python 中，先导入 numpy 模块获得矩阵运算的功能，写出系数矩阵和常数项矩阵，通过 numpy 提供的方法 np. linalg. inv()解 A 矩阵的逆矩阵，然后再通过 dot()方法求两个矩阵点乘的结果，从而实现由矩阵除法获得线性方程组的解。Python 程序 ex31. py 列表如下：

```
#ex31.py
import numpy as np

A = np.array([[1,1,1],[0,4,-1],[2,-2,1]])
B = np.array([[6],[5],[1]])
X = np.linalg.inv(A).dot(B)
Eq = A.dot(X)
print('X =\n',X)
print('Eq =\n',Eq == B)
```

程序 ex31. py 的结果如下：

```
X =
 [[1.]
 [2.]
 [3.]]
Eq =
 [[ True]
 [ True]
 [ True]]
```

程序 ex31. py 得到的结果与 Matlab 程序 ex31. m 矩阵除法得到的结果一致。

例 3.2（见第 69—70 页）

解：类似于 Python 程序 ex31. py，编制 Python 程序 ex32. py，列表如下：

```
#ex32.py
import numpy as np

A = np.array([[1.,1.,1.,0.,0.,0.,0.,0.,0.,0.],\
```

```
                    [0.,0.,0.,0.,0.,0.,0.,1.,1.,1.],\
                    [-1.,0.,0.,1.,0.,-1.,0.,0.,0.,0.],\
                    [0.,0.,-1.,0.,1.,0.,0.,0.,-1.,0.],\
                    [0.,0.,0.,0.,0.,1.,1.,0.,0.,-1.],\
                    [0.,0.,0.,0.,0.,0.,-50.,75.,0.,-50.],\
                    [0.,0.,0.,0.,-100.,0.,0.,75.,-5.,0.],\
                    [0.,10.,-35.,0.,-100.,0.,0.,0.,0.,0.],\
                    [-1.,10.,0.,-23.,0.,0.,0.,0.,0.,0.],\
                    [0.,0.,0.,-23.,0.,-25.,50.,0.,0.,0.]])
B = np.array([[1.],[2.],[0.],[0.],[0.],[0.],[0.],[0.],[0.],[0.]])
print('A = \n',A,'\nB = \n',B)
X = np.linalg.inv(A).dot(B)
print('X = ')
for i in range(len(X)):
    print('%.4f'%X[i])
```

程序 ex32. py 的运行结果如下：

```
A =
 [[   1.    1.    1.    0.    0.    0.    0.    0.    0.    0.]
 [    0.    0.    0.    0.    0.    0.    0.    1.    1.    1.]
 [   -1.    0.    0.    1.    0.   -1.    0.    0.    0.    0.]
 [    0.    0.   -1.    0.    1.    0.    0.    0.   -1.    0.]
 [    0.    0.    0.    0.    0.    1.    1.    0.    0.   -1.]
 [    0.    0.    0.    0.    0.    0.  -50.   75.    0.  -50.]
 [    0.    0.    0.    0. -100.    0.    0.   75.   -5.    0.]
 [    0.   10.  -35.    0. -100.    0.    0.    0.    0.    0.]
 [   -1.   10.    0.  -23.    0.    0.    0.    0.    0.    0.]
 [    0.    0.    0.  -23.    0.  -25.   50.    0.    0.    0.]]
B =
 [[1.]
 [2.]
 [0.]
 [0.]
 [0.]
 [0.]
 [0.]
 [0.]
 [0.]
 [0.]]
X =
0.3776
1.2622
-0.6399
0.5324
0.3502
0.1548
0.3223
0.5329
0.9900
0.4771
```

Python 程序 ex32. py 得到的结果与 Fortran 程序 ex31. f 以及 Matlab 程序 ex32. m 得到的结果一致。

例 3. 3 （见第 75 页）

解： 根据流程图 3 – 3 编制 Python 程序 ex33. py，列表如下：

```
#ex33.py
import numpy as np
```

```
A = np.array([[1.,1.,1.,0.,0.,0.,0.,0.,0.,0.],\
              [0.,0.,0.,0.,0.,0.,0.,1.,1.,1.],\
              [-1.,0.,0.,1.,0.,-1.,0.,0.,0.,0.],\
              [0.,0.,-1.,0.,1.,0.,0.,0.,-1.,0.],\
              [0.,0.,0.,0.,0.,1.,1.,0.,0.,-1.],\
              [0.,0.,0.,0.,0.,0.,-50.,75.,0.,-50.],\
              [0.,0.,0.,0.,-100.,0.,0.,75.,-5.,0.],\
              [0.,10.,-35.,0.,-100.,0.,0.,0.,0.,0.],\
              [-1.,10.,0.,-23.,0.,0.,0.,0.,0.,0.],\
              [0.,0.,0.,-23.,0.,-25.,50.,0.,0.,0.]])
B = np.array([[1.],[2.],[0.],[0.],[0.],[0.],[0.],[0.],[0.],[0.]])
AB = np.hstack((A,B))
print('AB = \n',AB)
n = np.size(AB,0)
m = np.size(AB,1)
X = np.zeros((n,1))
for i in range(n):
    jj = i
    while(abs(AB[jj][i] == 0)):
        jj = jj + 1
    if i != jj:
        for mm in range(m):
            atemp = AB[i][mm]
            AB[i][mm] = AB[jj][mm]
            AB[jj][mm] = atemp
    div = AB[i][i]
    for j in range(i,m):
        AB[i][j] = AB[i][j]/div
    for L in range(n):
        if L != i:
            amult = AB[L][i]
            for j in range(i,m):
                AB[L][j] = AB[L][j] - AB[i][j]*amult
for i in range(n):
    X[i] = AB[i][m-1]
print('X = ')
for i in range(len(X)):
    print('%.5f'%X[i])
```

程序 ex33. py 的运行结果如下：

```
AB =
 [[   1.    1.    1.    0.    0.    0.    0.    0.    0.    0.    1.]
 [    0.    0.    0.    0.    0.    0.    0.    1.    1.    1.    2.]
 [   -1.    0.    0.    1.    0.   -1.    0.    0.    0.    0.    0.]
 [    0.    0.   -1.    0.    1.    0.    0.    0.   -1.    0.    0.]
 [    0.    0.    0.    0.    0.    1.    1.    0.    0.   -1.    0.]
 [    0.    0.    0.    0.    0.    0.  -50.   75.    0.  -50.    0.]
 [    0.    0.    0.    0. -100.    0.    0.   75.   -5.    0.    0.]
 [    0.   10.  -35.    0. -100.    0.    0.    0.    0.    0.    0.]
 [   -1.   10.    0.  -23.    0.    0.    0.    0.    0.    0.    0.]
 [    0.    0.    0.  -23.    0.  -25.   50.    0.    0.    0.    0.]]
X =
0.37761
1.26225
-0.63986
0.53239
0.35017
0.15478
```

```
0.32229
0.53290
0.99003
0.47707
```

Python 程序 ex33. py 的运行结果与 Fortran 程序 ex33. f 以及 Matlab 程序 ex33. m 运行得到的结果一致。

例 3. 4 （见第 80 页）

解：根据追赶法计算流程图 3 -4，编制 Python 程序 ex34. py，列表如下：

```
#ex34.py
import numpy as np

def trid(n,a,d,c,b):
    a1 = np.zeros((n,1))
    b1 = np.zeros((n,1))
    for i in range(1,n):
        m = i - 1
        a1[m] = c[m]/d[m]
        b1[m] = b[m]/d[m]
        d[i] = d[i] - a1[m]*a[m]
        b[i] = b[i] - b1[m]*a[m]
    b[n-1] = b[n-1]/d[n-1]
    for i in range(n-1):
        k = n - i - 2
        b[k] = b1[k] - a1[k]*b[k+1]
    return b

def main():
    a = np.array([1,1,1,1,0])
    d = np.array([1,2,3,4,5])
    c = np.array([1,1,1,1,0])
    b = np.array([3,8,15,24,29])
    n = 5
    print('n = %d'%n)
    print('a',a)
    print('d',d)
    print('c',c)
    print('b',b)
    x = trid(n,a,d,c,b)
    print('the solution is\nx = ',end='')
    for i in range(len(x)):
        print(x[i],end='\t')

main()
```

程序 ex34. py 的运行结果如下：

```
n = 5
a [1 1 1 1 0]
d [1 2 3 4 5]
c [1 1 1 1 0]
b [ 3 8 15 24 29]
the solution is
x = 1    2    3    4    5
```

Python 程序 ex34. py 得到的结果与 Fortran 程序 ex34. f 以及 Matlab 程序 ex34. m 运行得到的追赶法求解线性方程组的结果一致。

例 3.5（见第 84—85 页）

解： 根据雅可比迭代优化计算流程图 3－6，编制 Python 程序 ex35.py，列表如下：

```
#ex35.py
import numpy as np

def jacobi(a,b,x,y,L,eps):
    n = len(b)
    print('given = \nn = {0}\tL = {1}\teps = {2:10.4e}'.format(n,L,eps))
    print('x =',end='\t')
    for i in range(len(x)):
        print(x[i],end='\t')
    print('\n\nmatrix a,b')
    ab = np.hstack((a,b))
    print(ab)
    for k in range(L):
        m = 1
        for i in range(n):
            s = 0
            for j in range(n):
                if i != j:
                    s = s + a[i][j]*x[j]
            y[i] = (b[i]-s)/a[i][i]
            sub = y[i] - x[i]
            if abs(sub) >= eps:
                m = 0
        for j in range(n):
            x[j] = y[j]
        if m != 0:
            break
        print('\niteration k = %d'%(k+1),end=' ')
        print('x = ',end='')
        for i in range(len(x)):
            print('%.4f'%x[i],end='\t')
    if k <= L:
        print('\n\nconverge with iteration k = %d'%(k+1))
        print('the solution is x = ',end='')
        for i in range(len(x)):
            print('%.4f'%x[i],end='\t')
    else:
        print('unconverge within iterations k = %d'%(k+1))

def main():
    L = 100
    eps = 0.0001
    a = np.array([[8,-3,2],[4,11,-1],[6,3,12]])
    b = np.array([[20],[33],[36]])
    x = np.zeros(3)
    y = np.zeros(3)
    jacobi(a,b,x,y,L,eps)

main()
```

程序 ex35.py 的运行结果如下：

```
given =
n = 3 L = 100    eps = 1.0000e-04
x =   0.0   0.0   0.0

matrix a,b
```

```
[[ 8 -3   2 20]
 [ 4 11 -1 33]
 [ 6   3 12 36]]

iteration k = 1 x = 2.5000    3.0000    3.0000
iteration k = 2 x = 2.8750    2.3636    1.0000
iteration k = 3 x = 3.1364    2.0455    0.9716
iteration k = 4 x = 3.0241    1.9478    0.9205
iteration k = 5 x = 3.0003    1.9840    1.0010
iteration k = 6 x = 2.9938    2.0000    1.0038
iteration k = 7 x = 2.9990    2.0026    1.0031
iteration k = 8 x = 3.0002    2.0006    0.9998
iteration k = 9 x = 3.0003    1.9999    0.9997
iteration k = 10 x = 3.0000   1.9999    0.9999
iteration k = 11 x = 3.0000   2.0000    1.0000

converge with iteration k = 12
the solution is x = 3.0000    2.0000    1.0000
```

利用雅可比迭代，Python 程序 ex35. py 与 Fortran 程序 ex35. f 和 ex35 – 1. f 以及 Matlab 程序 ex35. m 得到的线性方程组的解是一致的，都经过 12 次迭代得到了满足绝对误差为 0. 0001 的数值解。

例 3. 6（见第 91 页）

解： 根据高斯—塞德尔迭代计算流程图 3 – 8，编制 Python 程序 ex36. py，列表如下：

```
#ex36.py
import numpy as np

def gauss_seidel(a,b,x,L,eps):
    n = len(b)
    print('given = \nn = {0}\tL = {1}\teps = {2:10.4e}'.format(n,L,eps))
    for i in range(len(x)):
        print(x[i],end='\t')
    for i in range(len(x)):
        print(x[i],end='\t')
    print('\n\nmatrix a,b')
    ab = np.hstack((a,b))
    print(ab)
    for k in range(L):
        m = 1
        for i in range(n):
            delt = x[i]
            s = 0
            for j in range(n):
                if i != j:
                    s = s + a[i][j]*x[j]
            x[i] = (b[i]-s)/a[i][i]
            s = x[i] - delt
            if abs(s) >= eps:
                m = 0
        if m != 0:
            break
        print('\niteration k = %d'%(k+1),end=' ')
        print('x = ',end='')
        for i in range(len(x)):
            print('%.4f'%x[i],end='\t')
    if k <= L:
```

```
            print('\n\nconverge with iteration k = %d'%(k+1))
            print('the solution is x = ',end='')
            for i in range(len(x)):
                print('%.4f'%x[i],end='\t')
    else:
            print('unconverge within iterations k = %d'%(k+1))

def main():
    L = 100
    eps = 0.0001
    a = np.array([[8,-3,2],[4,11,-1],[6,3,12]])
    b = np.array([[20],[33],[36]])
    x = np.zeros(3)
    y = np.zeros(3)
    gauss_seidel(a,b,x,L,eps)

main()
```

程序 ex36. py 的运行结果如下：

```
given =
n = 3 L = 100     eps = 1.0000e-04
0.0    0.0    0.0    0.0    0.0    0.0

matrix a,b
[[ 8 -3   2 20]
 [ 4 11 -1 33]
 [ 6   3 12 36]]

iteration k = 1 x = 2.5000     2.0909      1.2273
iteration k = 2 x = 2.9773     2.0289      1.0041
iteration k = 3 x = 3.0098     1.9968      0.9959
iteration k = 4 x = 2.9998     1.9997      1.0002
iteration k = 5 x = 2.9998     2.0001      1.0001
iteration k = 6 x = 3.0000     2.0000      1.0000

converge with iteration k = 7
the solution is x = 3.0000     2.0000      1.0000
```

采用高斯—塞德尔迭代的 Python 程序 ex36. py 与 Fortran 程序 ex36. f 以及 Matlab 程序 ex36. m 运行得到的线性方程组的解一致，即经过 7 次迭代便得到满足绝对误差为 0. 0001 的数值解。

附录 4　例 4. 2 至例 4. 6

例 4. 2（见第 97 页）

解：根据二分法计算流程图 4 - 3，编制 Python 程序 ex42. py，列表如下：

```
#ex42.py
def f(t):
    return (pow(t,3)+pow(t,2)-3*t-3)

def erfen(fun,a,b,eps = 1.0e-4):
    print('given =\na = {0}\tb = {1}\tf(a) = {2}\tf(b) = {3}'.\
          format(a,b,f(a),f(b)))
    n = 1
    A = a
    B = b
    t = (a+b)/2
```

```
    print('n = {0}\tf(a) = {1:6.5f}\tf(b) = {2:6.5f}\t\
t = {3:6.5f}\tf(t) = {4:6.5f}'.format(n,fun(a),fun(b),t,fun(t)))
    if abs(fun(a)) < eps:
        y = a
    elif abs(fun(b)) < eps:
        y = b
    elif fun(a) * fun(b) < 0:
        t = (a+b)/2
        while abs(fun(t)) >= eps:
            if fun(t) * fun(a) > 0:
                a = t
            else:
                b = t
            n = n + 1
            t = (a+b)/2
            print('n = {0}\tf(a) = {1:6.5f}\tf(b) = {2:6.5f}\t\
t = {3:6.5f}\tf(t) = {4:6.5f}'.format(n,fun(a),fun(b),t,fun(t)))
        y = t
    else:
        y = 0.0
        print('there may not be a root in the interval\n');
    print('roots = \nn = {0}\tt = {1:6.4f}\tf(t) = {2:10.4e}'.\
          format(n,t,f(t)))

def main():
    a = 1
    b = 2
    eps = 0.0001
    erfen(f,a,b,eps)

main()
```

程序 ex42. py 的运行结果如下：

```
given =
a = 1 b = 2 f(a) = -4    f(b) = 3
n = 1 f(a) = -4.00000   f(b) = 3.00000    t = 1.50000 f(t) = -1.87500
n = 2 f(a) = -1.87500   f(b) = 3.00000    t = 1.75000 f(t) = 0.17188
n = 3 f(a) = -1.87500   f(b) = 0.17188    t = 1.62500 f(t) = -0.94336
n = 4 f(a) = -0.94336   f(b) = 0.17188    t = 1.68750 f(t) = -0.40942
n = 5 f(a) = -0.40942   f(b) = 0.17188    t = 1.71875 f(t) = -0.12479
n = 6 f(a) = -0.12479   f(b) = 0.17188    t = 1.73438 f(t) = 0.02203
n = 7 f(a) = -0.12479   f(b) = 0.02203    t = 1.72656 f(t) = -0.05176
n = 8 f(a) = -0.05176   f(b) = 0.02203    t = 1.73047 f(t) = -0.01496
n = 9 f(a) = -0.01496   f(b) = 0.02203    t = 1.73242 f(t) = 0.00351
n = 10      f(a) = -0.01496   f(b) = 0.00351    t = 1.73145 f(t) = -0.00573
n = 11      f(a) = -0.00573   f(b) = 0.00351    t = 1.73193 f(t) = -0.00111
n = 12      f(a) = -0.00111   f(b) = 0.00351    t = 1.73218 f(t) = 0.00120
n = 13      f(a) = -0.00111   f(b) = 0.00120    t = 1.73206 f(t) = 0.00005
roots =
n = 13      t = 1.7321  f(t) = 4.5962e-05
```

Python 程序 ex42. py 与 Fortran 程序 ex42. f 以及 Matlab 程序 ex42. m 运行得到的结果一致，即经过 13 次二分给定区间[1,2]求得精确到小数点后第四位数字的该非线性方程根的近似值 $t = 1.7321$。

例 4. 3（见第 102 页）

解：根据图 4 - 6 不动点迭代计算流程，编制 Python 程序 ex43. py，程序如下：

```
#ex43.py
def g(t):
    return pow(3+3*t-pow(t,2),1/3)

def iterate(fun,x,eps,N):
    print('given = \nt0 = {0:6.4f}\teps = {1:10.4e}\tN = {2}'.\
        format(x,eps,N))
    x1 = fun(x)
    n = 1
    print('n = {0}\tt = {1:6.5f}\tt1 = {2:6.5f}'.format(n,x,x1))
    while abs(x1 - x) > eps and n <= N:
        x = x1
        x1 = fun(x)
        n = n+1
        print('n = {0}\tt = {1:6.5f}\tt1 = {2:6.5f}'.format(n,x,x1))
    x = x1
    print('roots = \nn = {0}\tt = {1:6.4f}\tg(t) = {2:6.4f}'.\
        format(n,x,fun(x)))

def main():
    t0 = 2
    eps = 0.0001
    N = 10000
    iterate(g,t0,eps,N)

main()
```

程序 ex43. py 的运行结果如下：

```
given =
t0 = 2.0000     eps = 1.0000e-04     N = 10000
n = 1      t = 2.00000      t1 = 1.70998
n = 2      t = 1.70998      t1 = 1.73313
n = 3      t = 1.73313      t1 = 1.73199
n = 4      t = 1.73199      t1 = 1.73205
roots =
n = 4      t = 1.7321       g(t) = 1.7321
```

采用不动点迭代的程序 ex43. py 与 Fortran 程序 ex43. f 以及 Matlab 程序 ex43. m 得到的非线性方程数值解的结果在误差范围内一致，都通过 4 次迭代得到 $t=2$ 附近的根，其数值结果为 $t=1.7321$。

例 4. 4（见第 106 页）

解：根据图 4 – 10 的计算流程，编制 Python 程序 ex44. py，程序如下：

```
#ex44.py
import math

def g1(x1,x2):
    return (0.7*math.sin(x1)+0.2*math.cos(x2))

def g2(x1,x2):
    return (0.7*math.cos(x1)-0.2*math.sin(x2))

def iterate2(g1,g2,x1,x2,eps,N):
    tx1 = g1(x1,x2)
    tx2 = g2(x1,x2)
    n = 1
```

```
    print('given = \nx1 = {0:6.4f}\tx2 = {1:6.4f}\teps = {2:10.4e}\tN = {3}'.\
          format(x1,x2,eps,N))
    print('n\tx1\t\tg1(x1,x2)\tx2\t\tg2(x1,x2)')
    print('{0}\t{1:6.5f}\t\t{2:6.5f}\t\t{3:6.5f}\t\t{4:6.5f}'.\
          format(n,x1,tx1,x2,tx2))
    while (abs(tx1-x1) > eps or abs(tx2-x2) > eps) and n <= N:
        x1 = tx1
        x2 = tx2
        tx1 = g1(x1,x2)
        tx2 = g2(x1,x2)
        n = n + 1
        print('{0}\t{1:6.5f}\t\t{2:6.5f}\t\t{3:6.5f}\t\t{4:6.5f}'.\
              format(n,x1,tx1,x2,tx2))
    print('roots = \nn = {0}\tx = {1:6.4f} {2:6.4f}\tg(x) = {3:6.5f} {4:6.5f}'.\
          format(n,x1,x2,tx1,tx2))

def main():
    x1 = 0.5
    x2 = 0.5
    eps = 0.0001
    N = 10000
    iterate2(g1,g2,x1,x2,eps,N)

main()
```

程序 ex44. py 的运行结果如下：

```
given =
x1 = 0.5000     x2 = 0.5000     eps = 1.0000e-04     N = 10000
n     x1             g1(x1,x2)      x2             g2(x1,x2)
1     0.50000        0.51111        0.50000        0.51842
2     0.51111        0.51613        0.51842        0.51144
3     0.51613        0.51987        0.51144        0.51093
4     0.51987        0.52219        0.51093        0.50972
5     0.52219        0.52372        0.50972        0.50912
6     0.52372        0.52471        0.50912        0.50869
7     0.52471        0.52535        0.50869        0.50842
8     0.52535        0.52576        0.50842        0.50824
9     0.52576        0.52603        0.50824        0.50813
10    0.52603        0.52621        0.50813        0.50806
11    0.52621        0.52632        0.50806        0.50801
12    0.52632        0.52639        0.50801        0.50798
roots =
n = 12     x = 0.5263 0.5080     g(x) = 0.52639 0.50798
```

程序 ex44. py 与 Fortran 程序 ex44. f 以及 Matlab 程序 ex44. m 运行得到的结果一致，即过 12 次迭代得到了初值$[x_1, x_2] = [0.5, 0.5]$附近的根$[x_1, x_2] = [0.5264, 0.5080]$。

例 4. 5 （见第 111 页）

解：根据图 4 – 13 牛顿迭代法计算流程，编制 Python 程序 ex45. py，程序如下：

```
#ex45.py
def f(t):
    return (pow(t,3)+pow(t,2)-3*t-3)

def f1(t):
    return (3*pow(t,2)+2*t-3)

def newton(fun1,fun2,x0,eps,N):
```

```
    x1 = x0 - fun1(x0)/fun2(x0)
    n = 1
    print('given = \nt0 = {0:6.4f}\teps = {1:10.4e}\tN = {2}'.\
          format(x0,eps,N))
    print('n\tt\tf(t)\tt1\tf(t1)')
    print('{0}\t{1:6.5f}\t{2:6.5f}\t{3:6.5f}\t{4:6.5f}'.\
          format(n,x0,fun1(x0),x1,fun1(x1)))
    while abs(fun1(x1)) > eps and n <= N:
        x0 = x1
        x1 = x0 - fun1(x0)/fun2(x0)
        n = n + 1
        print('{0}\t{1:6.5f}\t{2:6.5f}\t{3:6.5f}\t{4:6.5f}'.\
              format(n,x0,fun1(x0),x1,fun1(x1)))
    y = x1
    print('roots = \nn = {0}\tt = {1:6.4f}\tf(t) = {2:10.4e}'.\
          format(n,y,fun1(y)))

def main():
    t0 = 2.0
    eps = 0.0001
    N = 10000
    newton(f,f1,t0,eps,N)

main()
```

程序 ex45. py 的运行结果如下：

```
given =
t0 = 2.0000     eps = 1.0000e-04    N = 10000
n       t       f(t)    t1      f(t1)
1       2.00000 3.00000 1.76923 0.36049
2       1.76923 0.36049 1.73292 0.00827
3       1.73292 0.00827 1.73205 0.00000
roots =
n = 3       t = 1.7321      f(t) = 4.7182e-06
```

Python 程序 ex45. py 与 Fortran 程序 ex45. f 以及 Matlab 程序 ex45. m 运行得到的结果在 $eps = 1\times10^{-4}$误差范围内一致，都经过 3 次迭代得到了 $t = 2$ 附近的根，其数值结果为$t = 1.7321$。

例 4. 6（见第 114 页）

解：根据牛顿迭代法求解非线性方程组计算流程图 4 – 15，编制 Python 程序 ex46. py，列表如下：

```
#ex46.py
from math import sin,cos

def f1(x1,x2):
    return x1 - 0.7*sin(x1) - 0.2*cos(x2)

def f2(x1,x2):
    return x2 - 0.7*cos(x1) + 0.2*sin(x2)

def f11(x1,x2):
    return 1 - 0.7*cos(x1)

def f12(x1,x2):
    return 0.2*sin(x2)
```

```
def f21(x1,x2):
    return 0.7*sin(x1)

def f22(x1,x2):
    return 1 + 0.2*cos(x2)

def main():
    x01 = 0.5;x02 = 0.5;eps = 0.0001;N = 10000;n = 0
    print('given =\nx01 = {0:.5f}\tx02 = {1:.5f}\teps = {2:10.4e}\tN = {3}'.\
          format(x01,x02,eps,N))
    print('n\tx01\tx02\tf1(x01,x02)\tf2(x01,x02)')
    print('{0}\t{1:.5f}\t{2:.5f}\t {3:.5f}\t {4:.5f}'.\
          format(n,x01,x02,f1(x01,x02),f2(x01,x02)))
    while abs(f1(x01,x02)) >= eps or abs(f2(x01,x02)) >= eps and n <= N:
        n = n + 1
        x11 = x01 - (f1(x01,x02)*f22(x01,x02) - f2(x01,x02)*f12(x01,x02))/\
              (f11(x01,x02)*f22(x01,x02) - f12(x01,x02)*f21(x01,x02))
        x12 = x02 - (f2(x01,x02)*f11(x01,x02) - f1(x01,x02)*f21(x01,x02))/\
              (f11(x01,x02)*f22(x01,x02) - f12(x01,x02)*f21(x01,x02))
        print('{0}\t{1:.5f}\t{2:.5f}\t {3:.5f}\t {4:.5f}'.\
              format(n,x11,x12,f1(x11,x12),f2(x11,x12)))
        x01 = x11
        x02 = x12
    print('roots = ')
    print('{0}\t{1:.5f}\t{2:.5f}\t {3:.5f}\t {4:.5f}'.\
          format(n,x11,x12,f1(x11,x12),f2(x11,x12)))
main()
```

程序 ex46. py 的运行结果如下:

```
given =
x01 = 0.50000    x02 = 0.50000    eps = 1.0000e-04     N = 10000
n      x01          x02          f1(x01,x02)       f2(x01,x02)
0      0.50000      0.50000      -0.01111          -0.01842
1      0.52682      0.50801      0.00013           0.00022
2      0.52652      0.50792      0.00000           0.00000
roots =
2      0.52652      0.50792      0.00000           0.00000
```

Python 程序 ex46. py 与 Fortran 程序 ex46. f 以及 Matlab 程序 ex46. m 运行得到的结果一致，都通过 2 次迭代得到了满足精度 eps = 0. 0001 的初值$[x_1,x_2]=[0.5,0.5]$附近的根，其数值结果为$[x_1,x_2]=[0.5265,0.5079]$。

附录 5　例 5. 1 至例 5. 8

例 5. 1 (见第 121 页)

解：根据梯形求积公式的计算流程图 5 －3，编制 Python 程序 ex51. py，列表如下:

```
#ex51.py
import math

def f(x):
    return math.sin(x)/x

def trapz(f,a,b,h):
    n = int((b-a)/h)
```

```
    s = f(a)/2 + f(b)/2
    x = a
    print('given = \na = {0:6.4f}\tb = {1:6.4f}\th = {2:6.4f}\tn = {3}'.\
          format(a,b,h,(b-a)/h))
    print('i\tx\tf(x)')
    print('{0}\t{1:6.4f}\t{2:6.4f}'.format(0,a,f(a)))
    for i in range(1,n):
        x = x + h
        s = s + f(x)
        print('{0}\t{1:6.4f}\t{2:6.4f}'.format(i,x,f(x)))
    print('{0}\t{1:6.4f}\t{2:6.4f}'.format(n,b,f(b)))
    si = s*h
    print('the integral value = %6.4f' %si)

def main():
    a = 0.1
    b = 4
    h = 0.3
    trapz(f,a,b,h)

main()
```

程序 ex51. py 的运行结果如下：

```
given =
a = 0.1000 b = 4.0000 h = 0.3000 n = 13.0
i       x         f(x)
0    0.1000     0.9983
1    0.4000     0.9735
2    0.7000     0.9203
3    1.0000     0.8415
4    1.3000     0.7412
5    1.6000     0.6247
6    1.9000     0.4981
7    2.2000     0.3675
8    2.5000     0.2394
9    2.8000     0.1196
10   3.1000     0.0134
11   3.4000     -0.0752
12   3.7000     -0.1432
13   4.0000     -0.1892
the integral value = 1.6576
```

Python 程序 ex51. py 与 Fortran 程序 ex51. f 以及 Matlab 程序 ex51. m 的运行结果一致。

例 5. 2（见第 125 页）

解：根据变步长梯形求积公式计算流程图 5 –5，编制 Python 程序 ex52. py，列表如下：

```
#ex52.py
import math
def f(x):
    return math.sin(x)/x

def trapzchl(funfcn,a,b,eps):
    s1 = 0
    h = b - a
    s2 = (funfcn(a) + funfcn(b))*h/2
    x = a
    n = 1
```

```
    i = 1
    print('given = \na = {0}\tb = {1}\teps = {2:10.4e}'.format(a,b,eps))
    print('n\tint\terr')
    print('{0}\t{1:6.4f}\t{2:6.5f}'.format(n,s2,(s2-s1)/s2))
    while abs(s2-s1)/s2 > eps:
        h = h/2
        s1 = s2
        T = 0
        x = a + h
        n = 2*n
        while x < b:
            T = T + funfcn(x)
            x = x + 2*h
        s2 = s1/2 + T*h
        i = i + 1
        print('{0}\t{1:6.4f}\t{2:6.5f}'.format(n,s2,(s2-s1)/s2))
    print('the answer is\n{0}\t{1:6.4f}\t{2:6.5f}'.\
          format(n,s2,(s2-s1)/s2))

def main():
    a = 0.1
    b = 4
    eps = 0.0001
    trapzchl(f,a,b,eps)

main()
```

程序 ex52. py 的运行结果如下：

```
given =
a = 0.1     b = 4       eps = 1.0000e-04
n    int       err
1    1.5778    1.00000
2    1.6330    0.03379
4    1.6518    0.01136
8    1.6566    0.00294
16   1.6578    0.00074
32   1.6582    0.00019
64   1.6582    0.00005
the answer is
64   1.6582    0.00005
```

Python 程序 ex52. py 与 Fortran 程序 ex52. f 以及 Matlab 程序 ex52. m 的运行结果一致。

例 5. 3 （见第 129 页）

解： 由辛普森求积公式计算流程图 5－8（右图），编制 Python 程序 ex53. py，列表如下：

```
#ex53.py
import math

def f(x):
    return math.sin(x)/x

def quad(f,a,b,h):
    n = int((b-a)/h)
    x0 = a
    xn = b
    s0 = f(x0)
    sn = f(xn)
    sum1 = 0
```

```
    sum2 = -sn
    print('given =\na = {0:6.4f}\tb = {1:6.4f}\th = {2:6.4f}\tn = {3}'.\
          format(a,b,h,n))
    print('i\tx\tf(x)')
    print('{0}\t{1:6.4f}\t{2:6.4f}'.format(0,x0,f(x0)))
    for i in range(1,n,2):
        x1 = x0 + i*h
        x2 = x1 + h
        sum1 = sum1 + f(x1)
        print('{0}\t{1:6.4f}\t{2:6.4f}'.format(i,x1,f(x1)))
        sum2 = sum2 + f(x2)
        print('{0}\t{1:6.4f}\t{2:6.4f}'.format(i+1,x2,f(x2)))
    si = (s0 + sn + 4*sum1 + 2*sum2)*h/3
    print('the intergral value = %6.4f'%si)

def main():
    a = 0.1
    b = 4
    h = 0.15
    quad(f,a,b,h)

main()
```

程序 ex53. py 的运行结果如下：

```
given =
a = 0.1000 b = 4.0000 h = 0.1500 n = 26
i    x         f(x)
0    0.1000    0.9983
1    0.2500    0.9896
2    0.4000    0.9735
3    0.5500    0.9503
4    0.7000    0.9203
5    0.8500    0.8839
6    1.0000    0.8415
7    1.1500    0.7937
8    1.3000    0.7412
9    1.4500    0.6846
10   1.6000    0.6247
11   1.7500    0.5623
12   1.9000    0.4981
13   2.0500    0.4329
14   2.2000    0.3675
15   2.3500    0.3028
16   2.5000    0.2394
17   2.6500    0.1781
18   2.8000    0.1196
19   2.9500    0.0646
20   3.1000    0.0134
21   3.2500    -0.0333
22   3.4000    -0.0752
23   3.5500    -0.1119
24   3.7000    -0.1432
25   3.8500    -0.1690
26   4.0000    -0.1892
the intergral value = 1.6583
```

Python 程序 ex53. py 与 Fortran 程序 ex53. f 以及 Matlab 程序 ex53. m 的运行结果一致。

例 5.4（见第 134 页）

解：由变步长辛普森求积公式计算流程图 5－10 编制 Python 程序 ex54. py 如下：

```
#ex54.py
import math

def f(x):
    return math.sin(x)/x

def quadchal(f,a,b,eps):
    print('given =\na = {0:6.4f}\tb = {1:6.4f}\teps = {2:10.4e}'.\
          format(a,b,eps))
    print('n\tint\terr')
    s1 = 0
    h = b - a
    n = 1
    rp = f(a) + f(b)
    x = a - h/2
    rc = f(x+h)
    s2 = (rp+4*rc)*h/6
    print('{0}\t{1:6.4f}\t{2:6.5f}'.format(n,s2,(s2-s1)/s2))
    while abs(s2-s1)/s2 > eps or n == 1:
        s1 = s2
        h = h/2
        n = n + n
        rp = rp + 2*rc
        x = a - h/2
        rc = 0
        for i in range(1,n+1):
            x = x + h
            rc = f(x) + rc
        s2 = (rp + 4*rc)*h/6
        print('{0}\t{1:6.4f}\t{2:6.5f}'.format(n,s2,(s2-s1)/s2))
    print('the answer is\n{0}\t{1:6.4f}\t{2:6.5f}'.format(n,s2,(s2-s1)/s2))

def main():
    a = 0.1
    b = 4
    eps = 0.0001
    quadchal(f,a,b,eps)

main()
```

程序 ex54. py 的运行结果如下：

```
given =
a = 0.1000  b = 4.0000  eps = 1.0000e-04
n      int        err
1      1.6514     1.00000
2      1.6580     0.00400
4      1.6582     0.00014
8      1.6583     0.00001
the answer is
8      1.6583     0.00001
```

Python 程序 ex54. py 与 Fortran 程序 ex54. f 以及 Matlab 程序 ex54. m 的运行结果一致。

例 5.5（见第 137 页）

解：根据牛顿—柯特斯求积公式计算流程图 5－11，编制 Python 程序 ex55. py，列表如下：

```
#ex55.py
import math

def f(x):
    return math.sin(x)/x

def quad8(f,a,b,h):
    n = math.floor((b-a)/h) + 1
    x0 = a
    xn = b
    print('given = \na = {0:6.4f}\tb = {1:6.4f}\th = {2:6.4f}\tn = {3}'.\
         format(a,b,h,n))
    print('i\tx\tf(x)')
    s0 = f(x0)
    print('{0}\t{1:6.4f}\t{2:6.4f}'.format(0,a,f(a)))
    sn = f(xn)
    sum1 = 0
    sum2 = 0
    sum3 = -sn
    for i in range(1,n,3):
        x1 = x0 + i*h
        x2 = x1 + h
        x3 = x2 + h
        sum1 = sum1 + f(x1)
        sum2 = sum2 + f(x2)
        sum3 = sum3 + f(x3)
        print('{0}\t{1:6.4f}\t{2:6.4f}'.format(i,x1,f(x1)))
        print('{0}\t{1:6.4f}\t{2:6.4f}'.format(i+1,x2,f(x2)))
        print('{0}\t{1:6.4f}\t{2:6.4f}'.format(i+2,x3,f(x3)))
    si = (s0 + sn + 3*sum1 + 3*sum2 + 2*sum3)*3*h/8
    print('the integral value = %6.4f'%si)

def main():
    a = 0.1
    b = 4
    h = 0.1
    quad8(f,a,b,h)

main()
```

程序 ex55. py 的运行结果如下：

```
given =
a = 0.1000 b = 4.0000 h = 0.1000 n = 40
i     x        f(x)
0     0.1000    0.9983
1     0.2000    0.9933
2     0.3000    0.9851
3     0.4000    0.9735
4     0.5000    0.9589
5     0.6000    0.9411
6     0.7000    0.9203
7     0.8000    0.8967
8     0.9000    0.8704
9     1.0000    0.8415
10    1.1000    0.8102
11    1.2000    0.7767
12    1.3000    0.7412
13    1.4000    0.7039
14    1.5000    0.6650
```

```
15   1.6000   0.6247
16   1.7000   0.5833
17   1.8000   0.5410
18   1.9000   0.4981
19   2.0000   0.4546
20   2.1000   0.4111
21   2.2000   0.3675
22   2.3000   0.3242
23   2.4000   0.2814
24   2.5000   0.2394
25   2.6000   0.1983
26   2.7000   0.1583
27   2.8000   0.1196
28   2.9000   0.0825
29   3.0000   0.0470
30   3.1000   0.0134
31   3.2000   -0.0182
32   3.3000   -0.0478
33   3.4000   -0.0752
34   3.5000   -0.1002
35   3.6000   -0.1229
36   3.7000   -0.1432
37   3.8000   -0.1610
38   3.9000   -0.1764
39   4.0000   -0.1892
the integral value = 1.6583
```

Python 程序 ex55. py 与 Fortran 程序 ex55. f 以及 Matlab 程序 55. m 的运行结果一致。

例 5. 6（见第 143 页）

解：根据龙贝格求积公式计算流程图 5－13，编制 Python 程序 ex56. py，列表如下：

```
#ex56.py
import math
import numpy

def f(x):
    return math.sin(x)/x

def rbg(f,a,b,eps):
    print('given = \na = {0:6.4f}\tb = {1:6.4f}\teps = {2:10.4e}'.\
            format(a,b,eps))
    t = numpy.zeros((10,10))
    h = b - a
    t[0][0] = 0.5*h*(f(a)+f(b))
    s1 = 0
    s2 = 10
    k = 1
    while abs((s2-s1)/s2) > eps and k < 10:
        h = 0.5*h
        s = 0
        for i in range(1,pow(2,k),2):
            s = s + f(a+h*i)
        t[k][0] = 0.5*t[k-1][0] + h*s
        for m in range(2,k+2):
            for i in range(1,k-m+2):
                t[i-1][m-1] = (pow(4,m-1)*t[i][m-2]-t[i-1][m-2])/(pow(4,m-1)-1)
        if k <= 2:
            s1 = t[k-1][0]
```

```
            s2 = t[k][0]
        else:
            s1 = t[0][k-2]
            s2 = t[1][k-2]
        k = k + 1
    print('k\tT(k,m)')
    for i in range(0,k):
        print('%d'%i,end='\t')
        numpy.set_printoptions(precision=5) #数组格式化打印
        print(t[i][0:k])
    print('the answer is = ')
    print('k\ts1\ts2\t(s2-s1)/s2')
    print('{0}\t{1:6.4f}\t{2:6.4f}\t{3:10.4e}'.format(k-1,s1,s2,(s2-s1)/s2))

def main():
    a = 0.1
    b = 4
    eps = 0.0001
    t = rbg(f,a,b,eps)

main()
```

程序 ex56. py 的运行结果如下：

```
given =
a = 0.1000 b = 4.0000 eps = 1.0000e-04
k    T(k,m)
0    [1.57781 1.65137 1.65845 1.65826 1.65826 0.       ]
1    [1.63298 1.65801 1.65826 1.65826 0.       0.       ]
2    [1.65175 1.65824 1.65826 0.       0.       0.       ]
3    [1.65662 1.65826 0.       0.       0.       0.       ]
4    [1.65785 0.       0.       0.       0.       0.       ]
5    [1.65816 0.       0.       0.       0.       0.       ]
the answer is =
k    s1        s2        (s2-s1)/s2
5    1.6583    1.6583    6.7202e-07
```

Python 程序 ex56. py 与 Fortran 程序 ex56. f 以及 Matlab 程序 ex56. m 的运行结果一样，需经过 4 次迭代得到满足相对误差要求的积分结果。

例 5. 7（见第 149 页）

解：根据二重定积分辛普森求积公式（5 – 20）计算流程图 5 – 15，编制 Python 程序 ex57. py，列表如下：

```
#ex57.py

def f(x,y):
    return pow(x,3) + pow(y,3)

def dblquad(f,a,b,c,d,n,m):
    print('given = \na = {0}\tb = {1}\tc = {2}\td = {3}\tn = {4}\tm = {5}'.\
          format(a,b,c,d,n,m))
    print('i\tj\tp\tsum')
    h = (b-a)/n
    hk = (d-c)/m
    sum0 = 0
    j = 0
    y = c
    l = 1
```

```
    p = 1
    while j <= m:
        x = a
        for i in range(0,n-1,2):
            sum0 = sum0 + p*(f(x,y) + 4*(f(x+h,y)) + f(x+2*h,y))
            x = x + 2*h
        print('{0}\t{1}\t{2:6.4f}\t{3:6.4f}'.format(i+2,j,p,sum0))
        j = j + 1
        y = y + hk
        if j < m:
            if l == 1:
                p = 4
                l = l + 1
            else:
                p = 2
                l = 1
        else:
            p = 1
    sum0 = sum0*h*hk/9
    print('i = {0}\tj = {1}\tthe result is {2:6.4f}'.format(i+2,j-1,sum0))

def main():
    a = 0
    b = 1
    c = 0
    d = 2
    n = 10
    m = 20
    dblquad(f,a,b,c,d,n,m)

main()
```

程序 ex57. py 的运行结果如下：

```
given =
a = 0       b = 1       c = 0       d = 2 n = 10       m = 20
i     j     p           sum
10    0     1.0000      7.5000
10    1     4.0000      37.6200
10    2     2.0000      53.1000
10    3     4.0000      86.3400
10    4     2.0000      105.1800
10    5     4.0000      150.1800
10    6     2.0000      178.1400
10    7     4.0000      249.3000
10    8     2.0000      295.0200
10    9     4.0000      412.5000
10    10    2.0000      487.5000
10    11    4.0000      677.2200
10    12    2.0000      795.9000
10    13    4.0000      1089.5400
10    14    2.0000      1269.1800
10    15    4.0000      1704.1800
10    16    2.0000      1964.9400
10    17    4.0000      2584.5000
10    18    2.0000      2949.4200
10    19    4.0000      3802.5000
10    20    1.0000      4050.0000
i = 10      j = 20      the result is 4.5000
```

在结构上 Python 程序 ex57. py 与 Fortran 程序 ex571. f 大致相同，运行后得到的结果一致。

例 5. 8 （见第 158 页）

解： 根据数值微分二点、三点公式计算流程图 5－18，编制 Python 程序 ex58. py，列表如下：

```
#ex58.py
import math

def f(x):
    return pow(x,2)*math.exp(x)

def diff(f,x,h,eps):
    print('given = \nx = {0:6.4f}\th = {1:6.4f}\teps = {2:10.4e}'.\
          format(x,h,eps))
    print('h\t\tdx2\t\tdx3\t\tddx')
    f0 = f(x)
    while h > eps:
        f1 = f(x+h)
        f2 = f(x + 2*h)
        dx2 = (f1-f0)/h
        dx3 = (-3*f0 + 4*f1 - f2)/2/h
        ddx = (f2 - 2*f1 + f0)/pow(h,2)
        print('{0:6.6f}\t{1:6.6f}\t{2:6.6f}\t{3:6.6f}'.format(h,dx2,dx3,ddx))
        h = h/10
    print('the result is = ')
    print('{0:6.6f}\t{1:6.6f}\t{2:6.6f}\t{3:6.6f}'.format(10*h,dx2,dx3,ddx))

def main():
    x = 1
    h = 0.1
    eps = 0.000001
    diff(f,x,h,eps)

main()
```

程序 ex58. py 的运行结果如下：

```
given =
x = 1.0000 h = 0.1000 eps = 1.0000e-06
h          dx2        dx3        ddx
0.100000   9.167591   8.021749   22.916842
0.010000   8.250577   8.153653   19.384700
0.001000   8.164365   8.154834   19.063344
0.000100   8.155797   8.154845   19.031507
0.000010   8.154941   8.154845   19.028312
0.000001   8.154855   8.154845   19.029223
the result is =
0.000001   8.154855   8.154845   19.029223
```

Python 程序 ex58. py 与 Fortran 程序 ex58. f 以及 Matlab 程序 ex58. m 运行后得到的函数在 $x=1.0$ 处的一阶、二阶导数都分别约为 8. 155 和 19. 03，即当导数数值保留到四位有效数字时得到的数值结果一致。

附录 6　例 6. 1 至例 6. 7

例 6. 1 （见第 164 页）

解： 根据图 6－3 欧拉公式和改进的欧拉公式计算流程，编制 Python 程序 ex61. py，列表如下：

```
#ex61.py
import math

def f(x,y):
    return (-y+x+1)

def eulerpro(f,x0,xf,y0,h):
    print('given = \nx0 = {0:6.6f}\txf = {1:6.6f}\ty0 = {2:6.6f}\th = {3:6.6f}'.\
          format(x0,xf,y0,h))
    print('i\tx\ty1\ty21\ty2\tytrue\teps1%\teps2%')
    print('{0}\t{1:6.4f}\t{2:6.4f}\t{3:6.4f}\t{4:6.4f}\t{5:6.4f}\t{6:6.4f}\t{7:6.4f}'.\
          format(0,x0,y0,y0,y0,y0,0,0))
    hn = (xf-x0)/h
    n = int(hn)
    x = x0
    y = y0
    y1 = y
    for i in range(1,n+1):
        y1 = y1 + h*f(x,y1)
        y21 = y + h*f(x,y)
        x1 = x + h
        y2 = y + 0.5*h*(f(x,y) + f(x1,y21))
        ytrue = math.exp(-x1) + x1
        eps1 = abs((ytrue - y1)/ytrue)*100
        eps2 = abs((ytrue - y2)/ytrue)*100
        print('{0}\t{1:6.4f}\t{2:6.4f}\t{3:6.4f}\t{4:6.4f}\t{5:6.4f}\t{6:6.4f}\t{7:6.4f}'.\
              format(i,x1,y1,y21,y2,ytrue,eps1,eps2))
        x = x1
        y = y2

def main():
    x0 = 0
    xf = 0.5
    y0 = 1
    h = 0.1
    eulerpro(f,x0,xf,y0,h)

main()
```

程序 ex61. py 的运行结果如下：

```
given =
x0 = 0.000000    xf = 0.500000    y0 = 1.000000    h = 0.100000
i    x        y1       y21      y2       ytrue    eps1%    eps2%
0    0.0000   1.0000   1.0000   1.0000   1.0000   0.0000   0.0000
1    0.1000   1.0000   1.0000   1.0050   1.0048   0.4814   0.0162
2    0.2000   1.0100   1.0145   1.0190   1.0187   0.8570   0.0289
3    0.3000   1.0290   1.0371   1.0412   1.0408   1.1355   0.0384
4    0.4000   1.0561   1.0671   1.0708   1.0703   1.3286   0.0450
5    0.5000   1.0905   1.1037   1.1071   1.1065   1.4496   0.0493
```

Python 程序 ex61. py 与 Fortran 程序 ex61. f 以及 Matlab 程序 ex61. m 计算得到的各离散点上的数值结果一致。

例 6. 2（见第 169 页）

解：根据图 6－5 四阶龙格—库塔公式计算流程编制的 Python 程序 ex62. py 如下：

```
#ex62.py
import math

def f(x,y):
    return (-y+x+1)

def Rkutta(x0,xf,y0,h):
    print('given = \nx0 = {0:6.6f}\txf = {1:6.6f}\ty0 = {2:6.6f}\
\th = {3:6.6f}'.format(x0,xf,y0,h))
    x = x0
    y = y0
    print('x\t\ty\t\tytrue\t\teps%')
    print('{0:6.6f}\t{1:6.6f}\t{2:6.6f}\t{3:10.4e}'.format(x,y,y,0))
    while x-xf < 0:
        fk1 = f(x,y)
        fk2 = f(x+h/2,y+fk1*h/2)
        fk3 = f(x+h/2,y+fk2*h/2)
        fk4 = f(x+h,y+h*fk3)
        y = y + (fk1+2*(fk2+fk3)+fk4)*h/6
        x = x + h
        ytrue = x + math.exp(-x)
        eps = abs((ytrue - y)/ytrue)*100
        print('{0:6.6f}\t{1:6.6f}\t{2:6.6f}\t{3:10.4e}'.format(x,y,ytrue,eps))

def main():
    x0 = 0
    xf = 0.5
    y0 = 1
    h = 0.1
    Rkutta(x0,xf,y0,h)

main()
```

程序 ex62. py 运行得到的结果如下：

```
given =
x0 = 0.000000    xf = 0.500000    y0 = 1.000000    h = 0.100000
x           y           ytrue       eps%
0.000000    1.000000    1.000000    0.0000e+00
0.100000    1.004838    1.004837    8.1569e-06
0.200000    1.018731    1.018731    1.4560e-05
0.300000    1.040818    1.040818    1.9342e-05
0.400000    1.070320    1.070320    2.2692e-05
0.500000    1.106531    1.106531    2.4826e-05
```

Python 程序 ex62. py 与 Fortran 程序 ex62. f 以及 Matlab 程序 ex62. m 运行得到的从 $x=0.1$ 到 0. 5 的函数 y 的五位有效数字的数值结果一致。

例 6. 3 （见第 173 页）

解：根据图 6 －7 四阶阿达姆斯预估—校匹算法计算流程编制 Python 程序 ex63. py，列表如下：

```
#ex63.py
import math
import numpy

def f(x,y):
    return (-y+x+1)

def adams(f,x0,xf,y0,h):
```

```
    print('given = \nx0 = {0:6.6f}\txf = {1:6.6f}\ty0 = {2:6.6f}\
\th = {3:6.6f}'.format(x0,xf,y0,h))
    n = int((xf-x0)/h)
    x = numpy.zeros(n+1)
    y = numpy.zeros(n+1)
    for i in range(0,n+1):
        x[i] = x0 + i*h
    y[0] = y0
    print('x\t\ty\t\tytrue\t\teps%')
    print('{0:6.6f}\t{1:6.6f}\t{2:6.6f}\t{3:10.4e}'.format(x[0],y[0],y[0],0))
    print('starting values from Runge-kutta')
    for i in range(1,4):
        fk1 = f(x[i-1],y[i-1])
        fk2 = f(x[i-1]+h/2,y[i-1]+fk1*h/2)
        fk3 = f(x[i-1]+h/2,y[i-1]+fk2*h/2)
        fk4 = f(x[i-1]+h,y[i-1]+fk3*h)
        y[i] = y[i-1] + (fk1+2*(fk2+fk3)+fk4)*h/6
        ytrue = math.exp(-x[i]) + x[i]
        eps = abs((y[i]-ytrue)/ytrue)*100
        print('{0:6.6f}\t{1:6.6f}\t{2:6.6f}\t{3:10.4e}'.format(x[i],y[i],ytrue,eps))
    print('continuation of solution by admas method')
    for i in range(3,n):
        y[i+1] = y[i] + h*(55*f(x[i],y[i]) - 59*f(x[i-1],y[i-1])\
                          + 37*f(x[i-2],y[i-2]) -9*f(x[i-3],y[i-3]))/24
        y[i+1] = y[i] + h*(9*f(x[i+1],y[i+1]) + 19*f(x[i],y[i])\
                          - 5*f(x[i-1],y[i-1]) + f(x[i-2],y[i-2]))/24
        ytrue = math.exp(-x[i+1]) + x[i+1]
        eps = abs((y[i+1]-ytrue)/ytrue)*100
        print('{0:6.6f}\t{1:6.6f}\t{2:6.6f}\t{3:10.4e}'.format(x[i+1],y[i+1],ytrue,eps))

def main():
    x0 = 0
    xf = 1
    y0 = 1
    h = 0.1
    adams(f,x0,xf,y0,h)

main()
```

程序 ex63. py 的运行结果如下：

```
given =
x0 = 0.000000   xf = 1.000000   y0 = 1.000000   h = 0.100000
x          y          ytrue      eps%
0.000000   1.000000   1.000000   0.0000e+00
starting values from Runge-kutta
0.100000   1.004838   1.004837   8.1569e-06
0.200000   1.018731   1.018731   1.4560e-05
0.300000   1.040818   1.040818   1.9342e-05
continuation of solution by admas method
0.400000   1.070320   1.070320   1.1940e-05
0.500000   1.106530   1.106531   3.5363e-05
0.600000   1.148811   1.148812   5.2536e-05
0.700000   1.196585   1.196585   6.4552e-05
0.800000   1.249328   1.249329   7.2332e-05
0.900000   1.306569   1.306570   7.6762e-05
1.000000   1.367878   1.367879   7.8600e-05
```

Python 程序 ex63. py 与 Fortran 程序 ex63. f 以及 Matlab 程序 ex64. m 运行所得到的初值问题数值解的结果保留到小数点后六位的数值是一致的。

例 6.4（见第 178 页）

解：根据图 6－9 方程组的四阶龙格—库塔公式计算流程编制 Python 程序 ex64. py，列表如下：

```
#ex64.py

def f(a,b,c):
    return c

def g(a,b,c):
    return (a*c+b)

def Rkutta_2(x0,xf,y10,y20,h):
    print('given = \nx0 = {0:6.6f}\txf = {1:6.6f}\ty10 = {2:6.6f}\t\
y20 = {3:6.6f}\th = {4:6.6f}'.format(x0,xf,y10,y20,h))
    x = x0
    y1 = y10
    y2 = y20
    print('x\t\ty1\t\ty2')
    while (x-xf) < 0:
        fk1 = f(x,y1,y2)
        fl1 = g(x,y1,y2)
        fk2 = f(x+h/2,y1+fk1*h/2,y2+fl1*h/2)
        fl2 = g(x+h/2,y1+fk1*h/2,y2+fl1*h/2)
        fk3 = f(x+h/2,y1+fk2*h/2,y2+fl2*h/2)
        fl3 = g(x+h/2,y1+fk2*h/2,y2+fl2*h/2)
        fk4 = f(x+h,y1+fk3*h,y2+fl3*h)
        fl4 = g(x+h,y1+fk3*h,y2+fl3*h)
        y1 = y1 + (fk1+2*(fk2+fk3)+fk4)*h/6
        y2 = y2 + (fl1+2*(fl2+fl3)+fl4)*h/6
        x = round(x,1) + h
        print('{0:6.6f}\t{1:6.6f}\t{2:6.6f}'.format(x,y1,y2))

def main():
    x0 = 0.0
    xf = 1.0
    y10 = 1.0
    y20 = 1.0
    h = 0.1
    Rkutta_2(x0,xf,y10,y20,h)

main()
```

程序 ex64. py 的运行结果如下：

```
given =
x0 = 0.000000    xf = 1.000000    y10 = 1.000000  y20 = 1.000000  h = 0.100000
x           y1          y2
0.100000    1.105346    1.110535
0.200000    1.222889    1.244578
0.300000    1.355191    1.406557
0.400000    1.505317    1.602127
0.500000    1.676973    1.838486
0.600000    1.874676    2.124805
0.700000    2.103984    2.472789
0.800000    2.371781    2.897425
0.900000    2.686657    3.417991
1.000000    3.059395    4.059395
```

Python 程序 ex64. py 与 Fortran 程序 ex64. f 以及 Matlab 程序 ex64. m 运行得到的数值解结果在保留到小数点后四位数字时一致。

例 6.5（见第 183 页）

解：根据图 6－11 的计算流程，编制 Python 程序 ex65. py，列表如下：

```
#ex65.py

def f(t,v):
    return ((31500-0.39*pow(v,2))*9.8/(13500-180*t)-9.8)

def Rkutta_2(f,t0,tf,y0,v0,h):
    t = t0
    y = y0
    v = v0
    a = f(t,v)
    n0 = 0
    print('n0\t t\t\t y\t\t v\t\ta')
    print('{0}\t{1:8.4f}\t{2:8.4f}\t{3:8.4f}\t{4:6.4f}'.format(n0,t,y,v,a))
    while t <= tf:
        fl1 = a
        fl2 = f(t+h/2,v+fl1*h/2)
        fl3 = f(t+h/2,v+fl2*h/2)
        fl4 = f(t+h,v+fl3*h)
        y = y + v*h + (fl1+fl2+fl3)*h*h/6
        v = v +(fl1+2*fl2+2*fl3+fl4)*h/6
        t = t + h
        a = f(t,v)
        n0 = n0 + 1
        if n0 % 200 == 0:
            print('{0}\t{1:8.4f}\t{2:8.4f}\t{3:8.4f}\t{4:6.4f}'.\
                  format(n0,t,y,v,a))

def main():
    t0 = 0
    tf = 60
    y0 = 0
    v0 = 0
    h = 0.01
    Rkutta_2(f,t0,tf,y0,v0,h)

main()
```

程序 ex65. py 的运行结果如下：

```
n0      t          y            v         a
0        0.0000     0.0000      0.0000   13.0667
200      2.0000    26.4783     26.6187   13.4871
400      4.0000   106.7659     53.6712   13.4935
600      6.0000   240.8834     80.3051   13.0706
800      8.0000   427.1520    105.6917   12.2568
1000    10.0000   662.3457    129.1282   11.1377
1200    12.0000   942.0264    150.1150   9.8273
1400    14.0000   1260.9924   168.3896   8.4447
1600    16.0000   1613.7486   183.9161   7.0946
1800    18.0000   1994.9201   196.8416   5.8540
2000    20.0000   2399.5602   207.4369   4.7696
2200    22.0000   2823.3375   216.0373   3.8603
2400    24.0000   3262.6140   222.9940   3.1244
2600    26.0000   3714.4409   228.6406   2.5468
2800    28.0000   4176.5008   233.2724   2.1057
3000    30.0000   4647.0208   237.1381   1.7768
3200    32.0000   5124.6774   240.4387   1.5369
```

3400	34.0000	5608.5042	243.3310	1.3652
3600	36.0000	6097.8089	245.9336	1.2446
3800	38.0000	6592.1040	248.3337	1.1608
4000	40.0000	7091.0509	250.5939	1.1030
4200	42.0000	7594.4155	252.7575	1.0630
4400	44.0000	8102.0362	254.8539	1.0350
4600	46.0000	8613.7993	256.9025	1.0146
4800	48.0000	9129.6225	258.9156	0.9991
5000	50.0000	9649.4430	260.9008	0.9865
5200	52.0000	10173.2103	262.8629	0.9758
5400	54.0000	10700.8810	264.8046	0.9661
5600	56.0000	11232.4162	266.7276	0.9570
5800	58.0000	11767.7797	268.6331	0.9485
6000	60.0000	12306.9372	270.5217	0.9402

Python 程序 ex65. py 与 Fortran 程序 ex65. f 以及 Matlab 程序 ex65. m 得到的数值解一致。

例 6.6（见第 188 页）

解：根据图 6－13 的计算流程，编制 Python 程序 ex66. py，列表如下：

```
#ex66.py
import numpy

def f1(x,y1,y2):
    return (2*x + x*y1 - x*y2)

def f2(x,y1,y2):
    return (x*y1 - x*y2)

def rkutta(x0,xf,y110,y120,y210,y220,y20,h):
    i = 0
    n = int((xf - x0)/h)
    x = x0
    y11 = y110
    y12 = y120
    y21 = y210
    y22 = y220
    y1 = numpy.zeros(n)
    y2 = numpy.zeros(n)
    y = numpy.zeros(n)
    print('x\ty11\ty12\ty21\ty22')
    print('{0:.4f}\t{1:.4f}\t{2:.4f}\t{3:.4f}\t{4:.4f}'.\
          format(x,y11,y12,y21,y22))
    while x < xf:
        fl1 = f1(x,y11,y12)
        fl2 = f1(x + h/2,y11 + y12*h/2,y12 + fl1*h/2)
        fl3 = f1(x + h/2,y11 + y12*h/2 + fl1*h*h/4,y12 + fl2*h/2)
        fl4 = f1(x + h,y11 + y12*h + fl2*h*h/2,y12 + fl3*h)
        y11 = y11 + y12*h + (fl1 + fl2 + fl3)* h * h/6
        y12 = y12 + (fl1 + 2*fl2 + 2*fl3 + fl4)*h/6

        fk1 = f2(x,y21,y22)
        fk2 = f2(x + h/2,y21 + y22*h/2,y22 + fk1*h/2)
        fk3 = f2(x + h/2,y21 + y22*h/2 + fk1*h*h/4,y22 + fk2*h/2)
        fk4 = f2(x + h,y21 + y22*h + fk2*h*h/2,y22 + fk3*h)
        y21 = y21 + y22*h + (fk1 + fk2 + fk3)* h * h/6
        y22 = y22 + (fk1 + 2*fk2 + 2*fk3 + fk4)*h/6

        y1[i] = y11
```

```
        y2[i] = y21
        x = round(x,1) + h
        i += 1
        print('{0:.4f}\t{1:.4f}\t{2:.4f}\t{3:.4f}\t{4:.4f}'.\
                format(x,y11,y12,y21,y22))
    C = (y20 - y1[n-1])/y2[n-1]
    for i in range(0,n):
        y[i] = y1[i] + C*y2[i]
    print('the result is')
    print('i\tx\ty\t')
    for i in range(1,n+1):
        print('{0}\t{1:.2f}\t{2:.6f}'.format(i,i*h,y[i-1]))

def main():
    x0 = 0.0
    xf = 1.0
    h = 0.1
    y110 = 1.0
    y120 = 0.0
    y210 = 0.0
    y220 = 1.0
    y20 = 0.0
    rkutta(x0,xf,y110,y120,y210,y220,y20,h)

main()
```

程序 ex66. py 的运行结果如下：

```
x       y11     y12     y21     y22
0.0000  1.0000  0.0000  0.0000  1.0000
0.1000  1.0005  0.0150  0.0998  0.9953
0.2000  1.0040  0.0594  0.1988  0.9828
0.3000  1.0133  0.1322  0.2962  0.9648
0.4000  1.0313  0.2316  0.3917  0.9435
0.5000  1.0605  0.3555  0.4849  0.9214
0.6000  1.1031  0.5013  0.5760  0.9006
0.7000  1.1614  0.6669  0.6651  0.8831
0.8000  1.2371  0.8499  0.7528  0.8706
0.9000  1.3319  1.0482  0.8395  0.8646
1.0000  1.4472  1.2604  0.9259  0.8664
the result is
i   x     y
1   0.10  0.844450
2   0.20  0.693250
3   0.30  0.550346
4   0.40  0.419173
5   0.50  0.302600
6   0.60  0.202915
7   0.70  0.121841
8   0.80  0.060574
9   0.90  0.019846
10  1.00  0.000000
```

化边值问题为初值问题的龙格—库塔方法的 Python 程序 ex66. py 与 Fortran 程序 ex66. f 以及 Matlab 程序 ex66. m 得到的数值解（保留五位有效数字）相同。

例 6. 7（见第 194 页）

解：根据图 6 – 15 的计算流程，编制 Python 程序 ex67. py，列表如下：

```
#ex67.py
import numpy

def diff_solve(n,h,ai,bf):
    a = numpy.zeros(n-1)
    b = numpy.zeros(n-1)
    c = numpy.zeros(n-1)
    d = numpy.zeros(n-1)
    print('given = \nn - 1 = {0}\th = {1:.4f}\tai = {2:.4f}\t\
bf = {3:.4f}'.format(n - 1,h,ai,bf))
    for i in range(n-1):
        ti = i + 1
        d[i] = (2*pow(h,2))*(-ti*h) - 4
        if i < n - 1:
            a[i] = 2 - pow(h,2)*(ti+1)
            c[i] = 2 + pow(h,2)*ti
            if i == 0:
                b[i] = 4*pow(h,3) - (2-pow(h,2))*ai
            else:
                b[i] = 4*pow(h,3)*ti
        else:
            b[i] = 4*pow(h,3)*ti - (2 + pow(h,2)*ti)*bf
    a1 = numpy.zeros(n-1)
    b1 = numpy.zeros(n-1)
    for i in range(1,n-1):
        m = i - 1
        a1[m] = c[m]/d[m]
        b1[m] = b[m]/d[m]
        d[i] = d[i] - a1[m]*a[m]
        b[i] = b[i] - b1[m]*a[m]
    b[n-2] = b[n-2]/d[n-2]
    for i in range(n-2):
        k = n - i - 3
        b[k] = b1[k] - a1[k]*b[k+1]
    print('the result is')
    print('i\tx\ty\t')
    print('{0}\t{1:.4f}\t{2:.6f}'.format(0,0,ai))
    for i in range(0,9):
        print('{0}\t{1:.4f}\t{2:.6f}'.format(i+1,(i+1)*h,b[i]))
    print('{0}\t{1:.4f}\t{2:.6f}'.format(n,n*h,bf))

def main():
    n = 10
    h = 0.1
    ai = 1.0
    bf = 0.0
    diff_solve(n,h,ai,bf)

main()
```

程序 ex67. py 的运行结果如下：

```
given =
n - 1 = 9    h = 0.1000    ai = 1.0000    bf = 0.0000
the result is
i    x         y
0    0.0000    1.000000
1    0.1000    0.844321
2    0.2000    0.693020
3    0.3000    0.550049
```

```
4    0.4000    0.418840
5    0.5000    0.302263
6    0.6000    0.202602
7    0.7000    0.121578
8    0.8000    0.060383
9    0.9000    0.019744
10   1.0000    0.000000
```

边值问题差分解法 Python 程序 ex67. py 与 Fortran 程序 ex67. f 以及 Matlab 程序 ex67. m 运行得到的数值解（保留三位有效数字）一致。

附录 7　例 7. 1 至例 7. 5

例 7. 1 （见第 204 页）

解： 根据图 7 – 7 的计算流程，编制 Python 程序 ex71. py，列表如下：

```
#ex71.py
import numpy as np
from matplotlib import pyplot as plt

ia = 5;ib = 8;n = 10;m = 10;ut = 100;ub = 0;nmax = 1000;eps = 0.0001;u = np.zeros((n,m))
u[:,0] = ub;u[:,m-1] = ut;u[0,ia-1:m-1] = ut;u[n-1,ib-1:m] = ut;u1 = u.copy();
N = 0;k = 1
while N <= nmax and k != 0:
      k = 0
      u1[0,1:ia-1] = (u[0,2:ia] + 2*u[1,1:ia-1] + u[0,0:ia-2])/4
      u1[n-1,1:ib-1] = (u[n-1,2:ib] + 2*u[n-2,1:ib-1] + u[n-1,0:ib-2])/4
      u1[1:n-1,1:m-1] = (u[2:n,1:m-1]+u[0:n-2,1:m-1]+u[1:n-1,2:m]+u[1:n-1,0:m-2])/4
      if np.linalg.norm(u1-u,ord=np.inf) > eps:
            k = k + 1
      u = u1.copy();N = N + 1



nk = [N,k]
u1 = np.transpose(u);u = np.flipud(u1)
np.set_printoptions(formatter={'float': '{: 0.4f}'.format})
print('nk = \n',nk)
print('u = \n',u)

fig = plt.figure()
ax1 = fig.add_subplot(1,2,1,projection='3d')
x, y = np.meshgrid(range(m),range(n))
ax1.plot_surface(x,y,u1)
ax1.set_xlabel('i')
ax1.set_ylabel('j')
ax1.set_zlabel('${u(^oC)}$')
ax2 = fig.add_subplot(1,2,2)
c = ax2.pcolor(x,y,u1,cmap=plt.cm.autumn)
fig.colorbar(c)
ax2.set_xlabel('i')
ax2.set_ylabel('j')

plt.show()
```

程序 ex71. py 运行后得到数值结果如下，图示结果与图 7 – 8 一致。

```
nk =
 [284, 0]
u =
[[ 100.0000   100.0000   100.0000   100.0000   100.0000   100.0000   100.0000   100.0000   100.0000   100.0000]
 [ 100.0000   97.7087    95.7182    94.1852    93.1558    92.6499    92.7450    93.6689    95.9005    100.0000]
 [ 100.0000   95.1167    90.9790    87.8669    85.7881    84.6988    84.6612    86.0303    89.9331    100.0000]
 [ 100.0000   91.7792    85.2140    80.5153    77.4308    75.6962    75.1706    75.8580    77.8015    80.3363]
 [ 100.0000   86.7860    77.5826    71.5497    67.7236    65.4846    64.4671    64.4297    65.0787    65.7421]
 [ 100.0000   77.7824    66.7807    60.3773    56.4293    54.0517    52.7836    52.3149    52.3418    52.4746]
 [ 63.6322    57.5629    51.3805    46.7495    43.5649    41.5091    40.3010    39.7044    39.4990    39.4728]
 [ 39.4029    37.4565    34.4288    31.6754    29.5717    28.1188    27.2068    26.7030    26.4770    26.4187]
 [ 19.0665    18.4315    17.2029    15.9515    14.9277    14.1878    13.7046    13.4237    13.2872    13.2483]
 [ 0.0000     0.0000     0.0000     0.0000     0.0000     0.0000     0.0000     0.0000     0.0000     0.0000]]
```

Python 程序 ex71. py 与 Matlab 程序 ex71. m 运行得到各网格节点上的温度值在保留到小数点后第四位数字时数值结果一致。

例 7. 2（见第 212 页）

解：根据图 7 – 14 的计算流程，编制 Python 程序 ex72. py，列表如下：

```
#ex72.py
import numpy as np
from matplotlib import pyplot as plt

u1 = 0;ux = 50;e1 = 0.36;k = 0.22;rou = 2.7*1e+3;c = 0.92*1e+3;th = k/(rou*c)
dt = 1.8*1000;dp = 100*dt;dx = 0.03;n = int(e1/dx);b = th*dt/dx**2;eps = 0.05
u = np.zeros(n+2);uu = u.copy()
t = 0;tp = dp;u[0] = (u1+ux)/2;u[1:n+2] = ux
tmn = []
print('time(h)\t1\t3\t5\t7\t9\t11\t13')
print(t/3600,end='\t')
tmn.append(t/3600)
umn = u.copy()
for i in range(0,13,2):
    print('%.2f'%u[i],end='\t')
k = 1
uu[0] = u1
while k > 0:
    k = 0
    for i in range(2,n+2):
        uu[i-1] = u[i-1] + b*(u[i] - 2*u[i-1] + u[i-2])
    uu[n+1] = uu[n-1]
    t = t + dt
    if abs(t-tp) <= 1e-4:
        print('\n',t/3600,end='\t')
        tmn.append(t/3600)
        umn = np.vstack((umn,u))
        for i in range(0,13,2):
            print('%.2f'%u[i],end='\t')
        tp = tp + dp
    for i in range(2,n+2):
        diff = uu[i-1] - u1
        if abs(diff) >= eps:
            k = k + 1
        u[i-1] = uu[i-1]
    u[n+1] = uu[n+1]
    u[0] = u1
```

```
tmn.append(t/3600)
umn = np.vstack((umn,u))
print('\n',t/3600,end='\t')
for i in range(0,13,2):
    print('%.2f'%u[i],end='\t')

x = np.arange(0,e1+dx,dx)
fig = plt.figure()
ax1 = fig.add_subplot(1,2,1,projection='3d')
xx, tt = np.meshgrid(x,tmn)
ax1.plot_surface(xx,tt,umn)
ax1.set_xlabel('x(m)')
ax1.set_ylabel('t/50(h)')
ax1.set_zlabel('${u(^oC)}$')
ax2 = fig.add_subplot(1,2,2)
c = ax2.pcolor(xx,tt,umn,cmap=plt.cm.autumn)
fig.colorbar(c)
ax2.set_xlabel('x(m)')
ax2.set_ylabel('t/50(h)')
plt.show()
```

程序 ex72. py 运行后得到的数值结果如下，图示结果与图 7 – 15 一致。

time(h)	1	3	5	7	9	11	13
0.0	25.00	50.00	50.00	50.00	50.00	50.00	50.00
50.0	0.00	13.21	24.99	34.33	40.82	44.53	45.73
100.0	0.00	9.07	17.49	24.67	30.14	33.55	34.71
150.0	0.00	6.65	12.85	18.17	22.25	24.81	25.68
200.0	0.00	4.91	9.48	13.41	16.42	18.32	18.96
250.0	0.00	3.62	7.00	9.90	12.12	13.52	14.00
300.0	0.00	2.67	5.17	7.31	8.95	9.98	10.33
350.0	0.00	1.97	3.81	5.39	6.61	7.37	7.63
400.0	0.00	1.46	2.82	3.98	4.88	5.44	5.63
450.0	0.00	1.08	2.08	2.94	3.60	4.02	4.16
500.0	0.00	0.79	1.53	2.17	2.66	2.96	3.07
550.0	0.00	0.59	1.13	1.60	1.96	2.19	2.27
600.0	0.00	0.43	0.84	1.18	1.45	1.62	1.67
650.0	0.00	0.32	0.62	0.87	1.07	1.19	1.23
700.0	0.00	0.24	0.46	0.64	0.79	0.88	0.91
750.0	0.00	0.17	0.34	0.48	0.58	0.65	0.67
800.0	0.00	0.13	0.25	0.35	0.43	0.48	0.50
850.0	0.00	0.09	0.18	0.26	0.32	0.35	0.37
900.0	0.00	0.07	0.14	0.19	0.23	0.26	0.27
950.0	0.00	0.05	0.10	0.14	0.17	0.19	0.20
1000.0	0.00	0.04	0.07	0.10	0.13	0.14	0.15
1050.0	0.00	0.03	0.05	0.08	0.09	0.11	0.11
1100.0	0.00	0.02	0.04	0.06	0.07	0.08	0.08
1150.0	0.00	0.02	0.03	0.04	0.05	0.06	0.06
1178.0	0.00	0.01	0.02	0.04	0.04	0.05	0.05

Python 程序 ex72. py 与 Fortran 程序 ex72. f 以及 Matlab 程序 ex72. m 得到的数值结果在误差要求范围内（eps = 0. 05）一致，即最终杆上各点的温度达到 0℃。

例 7. 3（见第 216 页）

解：根据图 7 – 16 的计算流程，编制 Python 程序 ex73. py，列表如下：

```
#ex73.py
import numpy as np
from matplotlib import pyplot as plt
```

```
def trid(n,a,d,c,b):
    a1 = np.zeros(n)
    d1 = np.zeros(n)
    b1 = np.zeros(n)
    for i in range(n):
        d1[i] = d[i]
    for i in range(1,n):
        m = i - 1
        a1[m] = c[m]/d1[m]
        b1[m] = b[m]/d1[m]
        d1[i] = d1[i] - a1[m]*a[m]
        b[i] = b[i] - b1[m]*a[m]
    b[n-1] = b[n-1]/d1[n-1]
    for i in range(n-1):
        k = n - i - 2
        b[k] = b1[k] - a1[k]*b[k+1]
    return b

u1 = 0;ux = 50;e1 = 0.36;k = 0.22;rou = 2.7*1e+3;c = 0.92*1e+3;th = k/(rou*c)
dt = 1.8*1000;dp = 100*dt;dx = 0.03;n = int(e1/dx);b = th*dt/dx**2;eps = 0.05
u = np.zeros(n+2);uu = u.copy();
aa = np.zeros(n);ad = np.zeros(n);ac = np.zeros(n);bb = np.zeros(n)
t = 0;tp = dp;u[0] = (u1+ux)/2;u[1:n+2] = ux
tmn = []
print('time(h)\t1\t3\t5\t7\t9\t11\t13')
print(t/3600,end='\t')
tmn.append(t/3600)
umn = u.copy()
for i in range(0,13,2):
    print('%.2f'%u[i],end='\t')
k = 1
uu[0] = u1
for i in range(n):
    aa[i] = 1
    ad[i] = -(2+1/b)
    ac[i] = 1
aa[n-2] = 2
while k > 0:
    k = 0
    for i in range(n):
        bb[i] = -1/b*u[i+1]
    bb = trid(n,aa,ad,ac,bb)
    for i in range(n):
        uu[i+1] = bb[i]
    uu[n+1] = uu[n-1]
    t = t + dt
    if(abs(t-tp) <= 1e-4):
        print('\n',t/3600,end='\t')
        tmn.append(t/3600)
        umn = np.vstack((umn,u))
        for i in range(0,13,2):
            print('%.2f'%u[i],end='\t')
        tp = tp + dp
    for i in range(1,n+1):
        diff = uu[i] - u1
        if abs(diff) >= eps:
            k = k + 1
        u[i] = uu[i]
```

```
        u[n+1] = uu[n+1]
        u[0] = u1
tmn.append(t/3600)
umn = np.vstack((umn,u))
print('\n',t/3600,end='\t')
for i in range(0,13,2):
        print('%.2f'%u[i],end='\t')

x = np.arange(0,e1+dx,dx)
fig = plt.figure()
ax1 = fig.add_subplot(1,2,1,projection='3d')
xx, tt = np.meshgrid(x,tmn)
ax1.plot_surface(xx,tt,umn)
ax1.set_xlabel('x(m)')
ax1.set_ylabel('t/50(h)')
ax1.set_zlabel('${u(^oC)}$')
ax2 = fig.add_subplot(1,2,2)
c = ax2.pcolor(xx,tt,umn,cmap=plt.cm.autumn)
fig.colorbar(c)
ax2.set_xlabel('x(m)')
ax2.set_ylabel('t/50(h)')
plt.show()
```

程序 ex73. py 运行后得到的数值结果如下，图示结果与图 7－17 一致。

time(h)	1	3	5	7	9	11	13
0.0	25.00	50.00	50.00	50.00	50.00	50.00	50.00
50.0	0.00	13.27	25.07	34.37	40.79	44.45	45.62
100.0	0.00	9.08	17.51	24.69	30.15	33.55	34.71
150.0	0.00	6.66	12.87	18.19	22.28	24.84	25.71
200.0	0.00	4.92	9.50	13.44	16.46	18.36	19.00
250.0	0.00	3.63	7.02	9.93	12.16	13.56	14.04
300.0	0.00	2.69	5.19	7.34	8.99	10.02	10.38
350.0	0.00	1.98	3.83	5.42	6.64	7.41	7.67
400.0	0.00	1.47	2.83	4.01	4.91	5.47	5.66
450.0	0.00	1.08	2.09	2.96	3.62	4.04	4.19
500.0	0.00	0.80	1.55	2.19	2.68	2.99	3.09
550.0	0.00	0.59	1.14	1.62	1.98	2.21	2.28
600.0	0.00	0.44	0.84	1.19	1.46	1.63	1.69
650.0	0.00	0.32	0.62	0.88	1.08	1.20	1.25
700.0	0.00	0.24	0.46	0.65	0.80	0.89	0.92
750.0	0.00	0.18	0.34	0.48	0.59	0.66	0.68
800.0	0.00	0.13	0.25	0.36	0.44	0.49	0.50
850.0	0.00	0.10	0.19	0.26	0.32	0.36	0.37
900.0	0.00	0.07	0.14	0.19	0.24	0.27	0.27
950.0	0.00	0.05	0.10	0.14	0.18	0.20	0.20
1000.0	0.00	0.04	0.07	0.11	0.13	0.14	0.15
1050.0	0.00	0.03	0.06	0.08	0.10	0.11	0.11
1100.0	0.00	0.02	0.04	0.06	0.07	0.08	0.08
1150.0	0.00	0.02	0.03	0.04	0.05	0.06	0.06
1181.0	0.00	0.01	0.02	0.04	0.04	0.05	0.05

Python 程序 ex73. py 与 Fortran 程序 ex73. f 以及 Matlab 程序 ex73. m 运行后得到的隐式差分格式数值结果在误差范围内（eps = 0. 05）一致，即最终杆上各点温度达到 0 ℃。

例 7. 4（见第 225 页）

解：根据图 7－23 的计算流程，编制 Python 程序 ex74. py，列表如下：

```
#ex74.py
import numpy as np

sq = 883.33;xL = 0.45;dt = 0.001;dx = 0.03;dp = 0.005;tf = 0.1
n = int(xL/dx)
n1 = int(n*2/3)
t = 0
u = np.zeros(n+1);u1 = u.copy();u2 = u.copy()
tmn = []
for i in range(1,n1+1):
    u1[i] = 0.005*(i)*dx
for i in range(n1+1,n+1):
    u1[i] = 0.0045 - 0.01*(i)*dx
print('显示计算结果')
print('time(s)\t1\t3\t5\t7\t9\t11\t13\t15\t16')
print('%.4f'%t,end='\t')
tmn.append(t)
umn = u1.copy()
for i in range(0,n+1,2):
    print('%.4f'%u1[i],end='\t')
print('%.4f'%u1[n])
tp = dp
t = dt
c = sq*dt**2/dx**2
u2[0] = 0
u2[n] = 0
for i in range(1,n):
    u2[i] = u1[i] + 0.5*c*(u1[i+1] - 2*u1[i] + u1[i-1])
while t-tf < 0:
    t = t + dt
    for i in range(1,n):
        u[i] = u1[i]
        u1[i] = u2[i]
    for i in range(1,n):
        u2[i] = 2*u1[i] - u[i] + c*(u1[i+1] - 2*u1[i] + u1[i-1])
    if abs(t-tp) <= 1e-6:
        print('%.4f'%t,end='\t')
        tmn.append(t)
        umn = np.vstack((umn,u2))
        for i in range(0,n+1,2):
            print('%.4f'%u2[i],end='\t')
        print('%.4f'%u2[n])
        tp = tp + dp
```

程序 ex74. py 运行后的结果如下：

显示计算结果

time(s)	1	3	5	7	9	11	13	15	16
0.0000	0.0000	0.0003	0.0006	0.0009	0.0012	0.0015	0.0009	0.0003	0.0000
0.0050	0.0000	0.0003	0.0006	0.0007	0.0005	0.0004	0.0002	0.0001	0.0000
0.0100	0.0000	-0.0001	-0.0003	-0.0004	-0.0006	-0.0007	-0.0004	-0.0001	0.0000
0.0150	0.0000	-0.0006	-0.0012	-0.0014	-0.0011	-0.0008	-0.0005	-0.0002	0.0000
0.0200	0.0000	-0.0002	-0.0003	-0.0005	-0.0006	-0.0007	-0.0005	-0.0002	0.0000
0.0250	0.0000	0.0003	0.0006	0.0006	0.0005	0.0003	0.0002	-0.0000	0.0000
0.0300	0.0000	0.0003	0.0006	0.0009	0.0012	0.0014	0.0009	0.0003	0.0000
0.0350	0.0000	0.0003	0.0006	0.0008	0.0006	0.0004	0.0003	0.0002	0.0000
0.0400	0.0000	-0.0001	-0.0002	-0.0004	-0.0005	-0.0007	-0.0004	-0.0002	0.0000
0.0450	0.0000	-0.0006	-0.0012	-0.0014	-0.0010	-0.0007	-0.0004	-0.0001	0.0000
0.0500	0.0000	-0.0003	-0.0004	-0.0006	-0.0007	-0.0007	-0.0004	-0.0001	0.0000

0.0550	0.0000	0.0003	0.0006	0.0005	0.0004	0.0003	0.0001	-0.0001	0.0000
0.0600	0.0000	0.0003	0.0006	0.0009	0.0012	0.0014	0.0009	0.0003	0.0000
0.0650	0.0000	0.0003	0.0006	0.0009	0.0007	0.0005	0.0004	0.0002	0.0000
0.0700	0.0000	0.0000	-0.0001	-0.0003	-0.0005	-0.0006	-0.0005	-0.0002	0.0000
0.0750	0.0000	-0.0006	-0.0012	-0.0014	-0.0010	-0.0008	-0.0005	-0.0002	0.0000
0.0800	0.0000	-0.0003	-0.0005	-0.0006	-0.0008	-0.0008	-0.0005	-0.0002	0.0000
0.0850	0.0000	0.0003	0.0006	0.0005	0.0003	0.0002	0.0001	-0.0001	0.0000
0.0900	0.0000	0.0003	0.0006	0.0009	0.0012	0.0013	0.0009	0.0003	0.0000
0.0950	0.0000	0.0003	0.0006	0.0008	0.0007	0.0006	0.0004	0.0003	0.0000
0.1000	0.0000	0.0001	-0.0001	-0.0003	-0.0004	-0.0005	-0.0005	-0.0002	0.0000

Python 程序 ex74. py 与 Fortran 程序 ex74. f 以及 Matlab 程序 ex74. m 运行得到的结果一致。

例 7. 5 （见第 230 页）

解：根据图 7 – 25 的计算流程，编制 Python 程序 ex75. py，列表如下：

```
#ex75.py
import numpy as np

def trid(n,a,d,c,b):
    a1 = np.zeros(n);d1 = np.zeros(n);b1 = np.zeros(n)
    for i in range(n):
        d1[i] = d[i]
    for i in range(1,n):
        m = i - 1
        a1[m] = c[m]/d1[m]
        b1[m] = b[m]/d1[m]
        d1[i] = d1[i] - a1[m]*a[m]
        b[i] = b[i] - b1[m]*a[m]
    b[n-1] = b[n-1]/d1[n-1]
    for i in range(n-1):
        k = n - i - 2
        b[k] = b1[k] - a1[k] *b[k+1]
    return b

sq = 883.33;xL = 0.45;dt = 0.001;dx = 0.03;dp = 0.005;tf = 0.1
n = int(xL/dx)
n1 = int(n*2/3)
t = 0
u = np.zeros(n+1);u1 = u.copy();u2 = u.copy()
aa = np.zeros(n-1);ad0 = aa.copy();ad = aa.copy();ac = aa.copy();bb = aa.copy()
tmn = []
for i in range(1,n1+1):
    u1[i] = 0.005*(i)*dx
for i in range(n1+1,n+1):
    u1[i] = 0.0045 - 0.01*(i)*dx
print('显示计算结果')
print('time(s)\t1\t3\t5\t7\t9\t11\t13\t15\t16')
print('%.4f'%t,end='\t')
tmn.append(t)
umn = u1.copy()
for i in range(0,n+1,2):
    print('%.4f'%u1[i],end='\t')
print('%.4f'%u1[n])
tp = dp
t = dt
c = sq*dt**2/dx**2
for i in range(n-1):
```

```
        aa[i] = 1
        ad0[i] = -(2+2/c)
        ad[i] = -(2+1/c)
        ac[i] = 1
u2[0] = 0
u2[n] = 0
for i in range(n-1):
        bb[i] = -2/c*u1[i+1]
bb = trid(n-1,aa,ad0,ac,bb)
for i in range(n-1):
        u2[i+1] = bb[i]
while t-tf < 0:
        t = t + dt
        for i in range(1,n):
                u[i] = u1[i]
                u1[i] = u2[i]
        for i in range(n-1):
                bb[i] = 1/c*(u[i+1] - 2*u1[i+1])
        bb = trid(n-1,aa,ad,ac,bb)
        for i in range(n-1):
                u2[i+1] = bb[i]
        if abs(t-tp) <= 1e-6:
                print('%.4f'%t,end='\t')
                tmn.append(t)
                umn = np.vstack((umn,u2))
                for i in range(0,n+1,2):
                        print('%.4f'%u2[i],end='\t')
                print('%.4f'%u2[n])
                tp = tp + dp
```

程序 ex75. py 的运行结果如下：

显示计算结果

time(s)	1	3	5	7	9	11	13	15	16
0.0000	0.0000	0.0003	0.0006	0.0009	0.0012	0.0015	0.0009	0.0003	0.0000
0.0050	0.0000	0.0003	0.0005	0.0007	0.0006	0.0005	0.0004	0.0001	0.0000
0.0100	0.0000	-0.0000	-0.0001	-0.0003	-0.0004	-0.0004	-0.0003	-0.0001	0.0000
0.0150	0.0000	-0.0004	-0.0007	-0.0009	-0.0008	-0.0007	-0.0004	-0.0001	0.0000
0.0200	0.0000	-0.0002	-0.0004	-0.0005	-0.0005	-0.0004	-0.0003	-0.0001	0.0000
0.0250	0.0000	0.0001	0.0002	0.0002	0.0002	0.0001	0.0001	0.0000	0.0000
0.0300	0.0000	0.0002	0.0004	0.0006	0.0006	0.0005	0.0004	0.0001	0.0000
0.0350	0.0000	0.0002	0.0003	0.0004	0.0004	0.0004	0.0003	0.0001	0.0000
0.0400	0.0000	-0.0000	-0.0001	-0.0001	-0.0001	-0.0001	-0.0001	-0.0000	0.0000
0.0450	0.0000	-0.0002	-0.0003	-0.0004	-0.0004	-0.0004	-0.0003	-0.0001	0.0000
0.0500	0.0000	-0.0001	-0.0002	-0.0003	-0.0003	-0.0003	-0.0002	-0.0001	0.0000
0.0550	0.0000	0.0000	0.0000	0.0001	0.0001	0.0000	0.0000	0.0000	0.0000
0.0600	0.0000	0.0001	0.0002	0.0003	0.0003	0.0003	0.0002	0.0001	0.0000
0.0650	0.0000	0.0001	0.0002	0.0002	0.0002	0.0002	0.0001	0.0001	0.0000
0.0700	0.0000	-0.0000	-0.0000	-0.0000	-0.0000	-0.0000	-0.0000	-0.0000	0.0000
0.0750	0.0000	-0.0001	-0.0002	-0.0002	-0.0002	-0.0002	-0.0001	-0.0000	0.0000
0.0800	0.0000	-0.0001	-0.0001	-0.0002	-0.0002	-0.0002	-0.0001	-0.0000	0.0000
0.0850	0.0000	-0.0000	-0.0000	-0.0000	-0.0000	-0.0000	-0.0000	-0.0000	0.0000
0.0900	0.0000	0.0001	0.0001	0.0001	0.0002	0.0001	0.0001	0.0000	0.0000
0.0950	0.0000	0.0001	0.0001	0.0001	0.0001	0.0001	0.0001	0.0000	0.0000
0.1000	0.0000	0.0000	0.0000	0.0000	0.0000	0.0000	0.0000	0.0000	0.0000

从数据结果可以看出：Python 程序 ex75. py 与 Fortran 程序 ex75. f 以及 Matlab 程序 ex75. m 运行得到的弦的位移数值结果一致。

参考文献

［1］李庆扬．科学计算方法基础［M］．北京：清华大学出版社，2006.

［2］王沫然．MATLAB 与科学计算［M］．3 版．北京：电子工业出版社，2012.

［3］谭浩强，田淑清．FORTRAN 语言：FORTRAN 77 结构化程序设计［M］．北京：清华大学出版社，1990.

［4］张春粦，张纯祥．计算物理基础［M］．广州：广东高等教育出版社，1991.

［5］武汉大学、山东大学计算数学教研室．计算方法［M］．北京：高等教育出版社，1986.

［6］何旭初，苏煜城，包雪松．计算数学简明教程［M］．北京：人民教育出版社，1980.

［7］南京大学数学系计算数学专业．偏微分方程数值解法［M］．北京：科学出版社，1979.

［8］嵩天，礼欣，黄天羽．Python 语言程序设计基础［M］．2 版．北京：高等教育出版社，2017.

［9］GIORDANO N J，NAKANISHI H. 计算物理［M］．2 版．北京：清华大学出版社，2011.

［10］PANG T. An introduction to computational physics［M］．Cambridge：Cambridge University Press，1997.

［11］TREFETHEN L N．Spectral methods in matlab［EB/OL］．http://www.comlab.ox.ac.uk/oucl/work/nick.trefethen.